U0155010

面向新工科普通高等教育系列教材

现场总线与工业以太网应用教程

李正军　李潇然　编著

机 械 工 业 出 版 社

本书从科研、教学和工程实际应用出发，理论联系实际，全面系统地讲述了现场总线、工业以太网及其应用系统设计。

本书详细讲述了由 Adesto Technologies 公司推出并在物联网领域得到广泛应用的 LonWorks 嵌入式智能控制网络；同时讲述了 CAN FD 高速现场总线及在运动控制领域广泛应用的 EtherCAT 工业以太网。

全书共 9 章，主要内容包括：现场总线与工业以太网概述、PROFIBUS-DP 现场总线、PROFIBUS-DP 从站的系统设计、CAN 现场总线与应用系统设计、CAN FD 现场总线与应用系统设计、LonWorks 嵌入式智能控制网络、EtherCAT 通信协议与从站控制器 ET1100、EtherCAT 工业以太网主站与从站系统设计和 EtherCAT 工业以太网从站驱动程序设计。全书内容丰富，结构合理，理论与实践相结合，尤其注重工程应用技术，给出了一些详细的编程实例。

本书是在作者教学与科研实践经验的基础上，结合二十年现场总线与工业以太网技术的发展编写而成的。

本书可作为高等院校自动化、机器人、自动检测、机电一体化、人工智能、电子与电气工程、计算机应用、信息工程等专业的本科教材，同时可以作为相关专业的研究生教材，也适合从事现场总线与工业以太网控制系统设计的工程技术人员参考。

图书在版编目（CIP）数据

现场总线与工业以太网应用教程/李正军，李潇然编著 .—北京：机械工业出版社，2021.5
面向新工科普通高等教育系列教材
ISBN 978-7-111-67785-7

Ⅰ.①现…　Ⅱ.①李…　②李…　Ⅲ.①总线-自动控制系统-高等学校-教材 ②工业企业-以太网-高等学校-教材　Ⅳ.①TP273 ②TP393.18

中国版本图书馆 CIP 数据核字（2021）第 048497 号

机械工业出版社（北京市百万庄大街 22 号　邮政编码 100037）
策划编辑：李馨馨　　责任编辑：李馨馨　白文亭
责任校对：张艳霞　　责任印制：李　昂
唐山三艺印务有限公司印刷

2021 年 6 月第 1 版·第 1 次印刷
184mm×260mm·23.5 印张·582 千字
0001-1500 册
标准书号：ISBN 978-7-111-67785-7
定价：89.00 元

电话服务　　　　　　　　　　网络服务
客服电话：010-88361066　　机 工 官 网：www.cmpbook.com
　　　　　010-88379833　　机 工 官 博：weibo.com/cmp1952
　　　　　010-68326294　　金 书 网：www.golden-book.com
封底无防伪标均为盗版　　机工教育服务网：www.cmpedu.com

前　言

经过二十多年的发展，现场总线已经成为工业控制系统中重要的通信网络，并在不同的领域和行业得到了广泛的应用。近几年，无论是在工业、电力、交通，还是在机器人等运动控制领域，工业以太网均得到了迅速发展和应用。

在汽车领域，随着人们对数据传输带宽要求的增加，传统的 CAN 总线由于带宽的限制难以满足这种增加的需求。此外为了缩小 CAN 网络（最大 1 Mbit/s）与 FlexRay（最大 10 Mbit/s）网络的带宽差距，BOSCH（博世）公司于 2011 年推出了 CAN FD 方案。

由于 CAN FD（CAN with Flexible Data-Rate）现场总线具有可变速率且数据长度最大可以为 64 字节的特点，克服了 CAN 现场总线通信速率低且数据长度最大只有 8 字节的缺点，CAN FD 现场总线在工业控制及汽车领域得到了广泛的应用。

美国的 Echelon（埃施朗）公司是全分布智能控制网络技术 LonWorks 平台的创立者，LonWorks 控制网络技术可用于各主要工业领域，如工厂厂房自动化、生产过程控制、楼宇及家庭自动化、农业、医疗和运输业等，为实现智能控制网络提供完整的解决方案。

2018 年 9 月，总部位于美国加州的 Adesto Technologies（阿德斯托技术）公司收购了 Echelon 公司。Echelon 公司的早期产品如 TMPN3150B1AF 等早已停止供货，其开发工具如 Lonbuilder 和 Nodebuilder 也不适用于新产品的开发，Adesto Technologies 公司现在主推 FT 智能收发器系列，同时推出了低成本的开发工具和协议栈，并在工控及物联网领域得到了广泛的应用。本书讲述的是最新的 LonWorks 技术和产品。

Adesto 公司是创新的、特定应用的半导体和嵌入式系统的领先供应商，这些半导体和嵌入式系统构成了物联网边缘设备在全球网络上运行的基本组成部分。半导体和嵌入式技术组合优化了连接物联网设备，广泛应用于工业、消费、通信和医疗等领域。

EtherCAT 是由德国 BECKHOFF 自动化公司于 2003 年提出的实时工业以太网技术。它具有高速和高数据有效率的特点，支持多种设备连接拓扑结构。其从站节点使用专用的控制芯片，主站使用标准的以太网控制器。EtherCAT 是一项高性能、低成本、应用简易、拓扑灵活的工业以太网技术，并于 2007 年成为国际标准。EtherCAT 技术协会（EtherCAT Technology Group，ETG）负责推广 EtherCAT 技术和对该技术的持续研发。

EtherCAT 扩展了 IEEE802.3 以太网标准，满足了运动控制对数据传输的同步实时要求。它充分利用了以太网的全双工特性，并通过"On Fly"模式提高了数据传送的效率。

EtherCAT 工业以太网技术在全球多个领域得到广泛应用。如机器控制、测量设备、医疗设备、汽车和移动设备以及无数的嵌入式系统中。

本书共 9 章。第 1 章介绍了现场总线与工业以太网的概念，以及国内外流行的现场总线与工业以太网；第 2 章详述了 PROFIBUS 通信协议、PROFIBUS 通信控制器 SPC3 和主站通信网络接口卡 CP5611；第 3 章以 PMM2000 电力网络仪表为例，详述了 PROFIBUS-DP 通信模块的硬件电路设计、PROFIBUS-DP 通信模块从站软件的开发、从站的 GSD 文件编写和 PMM2000 电力网络仪表在数字化变电站中的应用，最后介绍了 PROFIBUS-DP 从站的测试方法；第 4 章详述了 CAN 控制器局域网的技术规范、CAN 通信控制器、CAN 收发器和 CAN 智能测控节点的设计实例；第 5 章详述了 CAN FD 通信协议和 CAN FD 控制器 MCP2517FD、CAN FD 高速收发器、CAN FD 收发器隔离器件和 MCP2517FD 的应用程序设计；第 6 章讲述了 LonWorks 嵌入式智能控制网络，包括 LonWorks 概述、LonWorks 技术平台、6000 系列智能收发器和处理器、神经元现场编译器、用于 LonWorks 和 IzoT 平台的 FT 6000 EVK 评估板和开发工具包。第 7 章首先讲述了 EtherCAT 工业以太网、EtherCAT 物理拓扑结构、Ether-CAT 数据链路层、EtherCAT 应用层、EtherCAT 系统组成，然后介绍了 EtherCAT 从站控制器的功能与通信协议，详述了 EtherCAT 从站控制器的 BECKHOFF 解决方案和 EtherCAT 从站控制器 ET1100，最后讲述了 EtherCAT 从站控制器的数据链路控制、EtherCAT 从站控制器的应用层控制、EtherCAT 从站控制器的存储同步管理和 EtherCAT 从站信息接口（SII）；第 8 章首先讲述了 EtherCAT 主站分类、TwinCAT3 EtherCAT 主站，然后详述了基于 ET1100 的 EtherCAT 从站总体结构、微控制器与 ET1100 的接口电路设计、ET1100 的配置电路设计、EtherCAT 从站以太网物理层 PHY 器件、10/100BASE-TX/FX 的物理层收发器 KS8721 和 ET1100 与 KS8721BL 的接口电路，最后介绍了 IEC61800-7 通信接口标准；第 9 章讲述了 EtherCAT 从站驱动和应用程序代码包架构、EtherCAT 从站驱动和应用程序的设计实例、EtherCAT 通信中的数据传输过程、EtherCAT 主站软件的安装和 EtherCAT 从站的开发调试。

本书是作者科研实践和教学的总结，书中实例取自作者二十年来的现场总线与工业以太网科研攻关课题。对本书中所引用的参考文献的作者，在此一并向他们表示真诚的感谢。为配合教学，本书配有教学用 PPT、习题参考答案、课程教学大纲，以及试卷（含答案），需要的教师可登录机械工业出版社教育服务网（www.cmpedu.com），免费注册后下载，或联系编辑索取（微信：15910938545/电话：010-88379753）。由于编者水平有限，加上时间仓促，书中错误和不妥之处在所难免，敬请广大读者不吝指正。

作　者

目　　录

V

IX

第1章　现场总线与工业以太网概述

现场总线技术经过二十多年的发展，现在已进入稳定发展期。近几年，工业以太网技术的研究与应用得到了迅速的发展，以其应用广泛、通信速率高、成本低廉等优势引入到工业控制领域，成为新的热点。本章首先对现场总线与工业以太网进行概述，讲述现场总线的产生、现场总线的本质、现场总线的特点、现场总线标准的制定、现场总线的现状和现场总线网络的实现。同时讲述了工业以太网技术及其通信模型、实时以太网和实时工业以太网模型分析、企业网络信息集成系统。然后介绍了比较流行的现场总线 FF、CAN 和 CAN FD、DeviceNet、LonWorks、PROFIBUS、CC-Link、ControlNet 等。最后对常用的工业以太网 EtherCAT、SERCOS、Ethernet POWERLINK、PROFINET 和 EPA 进行了介绍。

1.1　现场总线概述

现场总线（Fieldbus）自产生以来，一直是自动化领域技术发展的热点之一，被誉为自动化领域的计算机局域网，各自动化厂商纷纷推出自己的现场总线产品，这些产品在不同的领域和行业得到了越来越广泛的应用，现在现场总线技术已处于稳定发展期。近几年，无线传感网络与物联网（IoT）技术也融入工业测控系统中。

按照 IEC 对现场总线一词的定义，现场总线是一种应用于生产现场，在现场设备之间、现场设备与控制装置之间实行双向、串行、多节点数字通信的技术。这是由 IEC/TC65 负责测量和控制系统数据通信部分国际标准化工作的 SC65/WG6 定义的。它作为工业数据通信网络的基础，沟通了生产过程现场级控制设备之间及其与更高控制管理层之间的联系。它不仅是一个基层网络，而且还是一种开放式、新型全分布式控制系统。这项以智能传感、控制、计算机、数据通信为主要内容的综合技术，已受到世界范围的关注并成为自动化技术发展的热点，且将导致自动化系统结构与设备的深刻变革。

1.1.1　现场总线的产生

在过程控制领域中，从 20 世纪 50 年代至今一直都在使用着一种信号标准，那就是 4～20 mA 的模拟信号标准。20 世纪 70 年代，数字式计算机引入到测控系统中，而此时的计算机提供的是集中式控制处理。20 世纪 80 年代微处理器在控制领域得到应用，微处理器被嵌入到各种仪器设备中，形成了分布式控制系统。在分布式控制系统中，各微处理器被指定一组特定任务，通信则由一个带有附属"网关"的专有网络提供，网关的程序大部分是由用户编写的。

随着微处理器的发展和广泛应用，产生了以 IC 代替常规电子线路，以微处理器为核心，实施信息采集、显示、处理、传输及优化控制等功能的智能设备。一些具有专家辅助推断分析与决策能力的数字式智能化仪表产品，其本身具备了诸如自动量程转换、自动调零、自校正、自诊断等功能，还能提供故障诊断、历史信息报告、状态报告、趋势图等功能。通信技术的发展，促使传送数字化信息的网络技术开始广泛应用。与此同时，基于质量分析的维护管理、与安全相关系统的测试记录、环境监视需求的增加，都要求仪表能在当地处理信息，并在必要时允许被管理和访问，这些也使现场仪表与上级控制系统的通信量大增。另外，从实际应用的角度，控制界也不断在控制精度、可操作性、可维护性、可移植性等方面提出新需求。由此，导致了现场总线的产生。

现场总线就是用于现场智能化装置与控制室自动化系统之间的一个标准化的数字式通信链路，可进行全数字化、双向、多站总线式的信息数字通信，实现相互操作以及数据共享。现场总线的主要目的是用于控制、报警和事件报告等工作。现场总线通信协议的基本要求是响应速度和操作的可预测性的最优化。现场总线是一个低层次的网络协议，在其之上还允许有上级的监控和管理网络，负责文件传送等工作。现场总线为引入智能现场仪表提供了一个开放平台，基于现场总线的分布式控制系统（FCS），将是继 DCS 后的又一代控制系统。

1.1.2　现场总线的本质

由于标准实质上并未统一，所以对现场总线也有不同的定义。但现场总线的本质含义主要表现在以下 6 个方面。

1. 现场通信网络

用于过程以及制造自动化的现场设备或现场仪表互连的通信网络。

2. 现场设备互连

现场设备或现场仪表是指传感器、变送器和执行器等，这些设备通过一对传输线互连，传输线可以使用双绞线、同轴电缆、光纤和电源线等，并可根据需要因地制宜地选择不同类型的传输介质。

3. 互操作性

现场设备或现场仪表种类繁多，没有任何一家制造商可以提供一个工厂所需的全部现场设备，所以，互相连接不同制造商的产品是不可避免的。用户不希望为选用不同的产品而在硬件或软件上花很大气力，而希望选用各制造商性能价格比最优的产品，并将其集成在一起，实现"即接即用"；用户希望对不同品牌的现场设备统一组态，构成他所需要的控制回路。这些就是现场总线设备互操作性的含义。现场设备互连是基本的要求，只有实现互操作性，用户才能自由地集成 FCS。

4. 分散功能块

FCS 废弃了 DCS 的输入/输出单元和控制站，把 DCS 控制站的功能块分散地分配给现场仪表，从而构成虚拟控制站。例如，流量变送器不仅具有流量信号变换、补偿和累加输入模块，而且有 PID 控制和运算功能块。调节阀的基本功能是信号驱动和执行，还内含输出特性补偿模块，也可以有 PID 控制和运算模块，甚至有阀门特性自检验和自诊断功能。功能块分散在多台现场仪表中，并可统一组态，供用户灵活选用各种功能块，构成所需的控制系统，实现彻底的分散控制。

5. 通信线供电

通信线供电方式允许现场仪表直接从通信线上"摄取"能量，对于要求本征安全的低功耗现场仪表，可采用这种供电方式。众所周知，化工、炼油等企业的生产现场有可燃性物质，所有现场设备都必须严格遵循安全防爆标准。现场总线设备也不例外。

6. 开放式互连网络

现场总线为开放式互连网络，它既可与同层网络互连，也可与不同层网络互连，还可以实现网络数据库的共享。不同制造商的网络互连十分简便，用户不必在硬件或软件上花太多气力。通过网络对现场设备和功能块统一组态，把不同厂商的网络及设备融为一体，构成统一的 FCS。

1.1.3 现场总线的特点和优点

1. 现场总线的结构特点

现场总线打破了传统控制系统的结构形式。

传统模拟控制系统采用一对一的设备连线，按控制回路分别进行连接。位于现场的测量变送器与位于控制室的控制器之间，控制器与位于现场的执行器、开关、电动机之间均为一对一的物理连接。

现场总线控制系统由于采用了智能现场设备，能够把原先 DCS 中处于控制室的控制模块、各输入/输出模块置入现场设备，加上现场设备具有通信能力，现场的测量变送仪表可以与阀门等执行机构直接传送信号，因而控制系统功能能够不依赖控制室的计算机或控制仪表，直接在现场完成，实现了彻底的分散控制。现场总线控制系统（FCS）与传统控制系统（如 DCS）结构对比如图 1-1 所示。

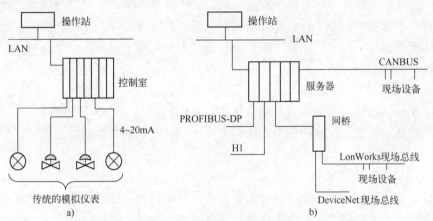

图 1-1　FCS 与 DCS 结构比较

a）DCS　b）FCS

由于采用数字信号替代模拟信号，因而可实现一对电线上传输多个信号，如运行参数值、多个设备状态、故障信息等，同时又为多个设备提供电源，现场设备以外不再需要模拟/数字、数字/模拟转换器件。这样就为简化系统结构、节约硬件设备、节约连接电缆与各种安装、维护费用创造了条件。表 1-1 为 FCS 与 DCS 的详细对比。

表 1-1　FCS 和 DCS 的详细对比

	FCS	DCS
结构	一对多：一对传输线接多台仪表，双向传输多个信号	一对一：一对传输线接一台仪表，单向传输一个信号
可靠性	可靠性好：数字信号传输抗干扰能力强，精度高	可靠性差：模拟信号传输不仅精度低，而且容易受干扰

	FCS	DCS
失控状态	操作员在控制室既可以了解现场设备或现场仪表的工作状况，也能对设备进行参数调整，还可以预测或寻找故障，设备或仪表始终处于操作员的远程监视与可控状态之中	操作员在控制室既不了解模拟仪表的工作状况，也不能对其进行参数调整，更不能预测故障，导致操作员对仪表处于"失控"状态
互换性发生	用户可以自由选择不同制造商提供的性能价格比最优的现场设备和仪表，并将不同品牌的仪表互连。即使某台仪表发生故障，换上其他品牌的同类仪表照样工作，实现"即接即用"	尽管模拟仪表统一了信号标准DC（4~20）mA，可是大部分技术参数仍由制造厂商自定，致使不同品牌的仪表无法互换
仪表	智能仪表除了具有模拟仪表的检测、变换、补偿等功能外，还具有数字通信能力，并且具有控制和运算的能力	模拟仪表只具有检测、变换、补偿等功能
控制	控制功能分散在各个智能仪表中	所有的控制功能集中在控制站中

2. 现场总线的技术特点

（1）系统的开放性

开放系统是指通信协议公开，各不同厂家的设备之间可进行互连并实现信息交换，现场总线开发者就是要致力于建立统一的工厂底层网络的开放系统。这里的开放是指对相关标准的一致性、公开性，强调对标准的共识与遵从。一个开放系统，它可以与任何遵守相同标准的其他设备或系统相连。一个具有总线功能的现场总线网络系统必须是开放的，开放系统把系统集成的权利交给了用户，用户可按自己的需要和对象把来自不同供应商的产品组成大小随意的系统。

（2）互可操作性与互用性

这里的互可操作性，是指实现互连设备间、系统间的信息传送与沟通，可实现点对点、一点对多点的数字通信。而互用性则意味着不同生产厂家性能类似的设备可进行互换而实现互用。

（3）现场设备的智能化与功能自治性

现场总线将传感测量、补偿计算、工程量处理与控制等功能分散到现场设备中完成，仅靠现场设备即可完成自动控制的基本功能，并可随时诊断设备的运行状态。

（4）系统结构的高度分散性

由于现场设备本身已可完成自动控制的基本功能，使得现场总线已构成一种新的全分布式控制系统的体系结构。从根本上改变了DCS集中与分散相结合的集散控制系统体系，简化了系统结构，提高了可靠性。

（5）对现场环境的适应性

工作在现场设备前端，作为工厂网络底层的现场总线，是专为在现场环境工作而设计的，它可支持双绞线、同轴电缆、光缆、射频、红外线及电力线等，具有较强的抗干扰能力，能采用两线制实现送电与通信，并可满足本质安全防爆要求等。

3. 现场总线的优点

由于现场总线的以上特点，特别是现场总线系统结构的简化，使控制系统从设计、安装、投运到正常生产运行及检修维护，都体现出优越性。

(1) 节省硬件数量与投资

由于现场总线系统中分散在设备前端的智能设备能直接执行多种传感、控制、报警和计算功能，因而可减少变送器的数量，不再需要单独的控制器、计算单元等，也不再需要 DCS 的信号调理、转换、隔离技术等功能单元及其复杂接线，还可以用工控 PC 作为操作站，从而节省了一大笔硬件投资，由于控制设备的减少，还可减少控制室的占地面积。

(2) 节省安装费用

现场总线系统的接线十分简单，由于一对双绞线或一条电缆上通常可挂接多个设备，因而电缆、端子、槽盒、桥架的用量大大减少，连线设计与接头校对的工作量也大大减少。当需要增加现场控制设备时，无须增设新的电缆，可就近连接在原有的电缆上，既节省了投资，也减少了设计、安装的工作量。据有关典型试验工程的测算资料显示，可节约安装费用60%以上。

(3) 节约维护开销

由于现场控制设备具有自诊断与简单故障处理的能力，并通过数字通信将相关的诊断维护信息送往控制室，用户可以查询所有设备的运行、诊断维护信息，以便早期分析故障原因并快速排除，缩短了维护停工时间，同时由于系统结构简化、连线简单而减少了维护工作量。

(4) 用户具有高度的系统集成主动权

用户可以自由选择不同厂商所提供的设备来集成系统。避免因选择了某一品牌的产品被"框死"了设备的选择范围，不会再为系统集成中不兼容的协议、接口而一筹莫展，使系统集成过程中的主动权完全掌握在用户手中。

(5) 提高了系统的准确性与可靠性

由于现场总线设备的智能化、数字化，使其与模拟信号相比，从根本上提高了测量与控制的准确度，减少了传送误差。同时，由于系统的结构简化，设备与连线减少，现场仪表内部功能加强，从而减少了信号的往返传输，提高了系统的工作可靠性。

此外，由于设备的标准化和功能的模块化，因而还具有设计简单，易于重构等优点。

1.1.4　现场总线标准的制定

数字技术的发展完全不同于模拟技术，数字技术标准的制定往往早于产品的开发，标准决定着新兴产业的健康发展。国际电工技术委员会/国际标准协会（IEC/ISA）自 1984 年起着手现场总线标准工作，但统一的标准至今仍未完成。

IEC TC65（负责工业测量和控制的第 65 标准化技术委员会）于 1999 年年底通过的 8 种类型的现场总线作为 IEC 61158 最早的国际标准。

最新的 IEC 61158 Ed. 4 标准于 2007 年 7 月出版。

IEC 61158 第 4 版由多个部分组成，主要包括以下内容：

IEC 61158-1 总论与导则

IEC 61158-2 物理层服务定义与协议规范

IEC 61158-300 数据链路层服务定义

IEC 61158-400 数据链路层协议规范

IEC 61158-500 应用层服务定义

IEC 61158-600 应用层协议规范

IEC61158 Ed.4 标准包括的现场总线类型如下：

Type 1　IEC 61158（FF 的 H1）

Type 2　CIP 现场总线

Type 3　PROFIBUS 现场总线

Type 4　P-Net 现场总线

Type 5　FF HSE 现场总线

Type 6　SwiftNet 被撤销

Type 7　WorldFIP 现场总线

Type 8　INTERBUS 现场总线

Type 9　FF H1 以太网

Type 10 PROFINET 实时以太网

Type 11 TCnet 实时以太网

Type 12 EtherCAT 实时以太网

Type 13 Ethernet POWERLINK 实时以太网

Type 14 EPA 实时以太网

Type 15 Modbus-RTPS 实时以太网

Type 16 SERCOS Ⅰ、Ⅱ现场总线

Type 17 VNET/IP 实时以太网

Type 18 CC-Link 现场总线

Type 19 SERCOS Ⅲ 现场总线

Type 20 HART 现场总线

每种总线都有其产生的背景和应用领域。总线是为了满足自动化发展的需求而产生的，由于不同领域的自动化需求各有其特点，因此在某个领域中产生的总线技术一般对这一特定的领域的满足度高一些，应用多一些，适用性好一些。

1.1.5　现场总线的现状

现场总线统一的标准至今仍未形成，世界上许多公司推出了自己的现场总线技术。但太多存在差异的标准和协议，会给实践带来复杂性和不便，影响开放性和可互操作性。因而在最近几年里 IEC/ISA 开始标准统一工作，减少现场总线协议的数量，以达到单一标准协议的目标，实现各家产品的互操作性。

1. 多种总线共存

现场总线国际标准 IEC 61158 中采用了 8 种协议类型，以及其他一些现场总线。随着时间的推移，占有市场80%左右的总线将只有六七种，而且其应用领域比较明确。

2. 每种总线各有其应用领域

每种总线都力图拓展其应用领域，以扩张其"势力范围"。如 FF、PROFIBUS-PA 适用于冶金、石油、化工、医药等流程行业的过程控制，PROFIBUS-DP、DeviceNet 适用于加工制造业，LonWorks、PROFIBUS-FMS、DeviceNet 适用于楼宇、交通运输、农业。但这种划

分又不是绝对的，相互之间又互有渗透。在一定应用领域中已取得良好业绩的总线，往往会进一步根据需要向其他领域发展。如 PROFIBUS 在 DP 的基础上又开发出 PA，以适用于流程工业。

3. 每种总线各有其国际组织

大多数总线都成立了相应的国际组织，力图在制造商和用户中产生影响，以取得更多方面的支持，同时也想显示出其技术是开放的。如 WorldFIP 国际用户组织、FF 基金会、PROFIBUS 国际用户组织、P-Net 国际用户组织及 ControlNet 国际用户组织等。

4. 每种总线均有其支持背景

每种总线都以一个或几个大型跨国公司为背景，公司的利益与总线的发展息息相关，如 PROFIBUS 以 Siemens 公司为主要支持，ControlNet 以 Rockwell 公司为主要背景，WorldFIP 以 Alstom 公司为主要后台。

5. 设备制造商参加多个总线组织

大多数设备制造商都积极参加不止一个总线组织，有些公司甚至参加 2~4 个总线组织。道理很简单，装置是要挂在系统上的。

6. 多种总线均作为国家和地区标准

每种总线大多将自己作为国家或地区标准，以加强自己的竞争地位。现在的情况是：P-Net 已成为丹麦标准，PROFIBUS 已成为德国标准，WorldFIP 已成为法国标准。上述 3 种总线于 1994 年成为并列的欧洲标准 EN50170，其他总线也都形成了各组织的技术规范。

7. 协调共存

在激烈的竞争中出现了协调共存的场景。这种现象在欧洲标准制定时就出现过，欧洲标准 EN50170 在制定时，将德、法、丹麦 3 个标准并列于一卷之中，形成了欧洲的多总线的标准体系，后又将 ControlNet 和 FF 加入欧洲标准的体系。各重要企业，除了力推自己的总线产品之外，也都力图开发接口技术，将自己的总线产品与其他总线相连接，如施耐德公司开发的设备能与多种总线相连接。在国际标准中，也出现了协调共存的局面。

8. 工业以太网引入工业领域

工业以太网的引入成为新的热点。工业以太网正在工业自动化和过程控制市场上迅速增长，几乎所有远程 I/O 接口技术的供应商均提供一个支持 TCP/IP 的以太网接口，如 Siemens、Rockwell、GE Fanuc 等，它们销售各自的 PLC 产品，但同时提供与远程 I/O 和基于 PC 的控制系统相连接的接口。从美国 VDC 公司调查结果也可以看出，在今后 3 年，以太网的市场占有率将达到 20% 以上。FF 现场总线正在开发高速以太网，这无疑大大加强了以太网在工业领域的地位。

1.1.6 现场总线网络的实现

现场总线的基础是数字通信，通信就必须有协议，从这个意义上讲，现场总线就是一个定义了硬件接口和通信协议的标准。国际标准化组织（ISO）的开放系统互联（OSI）协议，是为计算机互联网而制定的七层参考模型，它对任何网络都是适用的，只要网络中所要处理的要素是通过共同的路径进行通信。目前，各个公司生产的现场总线产品没有一个统一的协议标准，但是各公司在制定自己的通信协议时，都参考 OSI 七层协议标准，且大都采用了其中的第 1 层、第 2 层和第 7 层，即物理层、数据链路层和应用层，并增设了第 8 层即用户层。

1. 物理层

物理层定义了信号的编码与传送方式、传送介质、接口的电气及机械特性、信号传输速率等。现场总线有两种编码方式：Manchester 和 NRZ，前者同步性好，但频带利用率低，后者刚好相反。Manchester 编码采用基带传输，而 NRZ 编码采用频带传输。调制方式主要有 CPFSK 和 COFSK。现场总线传输介质主要有有线电缆、光纤和无线介质。

2. 数据链路层

数据链路层又分为两个子层，即介质访问控制层（MAC）和逻辑链路控制层（LLC）。MAC 功能是对传输介质传送的信号进行发送和接收控制，而 LLC 层则是对数据链进行控制，保证数据传送到指定的设备上。现场总线网络中的设备可以是主站，也可以是从站，主站有控制收发数据的权利，而从站则只有响应主站访问的权利。

关于 MAC 层，目前有三种协议。

1）集中式轮询协议：其基本原理是网络中有主站，主站周期性地轮询各个节点，被轮询的节点允许与其他节点通信。

2）令牌总线协议：这是一种多主站协议，主站之间以令牌传送协议进行工作，持有令牌的站可以轮询其他站。

3）总线仲裁协议：其机理类似于多机系统中并行总线的管理机制。

3. 应用层

应用层可以分为两个子层，上面子层是应用服务层（FMS 层），它为用户提供服务；下面子层是现场总线存取层（FAS 层），它实现数据链路层的连接。

应用层的功能是进行现场设备数据的传送及现场总线变量的访问。它为用户应用提供接口，定义了如何应用读、写、中断和操作信息及命令，同时定义了信息、句法（包括请求、执行及响应信息）的格式和内容。应用层的管理功能在初始化期间初始化网络，指定标记和地址。同时按计划配置应用层，也对网络进行控制，统计失败和检测新加入或退出网络的装置。

4. 用户层

用户层是现场总线标准在 OSI 模型之外新增加的一层，是使现场总线控制系统开放与可互操作性的关键。

用户层定义了从现场装置中读、写信息和向网络中其他装置分派信息的方法，即规定了供用户组态的标准"功能模块"。事实上，各厂家生产的产品实现功能块的程序可能完全不同，但对功能块特性描述、参数设定及相互连接的方法是公开统一的。信息在功能块内经过处理后输出，用户对功能块的工作就是选择"设定特征"及"设定参数"，并将其连接起来。功能块除了输入/输出信号外，还输出表征该信号状态的信号。

1.2 工业以太网概述

1.2.1 以太网技术

20 世纪 70 年代早期，国际上公认的第一个以太网系统出现于 Xerox 公司的 Palo Alto

Research Center（PARC），它以无源电缆作为总线来传送数据，在 1000 m 的电缆上连接了 100 多台计算机，并以曾经在历史上表示传播电磁波的 "以太"（Ether）来命名，这就是如今以太网的鼻祖。以太网发展的历史如表 1-2 所示。

表 1-2 以太网的发展简表

标准及重大事件	标志内容，时间（速度）
Xerox 公司开始研发	1972 年
首次展示初始以太网	1976 年（2.94 Mbit/s）
标准 DIX V1.0 发布	1980 年（10 Mbit/s）
IEEE 802.3 标准发布	1983 年，基于 CSMA/CD 访问控制
10 Base-T	1990 年，双绞线
交换技术	1993 年，网络交换机
100 Base-T	1995 年，快速以太网（100 Mbit/s）
千兆以太网	1998 年
万兆以太网	2002 年

IEEE 802 代表 OSI 开放式系统互联七层参考模型中一个 IEEE 802.n 标准系列，介绍了此系列标准协议情况，主要描述了此 LAN/MAN（局域网/城域网）系列标准协议概况与结构安排。IEEE 802.n 标准系列已被接纳为国际标准化组织（ISO）的标准，其编号命名为 ISO 8802。以太网的主要标准如表 1-3 所示。

表 1-3 以太网的主要标准

标 准	内 容 描 述
IEEE 802.1	体系结构与网络互联、管理
IEEE 802.2	逻辑链路控制
IEEE 802.3	CSMA/CD 媒体访问控制方法与物理层规范
IEEE 802.3i	10 Base-T 基带双绞线访问控制方法与物理层规范
IEEE 802.3j	10 Base-F 光纤访问控制方法与物理层规范
IEEE 802.3u	100 Base-T、FX、TX、T4 快速以太网
IEEE 802.3x	全双工
IEEE 802.3z	千兆以太网
IEEE 802.3ae	10 Gbit/s 以太网标准
IEEE 802.3af	以太网供电
IEEE 802.11	无线局域网访问控制方法与物理层规范
IEEE 802.3az	100 Gbit/s 的以太网技术规范

1.2.2　工业以太网技术

人们习惯将用于工业控制系统的以太网统称为工业以太网。如果仔细划分，按照国际电工委员会 SC65C 的定义，工业以太网是用于工业自动化环境、符合 IEEE 802.3 标准、按照 IEEE 802.1D "媒体访问控制（MAC）网桥" 规范和 IEEE 802.1Q "局域网虚拟网桥" 规范、对其没有进行任何实时扩展（extension）而实现的以太网。通过采用减轻以太网负荷、提高网络速度、采用交换式以太网和全双工通信、采用信息优先级和流量控制以及虚拟局域网等技术，到目前为止可以将工业以太网的实时响应时间做到 5~10 ms，相当于现有的现场总线。采用工业以太网，由于具有相同的通信协议，能实现办公自动化网络和工业控制网络的无缝连接。

以太网与工业以太网比较如表 1-4 所示。

表 1-4　以太网和工业以太网的比较

项　　目	工业以太网设备	商用以太网设备
元器件	工业级	商用级
接插件	耐腐蚀、防尘、防水，如加固型 RJ45、DB-9、航空插头等	一般 RJ45
工作电压	DC 24 V	AC 220 V
电源冗余	双电源	一般没有
安装方式	DIN 导轨和其他固定安装	桌面、机架等
工作温度	−40~85℃ 或−20~70℃	5~40℃
电磁兼容性标准	EN 50081-2（工业级 EMC） EN 50082-2（工业级 EMC）	办公室用 EMC
MTBF 值	至少 10 年	3~5 年

工业以太网即应用于工业控制领域的以太网技术，它在技术上与商用以太网兼容，但又必须满足工业控制网络通信的需求。在产品设计时，在材质的选用、产品的强度、可靠性、抗干扰能力、实时性等方面满足工业现场环境的应用。一般而言，工业控制网络应满足以下要求。

1）具有较好的响应实时性：工业控制网络不仅要求传输速度快，而且在工业自动化控制中还要求响应快，即响应实时性好。

2）可靠性和容错性要求：既能安装在工业控制现场，且能够长时间连续稳定运行，在网络局部链路出现故障的情况下，能在很短的时间内重新建立新的网络链路。

3）力求简洁：减小软硬件开销，从而降低设备成本，同时也可以提高系统的健壮性。

4）环境适应性要求：包括机械环境适应性（如耐振动、耐冲击）、气候环境适应性（工作温度要求为−40~85℃，至少为−20~70℃，并要耐腐蚀、防尘、防水）、电磁环境适应性或电磁兼容性 EMC 应符合 EN50081-2/EN50082-2 标准。

5）开放性好：由于以太网技术被大多数的设备制造商所支持，并且具有标准的接口，系统集成和扩展更加容易。

6）安全性要求：在易爆可燃的场合，工业以太网产品还需要具有防爆要求，包括隔爆、本质安全。

7）总线供电要求：要求现场设备网络不仅能传输通信信息，而且要能够为现场设备提供工作电源。这主要是从线缆铺设和维护方便考虑，同时总线供电还能减少线缆，降低成本。IEEE 802.3af 标准对总线供电进行了规范。

8）安装方便：适应工业环境的安装要求，如采用 DIN 导轨安装。

1.2.3　工业以太网通信模型

工业以太网协议在本质上仍基于以太网技术，在物理层和数据链路层均采用了 IEEE 802.3 标准，在网络层和传输层则采用被称为以太网"事实上的标准"的 TCP/IP 协议簇（包括 UDP、TCP、IP、ICMP、IGMP 等协议），它们构成了工业以太网的低四层。在高层协议上，工业以太网协议通常都省略了会话层、表示层，而定义了应用层，有的工业以太网协议还定义了用户层（如HSE）。工业以太网的通信模型如图 1-2 所示。

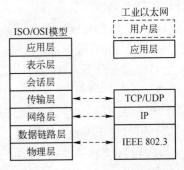

图 1-2　工业以太网的通信模型

工业以太网与商用以太网相比，具有以下特征。

（1）通信实时性

在工业以太网中，提高通信实时性的措施主要包括采用交换式集线器、使用全双工（Full-duplex）通信模式、采用虚拟局域网（VLAN）技术、提高质量服务（QoS）、有效的应用任务的调度等。

（2）环境适应性和安全性

首先，针对工业现场的振动、粉尘、高温和低温、高湿度等恶劣环境，对设备的可靠性提出了更高的要求。工业以太网产品针对机械环境、气候环境、电磁环境等需求，对线缆、接口、屏蔽等方面做出专门的设计，符合工业环境的要求。

在易燃易爆的场合，工业以太网产品通过包括隔爆和本质安全两种方式来提高设备的生产安全性。

在信息安全方面，利用网关构建系统的有效屏障，对经过它的数据包进行过滤。同时随着加密解密技术与工业以太网的进一步融合，工业以太网的信息安全性也得到了进一步的保障。

（3）产品可靠性设计

工业控制的高可靠性通常包含以下 3 个方面内容。

- 可使用性好，网络自身不易发生故障。
- 纠错能力强，网络系统局部单元出现故障，不影响整个系统的正常工作。
- 可维护性高，故障发生后能及时发现和及时处理，通过维修使网络及时恢复。

（4）网络可用性

在工业以太网系统中，通常采用冗余技术以提高网络的可用性，主要有端口冗余、链路冗余、设备冗余和环网冗余。

1.2.4　工业以太网的优势

以太网发展到工业以太网，从技术方面来看，与现场总线相比，工业以太网具有以下优势。

1）应用广泛。以太网是目前应用最为广泛的计算机网络技术，受到广泛的技术支持。几乎所有的编程语言都支持 Ethernet 的应用开发，如 Java、Visual C++、Visual Basic 等。这些编程语言由于使用广泛，并受到软件开发商的高度重视，具有很好的发展前景。因此，如果采用以太网作为现场总线，可以保证有多种开发工具、开发环境供选择。

2）成本低廉。由于以太网的应用广泛，受到硬件开发与生产厂商的高度重视与广泛支持，有多种硬件产品供用户选择，硬件价格也相对低廉。

3）通信速率高。目前以太网的通信速率为 10 Mbit/s、100 Mbit/s、1000 Mbit/s、10 Gbit/s，其速率比目前的现场总线快得多，可以满足对带宽有更高要求的场合。

4）开放性和兼容性好，易于信息集成。工业以太网因为采用由 IEEE 802.3 所定义的数据传输协议，它是一个开放的标准，从而为 PLC 和 DCS 厂家广泛接受。

5）控制算法简单。以太网没有优先权控制意味着访问控制算法可以很简单。它不需要管理网络上当前的优先权访问级。还有一个好处是：没有优先权的网络访问是公平的，任何站点访问网络的可能性都与其他站相同，没有哪个站可以阻碍其他站的工作。

6）软硬件资源丰富。大量的软件资源和设计经验可以显著降低系统的开发和培训费用，从而可以显著降低系统的整体成本，并大大加快系统的开发和推广速度。

7）不需要中央控制站。令牌环网采用了"动态监控"的思想，需要有一个站负责管理网络的各种"家务"。传统令牌环网如果没有动态监测是无法运行的。以太网不需要中央控制站，因为它不需要动态监测。

8）可持续发展潜力大。由于以太网的广泛使用，使它的发展一直受到广泛的重视和大量的技术投入，由此保证了以太网技术持续向前发展。

9）易于与 Internet 连接。能实现办公自动化网络与工业控制网络的信息无缝集成。

1.2.5　实时以太网

工业以太网一般应用于通信实时性要求不高的场合。对于响应时间小于 5 ms 的应用，工业以太网已不能胜任。为了满足高实时性能应用的需要，各大公司和标准组织纷纷提出各种提升工业以太网实时性的技术解决方案。这些方案建立在 IEEE 802.3 标准的基础上，通过对其和相关标准的实时扩展来提高实时性，并且做到与标准以太网的无缝连接，这就是实时以太网（Realtime Ethernet, RTE）。

根据 IEC 61784-2-2010 标准定义，所谓实时以太网，就是根据工业数据通信的要求和特点，在 ISO/IEC 8802-3 协议基础上，通过增加一些必要的措施，使之具有实时通信能力。

1）网络通信在时间上的确定性，即在时间上，任务的行为可以预测。

2）实时响应适应外部环境的变化，包括任务的变化、网络节点的增/减、网络失效诊断等。

3）减少通信处理延迟，使现场设备间的信息交互在极小的通信延迟时间内完成。

2007 年出版的《IEC 61158 现场总线国际标准》和《IEC 61784-2 实时以太网应用国际标准》收录了以下 10 种实时以太网技术和协议，如表 1-5 所示。

表 1-5　IEC 国际标准收录的实时以太网

技　术　名　称	技　术　来　源	应　用　领　域
EtherNet/IP	美国 Rockwell 公司	过程控制
PROFINET	德国 Siemens 公司	过程控制、运动控制
P-NET	丹麦 Process-Data A/S 公司	过程控制
Vnet/IP	日本横河电机公司	过程控制
TC-net	东芝公司	过程控制
EtherCAT	德国 Beckhoff 公司	运动控制
Ethernet POWERLINK	奥地利 B&R 公司	运动控制

技 术 名 称	技 术 来 源	应 用 领 域
EPA	浙江大学、浙江中控公司等	过程控制、运动控制
Modbus/TCP	法国 Schneider-electric 公司	过程控制
SERCOS Ⅲ	德国 Hilscher 公司	运动控制

1.2.6 实时工业以太网模型分析

实时工业以太网采用不同的实时策略来提高实时性能，根据其提高实时性策略的不同，实现模型可分为 3 种。实时工业以太网实现模型如图 1-3 所示。

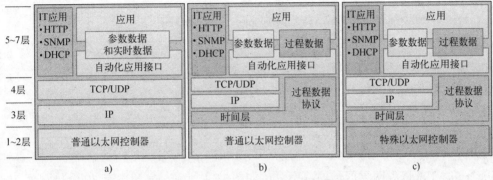

图 1-3 实时工业以太网实现模型

图 1-3a 中情况是基于 TCP/IP 实现的，在应用层上做修改。此类模型通常采用调度法、数据帧优先级机制或使用交换式以太网来滤除商用以太网中的不确定因素。这一类工业以太网的代表有 Modbus/TCP 和 EtherNet/IP。此类模型适用于实时性要求不高的应用中。

图 1-3b 中情况是基于标准以太网实现的，在网络层和传输层上进行修改。此类模型采用不同机制进行数据交换，对于过程数据采用专门的协议进行传输，TCP/IP 用于访问商用网络时的数据交换。常用的方法有时间片机制。采用此模型典型协议包含 Ethernet POWER-LINK、EPA 和 PROFINET RT。

图 1-3c 中情况是基于修改的以太网，基于标准的以太网物理层，对数据链路层进行了修改。此类模型一般采用专门硬件来处理数据，实现高实时性。通过不同的帧类型来提高确定性。基于此结构实现的以太网协议有 EtherCAT，SERCOS Ⅲ 和 PROFINET IRT。

对于实时以太网的选取应根据应用场合的实时性要求。

工业以太网的三种实现如表 1-6 所示。

表 1-6 工业以太网的三种实现

序号	技术特点	说 明	应用实例
1	基于 TCP/IP 实现	特殊部分在应用层	Modbus/TCP EtherNet/IP
2	基于以太网实现	不仅实现了应用层，而且在网络层和传输层做了修改	Ethernet Powerlink PROFINET RT
3	修改以太网实现	不仅在网络层和传输层做了修改，而且改进了底下两层，需要特殊的网络控制器	EtherCAT SERCOS Ⅲ PROFINET IRT

1.2.7 几种实时工业以太网的比较

几种实时工业以太网的对比如表1-7所示。

表1-7 几种实时工业以太网的对比

实时工业以太网	EtherCAT	SERCOS Ⅲ	PROFINET IRT	POWERLINK	EPA	EtherNet/IP
管理组织	ETG	IGS	PNO	EPG	EPA 俱乐部	ODVA
通信机构	主/从	主/从	主/从	主/从	C/S	C/S
传输模式	全双工	全双工	半双工	半双工	全双工	全双工
实时特性	100轴，响应时间100 μs	8个轴，响应时间32.5 μs	100轴，响应时间1 ms	100轴，响应时间1 ms	同步精度为微秒级，通信周期为毫秒级	1~5 ms
拓扑结构	星形、线形、环形、树形、总线型	线形、环形	星形、线形	星形、树形、总线型	树形、星形	星形、树形
同步方法	时间片+IEEE1588	主节点+循环周期	时间槽调度+IEEE1588	时间片+IEEE1588	IEEE1588	IEEE1588
同步精度	100 ns	<1 μs	1 μs	1 μs	500 ns	1 μs

几个实时工业以太网数据传输速率对比如图1-4所示。实验中有40个轴（每个轴20字节输入和输出数据），50个I/O站（总计560个EtherCAT总线端子模块），2000个数字量，200个模拟量，总线长度500 m。结果测试得到EtherCAT网络循环时间是276 μs，总线负载44%，报文长度122 μs，性能远远高于SERCOS Ⅲ、PROFINET IRT 和 POWERLINK。

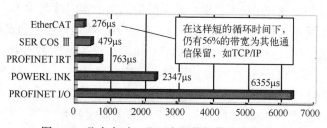

图1-4 几个实时工业以太网数据传输速率对比

根据对比分析可以得出，EtherCAT实施工业以太网各方面性能都很突出。EtherCAT极小的循环时间、高速、高同步性、易用性和低成本使其在机器人控制、机床应用、CNC功能、包装机械、测量应用、超高速金属切割、汽车工业自动化、机器内部通信、焊接机器、嵌入式系统、变频器、编码器等领域获得广泛的应用。

同时因拓扑的灵活，无需交换机或集线器、网络结构没有限制、自动连接检测等特点，使其在大桥减震系统、印刷机械、液压/电动冲压机、木材交工设备等领域具有很高的应用价值。

国外很多企业对EtherCAT的技术研究已经比较深入，而且已经开发出了比较成熟的产品：如 BECKHOFF、Kollmorgen（科尔摩根）、Phase、NI、SEW、Trio Motion、MKS、OMRON、Copley Controls 等自动化设备公司都推出了一系列支持 EtherCAT 的驱动设备。国内对

EtherCAT 技术的研究尚处于起步阶段。

1.3 企业网络信息集成系统

1.3.1 企业网络信息集成系统的层次结构

现场总线本质上是一种控制网络，因此网络技术是现场总线的重要基础。现场总线网络和 Internet、Intranet 等类型的信息网络不同，控制网络直接面向生产过程，因此要求有很高的实时性、可靠性、数据完整性和可用性。为满足这些特性，现场总线对标准的网络协议做了简化，一般只包括 ISO/OSI 7 层模型中的 3 层：物理层、数据链路层和应用层。此外，现场总线还要完成与上层工厂信息系统的数据交换和传递。综合自动化是现代工业自动化的发展方向，在完整的企业网构架中，企业网络信息集成系统应涉及从底层现场设备网络到上层信息网络的数据传输过程。

基于上述考虑，统一的企业网络信息集成系统应具有 3 层结构，企业网络信息集成系统的层次结构如图 1-5 所示，从底向上依次为：过程控制层（PCS）、制造执行层（MES）、企业资源规划层（ERP）。

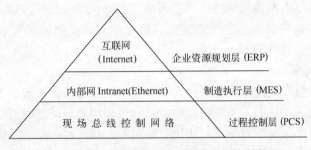

图 1-5　企业网络信息集成系统的层次结构

1. 过程控制层

现场总线是将自动化最底层的现场控制器和现场智能仪表设备互连的实时控制通信网络，遵循 ISO 的 OSI 开放系统互连参考模型的全部或部分通信协议。现场总线控制系统则是用开放的现场总线控制通信网络将自动化最底层的现场控制器和现场智能仪表设备互连的实时网络控制系统。

依照现场总线的协议标准，智能设备采用功能块的结构，通过组态设计，完成数据采集、A/D 转换、数字滤波、温度压力补偿、PID 控制等各种功能。智能转换器对传统检测仪表电流电压进行数字转换和补偿。此外，总线上应有 PLC 接口，便于连接原有的系统。

现场设备以网络节点的形式挂接在现场总线网络上，为保证节点之间实时、可靠的数据传输，现场总线控制网络必须采用合理的拓扑结构。常见的现场总线网络拓扑结构有以下几种。

（1）环形网

其特点是时延确定性好，重载时网络效率高，但轻载时等待令牌会产生不必要的时延，传输效率下降。

（2）总线网

其特点是节点接入方便，成本低。轻载时时延小，但网络通信负荷较重时时延加大，网络效率下降。此外，还存在传输时延不确定的缺点。

（3）树形网

其特点是可扩展性好，频带较宽，但节点间通信不便。

（4）令牌总线网

结合环形网和总线网的优点，即物理上是总线网，逻辑上是令牌网。这样，网络传输时延确定无冲突，同时节点接入方便，可靠性好。

过程控制层通信介质不受限制，可用双绞线、同轴电缆、光纤、电力线、无线、红外线等各种形式。

2. 制造执行层

制造执行层从现场设备中获取数据，完成各种控制、运行参数的监测、报警和趋势分析等功能，另外还包括控制组态的设计和下装。制造执行层的功能一般由上位计算机完成，它通过扩展槽中网络接口板与现场总线相连，协调网络节点之间的数据通信，或者通过专门的现场总线接口（转换器）实现现场总线网段与以太网段的连接，这种方式使系统配置更加灵活。这一层处于以太网中，因此其关键技术是以太网与底层现场设备网络间的接口，主要负责现场总线协议与以太网协议的转换，保证数据包的正确解释和传输。制造执行层除上述功能外，还为实现先进控制和远程操作优化提供支撑环境。例如实时数据库、工艺流程监控、先进控制以及设备管理等。

3. 企业资源规划层

其主要目的是在分布式网络环境下构建一个安全的远程监控系统。首先要将中间监控层的数据库中的信息转入上层的关系数据库中，这样远程用户就能随时通过浏览器查询网络运行状态以及现场设备的工况，对生产过程进行实时的远程监控。赋予一定的权限后，还可以在线修改各种设备参数和运行参数，从而在广域网范围内实现底层测控信息的实时传递。这样，企业各个实体将能够不受地域的限制进行监视与控制工厂局域网里的各种数据，并对这些数据进行进一步的分析和整理，为相关的各种管理、经营决策提供支持，实现管控一体化。目前，远程监控实现的途径就是通过 Internet，主要方式是租用企业专线或者利用公众数据网。由于涉及实际的生产过程，必须保证网络安全，可以采用的技术包括防火墙、用户身份认证以及密钥管理等。

在整个现场总线控制网络模型中，现场设备层是整个网络模型的核心，只有确保总线设备之间可靠、准确、完整的数据传输，上层网络才能获取信息以及实现监控功能。当前对现场总线的讨论大多停留在底层的现场智能设备网段，但从完整的现场总线控制网络模型出发，应更多地考虑现场设备层与中间监控层、Internet 应用层之间的数据传输与交互问题，以及实现控制网络与信息网络的紧密集成。

4. 现场总线与局域网的区别

现场总线与数据网络相比，主要有以下特点。

1）现场总线主要用于对生产、生活设备的控制，对生产过程的状态检测、监视与控制，或实现"家庭自动化"等；数据网络则主要用于通信、办公，提供如文字、声音和图像等数据信息。

2）现场总线和数据网络具有各自的技术特点：控制网络是信息/控制网络最低层，要求具备高度的实时性、安全性和可靠性，网络接口尽可能简单，成本尽量降低，数据传输量一般较小；数据网络则需要适应大批量数据的传输与处理。

3）现场总线采用全数字式通信，具有开放式、全分布、互操作性（Interoperability）等特点。

4）在现代生产和社会生活中，这两种网络将具有越来越紧密的联系。两者的不同特点决定了它们的需求互补以及它们之间需要信息交换。控制网络信息与数据网络信息的结合，沟通了生产过程现场控制设备之间及其与更高控制管理层网络之间的联系，可以更好地调度和优化生产过程，提高产品的产量和质量，为实现控制、管理、经营一体化创造了条件。现场总线与管理信息网络特性比较如表1-8所示。

表1-8 现场总线与管理信息网络特性比较

特　　性	现 场 总 线	管理信息网络
监视与控制能力	强	弱
可靠性与故障容限	高	高
实时响应	快	中
信息报文长度	短	长
OSI 相容性	低	中、高
体系结构与协议复杂性	低	中、高
通信功能级别	中级	大范围
通信速率	低、中	高
抗干扰能力	强	中

国际标准化组织（ISO）提出的OSI参考模型是一种7层通信协议，该协议每层采用国际标准，其中，第1层是物理介质层，第2层是数据链路层，第3层是网络层，第4层是数据传输层，第5层是会话层，第6层是表示层，第7层是应用层。现场总线体系结构是一种实时开放系统，从通信角度看，一般是由OSI参考模型的物理介质层、数据链路层、应用层3层模式体系结构和通信媒质构成的，如Bitbus、CAN、WorldFIP和FF现场总线等。另外，也有在前3层基础上再加数据传输层的4层模式体系结构，如PROFIBUS等。但LonWorks现场总线却比较独特，它是采用包括全部OSI协议在内的7层模式体系结构。

现场总线作为低带宽的底层控制网络，可与Internet及Intranet相连，它作为网络系统的最显著的特征是具有开放统一的通信协议。由于现场总线的开放性，不同设备制造商提供的遵从相同通信协议的各种测量控制设备可以互联，共同组成一个控制系统，使得信息可以在更大范围内共享。

1.3.2　现场总线的作用

现场总线控制网络处于企业网络的底层，或者说，它是构成企业网络的基础。而生产过程的控制参数与设备状态等信息是企业信息的重要组成部分。企业网络各功能层次的网络类型如图1-6所示。从图中可以看出，除现场的控制网络外，上层的ERP和MES都采用以太网。

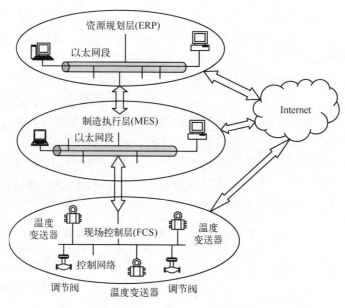

图1-6　各功能层次的网络类型

　　企业网络系统早期的结构复杂，功能层次较多，包括从过程控制、监控、调度、计划、管理到经营决策等。随着互联网的发展和以太网技术的普及，企业网络早期的 TOP/MAP 式多层分布式子网的结构逐渐为以太网、FDDI 主干网所取代。企业网络系统的结构层次趋于扁平化，同时对功能层次的划分也更为简化。底层为控制网络所处的现场控制层（FCS），最上层为企业资源规划层（ERP），而将传统概念上的监控、计划、管理、调度等多项控制管理功能交错的部分，都包罗在中间的制造执行层（MES）中。图 1-6 中的 ERP 与 MES 功能层大多采用以太网技术构成数据网络，网络节点多为各种计算机及外设。随着互联网技术的发展与普及，ERP 与 MES 层的网络集成与信息交互问题得到了较好的解决。它们与外界互联网之间的信息交互也相对比较容易。

　　控制网络的主要作用是为自动化系统传递数字信息。它所传输的信息内容主要是生产装置运行参数的测量值、控制量、阀门的工作位置、开关状态、报警状态、设备的资源与维护信息、系统组态、参数修改、零点量程调校信息等。企业的管理控制一体化系统需要这些控制信息的参与，优化调度等也需要集成不同装置的生产数据，并能实现装置间的数据交换。这些都需要在现场控制层内部，在 FCS 与 MES、ERP 各层之间，方便地实现数据传输与信息共享。

　　目前，现场控制层所采用的控制网络种类繁多，本层网络内部的通信一致性很差，有形形色色的现场总线，再加上 DCS、PLC、SCADA 等。控制网络从通信协议到网络节点类型都与数据网络存在较大差异。这些差异使得控制网络之间、控制网络与外部互联网之间实现信息交换的难度加大，实现互连和互操作存在较多障碍。因此，需要从通信一致性、数据交换技术等方面入手，改善控制网络的数据集成与交换能力。

1.3.3　现场总线与上层网络的互联

　　由于现场总线所处的特殊环境及所承担的实时控制任务是普通局域网和以太网技术难以

取代的，因而现场总线至今依然保持着它在现场控制层的地位和作用。但现场总线需要同上层网络互联，与外界实现信息交换。

目前，现场总线与上层网络的连接方式一般有以下三种：一是采用专用网关完成不同通信协议的转换，把现场总线网段或 DCS 连接到以太网上。图 1-7 是通过网关连接现场总线网段与上层网络的示意图。二是将现场总线网卡和以太网卡都置入工业 PC 的 PCI 插槽内，在 PC 内完成数据交换。在图 1-8 中采用现场总线的 PCI 卡，实现现场总线网段与上层网络的连接。三是将 Web 服务器直接置入 PLC 或现场控制设备内，借助 Web 服务器和通用浏览工具实现数据信息的动态交互。这是近年来互联网技术在生产现场直接应用的结果，但它需要有一直延伸到工厂底层的以太网支持。正是因为控制设备内嵌 Web 服务器，使得现场总线的设备有条件直接通向互联网，与外界直接沟通信息。而在这之前，现场总线设备是不能直接与外界沟通信息的。

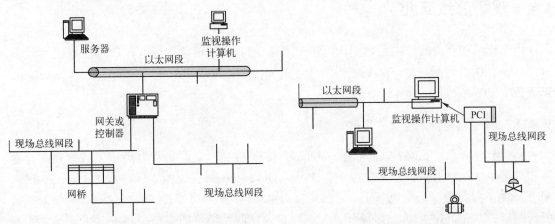

图 1-7　通过网关连接现场总线网段与上层网络　　图 1-8　采用 PCI 卡连接现场总线网段与上层网络

现场总线与互联网的结合拓宽了测量控制系统的范围和视野，为实现跨地区的远程控制与远程故障诊断创造了条件。人们可以在千里之外查看生产现场的运行状态，方便地实现偏远地段生产设备的无人值守，远程诊断生产过程或设备的故障，在办公室查询并操作家中的各类电器等设备。

1.3.4　现场总线网络集成应考虑的因素

应用现场总线要适合企业的需要，选择现场总线应考虑以下因素。

1. 控制网络的特点

1）适应工业控制应用环境，要求实时性强，可靠性高，安全性好。

2）网络传输的是测控数据及其相关信息，因而多为短帧信息，传输速率低。

3）用户应从满足应用需要的角度去选择、评判。

2. 标准支持

国际、国家、地区、企业标准。

3. 网络结构

支持的介质；网络拓扑；最大长度/段；本质安全；总线供电；最大电流；可寻址的最大节点数；可挂接的最大节点数；介质冗余等。

4. 网络性能

传输速率；时间同步准确度；执行同步准确度；媒体访问控制方式；发布/预订接收能力；报文分段能力（报文大小限制，最大数据/报文段）；设备识别；位号名分配；节点对节点的直接传输；支持多段网络；可寻址的最大网段数。

5. 测控系统应用考虑

功能块；应用对象；设备描述。

6. 市场因素

供应商供货的成套性，持久性，地区性，产品互换性和性能价格比。

7. 其他因素

一致性测试；互操作测试机制。

1.4 现场总线简介

由于技术和利益的原因，目前国际上存在着几十种现场总线标准，比较流行的主要有FF、CAN、DeviceNet、LonWorks、PROFIBUS、HART、INTERBUS、CC-Link、ControlNet、WorldFIP、P-Net、SwiftNet 等现场总线。

1.4.1 FF

基金会现场总线，即 Foundation Fieldbus，简称 FF，这是在过程自动化领域得到广泛支持和具有良好发展前景的技术。以美国 Fisher-Rousemount 公司为首，联合 Foxboro、横河、ABB、西门子等 80 家公司制订了 ISP 协议，以 Honeywell 公司为首、联合欧洲等地的 150 家公司制订了 WorldFIP 协议。1994 年 9 月，制订上述两种协议的多家公司成立了现场总线基金会，致力于开发出国际上统一的现场总线协议。它以 ISO/OSI 开放系统互联模型为基础，取其物理层、数据链路层、应用层为 FF 通信模型的相应层次，并在应用层上增加了用户层。

基金会现场总线分低速 H1 和高速 H2 两种通信速率。H1 的传输速率为 31.25 kbit/s，通信距离可达 1900 m（可加中继器延长），可支持总线供电，支持本质安全防爆环境。H2 的传输速率有 1 Mbit/s 和 2.5 Mbit/s 两种，其通信距离为 750 m 和 500 m。物理传输介质可支持双绞线、光缆和无线发射，协议符合 IEC1158-2 标准。

其物理媒介的传输信号采用曼彻斯特编码，每位发送数据的中心位置或是正跳变，或是负跳变。正跳变代表 0，负跳变代表 1，从而使串行数据位流中具有足够的定位信息，以保持发送双方的时间同步。接收方既可根据跳变的极性来判断数据的 "1" "0" 状态，也可根据数据的中心位置精确定位。

为满足用户需要，Honeywell、Ronan 等公司已开发出可完成物理层和部分数据链路层协议的专用芯片，许多仪表公司已开发出符合 FF 协议的产品，H1 总线已通过 α 测试和 β 测试，完成了由 13 个不同厂商提供设备而组成的 FF 现场总线工厂试验系统。H2 总线标准也已形成。1996 年 10 月，在芝加哥举行的 ISA96 展览会上，由现场总线基金会组织实施，向世界展示了来自 40 多家厂商的 70 多种符合 FF 协议的产品，并将这些分布在不同楼层展览大厅不同展台上的 FF 展品，用醒目的橙红色电缆，互联为 7 段现场总线演示系统，各展台现场设备之间可实地进行现场互操作，展现了基金会现场总线的成就与技术实力。

1. 4. 2　CAN 和 CAN FD

CAN 是控制器局域网 Controller Area Network 的简称，最早由德国 BOSCH 公司提出，用于汽车内部测量与执行部件之间的数据通信。其总线规范现已被 ISO 国际标准组织制订为国际标准，得到了 Motorola、Intel、Philips、Siemens、NEC 等公司的支持，已广泛应用在离散控制领域。

CAN 协议也是建立在国际标准组织的开放系统互联模型基础上的，不过，其模型结构只有 3 层，只取 OSI 的物理层、数据链路层和应用层。其信号传输介质为双绞线，在 40 m 的距离时，通信速率最高可达 1 Mbit/s；在通信速率为 5 kbit/s 时，直接传输距离最远可达 10 km，可挂接设备最多可达 110 个。

CAN 的信号传输采用短帧结构，每一帧的有效字节数为 8 个，因而传输时间短，受干扰的概率低。当节点严重错误时，具有自动关闭的功能以切断该节点与总线的联系，使总线上的其他节点及其通信不受影响，具有较强的抗干扰能力。

CAN 支持多主方式工作，网络上任何节点均可在任意时刻主动向其他节点发送信息，支持点对点、一点对多点和全局广播方式接收/发送数据。它采用总线仲裁技术，当出现几个节点同时在网络上传输信息时，优先级高的节点可继续传输数据，而优先级低的节点则主动停止发送，从而避免了总线冲突。

已有多家公司开发生产了符合 CAN 协议的通信控制器，如 NXP 公司的 SJA1000、Microchip 公司的 MCP2515、内嵌 CAN 通信控制器的 ARM 和 DSP 等。还有插在 PC 上的 CAN 总线适配器，具有接口简单、编程方便、开发系统价格便宜等优点。

在汽车领域，随着人们对数据传输带宽要求的增加，传统的 CAN 总线由于带宽的限制难以满足这种增加的需求。

当今社会，汽车已经成为生活中不可缺少的一部分，人们希望汽车不仅仅是一种代步工具，更希望汽车是生活及工作范围的一种延伸。在汽车上就像待在自己的办公室和家里一样，可以打电话、上网、娱乐和工作。

因此，汽车制造商为了提高产品竞争力，将越来越多的功能集成到了汽车上。ECU（电子控制单元）大量地增加使总线负载率急剧增大，传统的 CAN 总线越来越显得力不从心。

此外，为了缩小 CAN 网络（最大 1 Mbit/s）与 FlexRay（最大 10 Mbit/s）网络的带宽差距，BOSCH 公司 2011 年推出了 CAN FD（CAN with Flexible Data-Rate）方案。

1. 4. 3　DeviceNet

在现代的控制系统中，不仅要求现场设备完成本地的控制、监视、诊断等任务，还要能通过网络与其他控制设备及 PLC 进行对等通信，因此现场设备多设计成内置智能式。基于这样的现状，美国 Rockwell Automation 公司于 1994 年推出了 DeviceNet 网络，实现低成本高性能的工业设备的网络互联。

DeviceNet 是一种低成本的通信连接，它将工业设备连接到网络，从而免去了昂贵的硬接线。DeviceNet 也是一种简单的网络解决方案，在提供多供货商同类部件间的可互换性的同时，减少了配线和安装工业自动化设备的成本和时间。DeviceNet 的直接互连性不仅改善了设备间的通信，而且同时提供了相当重要的设备级诊断功能，这是通过硬接线 I/O 接口很难实现的。

DeviceNet 是一个开放式网络标准。规范和协议都是开放的，厂商将设备连接到系统时，无须购买硬件、软件或许可权。任何人都能以少量的复制成本从开放式 DeviceNet 供货商协会（ODVA）获得 DeviceNet 规范。任何制造 DeviceNet 产品的公司都可以加入 ODVA，并参加对 DeviceNet 规范进行增补的技术工作组。

DeviceNet 规范的购买者将得到一份不受限制的，真正免费的开发 DeviceNet 产品的许可。寻求开发帮助的公司可以通过任何渠道购买使其工作简易化的样本源代码、开发工具包和各种开发服务。关键的硬件可以从世界上最大的半导体供货商那里获得。

DeviceNet 具有如下特点。

1）DeviceNet 基于 CAN 总线技术，它可连接开关、光电传感器、阀组、电动机起动器、过程传感器、变频调速设备、固态过载保护装置、条形码阅读器、I/O 和人机界面等，传输速率为 125~500 kbit/s，每个网络的最大节点数是 64 个，干线长度 100~500 m。

2）DeviceNet 使用的通信模式是生产者/客户（Producer/Consumer）。该模式允许网络上的所有节点同时存取同一源数据，网络通信效率更高；采用多信道广播信息发送方式，各个客户可在同一时间接收到生产者所发送的数据，网络利用率更高。生产者/客户模式与传统的"源/目的"通信模式相比，前者采用多信道广播式，网络节点同步化，网络效率高；后者采用应答式，如果要向多个设备传送信息，则需要对这些设备分别进行"呼""应"通信，即使是同一信息，也需要制造多个信息包，这样，增加了网络的通信量，网络响应速度受限制，难以满足高速的、对时间苛求的实时控制。

3）设备可互换性。各个销售商所生产的符合 DeviceNet 网络和行规标准的简单装置（如按钮、电动机起动器、光电传感器、限位开关等）都可以互换，为用户提供灵活性和可选择性。

4）DeviceNet 网络上的设备可以随时连接或断开，而不会影响网上其他设备的运行，方便维护和减少维修费用，也便于系统的扩充和改造。

5）DeviceNet 网络上的设备安装比传统的 I/O 布线更加节省费用，尤其是当设备分布在几百米范围内时，更有利于降低布线安装成本。

6）利用 RS Network for DeviceNet 软件可方便地对网络上的设备进行配置、测试和管理。网络上的设备以图形方式显示工作状态，一目了然。

现场总线技术具有网络化、系统化、开放性的特点，需要多个企业相互支持、相互补充来构成整个网络系统。为便于技术发展和企业之间的协调，统一宣传推广技术和产品，通常每一种现场总线都有一个组织来统一协调。DeviceNet 总线的组织机构是"开放式设备网络供货商协会"，简称"ODVA"，其英文全称为 Open DeviceNet Vendor Association。它是一个独立组织，主要职能是管理 DeviceNet 技术规范，促进 DeviceNet 在全球的推广与应用。

ODVA 实行会员制，会员分供货商会员（Vendor Member）和分销商会员（Distributor Member）。ODVA 现有供货商会员 310 个，其中包括 ABB、Rockwell Automation、Phoenix Contact、OMRON、Hitachi、Cutler-Hammer 等几乎所有世界著名的电气和自动化元件生产商。

ODVA 的作用是帮助供货商会员向 DeviceNet 产品开发者提供技术培训、产品一致性试验工具和试验，支持成员单位对 DeviceNet 协议规范进行改进；出版符合 DeviceNet 协议规范的产品目录，组织研讨会和其他推广活动，帮助用户了解掌握 DeviceNet 技术；帮助分销商开展 DeviceNet 用户培训和 DeviceNet 专家认证培训，提供设计工具，解决 DeviceNet 系统问题。

DeviceNet 是一款比较年轻的，也是较晚进入中国的现场总线。但 DeviceNet 价格低、效率高，特别适用于制造业、工业控制、电力系统等行业的自动化，适合于制造系统的信息化。

2000 年 2 月，上海电器科学研究所与 ODVA 签署合作协议，共同筹建 ODVA China，目的是把 DeviceNet 这一先进技术引入中国，促进我国自动化和现场总线技术的发展。

2002 年 10 月 8 日，DeviceNet 现场总线被批准为国家标准。DeviceNet 中国国家标准编号为 GB/T18858.3-2002，名称为《低压开关设备和控制设备 控制器——设备接口（CDI）第 3 部分：DeviceNet》。该标准于 2003 年 4 月 1 日开始实施。

1.4.4 LonWorks

美国 Echelon 公司于 1992 年成功推出了 LonWorks 智能控制网络。LON（Local Operating Networks）总线是该公司推出的局部操作网络，Echelon 公司开发了 LonWorks 技术，为 LON 总线设计和成品化提供了一套完整的开发平台。其通信协议 LonTalk 支持 OSI/RM 的所有 7 层模型，这是 LON 总线最突出的特点。LonTalk 协议通过神经元芯片（Neuron Chip）上的硬件和固件（firmware）实现，提供介质存取、事务确认和点对点通信服务；还有一些如认证、优先级传输、单一/广播/组播消息发送等高级服务。网络拓扑结构可以是总线型、星形、环形和混合型，可实现自由组合。另外，通信介质支持双绞线、同轴电缆、光纤、射频、红外线和电力线等。应用程序采用面向对象的设计方法，通过网络变量把网络通信的设计简化为参数设置，大大缩短了产品开发周期。

LonWorks 控制网络技术可用于各主要工业领域，如工厂厂房自动化、生产过程控制、楼宇及家庭自动化、农业、医疗和运输业等，为实现智能控制网络提供完整的解决方案。如中央电视塔美丽夜景的灯光秀是由 LonWorks 控制的，T21/T22 次京沪豪华列车是基于 LonWorks 的列车监控系统控制着整个列车的空调暖通、照明、车门及消防报警等系统。Echelon 公司有 4 个主要市场——商用楼宇（包括暖通空调、照明、安防、门禁和电梯等子系统）、工业、交通运输系统和家庭领域。

高可靠性、安全性、易于实现和互操作性，使得 LonWorks 产品应用非常广泛。它广泛应用于过程控制、电梯控制、能源管理、环境监视、污水处理、火灾报警、采暖通风和空调控制、交通管理、家庭网络自动化等。LON 总线已成为当前最流行的现场总线之一。

LonWorks 网络协议已成为诸多组织、行业的标准。消费电子制造商协会（CEMA）将 LonWorks 协议作为家庭网络自动化的标准（EIA-709）。1999 年 10 月，ANSI 接纳 LonWorks 网络的基础协议作为一个开放工业标准，包含在 ANSI/EIA709.1 中。国际半导体原料协会（SEMI）明确采纳 LonWorks 网络技术作为其行业标准，还有许多国际行业协会采纳 LonWorks 协议标准，这将巩固 LonWorks 产品在诸行业领域的应用地位，推动 LonWorks 技术的发展。

LonWorks 使用的开放式通信协议 LonTalk 为设备之间交换控制状态信息建立了一种通用

的标准。在 LonTalk 协议的协调下，以往那些相应的系统和产品融为一体，形成了一个网络控制系统。LonTalk 协议最大的特点是对 OSI 7 层协议的支持，是直接面向对象的网络协议，这是其他的现场总线所不支持的。具体实现就是网络变量这一形式。网络变量使节点之间的数据传递只是通过各个网络变量的绑定便可完成。又由于硬件芯片的支持，实现了实时性和接口的直观、简洁的现场总线应用要求。Neuron 芯片是 LonWorks 技术的核心，它不仅是 LON 总线的通信处理器，同时也是作为采集和控制的通用处理器，LonWorks 技术中所有关于网络的操作实际上都是通过它来完成的。按照 LonWorks 标准网络变量来定义数据结构，也可以解决和不同厂家产品的互操作性问题。为了更好地推广 LonWorks 技术，1994 年 5 月，由世界许多大公司，如 ABB、Honeywell、Motorola、IBM、TOSHIBA、HP 等，组成了一个独立的行业协会 LonMark，负责定义、发布、确认产品的互操作性标准。LonMark 是与 Echelon 公司无关的 LonWorks 用户标准化组织，按照 LonMark 规范设计的 LonWorks 产品，均可以非常容易地集成在一起，用户不必为网络日后的维护和扩展费用担心。LonMark 协会的成立，对于 LonWorks 技术的推广和发展起到了极大的推动作用。许多公司在其产品上采纳了 LonWorks 技术，如 Honeywell 将 LonWorks 技术用于其楼宇自控系统，因此，LON 总线成为现场总线的主流之一。

2005 年之前，LonWorks 技术的核心是神经元芯片（Neuron Chip）。神经元芯片主要有 3120 和 3150 两大系列，生产厂家最早的有 Motorola 公司和 TOSHIBA 公司，后来生产神经元芯片的厂家是 TOSHIBA 公司和美国的 Cypress 公司。TOSHIBA 公司生产的神经元芯片型号为 TMPN3120 和 TMPN3150 两个系列。TMPN3120 不支持外部存储器，它本身带有 EEPROM；TMPN3150 支持外部存储器，适合功能较为复杂的应用场合。Cypress 公司生产的神经元芯片型号为 CY7C53120 和 CY7C53150 两个系列。

2005 年之后，上述神经元芯片不再给用户供货，Echelon 公司主推 FT 智能收发器和 Neuron 处理器。

2018 年 9 月，总部位于美国加州的 Adesto Technologies（阿德斯托技术）公司收购了 Echelon 公司。

Adesto 公司是创新的、特定应用的半导体和嵌入式系统的领先供应商，这些半导体和嵌入式系统构成了物联网边缘设备在全球网络上运行的基本组成部分。半导体和嵌入式技术组合优化了连接物联网设备，用于工业、消费、通信和医疗应用。

通过专家设计、无与伦比的系统专业知识和专有知识产权，Adesto 公司使客户能够在对物联网最重要的地方区分他们的系统：更高的效率、更高的可靠性和安全性、集成的智能和更低的成本。广泛的产品组合涵盖从物联网边缘服务器、路由器、节点和通信模块到模拟、数字和非易失性存储器（NVM）技术，这些技术以标准产品、专用集成电路（ASIC）和 IP 核的形式交付给用户。

Adesto 公司成功推出的 FT 6050 智能收发器和 Neuron 6050 处理器是用于现代化和整合智能控制网络的片上系统。

1.4.5 PROFIBUS

PROFIBUS 是作为德国国家标准 DIN19245 和欧洲标准 EN50170 的现场总线，ISO/OSI 模型也是它的参考模型。由 PROFIBUS-DP、PROFIBUS-FMS、PROFIBUS-PA 组成了 PRO-

FIBUS 系列。

DP 型用于分散外设间的高速传输，适合于加工自动化领域的应用。FMS 意为现场信息规范，适用于纺织、楼宇自动化、可编程序控制器、低压开关等一般自动化，而 PA 型则是用于过程自动化的总线类型，它遵从 IEC1158-2 标准。该项技术是由西门子公司为主的十几家德国公司、研究所共同推出的。它采用了 OSI 模型的物理层、数据链路层，由这两部分形成了其标准第一部分的子集，DP 型隐去了 3~7 层，而增加了直接数据连接拟合作为用户接口，FMS 型只隐去第 3~6 层，采用了应用层，作为标准的第二部分。PA 型的标准目前还处于制定过程之中，其传输技术遵从 IEC1158-2（H1）标准，可实现总线供电与本质安全防爆。

PROFIBUS 支持主-从系统、纯主站系统、多主多从混合系统等几种传输方式。主站具有对总线的控制权，可主动发送信息。对多主站系统来说，主站之间采用令牌方式传递信息，得到令牌的站点可在一个事先规定的时间内拥有总线控制权，并事先规定好令牌在各主站中循环一周的最长时间。按 PROFIBUS 的通信规范，令牌在主站之间按地址编号顺序，沿上行方向进行传递。主站在得到控制权时，可以按主-从方式，向从站发送或索取信息，实现点对点通信。主站可对所有站点广播（不要求应答），或有选择地向一组站点广播。

PROFIBUS 的传输速率为 9.6 kbit/s~12 Mbit/s，最大传输距离在 9.6 kbit/s 时为 1200 m，1.5 Mbit/s 时为 200 m，可用中继器延长至 10 km。其传输介质可以是双绞线，也可以是光缆，最多可挂接 127 个站点。

1.4.6　CC-Link

1996 年 11 月，以三菱电机为主的多家公司以"多厂家设备环境、高性能、省配线"理念开发、公布和开放了现场总线 CC-Link，第一次正式向市场推出了 CC-Link 这一全新的多厂商、高性能、省配线的现场网络。并于 1997 年获得日本电机工业会（JEMA）颁发的杰出技术成就奖。

CC-Link 是 Control & Communication Link（控制与通信链路系统）的简称。即在工控系统中，可以将控制和信息数据同时以 10 Mbit/s 高速传输的现场网络。CC-Link 具有性能卓越、应用广泛、使用简单、节省成本等突出优点。作为开放式现场总线，CC-Link 是唯一起源于亚洲地区的总线系统，CC-Link 的技术特点尤其适合亚洲人的思维习惯。

1998 年，汽车行业的马自达、五十铃、雅马哈、通用、铃木等也成为 CC-Link 的用户，而且 CC-Link 迅速进入中国市场。

为了使用户能更方便地选择和配置自己的 CC-Link 系统，2000 年 11 月，CC-Link 协会（CC-Link Partner Association，CLPA）在日本成立。主要负责 CC-Link 在全球的普及和推进工作。为了全球化的推广能够统一进行，CLPA（CC-Link 协会）在全球设立了众多的驻点，分布在美国、欧洲、中国、中国台湾、新加坡、韩国等国家和地区，负责在不同地区在各个方面推广和支持 CC-Link 用户和成员的工作。

CLPA 由"Woodhead""CONTEC""Digital""NEC""松下电工"和"三菱电机"等 6个常务理事会员发起。到 2002 年 3 月底，CLPA 在全球拥有 252 家会员公司，其中包括浙大中控、中科软大等几家中国的会员公司，其在中国的技术发展和应用有着广阔的前景。

1. CC-Link 现场网络的组成与特点

CC-Link 现场总线由 CC-Link、CC-Link/LT、CC-Link Safety、CC-Link IE Control、

CC-Link IE Field、SLMP 组成。

CC-Link 协议已经获得许多国际和国家标准认可，如：

- 国际化标准组织 ISO15745（应用集成框架）。
- IEC 国际组织 61784/61158（工业现场总线协议的规定）。
- SEMIE54. 12。
- 中国国家标准 GB/T 19780。
- 韩国工业标准 KSB ISO 15745-5。

CC-Link 网络层次结构如图 1-9 所示。

1）CC-Link 是基于 RS485 的现场网络。CC-Link 提供高速、稳定的输入/输出响应，并具有优越的灵活扩展潜能。

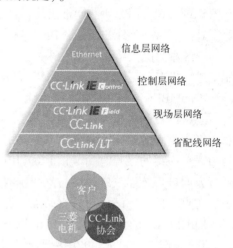

图 1-9　CC-Link 网络层次结构

- 丰富的兼容产品，超过 1500 多个品种。
- 轻松、低成本开发网络兼容产品。
- CC-Link Ver. 2 提供高容量的循环通信。

2）CC-Link/LT 是基于 RS485 高性能、高可靠性、省配线的开放式网络。

它解决了安装现场复杂的电缆配线或不正确的电缆连接。继承了 CC-Link 诸如开放性、高速和抗噪声等优异特点，通过简单设置和方便的安装步骤来降低工时，适用于小型 I/O 应用场合的低成本型网络。

- 能轻松、低成本地开发主站和从站。
- 适合于节省控制柜和现场设备内的配线。
- 使用专用接口，能通过简单的操作连接或断开通信电缆。

3）CC-Link Safety 专门基于满足严苛的安全网络要求打造而成。

4）CC-Link IE Control 是基于以太网的千兆控制层网络，采用双工传输路径，稳定可靠。其核心网络打破了各个现场网络或运动控制网络的界限，通过千兆大容量数据传输，实现控制层网络的分布式控制。凭借新增的安全通信功能，可以在各个控制器之间实现安全数据共享。作为工厂内使用的主干网，实现在大规模分布式控制器系统和独立的现场网络之间协调管理。

- 采用千兆以太网技术，实现超高速，大容量的网络型共享内存通信。
- 冗余传输路径（双回路通信），实现高度可靠的通信。
- 强大的网络诊断功能。

5）CC-Link IE Field 是基于以太网的千兆现场层网络。针对智能制造系统设计，它能够在连有多个网络的情况下，以千兆传输速度实现对 I/O 的"实时控制+分布式控制"。为简化系统配置，增加了安全通信功能和运动通信功能。在一个开放的、无缝的网络环境，集高速 I/O 控制、分布式控制系统于一个网络中，可以随着设备的布局灵活敷设电缆。

- 千兆传输能力和实时性，使控制数据和信息数据之间的沟通畅通无阻。
- 网络拓扑的选择范围广泛。
- 强大的网络诊断功能。

6）SLMP 可使用标准帧格式跨网络进行无缝通信，使用 SLMP 实现轻松连接，若与 CSP+

相结合，可以延伸至生产管理和预测维护领域。

CC-Link 是高速的现场网络，它能够同时处理控制和信息数据。在高达 10 Mbit/s 的通信速度时，CC-Link 可以达到 100 m 的传输距离并能连接 64 个逻辑站。CC-Link 的特点如下。

① 高速和高确定性的输入/输出响应。

除了能以 10 Mbit/s 的高速通信外，CC-Link 还具有高确定性和实时性等通信优势，能够让系统设计者方便构建稳定的控制系统。

② CC-Link 对众多厂商产品提供兼容性。

CLPA 提供"存储器映射规则"，为每一类型产品定义数据。该定义包括控制信号和数据分布。众多厂商按照这个规则开发 CC-Link 兼容产品。用户不需要改变链接或控制程序，很容易将该处产品从一种品牌换成另一种品牌。

③ 传输距离容易扩展。

通信速率为 10 Mbit/s 时，最大传输距离为 100 m。通信速率为 156 kbit/s 时，传输距离可以达到 1.2 km。使用电缆中继器和光中继器可扩展传输距离。CC-Link 支持大规模的应用并减少了配线和设备安装所需的时间。

④ 省配线。

CC-Link 显著地减少了复杂生产线上所需的控制线缆和电源线缆的数量。它减少了配线和安装的费用，使完成配线所需的工作量减少并极大改善了维护工作。

⑤ 依靠 RAS 功能实现高可能性。

RAS 的可靠性、可使用性、可维护性功能是 CC-Link 另外一个特点，该功能包括备用主站，从站脱离，自动恢复，测试和监控，它提供了高可靠性的网络系统并使网络瘫痪的时间最小化。

⑥ CC-Link V2.0 提供更多功能和更优异的性能。

通过 2 倍、4 倍、8 倍等扩展循环设置，最大可以达到 RX、RY 各 8192 点和 RWw、RWr 各 2048 字。每台最多可链接点数（占用 4 个逻辑站时）从 128 位、32 字扩展到 896 位、256 字。CC-Link V2.0 与 CC-Link Ver. 1.10 相比，通信容量最大增加到 8 倍。

CC-Link 在包括汽车制造、半导体制造，传送系统和食品生产等各种自动化领域提供简单安装和省配线的优秀产品，除了这些传统的优点外，CC-Link Ver. 2.0 在如半导体制造过程中的"In-Situ"监视和"APC（先进的过程控制）"、仪表和控制中的"多路模拟-数字数据通信"等需要大容量和稳定的数据通信领域满足其要求，这增加了开放的 CC-Link 网络在全球的吸引力。新版本 Ver. 2.0 的主站可以兼容新版本 Ver. 2.0 从站和 Ver. 1.10 的从站。

CC-Link 工业网络结构如图 1-10 所示。

2. CC-Link Safety 系统构成与特点

CC-Link Safety 构筑最优化的工厂安全系统取得 GB/Z 29496.1.2.3-2013 控制与通信网络 CC-Link Safety 规范。国际标准的制定，呼吁了安全网络的重要性，帮助制造业构筑工厂生产线的安全系统、实现安全系统的节省配线、提高生产效率、并且与控制系统紧密结合的安全网络。

CC-Link Safety 系统构成如图 1-11 所示

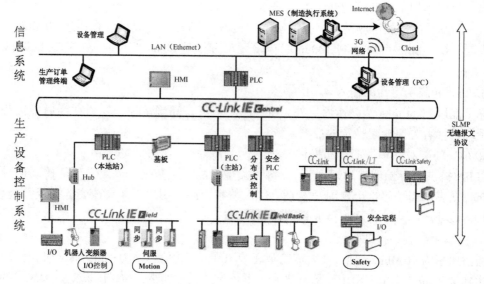

图 1-10　CC-Link 工业网络结构

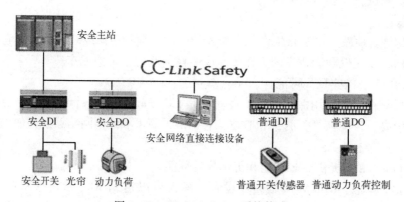

图 1-11　CC-Link Safety 系统构成

CC-Link Safety 的特点如下。

1）高速通信的实现。

实现 10 Mbit/s 的安全通信速度，凭借与 CC-Link 同样的高速通信，可构筑具有高度响应性能的安全系统。

2）通信异常的检测。

能实现可靠紧急停止的安全网络，具备检测通信延迟或缺损等所有通信出错的安全通信功能，发生异常时能可靠停止系统。

3）原有资源的有效利用。

可继续利用原有的网络资源，可使用 CC-Link 专用通信电缆，在连接报警灯等设备时，可使用原有的 CC-Link 远程站。

4）RAS 功能。

集中管理网络故障及异常信息，安全从站的动作状态和出错代码传送至主站管理，还可通过安全从站、网络的实时监视，解决前期故障。

5）兼容产品开发的效率化。

Safety 兼容产品开发更加简单，CC-Link Safety 技术已通过安全审查机构审查，可缩短兼容产品的安全审查时间。

1.4.7 ControlNet

1. ControlNet 的历史与发展

工业现场控制网络的许多应用不仅要求在控制器和工业器件之间的紧耦合，还应有确定性和可重复性。在 ControlNet 出现以前，没有一个网络在设备或信息层能有效地实现这样的功能要求。

ControlNet 是由在北美（包括美国、加拿大等）地区的工业自动化领域中技术和市场占有率稳居第一位的美国罗克韦尔自动化公司（Rockwell Automation）于 1997 年推出的一种新的面向控制层的实时性现场总线网络。

ControlNet 是一种最现代化的开放网络，它提供如下功能。

1）在同一链路上同时支持 I/O 信息，控制器实时互锁以及对等通信报文传送和编程操作。

2）对于离散和连续过程控制应用场合，均具有确定性和可重复性。

ControlNet 采用了开放网络技术的一种全新的解决方案——生产者/消费者（Producer/Consumer）模型，它具有精确同步化的功能。ControlNet 是目前世界上增长最快的工业控制网络之一（网络节点数年均以 180% 的速度增长）。

ControlNet 广泛应用于交通运输、汽车制造、冶金、矿山、电力、食品、造纸、石油、化工、娱乐及很多其他领域的工厂自动化和过程自动化。世界上许多知名的大公司，包括福特汽车公司、通用汽车公司、巴斯夫公司、柯达公司、现代集团公司等以及美国宇航局等政府机构都是 ControlNet 的用户。

2. ControlNet International 简介

为了促进 ControlNet 技术的发展、推广和应用，1997 年 7 月由罗克韦尔自动化等 22 家公司联合发起成立了控制网国际组织（ControlNet International-CI）。同时，罗克韦尔自动化将 ControlNet 技术转让给了 CI。CI 是一个为用户和供货厂商服务的非营利性的独立组织，它负责 ControlNet 技术规范的管理和发展，并通过开发测试软件提供产品的一致性测试，出版 ControlNet 产品目录，进行 ControlNet 技术培训等，促进世界范围内 ControlNet 技术的推广和应用。因而，ControlNet 是开放的现场总线。CI 在全世界范围内拥有包括 Rockwell Automation、ABB、Honeywell、TOSHIBA 等 70 家著名厂商组成的成员单位。

CI 的成员可以加入 ControlNet 特别兴趣小组（Special Interest Group），他们由两个或多个对某类产品有共同兴趣的供货商组成。他们的任务是开发设备行规（Device Profile），目的是让加入 ControlNet 的所有成员对 ControlNet 某类产品的基本标准达成一致意见，这样使得同类的产品可以达到互换性和互操作性。SIG 开发的成果经过同行们审查再提交 CI 的技术审查委员会，经过批准，其设备行规将成为 ControlNet 技术规范的一部分。

3. ControlNet 简介

ControlNet 是一个高速的工业控制网络，在同一电缆上同时支持 I/O 信息和报文信息（包括程序、组态、诊断等信息），集中体现了控制网络对控制（Control）、组态（Configuration)、采集（Collect）等信息的完全支持，ControlNet 基于生产者/消费者这一先进的网络模型，该模型为网络提供更高有效性、一致性和柔韧性。

从专用网络到公用标准网络，工业网络开发商给用户带来了许多好处，但同时也带来了许多互不相容的网络，如果将网络的扁平体系和高性能的需要加以考虑的话，我们就会发现，为了增强网络的性能，有必要在自动化和控制网络这一层引进一种包含市场上所有网络优良性能的一种全新的网络，另外还应考虑到的是数据的传输时间是可预测的，以及保证传输时间不受设备加入或离开网络的影响。所有的这些现实问题推动了 ControlNet 的开发和发展，它正是满足不同需要的一种实时的控制层的网络。

ControlNet 协议的制定参照了 OSI 7 层协议模型，并参照了其中的 1、2、3、4、7 层。既考虑到网络的效率和实现的复杂程度，没有像 LonWorks 一样采用完整的 7 层；又兼顾到协议技术的向前兼容性和功能完整性，与一般现场总线相比增加了网络层和传输层。这就为和异种网络的互联和网络的桥接功能提供了支持，更有利于大范围的组网。

ControlNet 中网络和传输层的任务是建立和维护连接。这一部分协议主要定义了 UCMM（未连接报文管理）、报文路由（Message Router）对象和连接管理（Connection Management）对象及相应的连接管理服务。以下将对 UCMM、报文路由等分别进行介绍。

ControlNet 上可连接以下典型的设备。
- 逻辑控制器（例如可编程逻辑控制器、软控制器等）。
- I/O 机架和其他 I/O 设备。
- 人机界面设备。
- 操作员界面设备。
- 电动机控制设备。
- 变频器。
- 机器人。
- 气动阀门。
- 过程控制设备。
- 网桥/网关等。

关于具体设备的性能及其生产商，用户可以向 CI 索取 ControlNet 产品目录（Product Catalog）。

ControlNet 网络上可以连接多种设备。
- 同一网络支持多个控制器。
- 每个控制器拥有自己的 I/O 设备。
- I/O 机架的输入量支持多点传送（Multicast）。

ControlNet 提供了市场上任何单一网络不能提供的性能。
- 高速（5 Mbit/s）的控制和 I/O 网络，增强的 I/O 性能和点对点通信能力，多主机支持，同时支持编程和 I/O 通信的网络，可以从任何一个节点，甚至是适配器访问整个网络。
- 柔性的安装选择。使用可用的多种标准的低价的电缆，可选的媒体冗余，每个子网可支持最多 99 个节点，并且可放在主干网的任何地方。
- 先进的网络模型，对 I/O 信息实现确定和可重复地传送，媒介访问算法确保传送时间的准确性，生产者/消费者模型最大限度优化了带宽的利用率，支持多主机、多点传送和点对点的应用关系。

- 使用软件进行设备组态和编程，并且使用同一网络。

ControlNet 物理媒介可以使用电缆和光纤，电缆使用 RG-6/U 同轴电缆（和有线电视电缆相同），其特点是廉价，抗干扰能力强，安装简单，使用标准 BNC 连接器和无源分接器（Tap），分接器允许节点放置在网络的任何地方，每个网段可延伸到 1000 m，并且可用中继器（Repeater）进行扩展。在户外、危险及高电磁干扰环境下可使用光纤，当与同轴电缆混接时可延伸到 25 km，其距离仅受光纤的质量所限制。

媒质访问控制使用时间片算法（Time Slice）保证每个节点之间的同步带宽的分配。根据实时数据的特性，带宽预先保留或预订（Scheduled）用来支持实时数据的传送，余下的带宽用于非实时或未预订（Unscheduled）数据的传送，实时数据包括 I/O 信息和控制器之间对等信息的互锁（Interlocking），而非实时数据则包括显性报文（Explicit Messaging）和连接的建立。

传统的网络支持两类产品（例如主机和从机），ControlNet 支持 3 类产品。

- 设备供电：设备采用外部供电。
- 网络模型：生产者/消费者。
- 连接器：标准同轴电缆 BNC。
- 物理层介质：RG6 同轴电缆、光纤。
- 网络节点数：99 个最大可编址节点，不带中继器的网段最多 48 个节点。
- 带中继器最大拓扑：（同轴电缆）5000 m，（光纤）30 km。
- 应用层设计：面向对象设计，包括设备对象模型，类/实例/属性，设备行规（Profile）。
- I/O 数据触发方式：轮询（Poll），周期性发送（Cyclic）/状态改变发送（Change of State）。
- 网络刷新时间：可组态 2~100 ms。
- I/O 数据点数：无限多个。
- 数据分组大小：可变长 0~510 字节。
- 网络和系统特性：可带电插拔，确定性和可重复性，可选本征安全，网络重复节点检测，报文分段传送（块传送）。

1.4.8 AS-i

AS-i（Actuator-Sensor interface）是执行器-传感器接口的英文缩写。它是一种用来在控制器（主站、Master）和传感器/执行器（从站、Slave）之间双向交换信息、主从结构的总线网络，它属于现场总线下面设备级的底层通信网络。

一个 AS-i 总线中的主站最多可以带 31 个从站，从站的地址为 5 位，可以有 32 个地址，但 "0" 地址留作地址自动分配时的特殊用途。一个 AS-i 的主站又可以通过网关（Gateway）和 PROFIBUS-DP 现场总线连接，作为它的一个从站。

AS-i 总线用于具有开关量特征的传感器/执行器中，也可用于各种开关电器中。AS-i 是总线供电，即两条传输线既传输信号，又向主站和从站提供电源。AS-i 主站由带有 AS-i

主机电路板的可编程序控制器（PLC）或工业计算机（IPC）组成，它是 AS-i 总线的核心。AS-i 从站一般可分为两种，一种是智能型开关装置，它本身就带有从机专用芯片和配套电路，形成一体化从站，这种智能化传感器/执行器或其他开关电器就可以直接和 AS-i 网线连接。第二种使用专门设计的 AS-i 接口"用户模块"。在这种"用户模块"中带有从机专用芯片和配套电路，它除了有通信接口外，一般还带有 8 个 I/O 口，这样它就可以和 8 个普通的开关元件相连接构成分离型从站。AS-i 总线主站和从站之间的通信采用非屏蔽、非绞线的双芯电缆。其中一种是普通的圆柱形电缆，另一种为专用的扁平电缆，由于采用一种特殊的穿刺安装方法把线压在连接件上，所以安装和拆卸都很方便。

AS-i 总线的发展是由 11 家公司联合资助和规划的，并得到德国科技部的支持，现已成立了 AS-i 国际协会（AS-International Association），它的任务是规划 AS-i 部件的开发和系统的定义，进行有关标准化的工作，组织产品的标准测试和软件认证，以保证 AS-i 产品的开放性和互操作性。

1.4.9　P-Net

P-Net 现场总线由丹麦 Process-Data A/S 公司提出，1984 年开发出第一个多主控器现场总线的产品，主要应用于农业、水产、饲养、林业、食品等行业，现已成为欧洲标准 EN 50170 的第一部分、IEC 61158 类型 4。P-Net 采用了 ISO/OSI 模型的物理层、数据链路层、网络层、服务器和应用层。

P-Net 是一种多主控器主从式总线（每段最多可容纳 32 个主控器），使用屏蔽双绞线电缆，传输距离 1.2 km，采用 NRZ 编码异步传输，数据传输速率为 76.8 kbit/s。

P-Net 总线只提供了一种传输速率，它可以同时应用在工厂自动化系统的几个层次上，而各层次的运输速率保持一致。这样构成的多网络结构使各层次之间的通信不需要特殊的耦合器，几个总线分段之间可实现直接寻址，它又称为多网络结构。

P-Net 总线访问采用一种"虚拟令牌传递"的方式，总线访问权通过虚拟令牌在主站之间循环传递，即通过主站中的访问计数器和空闲总线位周期计数器，确定令牌的持有者和持有令牌的时间。这种基于时间的循环机制，不同于采用实报文传递令牌的方式，节省了主控制器的处理时间，提高了总线的传输效率，而且它不需要任何总线仲裁的功能。

P-Net 不采用专用芯片，它对从站的通信程序仅需几千字节的编码，因此它结构简单，易于开发和转化。

1.5　工业以太网简介

1.5.1　EtherCAT

EtherCAT 是由德国 BECKHOFF 公司开发的，并且在 2003 年底成立了 ETG 工作组（Ethernet Technology Group）。EtherCAT 是一个可用于现场级的超高速 I/O 网络，它使用标准的以太网物理层和常规的以太网卡，介质可为双绞线或光纤。

1. 以太网的实时能力

目前，有许多方案力求实现以太网的实时能力。

例如，CSMA/CD 介质存取过程方案，即禁止高层协议访问过程，而由时间片或轮循方式所取代的一种解决方案。

另一种解决方案则是通过专用交换机精确控制时间的方式来分配以太网包。

这些方案虽然可以在某种程度上快速准确地将数据包传送给所连接的以太网节点，但是，输出或驱动控制器重定向所需要的时间以及读取输入数据所需要的时间都要受制于具体的实现方式。

如果将单个以太网帧用于每个设备，从理论上讲，其可用数据率非常低。例如，最短的以太网帧为 84 字节（包括内部的包间隔 IPG）。如果一个驱动器周期性地发送 4 字节的实际值和状态信息，并相应地同时接收 4 字节的命令值和控制字信息，那么，即便是总线负荷为 100%时，其可用数据率也只能达到 4/84=4.8%。如果按照 10 μs 的平均响应时间估计，则速率将下降到 1.9%。对所有发送以太网帧到每个设备（或期望帧来自每个设备）的实时以太网方式而言，都存在这些限制，但以太网帧内部所使用的协议则是例外。

一般常规的工业以太网的传输方法都采用先接收通信帧，进行分析后作为数据送入网络中各个模块的通信方式，而 EtherCAT 的以太网协议帧中已经包含了网络中各个模块的数据。

数据的传输采用移位同步的方法进行，即在网络的模块中得到其相应地址数据的同时，数据帧可以传送到下一个设备，相当于数据帧通过一个模块时输出相应的数据后，立即转入下一个模块。由于这种数据帧的传送从一个设备到另一个设备延迟时间仅为微秒级，所以与其他以太网解决方法相比，性能得到了提高。在网络段的最后一个模块结束了整个数据传输的工作，形成了一个逻辑和物理环形结构。所有传输数据与以太网的协议相兼容，同时采用双工传输，提高了传输的效率。

2. EtherCAT 的运行原理

EtherCAT 技术突破了其他以太网解决方案的系统限制：通过该项技术，无须接收以太网数据包，将其解码，之后再将过程数据复制到各个设备。EtherCAT 从站设备在报文经过其节点时读取相应的编址数据，同样，输入数据也是在报文经过时插入至报文中。整个过程中，报文只有几纳秒的时间延迟。

由于发送和接收的以太网帧压缩了大量的设备数据，所以有效数据率可达 90%以上。100 Mbit/s TX 的全双工特性完全得以利用，因此，有效数据率可大于 100 Mbit/s。

符合 IEEE 802.3 标准的以太网协议无须附加任何总线即可访问各个设备。耦合设备中的物理层可以将双绞线或光纤转换为 LVDS，以满足电子端子块等模块化设备的需求。这样，就可以非常经济地对模块化设备进行扩展了。

EtherCAT 的通信协议模型如图 1-12 所示。EtherCAT 通过协议内部可区别传输数据的优先权（Process Data），组态数据或参数的传输是在一个确定的时间中通过一个专用的服务通道进行（Acyclic Data），EtherCAT 系统的以太网功能与传输的 IP 协议兼容。

3. EtherCAT 的技术特征

EtherCAT 是用于过程数据的优化协议，凭借特殊的以太网类型，它可以在以太网帧内直接传送。EtherCAT 帧可包括几个 EtherCAT 报文，每个报文都服务于一块逻辑过程映像区的特定内存区域，该区域最大可达 4 GB 字节。数据顺序不依赖于网络中以太网端子的物理顺序，可任意编址。从站之间的广播、多播和通信均得以实现。当需要实现最佳性能，且要求 EtherCAT 组件和控制器在同一子网操作时，则直接采用以太网帧传输。

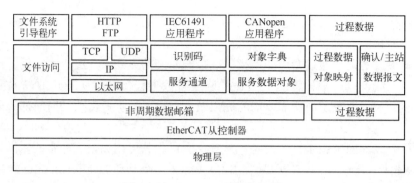

图 1-12　EtherCAT 通信协议模型

　　然而，EtherCAT 不仅限于单个子网的应用。EtherCAT UDP 将 EtherCAT 协议封装为 UDP/IP 数据报文，这意味着任何以太网协议栈的控制均可编址到 EtherCAT 系统之中，甚至通信还可以通过路由器跨接到其他子网中。显然，在这种变体结构中，系统性能取决于控制的实时特性和以太网协议的实现方式。因为 UDP 数据报文仅在第一个站才完成解包，所以 EtherCAT 网络自身的响应时间基本不受影响。

　　另外，根据主/从数据交换原理，EtherCAT 也非常适合控制器之间（主/从）的通信。自由编址的网络变量可用于过程数据以及参数、诊断、编程和各种远程控制服务，满足广泛的应用需求。主站/从站与主站/主站之间的数据通信接口也相同。

　　从站到从站的通信则有两种机制以供选择。

　　一种机制是上游设备和下游设备可以在同一周期内实现通信，速度非常快。由于这种方法与拓扑结构相关，因此适用于由设备架构设计所决定的从站到从站的通信，如打印或包装应用等。

　　而对于自由配置的从站到从站的通信，则可以采用第二种机制：数据通过主站进行中继。这种机制需要两个周期才能完成，但由于 EtherCAT 的性能非常卓越，因此该过程耗时仍然小于采用其他方法所耗费的时间。

　　EtherCAT 仅使用标准的以太网帧，无任何压缩。因此，EtherCAT 以太网帧可以通过任何以太网 MAC 发送，并可以使用标准工具。

　　EtherCAT 使网络性能达到了一个新境界。借助于从站硬件集成和网络控制器主站的直接内存存取，整个协议的处理过程都在硬件中得以实现，因此，完全独立于协议栈的实时运行系统、CPU 性能或软件实现方式。

　　超高性能的 EtherCAT 技术可以实现传统的现场总线系统难以实现的控制理念。EtherCAT 使通信技术和现代工业 PC 所具有的超强计算能力相适应，总线系统不再是控制理念的瓶颈，分布式 I/O 可能比大多数本地 I/O 接口运行速度更快。EtherCAT 技术原理具有可塑性，并不束缚于 100 Mbit/s 的通信速率，甚至有可能扩展为 1000 Mbit/s 的以太网。

　　现场总线系统的实际应用经验表明，有效性和试运行时间关键取决于诊断能力。只有快速而准确地检测出故障，并明确标明其所在位置，才能快速排除故障。因此，在 EtherCAT 的研发过程中，特别注重强化诊断特征。

　　试运行期间，驱动或 I/O 端子等节点的实际配置需要与指定的配置进行匹配性检查，拓扑结构也需要与配置相匹配。由于整合的拓扑识别过程已延伸至各个端子，因此，这种检查不仅可以在系统启动期间进行，也可以在网络自动读取时进行。

可以通过评估 CRC 校验，有效检测出数据传送期间的位故障。除断线检测和定位之外，EtherCAT 系统的协议、物理层和拓扑结构还可以对各个传输段分别进行品质监视，与错误计数器关联的自动评估还可以对关键的网络段进行精确定位。此外，对于电磁干扰、连接器破损或电缆损坏等一些渐变或突变的错误源而言，即便它们尚未过度应变到网络自恢复能力的范围，也可对其进行检测与定位。

选择冗余电缆可以满足快速增长的系统可靠性需求，以保证设备更换时不会导致网络瘫痪。可以很经济地增加冗余特性，仅需在主站设备端增加使用一个标准的以太网端口，无需专用网卡或接口，并将单一的电缆从总线型拓扑结构转变为环形拓扑结构即可。当设备或电缆发生故障时，也仅需一个周期即可完成切换。因此，即使是针对运动控制要求的应用，电缆出现故障时也不会有任何问题。EtherCAT 也支持热备份的主站冗余。由于在环路中断时 EtherCAT 从站控制器将立刻自动返回数据帧，一个设备的失败不会导致整个网络的瘫痪。

为了实现 EtherCAT 安全数据通信，EtherCAT 安全通信协议已经在 ETG 组织内部公开。EtherCAT 被用作传输安全和非安全数据的单一通道。传输介质被认为是"黑色通道"而不被包括在安全协议中。EtherCAT 过程数据中的安全数据报文包括安全过程数据和所要求的数据备份。这个"容器"在设备的应用层被安全地解析。通信仍然是单一通道的，这符合 IEC61784-3 附件中的模型 A。

EtherCAT 安全协议已经由德国技术监督局（TÜV）评估为满足 IEC61508 定义的 SIL3 等级的安全设备之间传输过程数据的通信协议。设备上实施 EtherCAT 安全协议必须满足安全目标的需求。

4. EtherCAT 的实施

由于 EtherCAT 无需集线器和交换机，因此，在环境条件允许的情况下，可以节省电源、安装费用等设备方面的投资，只需使用标准的以太网电缆和价格低廉的标准连接器即可。如果环境条件有特殊要求，则可以依照 IEC 标准，使用增强密封保护等级的连接器。

EtherCAT 技术是面向经济的设备而开发的，如 I/O 端子、传感器和嵌入式控制器等。EtherCAT 使用遵循 IEEE802.3 标准的以太网帧。这些帧由主站设备发送，从站设备只是在以太网帧经过其所在位置时才提取和/或插入数据。因此，EtherCAT 使用标准的以太网 MAC，这正是其在主站设备方面智能化的体现。同样，EtherCAT 从站控制器采用 ASIC 芯片，在硬件中处理过程数据协议，确保提供最佳实时性能。

EtherCAT 接线非常简单，并对其他协议开放。传统的现场总线系统已达到了极限，而 EtherCAT 则突破建立了新的技术标准。可选择双绞线或光纤，并利用以太网和因特网技术实现垂直优化集成。使用 EtherCAT 技术，可以用简单的线型拓扑结构替代昂贵的星形以太网拓扑结构，无需昂贵的基础组件。EtherCAT 还可以使用传统的交换机连接方式，以集成其他的以太网设备。其他的实时以太网方案需要与控制器进行特殊连接，而 EtherCAT 只需要价格低廉的标准以太网卡（NIC）便可实现。

EtherCAT 拥有多种机制，支持主站到从站、从站到从站以及主站到主站之间的通信。它实现了安全功能，采用技术可行且经济实用的方法，使以太网技术可以向下延伸至 I/O 级。EtherCAT 功能优越，可以完全兼容以太网，可将因特网技术嵌入到简单设备中，并最大化地利用了以太网所提供的"巨大"带宽，是一种实时性能优越且成本低廉的网络技术。

5. EtherCAT 的应用

EtherCAT 广泛适用于：

- 机器人。
- 机床。
- 包装机械。
- 印刷机。
- 塑料制造机器。
- 冲压机。
- 半导体制造机器。
- 试验台。
- 测试系统。
- 抓取机器。
- 电厂。
- 变电站。
- 材料处理应用。
- 行李运送系统。
- 舞台控制系统。
- 自动化装配系统。
- 纸浆和造纸机。
- 隧道控制系统。
- 焊接机。
- 起重机和升降机。
- 农场机械。
- 海岸应用。
- 锯木厂。
- 窗户生产设备。
- 楼宇控制系统。
- 钢铁厂。
- 风机。
- 家具生产设备。
- 铣床。
- 自动引导车。
- 娱乐自动化。
- 制药设备。
- 木材加工机器。
- 平板玻璃生产设备。
- 称重系统。

1.5.2 SERCOS

SERCOS（Serial Real-time Communication Specification，串行实时通信协议）是一种用于工业机械电气设备的控制单元和数字伺服装置之间高速串行实时通信的数字交换协议。

1986 年，德国电力电子协会与德国机床协会联合召集了欧洲一些机床、驱动系统和CNC 设备的主要制造商（Bosch，ABB，AMK，Baumuller，Indramat，Siemens，Pacific Scientific 等）组成了一个联合小组。该小组旨在开发出一种用于数字控制器与智能驱动器之间的开放性通信接口，以实现 CNC 技术与伺服驱动技术的分离，从而使整个数控系统能够模块化、可重构与可扩展，达到低成本、高效率、强适应性地生产数控机床的目的。经过多年的努力，此技术终于在 1989 年德国汉诺国际机床博览会上展出，这标志着 SERCOS 总线正式诞生。1995 年，国际电工委员会把 SERCOS 接口采纳为标准 IEC61491，1998 年，SERCOS接口被确定为欧洲标准 EN61491。2005 年，基于以太网的 SERCOS Ⅲ面世，并于 2007 年成为国际标准 IEC61158/61784。迄今为止，SERCOS 已发展了三代，SERCOS 接口协议成为当今唯一专门用于开放式运动控制的国际标准，得到了国际大多数数控设备供应商的认可。到今天已有二百多万个 SERCOS 站点在工业实际中使用，超过 50 个控制器和 30 个驱动器制造厂推出了基于 SERCOS 的产品。

SERCOS 接口技术是构建 SERCOS 通信的关键技术，经 SERCOS 协会组织和协调，推出了一系列 SERCOS 接口控制器，通过它们便能方便地在数控设备之间建立起 SERCOS 通信。

SERCOS 目前已经发展到了 SERCOS Ⅲ，继承了 SERCOS 协议在驱动控制领域的优良实时和同步特性，是基于以太网的驱动总线，物理传输介质也从仅仅支持光纤扩展到了以太网线 CAT5e，拓扑结构也支持线性结构。借助于新一代的通信控制芯片 netX，使用标准的以太网硬件将运行速率提高到 100 Mbit/s。在第一、二代时，SERCOS 只有实时通道，通信智能在主从（Master and Slaver MS）之间进行。SERCOS Ⅲ扩展了非实时的 IP 通道，在进行实时通信的同时可以传递普通的 IP 报文，主站和主站、从站和从站之间可以直接通信，在保持服务通道的同时，还增加了 SERCOS 消息协议（SERCOS Messaging Protocol，SMP）。

自 SERCOS 接口成为国际标准以来，已经得到了广泛应用。至今全世界有多家公司拥有SERCOS 接口产品（包括数字伺服驱动器、控制器、输入输出组件、接口组件、控制软件等）及技术咨询和产品设计服务。SERCOS 接口已经广泛应用于机床、印刷机、食品加工和包装、机器人、自动装配等领域。2000 年，ST 公司开发出了 SERCON816 ASIC 控制器，把传输速率提高到了 16 Mbit/s，大大提高了 SERCOS 接口能力。

SERCOS 总线的众多优点，使得它在数控加工中心、数控机床、精密齿轮加工机械、印刷机械、装配线和装配机器人等运动控制系统中获得了广泛应用。目前，很多厂商如西门子、伦茨等公司的伺服系统都具有 SERCOS 总线接口。国内 SERCOS 接口用户有多家，其中包括清华大学、沈阳第一机床厂、华中数控集团、北京航空航天大学、上海大众汽车厂、上海通用汽车厂等。

1. SERCOS 总线的技术特性

SERCOS 接口规范使控制器和驱动器间数据交换的格式及从站数量等进行组态配置。在初始化阶段，接口的操作根据控制器和驱动器的性能特点来确定。所以，控制器和驱动器都可以执行速度、位置或扭矩控制方式。灵活的数据格式使得 SERCOS 接口能用于多种控制结构和操作模式，控制器可以通过指令值和反馈值的周期性数据交换来达到与环上所有驱动器精确同步，其通信周期可在 62.5 μs、125 μs、250 μs 及 250 μs 的整数倍间进行选择。在 SERCOS 接口中，控制器与驱动器之间的数据传送分为周期性数据传送和非周期性数据传送（服务通道数据传送）两种，周期性数据交换主要用于传送指令值和反馈值，在每个通信周期数据传送一次。非周期数据传送则是用于自控制器和驱动器之间交互的参数（IDN），独立于任何制造厂商。它提供了高级的运动控制能力，内含用于 I/O 控制的功能，使机器制造商不需要使用单独的 I/O 总线。

SERCOS 技术发展到了第三代基于实时以太网技术，将其应用从工业现场扩展到了管理办公环境，并且由于采用了以太网技术，这样不仅降低了组网成本还增加了系统柔性，在缩短最少循环时间（31.25 μs）的同时，还采用了新的同步机制提高了同步精度（小于 20 ns），并且实现了网上各个站点的直接通信。

SERCOS 采用环形结构，使用光纤作为传输介质，是一种高速、高确定性的总线，实际数据通信速率可达 16 Mbit/s。采用普通光纤为介质时的环传输距离可达 40 m，可最多连接 254 个节点。实际连接的驱动器的数量取决于通信周期时间、通信数据量和速率。系统确定性由 SERCOS 的机械和电气结构特性保证，与传输速率无关，系统可以保证毫秒精确度的同步。

SERCOS 总线协议具有如下技术特性。

（1）标准性

SERCOS 标准是唯一的有关运动控制的国际通信标准。其所有的底层操作、通信、调度等，都按照国际标准的规定设计，具有统一的硬件接口、通信协议、命令码 IDN 等。其提供给用户的开发接口、应用接口、调试接口等都符合 SERCOS 国际通信标准 IEC61491。

（2）开放性

SERCOS 技术是由国际上很多知名的研究运动控制技术的厂家和组织共同开发的，SERCOS 的体系结构、技术细节等都是向世界公开的，SERCOS 标准的制定是 SERCOS 开放性的一个重要方面。

（3）兼容性

因为所有的 SERCOS 接口都是按照国际标准设计，所以支持不同厂家的应用程序，也支持用户自己开发的应用程序。接口的功能与具体操作系统、硬件平台无关，不同的接口之间可以相互替代，移植花费的代价很小。

（4）实时性

SERCOS 接口的国际标准中规定 SERCOS 总线采用光纤作为传输环路，支持 2/4/8/16 Mbit/s 的传输速率。

（5）扩展性

每一个 SERCOS 接口可以连接 8 个节点，如果需要更多的节点则可以通过 SERCOS 接口的级联方式扩展。通过级联，每一个光纤环路上可以最多有 254 个节点。

另外，SERCOS 总线接口还具有抗干扰性能好、即插即用等其他优点。

2. SERCOS Ⅲ总线

（1）SERCOS Ⅲ总线概述

由于 SERCOS Ⅲ是 SERCOS Ⅱ技术的一个变革，与以太网结合以后，SERCOS 技术已经从专用的伺服接口向广泛的实时以太网转变。原来的优良的实时特性仍然保持，新的协议内容和功能扩展了 SERCOS 在工业领域的应用范围。

在数据传输上，硬件连接既可以应用光缆也可以用 CAT5e 电缆；报文结构方面，为了应用以太网的硬实时的环境，SERCOS Ⅲ增加了一个与非实时通道同时运行的实时通道。该通道用来传输 SERCOS Ⅲ报文，也就是传输命令值和反馈值；参数化的非实时通道与实时通道一起传输以太网信息和基于 IP 的信息，包括 TCP/IP 和 UDP/IP。数据采用标准的以太网帧来传输，这样实时通道和非实时通道可以根据实际情况进行配置。

SERCOS Ⅲ 系统是基于环状拓扑结构的。支持全双工以太网的环状拓扑结构可以处理冗余；线状拓扑结构的系统则不能处理冗余，但在较大的系统中能节省很多电缆。由于是全双工数据传输，当在环上的一处电缆发生故障时，通信不被中断，此时利用诊断功能可以确定故障地点；并且能够在不影响其他设备正常工作的情况下得到维护。SERCOS Ⅲ不使用星状的以太网结构，数据不经过路由器或转换器，从而可以使传输延时将减少到最小。安装 SERCOS Ⅲ网络不需要特殊的网络参数。在 SERCOS Ⅲ系统领域内，连接标准的以太的网设备和其他第三方部件的以太网端口是可以交换使用，如 P1 与 P2。IP 或者 Ethernet 协议内容皆可以进入设备并且不影响实时通信。

SERCOS Ⅲ协议是建立在已被工业实际验证的 SERCOS 协议之上，它继承了 SERCOS 在伺服驱动领域的高性能、高可靠性，同时将 SERCOS 协议搭载到以太网的通信协议 IEEE 802.3 之上，使 SERCOS Ⅲ迅速成为基于实时以太网的应用于驱动领域的总线。针对前两代，SERCOS Ⅲ的主要特点如下。

- 高的传输速率，达到全双工 100 Mbit/s。
- 采用时间槽技术避免了以太网的报文冲突，提高了报文的利用率。
- 向下兼容，兼容以前 SERCOS 总线的所有协议。
- 降低了硬件的成本。
- 集成了 IP 协议。
- 使从站之间可以交叉通信（Cross Communication，CC）。
- 支持多个运动控制器的同步（Control to Control，C2C）。
- 扩展了对 I/O 等控制的支持。
- 支持与安全相关的数据的传输。
- 增加了通信冗余、容错能力和热插拔功能。

（2）SERCOS Ⅲ系统特性

SERCOS Ⅲ系统具有如下特性。

1）实时通道的实时数据的循环传输。

在 SERCOS 主站和从站或从站之间，可以利用服务通道进行通信设置、参数和诊断数据的交换。为了保持兼容性，服务通道在 SERCOS Ⅰ-Ⅱ 中仍旧存在。在实时通道和非实时通道之间，循环通信和 100 Mbit/s 的带宽能够满足各种用户的需求。所以这就为 SERCOS Ⅲ的应用提供了更广阔的空间。

2）为集中式和分布式驱动控制提供了很好的方案。

SERCOS Ⅲ的传输数据率为 100 Mbit/s，最小循环时间是 31.25 μs，对应 8 轴与 6 字节。当循环时间为 1 ms 时，对应 254 轴 12 字节，可见在一定的条件下支持的轴数足够多，这就为分布式控制提供了良好的环境。分布式控制中在驱动控制单元所有的控制环都是封闭的；集中式控制中仅仅在当前驱动单元中的控制环是封闭的，中心控制器用来控制各个轴对应的控制环。

3）从站与从站（CC）或主站与主站（C2C）之间皆可以通信。

在前两代 SERCOS 技术中，由于光纤连接的传输单向性，站与站之间不能够直接的进行数据交换。SERCOS Ⅲ 中数据传输采用的是全双工的以太网结构，不但从站之间可以直接通信而且主站和主站之间也可以直接进行通信，通信的数据包括参数、轴的命令值和实际值，保证了在硬件实时系统层的控制器同步。

4）SERCOS 安全。

在工厂的生产中，为了减少人机的损害，SERCOS Ⅲ 增加了系统安全功能，在 2005 年 11 月，SERCOS 安全方案通过了 TÜV Rheinland 认证，并达到了 IEC61508 中的 SL3 标准，带有安全功能的系统于 2007 年底面世。安全相关的数据与实时数据或其他标准的以太网协议数据在同一个物理层媒介上传输。在传输过程中最多可以有 64 位安全数据植入 SERCOS Ⅲ 数据报文中，同时安全数据也可以在从站与从站之间进行通信。由于安全功能独立于传输层，除了 SERCOS Ⅲ 外，其他的物理层媒介也可以应用，这种传输特性为系统向安全等级低一层的网络扩展提供了便利条件。

5）IP 通道。

利用 IP 通信时，可以无控制系统和 SERCOS Ⅲ 系统的通信，这对于调试前对设备的参数设置相当方便。IP 通道为以下操作提供了灵活和透明的大容量数据传输：设备操作、调试和诊断、远程维护、程序下载和上传以及度量来自传感器等的记录数据和数据质量。

6）SERCOS Ⅲ 硬件模式和 I/O。

随着 SERCOS Ⅲ 系统的面世，新的硬件在满足该系统的条件下，开始支持更多的驱动和控制装置以及 I/O 模块，这些装置将逐步被定义和标准化。

为了使 SERCOS Ⅲ 系统的功能在工程中得到很好的应用，欧洲很多自动化生产商已经开始对系统的主站卡和从站卡进行了开发，各项功能得到了不断的完善。一种方案是采用了 FPGA（现场可编程门阵列）技术，目前产品有 Spartan-3 和 Cyclone Ⅱ。另一种是将 SERCOS Ⅲ 控制器集成在一个可以支持大量协议的标准的通用控制器（GPCC）上，目前投入试用的是 netX 的芯片，其他的产品也将逐步面世。SERCOS Ⅲ 的数据结构和系统特性表明该系统更好地实现了伺服驱动单元和 I/O 单元的实时性、开放性，以及很高的经济价值、实用价值和潜在的竞争价值。可以确信基于 SERCOS Ⅲ 的系统将在未来的工业领域中占有十分重要的地位。

1.5.3 POWERLINK

POWERLINK 是由奥地利 B&R 公司开发的，于 2002 年 4 月公布了 Ethernet POWERLINK 标准，其主攻方向是同步驱动和特殊设备的驱动要求。POWERLINK 通信协议模型如图 1-13 所示。

POWERLINK 协议对第 3 和第 4 层的 TCP（UDP）/IP 栈进行了实时扩展，增加的基于 TCP/IP 的 Async 中间件用于异步数据传输，Isochron 等中间件用于快速、周期的数据传输。POWERLINK 栈控制着网络上的数据流量。POWERLINK 避免网络上数据冲突的方法是采用

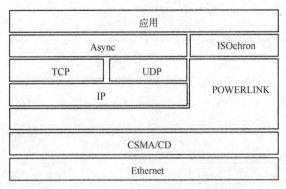

图 1-13　POWERLINK 通信协议模型

时间片网络通信管理机制（Slot Communication Network Management，SCNM）。SCNM 能够做到无冲突的数据传输，专用的时间片用于调度等时同步传输的实时数据；共享的时间片用于异步的数据传输。在网络上，只能指定一个站为管理站，它为所有网络上的其他站建立一个配置表和分配的时间片，只有管理站能接收和发送数据，其他站只有在管理站授权下才能发送数据，因此，POWERLINK 需要采用基于 IEEE 1588 的时间同步。

1. POWERLINK 通信模型

POWERLINK 是 IEC 国际标准，同时也是中国的国家标准（GB/T-27960）。

如图 1-14 所示，POWERLINK 是一个 3 层的通信网络，它规定了物理层、数据链路层和应用层，这 3 层包含了 OSI 模型中规定的 7 层协议。

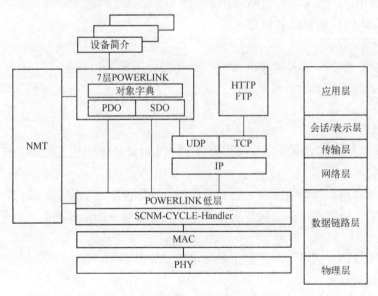

图 1-14　POWERLINK 的 OSI 模型

如图 1-15 所示，具有 3 层协议的 POWERLINK 在应用层上可以连接各种设备，例如 I/O、阀门、驱动器等。在物理层之下连接了 Ethernet 控制器，用来收发数据。由于以太网控制器的种类很多，不同的以太网控制器需要不同的驱动程序，因此在 "Ethernet 控制器" 和 "POWERLINK 传输" 之间有一层 "Ethernet 驱动器"。

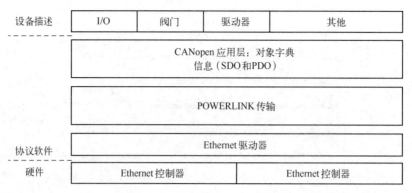

图 1-15　POWERLINK 通信模型的层次

2. POWERLINK 网络拓扑结构

由于 POWERLINK 的物理层采用标准的以太网，因此以太网支持的所有拓扑结构它都支持。而且可以使用 HUB 和 Switch 等标准的网络设备，这使得用户可以非常灵活地组网，如菊花链、树形、星形、环形和其他任意组合。

因为逻辑与物理无关，所以用户在编写程序的时候无须考虑拓扑结构。网络中的每个节点都有一个节点号，POWERLINK 通过节点号来寻址节点，而不是通过节点的物理位置来寻址，因此逻辑与物理无关。

由于协议独立的拓扑配置功能，POWERLINK 的网络拓扑与机器的功能无关。因此 POWERLINK 的用户无须考虑任何网络相关的需求，只需专注满足设备制造的需求。

3. POWERLINK 的功能和特点

（1）一"网"到底

POWERLINK 物理层采用普通以太网的物理层，因此可以使用工厂中现有的以太网布线，从机器设备的基本单元到整台设备、生产线，再到办公室，都可以使用以太网，从而实现一"网"到底。

1）多路复用。

网络中不同的节点具有不同的通信周期，POWERLINK 兼顾快速设备和慢速设备，使网络设备达到最优。

一个 POWERLINK 周期中既包含同步通信阶段，也包括异步通信阶段。同步通信阶段即周期性通信，用于周期性传输通信数据；异步通信阶段即非周期性通信，用于传输非周期性的数据。

因此 POWERLINK 网络可以适用于各种设备，如图 1-16 所示。

2）大数据量通信。

POWERLINK 每个节点的发送和接收分别采用独立的数据帧，每个数据帧最大为 1490 字节，与一些采用集束帧的协议相比，通信量提高数百倍。在集束帧协议里，网络中的所有节点的发送和接收共用一个数据帧，这种机制无法满足大数据量传输的场合。

在过程控制中，网络的节点数多，每个节点传输的数据量大，因而 POWERLINK 很受欢迎。

3）故障诊断。

组建一个网络，网络启动后，可能会由于网络中的某些节点配置错误或者节点号冲突

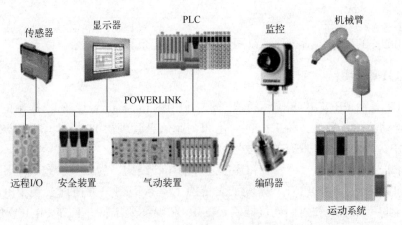

传感器　　显示器　　PLC　　　监控　　　机械臂

POWERLINK

远程I/O　安全装置　　气动装置　　　编码器

运动系统

图 1-16　POWERLINK 网络系统

等，导致网络异常。需要有一些手段来诊断网络的通信状况，找出故障的原因和故障点，从而修复网络异常。

POWERLINK 的诊断有两种工具：Wireshark 和 Omnipeak。

诊断的方法是将待诊断的计算机接入 POWERLINK 网络中，由 Wireshark 或 Omnipeak 自动抓取通信数据包，分析并诊断网络的通信状况及时序。这种诊断不占用任何宽带，并且是标准的以太网诊断工具，只需要一台带有以太网接口的计算机即可。

4）网络配置。

POWERLINK 使用开源的网络配置工具 openCONFIGURATOR，用户可以单独使用该工具，也可以将该工具的代码集成到自己的软件中，成为软件的一部分。使用该软件可以方便地组建、配置 POWERLINK 网络。

（2）节点的寻址

POWERLINKMAC 的寻址遵循 IEEE 802.3，每个设备的地址都是唯一的，称为节点 ID。因此新增一个设备就意味着引入一个新地址。节点 ID 可以通过设备上的拨码开关手动设置，也可以通过软件设置，拨码 FF 默认为软件配置地址。此外还有三个可选方法，POWERLINK 也可以支持标准 IP 地址。因此，POWERLINK 设备可以通过万维网随时随地被寻址。

（3）热插拔

POWERLINK 支持热插拔，而且不会影响整个网络的实时性。根据这个属性，可以实现网络的动态配置，即可以动态地增加或减少网络中的节点。

实时总线上，热插拔能力带给用户两个重要的好处：当模块增加或替换时，无须重新配置；在运行的网络中替换或激活一个新模块不会导致网络瘫痪，系统会继续工作，不管是不断地扩展还是本地的替换，其实时能力不受影响。在某些场合中系统不能断电，如果不支持热插拔，这会造成即使小机器一部分被替换，都不可避免地导致系统停机。

配置管理是 POWERLINK 系统中最重要的一部分。它能本地保存自己和系统中所有其他设备的配置数据，并在系统启动时加载。这个特性可以实现即插即用，这使得初始安装和设备替换非常简单。

POWERLINK 允许无限制地即插即用，因为该系统集成了 CANopen 机制。新设备只需插入就可立即工作。

（4）冗余

POWERLINK 的冗余包括 3 种：双网冗余、环网冗余和多主冗余。

1.5.4 PROFINET

PROFINET 是由 PROFIBUS 国际组织（PROFIBUS International，PI）提出的基于实时以太网技术的自动化总线标准，将工厂自动化和企业信息管理层 IT 技术有机地融为一体，同时又完全保留了 PROFIBUS 现有的开放性。

PROFINET 支持除星形、总线型和环形之外的拓扑结构。为了减少布线费用，并保证高度的可用性和灵活性，PROFINET 提供了大量的工具帮助用户方便地实现 PROFINET 的安装。特别设计的工业电缆和耐用连接器满足 EMC 和温度要求，并且在 PROFINET 框架内形成标准化，保证了不同制造商设备之间的兼容性。

PROFINET 满足了实时通信的要求，可应用于运动控制。它具有 PROFIBUS 和 IT 标准的开放透明通信，支持从现场级到工厂管理层通信的连续性，从而增加了生产过程的透明度，优化了公司的系统运作。作为开放和透明的概念，PROFINET 亦适用于 Ethernet 和任何其他现场总线系统之间的通信，可实现与其他现场总线的无缝集成。PROFINET 同时实现了分布式自动化系统，提供了独立于制造商的通信、自动化和工程模型，将通信系统、以太网转换为适应于工业应用的系统。

PROFINET 提供标准化的独立于制造商的工程接口。它能够方便地把各个制造商的设备和组件集成到单一系统中。设备之间的通信链接以图形形式组态，无须编程。最早建立了自动化工程系统与微软操作系统及其软件的接口标准，使得自动化行业的工程应用能够被 Windows NT/2000 所接收，将工程系统、实时系统以及 Windows 操作系统结合为一个整体，PROFINET 的系统结构如图 1-17 所示。

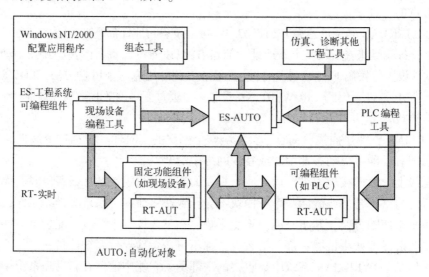

图 1-17　PROFINET 的系统结构

PROFINET 为自动化通信领域提供了一个完整的网络解决方案，包括诸如实时以太网、运动控制、分布式自动化、故障安全以及网络安全等当前自动化领域的热点问题。

PROFINET 包括八大主要模块，分别为实时通信、分布式现场设备、运动控制、分布式自动化、网络安装、IT 标准集成与信息安全、故障安全和过程自动化。同时 PROFINET 也实现了从现场级到管理层的纵向通信集成，一方面，方便管理层获取现场级的数据，另一方面，原本在管理层存在的数据安全性问题也延伸到了现场级。为了保证现场网络控制数据的安全，PROFINET 提供了特有的安全机制，通过使用专用的安全模块，可以保护自动化控制系统，使自动化通信网络的安全风险最小化。

PROFINET 是一个整体的解决方案，PROFINET 的通信协议模型如图 1-18 所示。

RT 实时通道能够实现高性能传输循环数据和时间控制信号、报警信号；IRT 同步实时通道实现等时同步方式下的数据高性能传输。PROFINET 使用了 TCP/IP 和 IT 标准，并符合基于工业以太网的实时自动化体系，覆盖了自动化技术的所有要求，能够实现与现场总线的无缝集成。更重要的是 PROFINET 所有的功能都在一条总线电缆中完成，IT 服务和 TCP/IP 开放性没有任何限制，它可以满足用于所有客户从高性能到等时同步可以伸缩的实时通信需要的统一的通信。

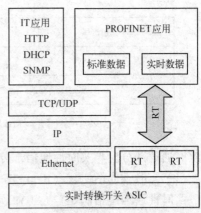

图 1-18　PROFINET 通信协议模型

1.5.5　EPA

2004 年 5 月，由浙江大学牵头，重庆邮电大学作为第 4 核心成员制定的新一代现场总线标准——《用于工业测量与控制系统的 EPA 通信标准》（简称 EPA 标准）成为我国第一个拥有自主知识产权并被 IEC 认可的工业自动化领域国际标准（IEC/PAS 62409）。

EPA（Ethernet for Plant Automation）系统是一种分布式系统，它是利用 ISO/IEC 8802-3、IEEE 802.11、IEEE 802.15 等协议定义的网络，将分布在现场的若干个设备、小系统以及控制、监视设备连接起来，使所有设备一起运作，共同完成工业生产过程和操作过程中的测量和控制。EPA 系统可以用于工业自动化控制环境。

EPA 标准定义了基于 ISO/IEC 8802-3、IEEE 802.11、IEEE 802.15 以及 RFC 791、RFC 768 和 RFC 793 等协议的 EPA 系统结构、数据链路层协议、应用层服务定义与协议规范以及基于 XML 的设备描述规范。

1. EPA 技术与标准

EPA 根据 IEC 61784-2 的定义，在 ISO/IEC 8802-3 协议基础上，进行了针对通信确定性和实时性的技术改造，其通信协议模型如图 1-19 所示。

除了 ISO/IEC 8802-3/IEEE 802.11/IEEE 802.15、TCP（UDP）/IP 以及 IT 应用协议等组件外，EPA 通信协议还包括 EPA 实时性通信进程、EPA 快速实时性通信进程、EPA 应用实体和 EPA 通信调度管理实体。针对不同的应用需求，EPA 确定性通信协议簇中包含了以下几个部分。

（1）非实时性通信协议（N-Real-Time，NRT）

非实时通信是指基于 HTTP、FTP 以及其他 IT 应用协议的通信方式，如 HTTP 服务应用进程、电子邮件应用进程、FTP 应用进程等进程运行时进行的通信。在实际 EPA 应用中，

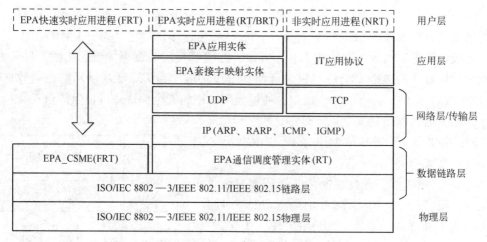

图 1-19　EPA 通信协议模型

非实时通信部分应与实时性通信部分利用网桥进行隔离。

（2）实时性通信协议（Real-Time，RT）

实时性通信是指满足普通工业领域实时性需求的通信方式，一般针对流程控制领域。利用 EPA_CSME 通信调度管理实体，对各设备进行周期数据的分时调度，以及非周期数据按优先级进行调度。

（3）快速实时性通信协议（Fast Real-Time，FRT）

快速实时性通信是指满足强实时控制领域实时性需求的通信方式，一般针对运动控制领域。FRT 快速实时性通信协议部分在 RT 实时性通信协议上进行了修改，包括协议栈的精简和数据复合传输，以此满足如运动控制领域等强实时性控制领域的通信需求。

（4）块状数据实时性通信协议（Block Real-Time，BRT）

块状数据实时性通信是指对于部分大数据量类型的成块数据进行传输，以满足其实时性需求的通信方式，一般指流媒体（如音频流、视频流等）数据。在 EPA 协议栈中针对此类数据的通信需求定义了 BRT 块状数据实时性通信协议及块状数据的传输服务。

EPA 标准体系包括 EPA 国际标准和 EPA 国家标准两部分。

EPA 国际标准包括一个核心技术国际标准和四个 EPA 应用技术标准。以 EPA 为核心的系列国际标准为新一代控制系统提供了高性能现场总线完整解决方案，可广泛应用于过程自动化、工厂自动化（包括数控系统、机器人系统运动控制等）、汽车电子等领域，可将工业企业综合自动化系统网络平台统一到开放的以太网技术上来。

基于 EPA 的 IEC 国际标准体系有如下协议。

1）EPA 现场总线协议（IEC 61158/Type14）在不改变以太网结构的前提下，定义了专利的确定性通信协议，避免工业以太网通信的报文碰撞，确保了通信的确定性，同时也保证了通信过程中不丢包，它是 EPA 标准体系的核心协议，该标准于 2007 年 12 月 14 日正式发布。

2）EPA 分布式冗余协议（distributed redundancy protocol，DRP）（IEC 62439-6-14）针对工业控制以及网络的高可用性要求，采用专利的设备并行数据传输管理和环网链路并行主动故障探测与恢复技术，实现了故障的快速定位与快速恢复，保证了网络的高可靠性。

3）EPA 功能安全通信协议（EPASafety）（IEC 61784-3-14）针对工业数据通信中存在的数据破坏、重传、丢失、插入、乱序、伪装、超时、寻址错误等风险，采用专利的工业数据加解密方法、工业数据传输多重风险综合评估与复合控制技术，将通信系统的安全完整性水平提高到 SIL3 等级，并通过德国莱茵 TÜV 的认证。

4）EPA 实时以太网应用技术协议（IEC 61784-2/CPF 14）定义了三个应用技术行规，即 EPA-RT、EPA-FRT 和 EPA-nonRT。其中 EPA-RT 用于过程自动化，EPA-FRT 用于工业自动化，EPA-nonRT 用于一般工业场合。

5）EPA 线缆与安装标准（IEC 61784-5-14）定义了基于 EPA 的工业控制系统在设计、安装和工程施工中的要求。从安装计划，网络规模设计，线缆和连接器的选择、存储、运输、保护、路由以及具体安装的实施等各个方面提出了明确的要求和指导。

EPA 国家标准则包括《用于测量与控制系统的 EPA 系统结构与通信规范》《EPA 一致性测试规范》《EPA 互可操作测试规范》《EPA 功能块应用规范》《EPA 实时性能测试规范》《EPA 网络安全通用技术条件》等。

2. EPA 确定性通信机制

为提高工业以太网通信的实时性，一般采用以下措施。

- 提高通信速率。
- 减少系统规模，控制网络负荷。
- 采用以太网的全双工交换技术。
- 采用基于 IEEE 802.3p 的优先级技术。

采用上述措施可以使其不确定性问题得到相当程度的缓解，但不能从根本上解决以太网通信不确定性的问题。

EPA 采用分布式网络结构，并在原有以太网协议栈中的数据链路层增加了通信调度子层——EPA 通信调度管理实体（EPA_CSME），定义了宏周期，并将工业数据划分为周期数据和非周期数据，对各设备的通信时段（包括发送数据的起始时刻、发送数据所占用的时间片）和通信顺序进行了严格的划分，以此实现分时调度。通过 EPA_CSME 实现的分时调度确保了各网段内各设备的发送时间内无碰撞发生的可能，以此达到了确定性通信的要求。

3. EPA-FRT 强实时通信技术

EPA-RT 标准是根据流程控制需求制定的，其性能完全满足流程控制对实时、确定通信的需求，但没有考虑到其他控制领域的需求，如运动控制、飞行器姿态控制等强实时性领域，在这些领域方面，提出了比流程控制领域更为精确的时钟同步要求和实时性要求，且其报文特征更为明显。

相比于流程控制领域，运动控制系统对数据通信的强实时性和高同步精度提出了更高的要求。

1）高同步精度的要求。由于一个控制系统中存在多个伺服和多个时钟基准，为了保证所有伺服协调一致的运动，必须保证运动指令在各个伺服中同时执行。因此高性能运动控制系统必须有精确的同步机制，一般要求同步偏差小于 $1\mu s$。

2）强实时性的要求。在带有多个离散控制器的运动控制系统中，伺服驱动器的控制频率取决于通信周期。高性能运动控制系统中，一般要求通信周期小于 $1\,ms$，周期抖动小于 $1\mu s$。

EPA-RT 系统的同步精度为微秒级，通信周期为毫秒，虽然可以满足大多数工业环境的应用需求，但对高性能运动控制领域的应用却有所不足，而 EPA-FRT 系统的技术指标必须满足高性能运动控制领域的需求。

针对这些领域需求，对其报文特点进行分析，EPA 给出了对通信实时性的性能提高方法，其中最重要的两个方面为协议栈的精简和对数据的传输，以此解决特殊应用领域的实时性要求。如在运动控制领域中，EPA 就针对其报文周期短、数据量小但交互频繁的特点提出了 EPA-FRT 扩展协议，满足了运动控制领域的需求。

4. EPA 的技术特点

EPA 具有以下技术特点。

（1）确定性通信

以太网由于采用 CSMA/CD（载波侦听多路访问/冲突检测）介质访问控制机制，因此具有通信"不确定性"的特点，并成为其应用于工业数据通信网络的主要障碍。虽然以太网交换技术、全双工通信技术以及 IEEE 802.1P&Q 规定的优先级技术在一定程度上避免了碰撞，但也存在着一定的局限性。

（2）"E"网到底

EPA 是应用于工业现场设备间通信的开放网络技术，采用分段化系统结构和确定性通信调度控制策略，解决了以太网通信的不确定性问题，使以太网、无线局域网、蓝牙等广泛应用于工业/企业管理层、过程监控层网络的 COTS（Commercial Off-The-Shelf）技术直接应用于变送器、执行机构、远程 I/O、现场控制器等现场设备间的通信。采用 EPA 网络，可以实现工业/企业综合自动化智能工厂系统中从底层的现场设备层到上层的控制层、管理层的通信网络平台基于以太网技术的统一，即所谓的"'E（Ethernet）'网到底"。

（3）互操作性

EPA 标准除了解决实时通信问题外，还为用户层应用程序定义了应用层服务与协议规范，包括系统管理服务、域上载/下载服务、变量访问服务、事件管理服务等。至于 ISO/OSI 通信模型中的会话层、表示层等中间层次，为降低设备的通信处理负荷，可以省略，而在应用层直接定义与 TCP/IP 的接口。

为支持来自不同厂商的 EPA 设备之间的互可操作，EPA 标准采用可扩展标记语言（Extensible Markup Language，XML）扩展标记语言为 EPA 设备描述语言，规定了设备资源、功能块及其参数接口的描述方法。用户可采用 Microsoft 提供的通用 DOM 技术对 EPA 设备描述文件进行解释，而无须专用的设备描述文件编译和解释工具。

（4）开放性

EPA 标准完全兼容 IEEE 802.3、IEEE 802.1P&Q、IEEE 802.1D、IEEE 802.11、IEEE 802.15 以及 UDP（TCP）/IP 等协议，采用 UDP 传输 EPA 协议报文，减少了协议处理时间，提高了报文传输的实时性。

（5）分层的安全策略

对于采用以太网等技术所带来的网络安全问题，EPA 标准规定了企业信息管理层、过程监控层和现场设备层三个层次，采用分层化的网络安全管理措施。

（6）冗余

EPA 支持网络冗余、链路冗余和设备冗余，并规定了相应的故障检测和故障恢复措施，例如设备冗余信息的发布、冗余状态的管理、备份的自动切换等。

习题

1. 什么是现场总线？
2. 什么是工业以太网？它有哪些优势？
3. 现场总线控制系统有什么优点？
4. 简述企业网络的体系结构。
5. 简述 5 种现场总线的特点。
6. 工业以太网的主要标准有哪些？
7. 画出工业以太网的通信模型。工业以太网与商用以太网相比，具有哪些特征？
8. 画出实时工业以太网实现模型，并对实现模型做说明。

第 2 章　PROFIBUS-DP 现场总线

PROFIBUS（Process Fieldbus）是一种国际化的、开放的、不依赖于设备生产商的现场总线标准。它广泛应用于制造业自动化、流程工业自动化和楼宇、交通、电力等其他自动化领域。本章首先对 PROFIBUS 进行概述，然后讲述 PROFIBUS 的协议结构、PROFIBUS-DP 现场总线系统、PROFIBUS-DP 系统工作过程、PROFIBUS-DP 的通信模型、PROFIBUS-DP 的总线设备类型和数据通信和 PROFIBUS 通信用 ASICs。对应用非常广泛的 PROFIBUS-DP 从站通信控制器 SPC3 进行详细讲述，同时介绍主站通信网络接口卡 CP5611。最后讲述 PROFIBUS-DP 从站的设计。

2.1　PROFIBUS 概述

PROFIBUS 技术的发展经历了如下过程。

1987 年由德国 Siemens 公司等 13 家企业和 5 家研究机构联合开发。

1989 年成为德国工业标准 DIN19245。

1996 年成为欧洲标准 EN50170 V.2（PROFIBUS-FMS-DP）。

1998 年 PROFIBUS-PA 被纳入 EN50170V.2。

1999 年 PROFIBUS 成为国际标准 IEC 61158 的组成部分（TYPE Ⅲ）。

2001 年成为中国的机械行业标准 JB/T 10308.3—2001。

PROFIBUS 由以下三个兼容部分组成。

1）PROFIBUS-DP：用于传感器和执行器级的高速数据传输，它以 DIN19245 的第一部分为基础，根据其所需要达到的目标对通信功能加以扩充，DP 的传输速率可达 12 Mbit/s，一般构成单主站系统，主站、从站间采用循环数据传输方式工作。

它的设计旨在用于设备一级的高速数据传输。在这一级，中央控制器（如 PLC/PC）通过高速串行线同分散的现场设备（如 I/O、驱动器、阀门等）进行通信，同这些分散的设备进行数据交换多数是周期性的。

2）PROFIBUS-PA：对于安全性要求较高的场合，制定了 PROFIBUS-PA 协议，这由 DIN19245 的第四部分描述。PA 具有本质安全特性，它实现了 IEC 1158-2 规定的通信规程。

PROFIBUS-PA 是 PROFIBUS 的过程自动化解决方案，PA 将自动化系统和过程控制系统与现场设备，如压力、温度和液位变送器等连接起来，代替了 4~20 mA 模拟信号传输技术，在现场设备的规划、敷设电缆、调试、投入运行和维修等方面可节约成本 40% 之多，并大大提升了系统功能和安全可靠性，因此 PA 尤其适用于石油、化工、冶金等行业的过程自动化控制系统。

3）PROFIBUS-FMS：它的设计旨在解决车间一级通用性通信任务，FMS 提供大量的通信服务，用以完成以中等传输速率进行的循环和非循环的通信任务。由于它是完成控制器和智能现场设备之间的通信以及控制器之间的信息交换，因此它考虑的主要是系统的功能而不是系统响应时间，应用过程通常要求的是随机的信息交换（如改变设定参数等）。强有力的 FMS 服务向人们提供了广泛的应用范围和更大的灵活性，可用于大范围和复杂的通信系统。

为了满足苛刻的实时要求，PROFIBUS 协议具有如下特点。

1）不支持>235 B 的长信息段（实际最大长度为 255 B，数据最大长度 244 B，典型长度 120 B）。

2）不支持短信息组块功能。由许多短信息组成的长信息包不符合短信息的要求，因此，PROFIBUS 不提供这一功能（实际使用中可通过应用层或用户层的制定或扩展来克服这一约束）。

3）本规范不提供由网络层支持运行的功能。

4）除规定的最小组态外，根据应用需求可以建立任意的服务子集。这对小系统（如传感器等）尤其重要。

5）其他功能是可选的，如口令保护方法等。

6）网络拓扑是总线型，两端带终端器或不带终端器。

7）介质、距离、站点数取决于信号特性，如对屏蔽双绞线，单段长度小于或等于 1.2 km，不带中继器，每段 32 个站点。（网络规模：双绞线，最大长度 9.6 km；光纤，最大长度 90 km；最大站数，127 个）

8）传输速率取决于网络拓扑和总线长度，从 9.6 kbit/s～12 Mbit/s 不等。

9）可选第二种介质（冗余）。

10）在传输时，使用半双工、异步、滑差（Slipe）保护同步（无位填充）。

11）报文数据的完整性，用海明距离 HD＝4，同步滑差检查和特殊序列，以避免数据的丢失和增加。

12）地址定义范围为 0～127（对广播和群播而言，127 是全局地址），对区域地址、段地址的服务存取地址（服务存取点 LSAP）的地址扩展，每个为 6 bit。

13）使用两类站：主站（主动站，具有总线存取控制权）和从站（被动站，没有总线存取控制权）。如果对实时性要求不苛刻，最多可用 32 个主站，总站数可达 127 个。

14）总线存取基于混合、分散、集中三种方式：主站间用令牌传输，主站与从站之间用主-从方式。令牌在由主站组成的逻辑令牌环中循环。如果系统中仅有一主站，则不需要令牌传输。这是一个单主站-多从站的系统。最小的系统配置由一个主站和一个从站或两个主站组成。

15）数据传输服务有两类：

● 非循环的：有/无应答要求的发送数据；有应答要求的发送和请求数据。

● 循环的（轮询）：有应答要求的发送和请求数据。

PROFIBUS 广泛应用于制造业自动化、流程工业自动化和楼宇、交通、电力等其他自动化领域，PROFIBUS 的典型应用如图 2-1 所示。

工厂管理级
总线循环
时间
<1000ms
车间级
总线循环
时间
<100ms
现场级
总线循环
时间
<10ms
工厂管理系统
MMS, TCP/IP Backbone
网关
CNC
PC
PROFIBUS-FMS
PC
PLC
PLS
PROFIBUS-DP
PROFIBUS-PA
M
现场
设备
远程
I/O 设备
传感器
传动装置
变送器
现场
设备

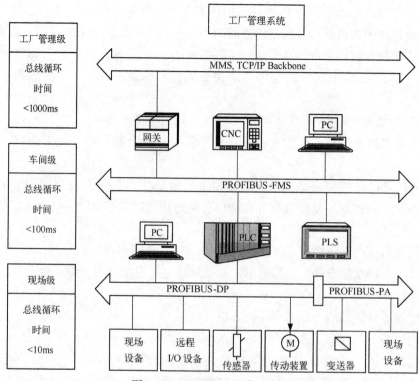

图 2-1　PROFIBUS 的典型应用

2.2　PROFIBUS 的协议结构

PROFIBUS 的协议结构如图 2-2 所示。

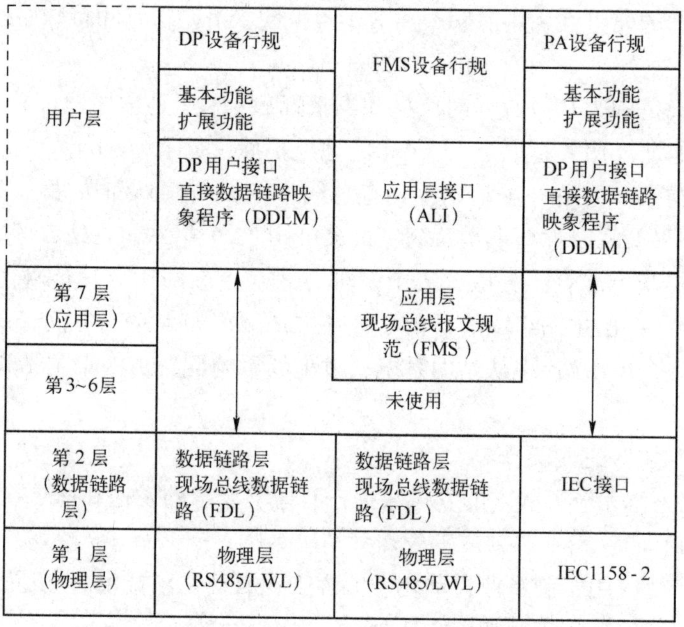

用户层
DP设备行规
基本功能
扩展功能
DP用户接口
直接数据链路映象程序（DDLM）
FMS设备行规
应用层接口
（ALI）
PA设备行规
基本功能
扩展功能
DP用户接口
直接数据链路映象程序
（DDLM）
第 7 层
（应用层）
应用层
现场总线报文规范（FMS）
第 3~6 层
未使用
第 2 层
（数据链路层）
数据链路层
现场总线数据链路（FDL）
数据链路层
现场总线数据链路（FDL）
IEC接口
第 1 层
（物理层）
物理层
（RS485/LWL）
物理层
（RS485/LWL）
IEC1158 - 2

图 2-2　PROFIBUS 的协议结构

从图 2-2 可以看出，PROFIBUS 协议采用了 ISO/OSI 模型中的第 1 层、第 2 层（必要时还采用第 7 层）。第 1 层和第 2 层的导线和传输协议依据美国标准 EIA RS485、国际标准 IEC 870-5-1 和欧洲标准 EN 60870-5-1、总线存取程序、数据传输和管理服务基于 DIN 19241 标准的第 1~3 部分和 IEC 955 标准。管理功能（FMA7）采用 ISO DIS 7498-4（管理框架）的概念。

2.2.1 PROFIBUS-DP 的协议结构

PROFIBUS-DP 使用第 1 层、第 2 层和用户接口层，第 3~7 层未用，这种精简的结构确保高速数据传输。物理层采用 RS485 标准，规定了传输介质、物理连接和电气等特性。PROFIBUS-DP 的数据链路层称为现场总线数据链路层（Fieldbus Data Link layer, FDL），包括与 PROFIBUS-FMS、PROFIBUS-PA 兼容的总线介质访问控制 MAC 以及现场总线链路控制（Fieldbus Link Control, FLC），FLC 向上层提供服务存取点的管理和数据的缓存。第 1 层和第 2 层的现场总线管理（Fieldbus Management layer 1 and 2, FMA1/2）完成第 2 层待定总线参数的设定和第 1 层参数的设定，它还完成这两层出错信息的上传。PROFIBUS-DP 的用户层包括直接数据链路映射（Direct Data Link Mapper, DDLM）、DP 的基本功能、扩展功能以及设备行规。DDLM 提供了方便访问 FDL 的接口，DP 设备行规是对用户数据含义的具体说明，规定了各种应用系统和设备的行为特性。

这种为高速传输用户数据而优化的 PROFIBUS 协议特别适用于可编程序控制器与现场级分散 I/O 设备之间的通信。

2.2.2 PROFIBUS-FMS 的协议结构

PROFIBUS-FMS 使用了第 1 层、第 2 层和第 7 层。应用层（第 7 层）包括 FMS（现场总线报文规范）和 LLI（低层接口）。FMS 包含应用协议和提供的通信服务。LLI 建立各种类型的通信关系，并给 FMS 提供不依赖于设备的对第 2 层的访问。

FMS 处理单元级（PLC 和 PC）的数据通信。功能强大的 FMS 服务可在广泛的应用领域内使用，并为解决复杂通信任务提供了很大的灵活性。

PROFIBUS-DP 和 PROFIBUS-FMS 使用相同的传输技术和总线存取协议。因此，它们可以在同一根电缆上同时运行。

2.2.3 PROFIBUS-PA 的协议结构

PROFIBUS-PA 使用扩展的 PROFIBUS-DP 协议进行数据传输。此外，它执行规定现场设备特性的 PA 设备行规。传输技术依据 IEC 1158-2 标准，确保本质安全和通过总线对现场设备供电。使用段耦合器可将 PROFIBUS-PA 设备很容易地集成到 PROFIBUS-DP 网络之中。

PROFIBUS-PA 是为过程自动化工程中的高速、可靠的通信要求而特别设计的。用 PROFIBUS-PA 可以把传感器和执行器连接到通常的现场总线（段）上，即使在防爆区域的传感器和执行器也可如此。

2.3 PROFIBUS-DP 现场总线系统

由于 Siemens 公司在离散自动化领域具有较深的影响，并且 PROFIBUS-DP 在国内具有众多的用户，本节以 PROFIBUS-DP 为例介绍 PROFIBUS 现场总线系统。

2.3.1　PROFIBUS-DP 的三个版本

PROFIBUS-DP 经过功能扩展，一共有 DP-V0、DP-V1 和 DP-V2 三个版本，有时将 DP-V1 简写为 DPV1。

1. 基本功能（DP-V0）

（1）总线存取方法

各主站间为令牌传送，主站与从站间为主-从循环传送，支持单主站或多主站系统，总线上最多 126 个站。可以采用点对点用户数据通信、广播（控制指令）方式和循环主-从用户数据通信。

（2）循环数据交换

DP-V0 可以实现中央控制器（PLC、PC 或过程控制系统）与分布式现场设备（从站，例如 I/O、阀门、变送器和分析仪等）之间的快速循环数据交换，主站发出请求报文，从站收到后返回响应报文。这种循环数据交换是在被称为 MS0 的连接上进行的。

总线循环时间应小于中央控制器的循环时间（约 10 ms），DP 的传送时间与网络中站的数量和传输速率有关。每个从站可以传送 224 B 的输入或输出。

（3）诊断功能

经过扩展的 PROFIBUS-DP 诊断，能对站级、模块级、通道级这三级故障进行诊断和快速定位，诊断信息在总线上传输并由主站采集。

本站诊断操作：对本站设备的一般操作状态的诊断，例如温度过高，压力过低。

模块诊断操作：对站点内部某个具体的 I/O 模块的故障定位。

通道诊断操作：对某个输入/输出通道的故障定位。

（4）保护功能

所有信息的传输按海明距离 HD=4 进行。对 DP 从站的输出进行存取保护，DP 主站用监控定时器监视与从站的通信，对每个从站都有独立的监控定时器。在规定的监视时间间隔内，如果没有执行用户数据传送，将会使监控定时器超时，通知用户程序进行处理。如果参数 "Auto_Clear" 为 1，DPM1 将退出运行模式，并将所有有关的从站的输出置于故障安全状态，然后进入清除（Clear）状态。

DP 从站用看门狗（Watchdog Timer，监控定时器）检测与主站的数据传输，如果在设置的时间内没有完成数据通信，从站自动地将输出切换到故障安全状态。

在多主站系统中，从站输出操作的访问保护是必要的。这样可以保证只有授权的主站才能直接访问。其他从站可以读它们输入的映像，但是不能直接访问。

（5）通过网络的组态功能与控制功能

通过网络可以实现下列功能：动态激活或关闭 DP 从站，对 DP 主站（DPM1）进行配置，设置站点的数目、DP 从站的地址、输入/输出数据的格式、诊断报文的格式等，以及检查 DP 从站的组态。控制命令可以同时发送给所有的从站或部分从站。

（6）同步与锁定功能

主站可以发送命令给一个从站或同时发给一组从站。接收到主站的同步命令后，从站进入同步模式。这些从站的输出被锁定在当前状态。在这之后的用户数据传输中，输出数据存储在从站，但是它的输出状态保持不变。同步模式用"UNSYNC"命令来解除。

锁定（FREEZE）命令使指定的从站组进入锁定模式，即将各从站的输入数据锁定在当前状态，直到主站发送下一个锁定命令时才可以刷新。用"UNFREEZE"命令来解除锁定模式。

（7）DPM1 和 DP 从站之间的循环数据传输

DPM1 与有关 DP 从站之间的用户数据传输是由 DPM1 按照确定的递归顺序自动进行的。在对总线系统进行组态时，用户定义 DP 从站与 DPM1 的关系，确定哪些 DP 从站被纳入信息交换的循环。

DMP1 和 DP 从站之间的数据传送分为三个阶段：参数化、组态和数据交换。在前两个阶段进行检查，每个从站将自己的实际组态数据与从 DPM1 接收到的组态数据进行比较。设备类型、格式、信息长度与输入/输出的个数都应一致，以防止由于组态过程中的错误造成系统的检查错误。

只有系统检查通过后，DP 从站才进入用户数据传输阶段。在自动进行用户数据传输的同时，也可以根据用户的需要向 DP 从站发送用户定义的参数。

（8）DPM1 和系统组态设备间的循环数据传输

PROFIBUS-DP 允许主站之间的数据交换，即 DPM1 和 DPM2 之间的数据交换。该功能使组态和诊断设备通过总线对系统进行组态，改变 DPM1 的操作方式，动态地允许或禁止 DPM1 与某些从站之间交换数据。

2. DP-V1 的扩展功能

（1）非循环数据交换

除了 DP-V0 的功能外，DP-V1 最主要的特征是具有主站与从站之间的非循环数据交换功能，可以用它来进行参数设置、诊断和报警处理。非循环数据交换与循环数据交换是并行执行的，但是优先级较低。

1 类主站 DPM1 可以通过非循环数据通信读写从站的数据块，数据传输在 DPM1 建立的 MS1 连接上进行，可以用主站来组态从站和设置从站的参数。

在起动非循环数据通信之前，DPM2 用初始化服务建立 MS2 连接。MS2 用于读、写和数据传输服务。一个从站可以同时保持几个激活的 MS2 连接，但是连接的数量受到从站资源的限制。DPM2 与从站建立或中止非循环数据通信连接，读写从站的数据块。数据传输功能向从站非循环地写指定的数据，如果需要，可以在同一周期读数据。

对数据寻址时，PROFIBUS 假设从站的物理结构是模块化的，即从站由称为"模块"的逻辑功能单元构成。在基本 DP 功能中这种模型也用于数据的循环传送。每一模块的输入/输出字节数为常数，在用户数据报文中按固定的位置来传送。寻址过程基于标识符，用它来表示模块的类型，包括输入、输出或两者的结合，所有标识符的集合产生了从站的配置。在系统起动时由 DPM1 对标识符进行检查。

循环数据通信也是建立在这一模型的基础上的。所有能被读写访问的数据块都被认为属于这些模块，它们可以用槽号和索引来寻址。槽号用来确定模块的地址，索引号用来确定指定给模块的数据块的地址，每个数据块最多 244 B。读写服务寻址如图 2-3 所示。

对于模块化的设备，模块被指定槽号，从 1 号槽开始，槽号按顺序递增，0 号留给设备本身。紧凑型设备被视为虚拟模块的一个单元，也可以用槽号和索引来寻址。

在读/写请求中通过长度信息可以对数据块的一部分进行读写。如果读/写数据块成功，

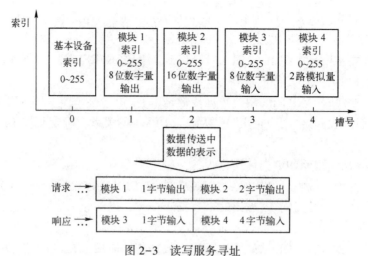

图 2-3　读写服务寻址

DP 从站发送正常的读写响应。反之将发送否定的响应，并对问题进行分类。

（2）工程内部集成的 EDD 与 FDT

在工业自动化中，由于历史的原因，GSD（电子设备数据）文件使用得较多，它适用于较简单的应用；EDD（Electronic Device Description，电子设备描述）适用于中等复杂程序的应用；FDT/DTM（Field Device Tool/Device Type Manager，现场设备工具/设备类型管理）是独立于现场总线的"万能"接口，适用于复杂的应用场合。

（3）基于 IEC 61131-3 的软件功能块

为了实现与制造商无关的系统行规，应为现存的通信平台提供应用程序接口（API），即标准功能块。PNO（PROFIBUS 用户组织）推出了"基于 IEC 61131-3 的通信与代理（Proxy）功能块"。

（4）故障安全通信（PROFIsafe）

PROFIsafe 定义了与故障安全有关的自动化任务，以及故障-安全设备怎样用故障-安全控制器在 PROFIBUS 上通信。PROFIsafe 考虑了在串行总线通信中可能发生的故障，例如数据的延迟、丢失、重复，不正确的时序、地址和数据的损坏。

PROFIsafe 采取了下列的补救措施：输入报文帧的超时及其确认；发送者与接收者之间的标识符（口令）；附加的数据安全措施（CRC 校验）。

（5）扩展的诊断功能

DP 从站通过诊断报文将突发事件（报警信息）传送给主站，主站收到后发送确认报文给从站。从站收到后只能发送新的报警信息，这样可以防止多次重复发送同一报警报文。状态报文由从站发送给主站，不需要主站确认。

3. DP-V2 的扩展功能

（1）从站与从站间的通信

在 2001 年发布的 PROFIBUS 协议功能扩充版本 DP-V2 中，广播式数据交换实现了从站之间的通信，从站作为出版者（Publisher），不经过主站直接将信息发送给作为订户（Subscribers）的从站。这样从站可以直接读入别的从站的数据。这种方式最多可以减少 90% 的总线响应时间。从站与从站的数据交换如图 2-4 所示。

（2）同步（Isochronous）模式功能

同步功能激活主站与从站之间的同步，误差小于1 ms。通过"全局控制"广播报文，所有有关的设备被周期性地同步到总线主站的循环。

（3）时钟控制与时间标记（Time Stamps）

主站与从站之间的时钟控制通过 MS3 服务来进行，实时时间（Real Time）主站将时间标记发送给所有的从站，将从站的时钟同步到系统时间，误差小于 1 ms。利用这一功能可以实现高精度的事件追踪。在有大量主站的网络中，对于获取定时功能特别有用。

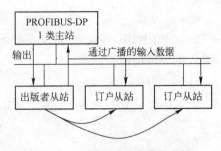

图 2-4　从站与从站的数据交换

（4）HARTonDP

HART 是一种应用较广的现场总线。HART 规范将 HART 的客户-主机-服务器模型映射到 PROFIBUS，HART 规范位于 DP 主站和从站的第 7 层之上。HART-client（客户）功能集成在 PROFIBUS 的主站中，HART 的主站集成在 PROFIBUS 的从站中。为了传送 HART 报文，定义了独立于 MS1 和 MS2 的通信通道。

（5）上载与下载（区域装载）

这一功能允许用少量的命令装载任意现场设备中任意大小的数据区。例如不需要人工装载就可以更新程序或更换设备。

（6）功能请求（Function Invocation）

功能请求服务用于 DP 从站的程序控制（启动、停止、返回或重新启动）和功能调用。

（7）从站冗余

在很多应用场合，要求现场设备的通信有冗余功能。冗余的从站有两个 PROFIBUS 接口，一个是主接口，一个是备用接口。它们可能是单独的设备，也可能分散在两个设备中。这些设备有两个带有特殊的冗余扩展的独立的协议堆栈，冗余通信在两个协议堆栈之间进行，可能是在一个设备内部，也可能是在两个设备之间。

在正常情况下，通信只发送给被组态的主要从站，它也发送给后备从站。在主要从站出现故障时，后备从站接管它的功能。可能是后备从站自己检查到故障，或主站请求它这样做。主站监视所有的从站，出现故障时立即发送诊断报文给后备从站。

冗余从站设备可以在一条 PROFIBUS 总线或两条冗余的 PROFIBUS 总线上运行。

2.3.2　PROFIBUS-DP 系统组成和总线访问控制

1. 系统的组成

PROFIBUS-DP 总线系统设备包括主站（主动站，有总线访问控制权，包括 1 类主站和 2 类主站）和从站（被动站，无总线访问控制权）。当主站获得总线访问控制权（令牌）时，它能占用总线，传输报文，从站仅能应答所接收的报文或在收到请求后传输数据。

（1）1 类主站

1 类 DP 主站能够对从站设置参数，检查从站的通信接口配置，读取从站诊断报文，并根据已经定义好的算法与从站进行用户数据交换。1 类主站还能用一组功能与 2 类主站进行通信。所以 1 类主站在 DP 通信系统中既可作为数据的请求方（与从站的通信），也可作为数据的响应方（与 2 类主站的通信）。

（2）2类主站

在PROFIBUS-DP系统中，2类主站是一个编程器或一个管理设备，可以执行一组DP系统的管理与诊断功能。

（3）从站

从站是PROFIBUS-DP系统通信中的响应方，它不能主动发出数据请求。DP从站可以与2类主站或（对其设置参数并完成对其通信接口配置的）1类主站进行数据交换，并向主站报告本地诊断信息。

2. 系统的结构

一个DP系统既可以是一个单主站结构，也可以是一个多主站结构。主站和从站采用统一编址方式，可选用0~127共128个地址，其中127为广播地址。一个PROFIBUS-DP网络最多可以有127个主站，在应用实时性要求较高时，主站个数一般不超过32个。

单主站结构是指网络中只有一个主站，且该主站为1类主站，网络中的从站都隶属于这个主站，从站与主站进行主-从数据交换。

多主站结构是指在一条总线上连接几个主站，主站之间采用令牌传递方式获得总线控制权，获得令牌的主站和其控制的从站之间进行主-从数据交换。总线上的主站和各自控制的从站构成多个独立的主-从结构子系统。

典型DP系统的组成结构如图2-5所示。

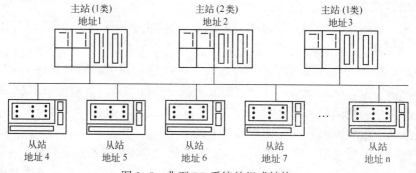

图2-5 典型DP系统的组成结构

3. 总线访问控制

PROFIBUS-DP系统的总线访问控制要保证两个方面的需求：一方面，总线主站节点必须在确定的时间范围内获得足够的机会来处理它自己的通信任务；另一方面，主站与从站之间的数据交换必须是快速且具有很少的协议开销。

DP系统支持使用混合的总线访问控制机制，主站之间采取令牌控制方式，令牌在主站之间传递，拥有令牌的主站拥有总线访问控制权；主站与从站之间采取主-从的控制方式，主站具有总线访问控制权，从站仅在主站要求它发送时才可以使用总线。

当一个主站获得了令牌，它就可以执行主站功能，与其他主站节点或所控制的从站节点进行通信。总线上的报文用节点地址来组织，每个PROFIBUS主站节点和从站节点都有一个地址，而且此地址在整个总线上必须是唯一的。

在PROFIBUS-DP系统中，这种混合总线访问控制方式允许有如下的系统配置。

● 纯主-主系统（执行令牌传递过程）。

● 纯主-从系统（执行主-从数据通信过程）。

● 混合系统（执行令牌传递和主-从数据通信过程）。

（1）令牌传递过程

连接到 DP 网络的主站按节点地址的升序组成一个逻辑令牌环。控制令牌按顺序从一个主站传递到下一个主站。令牌提供访问总线的权利，并通过特殊的令牌帧在主站间传递。具有 HAS（Highest Address Station，最高站地址）的主站将令牌传递给具有最低总线地址的主站，以使逻辑令牌环闭合。

令牌经过所有主站节点轮转一次所需的时间叫作令牌循环时间（Token Rotation Time）。现场总线系统中令牌轮转一次所允许的最大时间叫作目标令牌时间（Target Rotation Time，T_{TR}），其值是可调整的。

在系统的启动总线初始化阶段，总线访问控制通过辨认主站地址来建立令牌环，并将主站地址都记录在活动主站表（List of Active Master Stations，LAS，记录系统中所有主站地址）中。对于令牌管理而言，有两个地址概念特别重要：前驱站（Previous Station，PS）地址，即传递令牌给自己的站的地址；后继站（Next Station，NS）地址，即将要传递令牌的目的站地址。在系统运行期间，为了从令牌环中去掉有故障的主站或在令牌环中添加新的主站而不影响总线上的数据通信，需要修改 LAS。纯主-主系统中的令牌传递过程如图 2-6 所示。

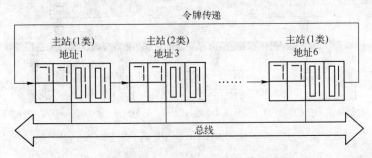

图 2-6　纯主-主系统中的令牌传递过程

（2）主-从数据通信过程

一个主站在得到令牌后，可以主动发起与从站的数据交换。主-从访问过程允许主站访问主站所控制的从站设备，主站可以发送信息给从站或从从站获取信息。其数据传递如图 2-7 所示。

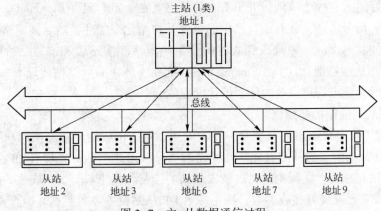

图 2-7　主-从数据通信过程

如果一个 DP 总线系统中有若干个从站，而它的逻辑令牌环只含有一个主站，这样的系统称为纯主-从系统。

2.3.3 PROFIBUS-DP 系统工作过程

下面以图 2-8 所示的 PROFIBUS-DP 系统为例，介绍 PROFIBUS 系统的工作过程。这是一个由多个主站和多个从站组成的 PROFIBUS-DP 系统，包括 2 个 1 类主站、1 个 2 类主站和 4 个从站。2 号从站和 4 号从站受控于 1 号主站，5 号从站和 9 号从站受控于 6 号主站，主站在得到令牌后对其控制的从站进行数据交换。通过用户设置，2 类主站可以对 1 类主站或从站进行管理监控。上述系统搭建过程可以通过特定的组态软件（如 Step7）组态而成，由于篇幅所限这里只讨论 1 类主站和从站的通信过程，而不讨论有关 2 类主站的通信过程。

系统从上电到进入正常数据交换工作状态的整个过程可以概括为以下 4 个工作阶段。

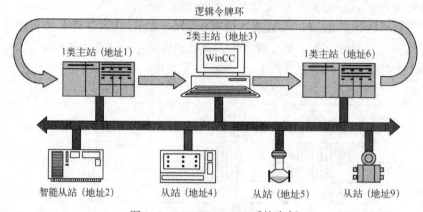

图 2-8　PROFIBUS-DP 系统实例

1. 主站和从站的初始化

上电后，主站和从站进入 Offline 状态，执行自检。当所需要的参数都被初始化后（主站需要加载总线参数集，从站需要加载相应的诊断响应信息等），主站开始监听总线令牌，而从站开始等待主站对其设置参数。

2. 总线上令牌环的建立

主站准备好进入总线令牌环，处于听令牌状态。在一定时间（Time-out）内主站如果没有听到总线上有信号传递，就开始自己生成令牌并初始化令牌环。然后该主站做一次对全体可能主站地址的状态询问，根据收到应答的结果确定活动主站表和本主站所辖站地址范围 GAP，GAP 是指从本站地址（This Station，TS）到令牌环中的后继站地址 NS 之间的地址范围。LAS 的形成即标志着逻辑令牌环初始化的完成。

3. 主站与从站通信的初始化

DP 系统的工作过程如图 2-9 所示，在主站可以与 DP 从站设备交换用户数据之前，主站必须设置 DP 从站的参数并配置此从站的通信接口，因此主站首先检查 DP 从站是否在总线上。如果从站在总线上，则主站通过请求从站的诊断数据来检查 DP 从站的准备情况。如果 DP 从站报告它已准备好接收参数，则主站给 DP 从站设置参数数据并检查通信接口配置，在正常情况下 DP 从站将分别给予确认。收到从站的确认回答后，主站再请求从站的诊断数据以查明从站是否准备好进行用户数据交换。只有在这些工作正确完成后，主站才能开始循环地与 DP 从站交换用户数据。在上述过程中，交换了下述三种数据。

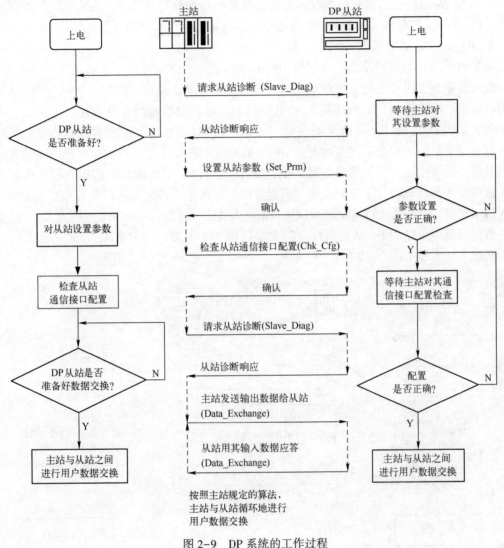

图 2-9 DP 系统的工作过程

（1）参数数据

参数数据包括预先给 DP 从站的一些本地和全局参数以及一些特征和功能。参数报文的结构除包括标准规定的部分外，必要时还包括 DP 从站和制造商特有的部分。参数报文的长度不超过 244 字节，重要的参数包括从站状态参数、看门狗定时器参数、从站制造商标识符、从站分组及用户自定义的从站应用参数等。

（2）通信接口配置数据

DP 从站的输入/输出数据的格式通过标识符来描述。标识符指定了在用户数据交换时输入/输出字节或字的长度及数据的一致刷新要求。在检查通信接口配置时，主站发送标识符给 DP 从站，以检查在从站中实际存在的输入/输出区域是否与标识符所设定的一致。如果一致，则可以进入主–从用户数据交换阶段。

（3）诊断数据

在启动阶段，主站使用诊断请求报文来检查是否存在 DP 从站和从站是否准备接收参数报文。由 DP 从站提交的诊断数据包括符合标准的诊断部分以及此 DP 从站专用的外部诊断信息。DP 从站发送诊断报文告知 DP 主站它的运行状态、出错时间及原因等。

4. 用户的交换数据通信

如果前面所述的过程没有错误而且 DP 从站的通信接口配置与主站的请求相符，则 DP 从站发送诊断报文报告它已为循环地交换用户数据做好准备。从此时起，主站与 DP 从站交换用户数据。在交换用户数据期间，DP 从站只响应对其设置参数和通信接口配置检查正确的主站发来的 Data_Exchange 请求帧报文，如循环地向从站输出数据或者循环地读取从站数据。则其他主站的用户数据报文均被此 DP 从站拒绝。在此阶段，当从站出现故障或其他诊断信息时，将会中断正常的用户数据交换。DP 从站可以使用将应答时的报文服务级别从低优先级改变为高优先级，来告知主站当前有诊断报文中断或其他状态信息。然后，主站发出诊断请求，请求 DP 从站的实际诊断报文或状态信息。处理后，DP 从站和主站返回到交换用户数据状态，主站和 DP 从站可以双向交换最多 244 字节的用户数据。DP 从站报告当前有诊断报文的流程如图 2-10 所示。

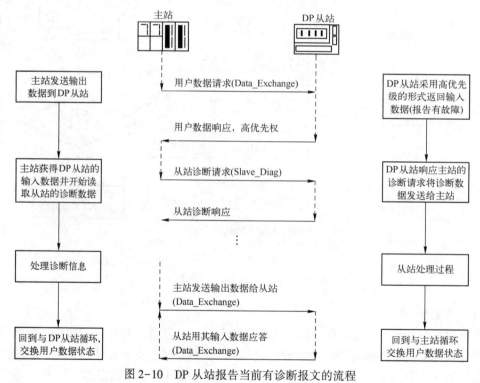

图 2-10　DP 从站报告当前有诊断报文的流程

2.4　PROFIBUS-DP 的通信模型

2.4.1　PROFIBUS-DP 的物理层

PROFIBUS-DP 的物理层支持屏蔽双绞线和光缆两种传输介质。

1. DP（RS485）的物理层

对于屏蔽双绞电缆的基本类型来说，PROFIBUS 的物理层（第 1 层）实现对称的数据传输，符合 EIA RS485 标准（也称为 H2）。一个总线段内的导线是屏蔽双绞电缆，段的两端各有一个终端器，如图 2-11 所示。传输速率从 9.6 kbit/s 到 12 Mbit/s 可选，所选用的波特率适用于连接到总线（段）上的所有设备。

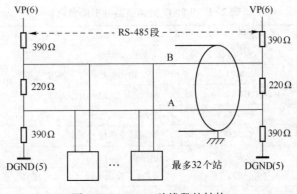

图 2-11　RS485 总线段的结构

（1）传输程序

用于 PROFIBUS RS485 的传输程序是以半双工、异步、无间隙同步为基础的。数据的发送用 NRZ（不归零）编码，即 1 个字符帧为 11 位（bit），如图 2-12 所示。当发送位（bit）时，由二进制"0"到"1"转换期间的信号形状不改变。

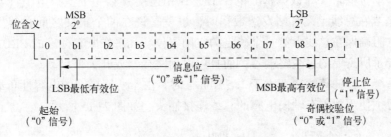

图 2-12　PROFIBUS UART 数据帧

在传输期间，二进制"1"对应于 RXD/TXD-P（Receive/Transmit-Data-P）线上的正电位，而在 RXD/TXD-N 线上则相反。各报文间的空闲（idle）状态对应于二进制"1"信号，如图 2-13 所示。

两根 PROFIBUS 数据线也常称之为 A 线和 B 线。A 线对应于 RXD/TXD-N 信号，而 B 线则对应于 RXD/TXD-P 信号。

（2）总线连接

国际性的 PROFIBUS 标准 EN 50170 推荐使用 9 针 D 型连接器用于总线站与总线的相互连接。D 型连接器的插座与总线站相连接，而 D 型连接器的插头与总线电缆相连接，9 针 D 型连接器如图 2-14 所示。

9 针 D 型连接器的引脚分配如表 2-1 所示。

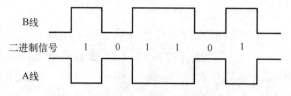

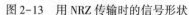

图 2-13　用 NRZ 传输时的信号形状

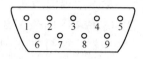

图 2-14　9 针 D 型连接器

表 2-1　9 针 D 型连接器的引脚分配

针　脚　号	信　号　名　称	设　计　含　义
1	SHIELD	屏蔽或功能地
2	M24	24 V 输出电压的地（辅助电源）
3	RXD/TXD-P①	接收/发送数据-正，B 线
4	CNTR-P	方向控制信号 P
5	DGND①	数据基准电位（地）
6	VP①	供电电压-正
7	P24	正 24 V 输出电压（辅助电源）
8	RXD/TXD-N①	接收/发送数据-负，A 线
9	CMTR-N	方向控制信号 N

① 该类信号是强制性的，它们必须使用。

（3）总线终端器

根据 EIA RS485 标准，在数据线 A 和 B 的两端均加接总线终端器。PROFIBUS 的总线终端器包含一个下拉电阻（与数据基准电位 DGND 相连接）和一个上拉电阻（与供电正电压 VP 相连接）。当在总线上没有站发送数据时，也就是说在两个报文之间总线处于空闲状态时，这两个电阻确保在总线上有一个确定的空闲电位。几乎在所有标准的 PROFIBUS 总线连接器上都组合了所需要的总线终端器，而且可以由跳接器或开关来启动。

当总线系统运行的传输速率大于 1.5 Mbit/s 时，由于所连接站的电容性负载而引起导线反射，因此必须使用附加有轴向电感的总线连接插头，如图 2-15 所示。

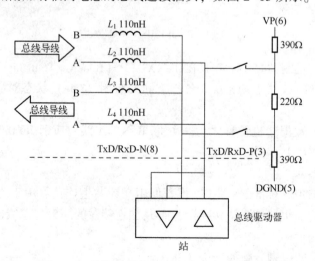

图 2-15　传输速率大于 1.5 Mbit/s 的连接结构

RS485 总线驱动器可采用 SN75176，当传输速率超过 1.5 Mbit/s 时，应当选用高速型总线驱动器，如 SN75ALS1176 等。

2. DP（光缆）的物理层

PROFIBUS 第 1 层的另一种类型是以 PNO（PROFIBUS 用户组织）的导则"用于 PRO-FIBUS 的光纤传输技术，版本 1.1，1993 年 7 月版"为基础的，它通过光纤导体中光的传输来传送数据。光缆允许 PROFIBUS 系统站之间的距离最大到 15 km。光缆对电磁干扰不敏感并能确保总线站之间的电气隔离。近年来，由于光纤的连接技术已大大简化，因此这种传输技术已经普遍地用于现场设备的数据通信，特别是用于塑料光纤的简单单工连接器的使用成为这一发展的重要组成部分。

用玻璃或塑料纤维制成的光缆可用作传输介质。根据所用导线的类型，目前玻璃光纤能处理的连接距离达到 15 km，而塑料光纤只能达到 80 m。

2.4.2 PROFIBUS-DP 的数据链路层（FDL）

根据 OSI 参考模型，数据链路层规定总线存取控制、数据安全性以及传输协议和报文的处理。在 PROFIBUS-DP 中，数据链路层（第 2 层）称为 FDL 层（现场总线数据链路层）。

数据链路层（FDL）的报文帧格式如图 2-16 所示。

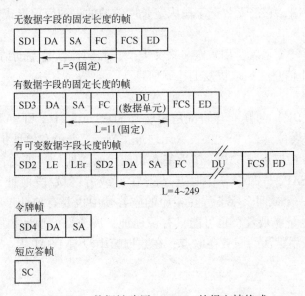

图 2-16　数据链路层（FDL）的报文帧格式

1. 帧字符和帧格式

（1）帧字符

每个帧由若干个帧字符（UART 字符）组成，它把一个 8 位字符扩展成 11 位：首先是一个开始位 0，接着是 8 位数据，之后是奇偶校验位（规定为偶校验），最后是停止位 1。

（2）帧格式

第 2 层的报文格式（帧格式）如图 2-16 所示。

其中：

L 为信息字段长度。

SC 为单一字符（E5H），用在短应答帧中。

SD1～SD4 为开始符，区别不同类型的帧格式：SD1 = 0x10，SD2 = 0x68，SD3 = 0xA2，SD4 = 0xDC。

LE/LEr 为长度字节，指示数据字段的长度，LEr = LE。

DA 为目的地址，指示接收该帧的站。

SA 为源地址，指示发送该帧的站。

FC 为帧控制字节，包含用于该帧服务和优先权等的详细说明。

DU 为数据字段，包含有效的数据信息。

FCS 为帧校验字节，不进位加所有帧字符的和。

ED 为帧结束界定符（16H）。

这些帧既包括主动帧，也包括应答/回答帧，帧中字符间不存在空闲位（二进制 1）。主动帧和应答/回答帧的帧前的间隙有一些不同。每个主动帧帧头都有至少 33 个同步位，也就是说每个通信建立握手报文前必须保持至少 33 位长的空闲状态（二进制 1 对应电平信号），这 33 个同步位长作为帧同步时间间隔，称为同步位 SYN。而应答和回答帧前没有这个规定，响应时间取决于系统设置。应答帧与回答帧也有一定的区别：应答帧是指在从站向主站的响应帧中无数据字段（DU）的帧，而回答帧是指响应帧中存在数据字段（DU）的帧。另外，短应答帧只作应答使用，它是无数据字段固定长度的帧的一种简单形式。

（3）帧控制字节

FC 的位置在帧中 SA 之后，用来定义报文类型，表明该帧是主动请求帧还是应答/回答帧，FC 还包括了防止信息丢失或重复的控制信息。

（4）扩展帧

在有数据字段（DU）的帧（开始符是 SD2 和 SD3）中，DA 和 SA 的最高位（第 7 位）指示是否存在地址扩展位（EXT），0 表示无地址扩展，1 表示有地址扩展。PROFIBUS-DP 协议使用 FDL 的服务存取点（SAP）作为基本功能代码，地址扩展的作用在于指定通信的目的服务存取点（DSAP）、源服务存取点（SSAP）或者区域/段地址，其位置在 FC 字节后，DU 的最开始的一个或两个字节。在相应的应答帧中也要有地址扩展位，而且在 DA 和 SA 中可能同时存在地址扩展位，也可能只有源地址扩展或目的地址扩展。注意：数据交换功能（data_exch）采用默认的服务存取点，在数据帧中没有 DSAP 和 SSAP，即不采用地址扩展帧。

（5）报文循环

在 DP 总线上一次报文循环过程包括主动帧和应答/回答帧的传输。除令牌帧外，其余三种帧是无数据字段的固定长度的帧、有数据字段的固定长度的帧和有数据字段无固定长度的帧，既可以是主动请求帧也可以是应答/回答帧（令牌帧是主动帧，它不需要应答/回答）。

2. FDL 的四种服务

FDL 可以为其用户，也就是为 FDL 的上一层提供四种服务：发送数据需应答 SDA，发送数据无须应答 SDN，发送且请求数据需应答 SRD 及循环的发送且请求数据需应答 CSRD。用户想要 FDL 提供服务，必须向 FDL 申请，而 FDL 执行之后会向用户提交服务结果。用户和 FDL 之间的交互过程是通过一种接口来实现的，在 PROFIBUS 规范中称之为服务原语。

3. 现场总线第1/2层管理（FMA 1/2)

前面介绍了 PROFIBUS-DP 规范中 FDL 为上层提供的服务。而事实上，FDL 的用户除了可以申请 FDL 的服务之外，还可以对 FDL 以及物理层 PHY 进行一些必要的管理，例如强制复位 FDL 和 PHY、设定参数值、读状态、读事件及进行配置等。在 PROFIBUS-DP 规范中，这一部分叫作 FMA 1/2（第1、2层现场总线管理）。

FMA 1/2 用户和 FMA 1/2 之间的接口服务功能主要有：

- 复位物理层、数据链路层（Reset FMA 1/2)，此服务是本地服务。
- 请求和修改数据链路层、物理层以及计数器的实际参数值（Set Value/Read Value FMA 1/2)，此服务是本地服务。
- 通知意外的事件、错误和状态改变（Event FMA 1/2)，此服务可以是本地服务，也可以是远程服务。
- 请求站的标识和链路服务存取点（LSAP）配置（Ident FMA 1/2、LSAP Status FMA 1/2)，此服务可以是本地服务，也可以是远程服务。
- 请求实际的主站表（Live List FMA 1/2)，此服务是本地服务。
- SAP 激活及解除激活（（R）SAP Activate/SAP Deactivate FMA 1/2)，此服务是本地服务。

2.4.3 PROFIBUS-DP 的用户层

1. 概述

用户层包括 DDLM 和用户接口/用户等，它们在通信中实现各种应用功能（在 PROFIBUS-DP 协议中没有定义第7层（应用层），而是在用户接口中描述其应用）。DDLM 是预先定义的直接数据链路映射程序，将所有的在用户接口中传送的功能都映射到第2层 FDL 和 FMA 1/2 服务。它向第2层发送功能调用中 SSAP、DSAP 和 Serv_class 等必需的参数，接收来自第2层的确认和指示并将它们传送给用户接口/用户。

PROFIBUS-DP 系统的通信模型如图 2-17 所示。

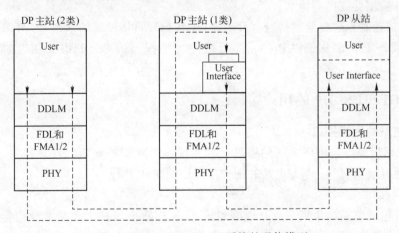

图 2-17　PROFIBUS-DP 系统的通信模型

在图 2-17 中，2 类主站中不存在用户接口，DDLM 直接为用户提供服务。在 1 类主站上除 DDLM 外，还存在用户、用户接口以及用户与用户接口之间的接口。用户接口与用户之间的接口被定义为数据接口与服务接口，在该接口上处理与 DP 从站之间的通信。在 DP 从站中，存在着用户与用户接口，而用户和用户接口之间的接口被创建为数据接口。主站与主站之间的数据通信由 2 类主站发起，在 1 类主站中数据流直接通过 DDLM 到达用户，不经过用户接口及其接口之间的接口，而 1 类主站与 DP 从站两者的用户经由用户接口，利用预先定义的 DP 通信接口进行通信。

在不同的应用中，具体需要的功能范围必须与具体应用相适应，这些适应性定义称为行规。行规提供了设备的可互换性，保证不同厂商生产的设备具有相同的通信功能。

2. PROFIBUS-DP 行规

PROFIBUS-DP 只使用了 ISO/OSI 模型中的第 1 层和第 2 层。而用户接口定义了 PROFIBUS-DP 设备可使用的应用功能以及各种类型的系统和设备的行为特性。

PROFIBUS-DP 协议的任务只是定义用户数据怎样通过总线从一个站传送到另一个站。在这里，传输协议并没有对所传输的用户数据进行评价，这是 DP 行规的任务。由于精确规定了相关应用的参数和行规的使用，从而使不同制造商生产的 DP 部件能容易地交换使用。目前已制定了如下的 DP 行规。

1) NC/RC 行规（3.052）：该行规介绍了怎样通过 PROFIBUS-DP 对操作机床和装配机器人进行控制。根据详细的顺序图解，从高一级自动化设备的角度，介绍了机器人的动作和程序控制情况。

2) 编码器行规（3.062）：该行规介绍了回转式、转角式和线性编码器与 PROFIBUS-DP 的连接，这些编码器带有单转或多转分辨率。有两类设备定义了它们的基本和附加功能，如标定、中断处理和扩展诊断。

3) 变速传动行规（3.071）：传动技术设备的主要生产厂商共同制定了 PROFIDRIVE 行规。该行规具体规定了传动设备怎样参数化，以及设定值和实际值怎样进行传递，这样不同厂商生产的传动设备就可互换，此行规也包括了速度控制和定位必需的规格参数。传动设备的基本功能在行规中有具体规定，但根据具体应用留有进一步扩展和发展的余地。行规描述了 DP 或 FMS 应用功能的映像。

4) 操作员控制和过程监视行规（HMI）：HMI 行规具体说明了通过 PROFIBUS-DP 把这些设备与更高一级自动化部件连接，此行规使用了扩展的 PROFIBUS-DP 的功能来进行通信。

2.4.4 PROFIBUS-DP 的用户接口

1. 1 类主站的用户接口

1 类主站用户接口与用户之间的接口包括数据接口和服务接口。在该接口上处理与 DP 从站通信的所有信息交互，1 类主站的用户接口如图 2-18 所示。

（1）数据接口

数据接口包括主站参数集、诊断数据和输入/输出数据。其中主站参数集包含总线参数集和 DP 从站参数集，是总线参数和从站参数在主站上的映射。

1）总线参数集。总线参数集的内容包括总线参数长度、FDL 地址、波特率、时隙时间、最小和最大响应从站延时、静止和建立时间、令牌目标轮转时间、GAL 更新因子、最

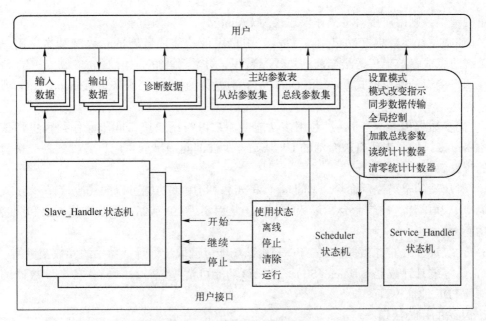

图 2-18 1 类主站的用户接口

高站地址、最大重试次数、用户接口标志、最小从站轮询时间间隔、请求方得到响应的最长时间、主站用户数据长度、主站（2 类）的名字和主站用户数据。

2）DP 从站参数集。DP 从站参数集的内容包括从站参数长度、从站标志、从站类型、参数数据长度、参数数据、通信接口配置数据长度、通信接口配置数据、从站地址分配表长度、从站地址分配表、从站用户数据长度和从站用户数据。

3）诊断数据。诊断数据（Diagnostic_Data）是指由用户接口存储的 DP 从站诊断信息、系统诊断信息、数据传输状态表（Data_Transfer_List）和主站状态（Master_Status）的诊断信息。

4）输入/输出数据。输入（Input Data）/输出数据（Output Data）包括 DP 从站的输入数据和 1 类主站用户的输出数据。该区域的长度由 DP 从站制造商指定，输入和输出数据的格式由用户根据其 DP 系统来设计，格式信息保存在 DP 从站参数集的 Add_Tab 参数中。

（2）服务接口

通过服务接口，用户可以在用户接口的循环操作中异步调用非循环功能。非循环功能分为本地和远程功能。本地功能由 Scheduler 或 Service_Handler 处理，远程功能由 Scheduler 处理。用户接口不提供附加出错处理。在这个接口上，服务调用顺序执行，只有在接口上传送了 Mark. req 并产生 Global_Control. req 的情况下才允许并行处理。服务接口包括以下几种服务。

1）设定用户接口操作模式（Set_Mode）。用户可以利用该功能设定用户接口的操作模式（USIF_State），并可以利用功能 DDLM_Get_Master_Diag 读取用户接口的操作模式。2 类主站也可以利用功能 DDLM_Download 来改变操作模式。

2）指示操作模式改变（Mode_Change）。用户接口用该功能指示其操作模式的改变。如果用户通过功能 Set_Mode 改变操作模式，该指示将不会出现。如果在本地接口上发生了一个严重的错误，则用户接口将操作模式改为 Offline。

3）加载总线参数集（Load_Bus_Par）。用户用该功能加载新的总线参数集。用户接口将新装载的总线参数集传送给当前的总线参数集，并将改变的 FDL 服务参数传送给 FDL 控制。在用户接口的操作模式 Clear 和 Operate 下不允许改变 FDL 服务参数 Baud_Rate 或 FDL _Add。

4）同步数据传输（Mark）。利用该功能，用户可与用户接口同步操作，用户将该功能传送给用户接口后，当所有被激活的 DP 从站至少被询问一次后，用户将收到一个来自用户接口的应答。

5）对从站的全局控制命令（Global_Control）。利用该功能可以向一个（单一）或数个（广播）DP 从站传送控制命令 Sync 和 Freeze，从而实现 DP 从站的同步数据输出和同步数据输入功能。

6）读统计计数器（Read_Value）。利用该功能可读取统计计数器中的参数变量值。

7）清零统计计数器（Delete_SC）。利用该功能可清零统计计数器，各个计数器的寻址索引与其 FDL 地址一致。

2. 从站的用户接口

在 DP 从站中，用户接口通过从站的主-从 DDLM 功能和从站的本地 DDLM 功能与 DDLM 通信，用户接口被创建为数据接口，从站用户接口状态机实现对数据交换的监视。用户接口分析本地发生的 FDL 和 DDLM 错误，并将结果放入 DDLM_Fault. ind 中。用户接口保持与实际应用过程之间的同步，并用该同步的实现依赖于一些功能的执行过程。在本地，同步由三个事件来触发：新的输入数据、诊断信息（Diag_Data）改变和通信接口配置改变。主站参数集中 Min_Slave_Interval 参数的值应根据 DP 系统中从站的性能来确定。

2.5 PROFIBUS-DP 的总线设备类型和数据通信

2.5.1 概述

PROFIBUS-DP 协议是为自动化制造工厂中分散的 I/O 设备和现场设备所需要的高速数据通信而设计的。典型的 DP 配置是单主站结构，如图 2-19 所示。DP 主站与 DP 从站间的通信基于主-从原理。也就是说，只有当主站请求时总线上的 DP 从站才可能活动。DP 从站被 DP 主站按轮询表依次访问。DP 主站与 DP 从站间的用户数据连续地交换，而并不考虑用户数据的内容。

在 DP 主站上处理轮询表的情况如图 2-20 所示。

DP 主站与 DP 从站间的一个报文循环由 DP 主站发出的请求帧（轮询报文）和由 DP 从站返回的有关应答或响应帧组成。

由于按 EN 50170 标准规定的 PROFIBUS 节点在第 1 层和第 2 层的特性，一个 DP 系统也可能是多主结构。实际上，这就意味着一条总线上连接几个主站节点，在一个总线上 DP 主站/从站、FMS 主站/从站和其他的主动节点或被动节点也可以共存，如图 2-21 所示。

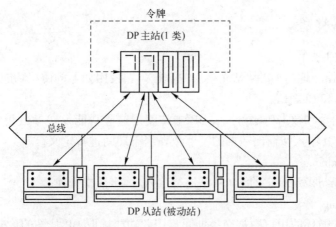

图 2-19 DP 单主站结构

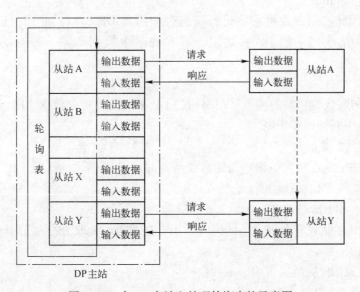

图 2-20 在 DP 主站上处理轮询表的示意图

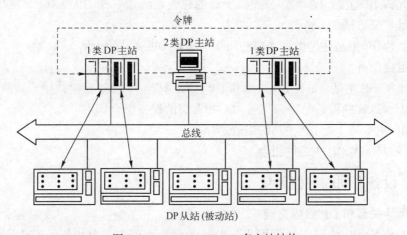

图 2-21 PROFIBUS-DP 多主站结构

2.5.2　DP 设备类型

1. DP 主站（1 类）

1 类 DP 主站循环地与 DP 从站交换用户数据。它使用如下的协议功能执行通信任务。

（1）Set_Prm 和 Chk_Cfg

在启动、重启动和数据传输阶段，DP 主站使用这些功能发送参数集给 DP 从站。对个别 DP 从站而言，其输入和输出数据的字节数在组态期间进行定义。

（2）Data_Exchange

此功能循环地与指定给它的 DP 从站进行输入/输出数据交换。

（3）Slave_Diag

在启动期间或循环的用户数据交换期间，用此功能读取 DP 从站的诊断信息。

（4）Global_Control

DP 主站使用此控制命令将它的运行状态告知给各 DP 从站。此外，还可以将控制命令发送给个别从站或规定的 DP 从站组，以实现输出数据和输入数据的同步（Sync 和 Freeze 命令）。

2. DP 从站

DP 从站只与装载此从站的参数并组态它的 DP 主站交换用户数据。DP 从站可以向此主站报告本地诊断中断和过程中断。

3. DP 主站（2 类）

2 类 DP 主站是编程装置、诊断和管理设备。除了已经描述的 1 类主站的功能外，2 类 DP 主站通常还支持下列特殊功能。

（1）RD_Inp 和 RD_Outp

在与 1 类 DP 主站进行数据通信的同时，用这些功能可读取 DP 从站的输入和输出数据。

（2）Get_Cfg

用此功能读取 DP 从站的当前组态数据。

（3）Set_Slave_Add

此功能允许 DP 主站（2 类）分配一个新的总线地址给一个 DP 从站。当然，此从站是支持这种地址定义方法的。

此外，2 类 DP 主站还提供一些功能用于与 1 类 DP 主站的通信。

4. DP 组合设备

可以将 1 类 DP 主站、2 类 DP 主站和 DP 从站组合在一个硬件模块中形成一个 DP 组合设备。实际上，这样的设备是很常见的。一些典型的设备组合如下。

- 1 类 DP 主站与 2 类 DP 主站的组合。
- DP 从站与 1 类 DP 主站的组合。

2.5.3　DP 设备之间的数据通信

1. DP 通信关系和 DP 数据交换

按 PROFIBUS-DP 协议，通信作业的发起者称为请求方，而相应的通信伙伴称为响应方。所有 1 类 DP 主站的请求报文以第 2 层中的"高优先权"报文服务级别处理。与此相反，由 DP 从站发出的响应报文使用第 2 层中的"低优先权"报文服务级别。DP 从站可将当前出现的诊断中断或状态事件通知给 DP 主站，仅在此刻，可通过将 Data_Exchange 的响应报文服务级别从"低优先权"改变为"高优先权"来实现。数据的传输是非连接的 1 对 1 或 1 对多连接（仅控制命令和交叉通信）。表 2-2 列出了 DP 主站和 DP 从站的通信能力，按请求方和响应方排列。

表 2-2　各类 DP 设备间的通信关系

功能/服务 依据 EN 50170	DP-从站		DP 主站（1 类）		DP 主站（2 类）		使用的 SAP 号	使用的 第 2 层服务
	Requ	Resp	Requ	Resp	Requ	Resp		
Data-Exchange		M	M		O		默认 SAP	SRD
RD-Inp.		M			O		56	SRD
RD_Outp		M			O		57	SRD
Slave_Diag		M	M		O		60	SRD
Set_Prm		M	M		O		61	SRD
Chk_Cfg		M	M		O		62	SRD
Get_Cfg		M			O		59	SRD
Global_Control		M	M		O		58	SDN
Set_Slave_Add		O			O		55	SRD
M_M_Communication			O	O	O	O	54	SRD/SDN
DPV1 Services		O	O		O		51/50	SRD

注：Requ=请求方，Resp=响应方，M=强制性功能，O=可选功能。

2. 初始化阶段，重启动和用户数据通信

在 DP 主站可以与从站设备交换用户数据之前，DP 主站必须定义 DP 从站的参数并组态此从站。为此，DP 主站首先检查 DP 从站是否在总线上。如果是，则 DP 主站通过请求从站的诊断数据来检查 DP 从站的准备情况。当 DP 从站报告它已准备好参数定义时，则 DP 主站装载参数集和组态数据。DP 主站再请求从站的诊断数据以查明从站是否准备就绪。只有在这些工作完成后，DP 主站才开始循环地与 DP 从站交换用户数据。

DP 从站初始化阶段的主要顺序如图 2-22 所示。

（1）参数数据（Set_Prm）

参数集包括预定给 DP 从站的重要的本地和全局参数、特征和功能。为了规定和组态从站参数，通常使用装有组态工具的 DP 主站来进行。若使用直接组态方法，则需填写由组态软件的图形用户接口提供的对话框。若使用间接组态方法，则要用组态工具存取当前的参数和有关 DP 从站的 GSD 数据。参数报文的结构包括 EN 50170 标准规定的部分，必要时还包括 DP 从站和制造商特指的部分。参数报文的长度不能超过 244 字节。以下列出了最重要的参数报文的内容。

1）Station Status。Station Status 包括与从站有关的功能和设定。例如，它规定定时监视器（Watchdog）是否要被激活。

2）Watchdog。Watchdog（定时监视器，"看门狗"）检查 DP 主站的故障。如果定时监视器被启用，且 DP 从站检查出 DP 主站有故障，则本地输出数据被删除或进入规定的安全状态

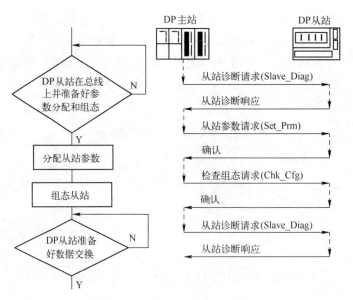

图 2-22 DP 从站初始化阶段的主要顺序

（替代值被传送给输出）。在总线上运行的一个 DP 从站，可以带定时监视器也可以不带。根据总线配置和所选用的传输速率，组态工具建议此总线配置可以使用的定时监视器的时间。

3）Ident_Number。DP 从站的标识号（Ident_Number）是由 PNO 在认证时规定的。DP 从站的标识号放在此设备的主要文件中。只有当参数报文中的标识号与此 DP 从站本身的标识号一致时，此 DP 从站才接收此参数报文。这样就防止了偶尔出现的从站设备的错误参数定义。

4）Group_Ident。Group_Ident 可将 DP 从站分组组合，以便使用 Sync 和 Freeze 控制命令。最多可允许组成 8 组。

5）User_Prm_Data。DP 从站参数数据（User_Prm_Data）为 DP 从站规定了有关应用数据。例如，这可能包括默认设定或控制器参数。

（2）组态数据（Chk_Cfg）

在组态数据报文中，DP 主站发送标识符格式给 DP 从站，这些标识符格式告知 DP 从站要被交换的输入/输出区域的范围和结构。这些区域（也称"模块"）是按 DP 主站和 DP 从站约定的字节或字结构（标识符格式）形式定义的。标识符格式允许指定输入或输出区域，或各模块的输入和输出区域。这些数据区域的大小最多可以有 16 字节/字。当定义组态报文时，必须依据 DP 从站设备类型考虑下列特性。

- DP 从站有固定的输入和输出区域。
- 依据配置，DP 从站有动态的输入/输出区域。
- DP 从站的输入/输出区域由此 DP 从站及其制造商特指的标识符格式来规定。

那些包括连续的信息而又不能按字节或字结构安排的输入和（或）输出数据区域被称为"连续的"数据。例如，它们包含用于闭环控制器的参数区域或用于驱动控制的参数集。使用特殊的标识符格式（与 DP 从站和制造商有关的）可以规定最多 64 字节或字的输入和输出数据区域（模块）。DP 从站可使用的输入、输出域（模块）存放在设备数据库文件（GSD 文件）中。在组态此 DP 从站时它们将由组态工具推荐给用户。

（3）诊断数据（Slave_Diag）

在启动阶段，DP 主站使用请求诊断数据来检查 DP 从站是否存在和是否准备就绪接收参数信息。由 DP 从站提交的诊断数据包括符合 EN 50170 标准的诊断部分。如果有的话，还包括此 DP 从站专用的诊断信息。DP 从站发送诊断信息告知 DP 主站它的运行状态以及发生出错事件时出错的原因。DP 从站可以使用第 2 层中"high_Prio"（高优先权）的 Data_Exchange 响应报文发送一个本地诊断中断给 DP 主站的第 2 层，在响应时 DP 主站请求评估此诊断数据。如果不存在当前的诊断中断，则 Data_Exchange 响应报文具有"Low_Priority"（低优先权）标识符。然而，即使没有诊断中断的特殊报告存在，DP 主站也随时可以请求 DP 从站的诊断数据。

（4）用户数据（Data_Exchange）

DP 从站检查从 DP 主站接收到的参数和组态信息。如果没有错误而且允许由 DP 主站请求的设定，则 DP 从站发送诊断数据报告它已为循环地交换用户数据准备就绪。从此时起，DP 主站与 DP 从站交换所组态的用户数据。在交换用户数据期间，DP 从站只对由定义它的参数并组态它的 1 类 DP 主站发来的 Data_Exchange 请求帧报文做出反应。其他的用户数据报文均被此 DP 从站拒绝。这就是说，只传输有用的数据。

DP 主站与 DP 从站循环交换用户数据如图 2-23 所示。DP 从站报告当前的诊断中断如图 2-24 所示。

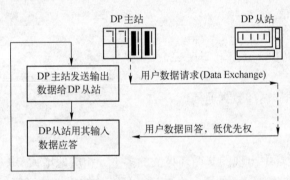

图 2-23　DP 主站与 DP 从站循环地交换用户数据

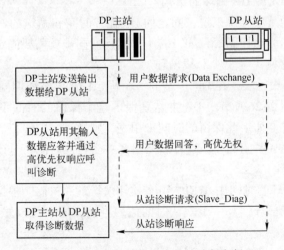

图 2-24　DP 从站报告当前的诊断中断

在图 2-24 中，DP 从站可以将应答时的报文服务级别从"Low_Priority"（低优先权），改变为"High_priority"（高优先权），来告知 DP 主站它当前的诊断中断或现有的状态信息。然后，DP 主站在诊断报文中做出一个由 DP 从站发来的实际诊断或状态信息请求。在获取诊断数据之后，DP 从站和 DP 主站返回到交换用户数据状态。使用请求/响应报文时，DP 主站与 DP 从站可以双向交换最多 244 字节的用户数据。

2.5.4 PROFIBUS-DP 循环

1. PROFIBUS-DP 循环的结构

单主总线系统中 DP 循环的结构如图 2-25 所示。

一个 DP 循环包括固定部分和可变部分。固定部分由循环报文构成，它包括总线存取控制（令牌管理和站状态），以及与 DP 从站的 I/O 数据通信（Data_Exchange）。DP 循环的可变部分由被控事件的非循环报文构成。报文的非循环部分包括下列内容。

- DP 从站初始化阶段的数据通信。
- DP 从站诊断功能。
- 2 类 DP 主站通信。
- DP 主站和主站通信。
- 非正常情况下（Retry），第 2 层控制的报文重复。
- 与 DPV1 对应的非循环数据通信。
- PG 在线功能。
- HMI 功能。

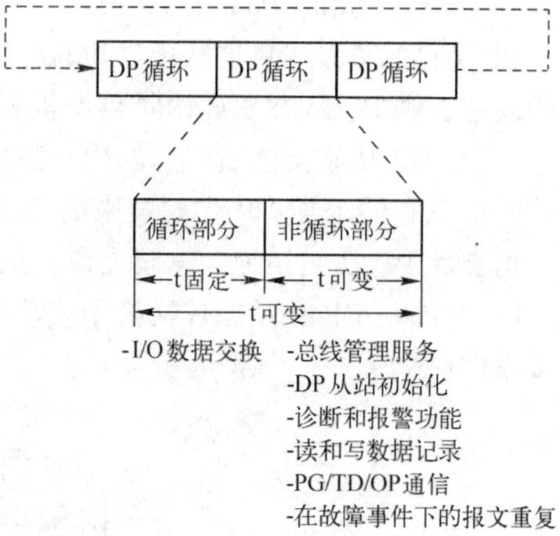

图 2-25 DP 循环的结构

可根据当前 DP 循环中出现的非循环报文的多少，相应地增大 DP 循环。这样，一个 DP 循环中总是有固定的循环时间。如果存在的话，还有被控事件的可变的数个非循环报文。

2. 固定的 PROFIBUS-DP 循环的结构

对于自动化领域的某些应用来说，固定的 DP 循环时间和固定的 I/O 数据交换是有好处的。这特别适用于现场驱动控制。例如，若干个驱动的同步就需要固定的总线循环时间。固定的总线循环常常也称为"等距"总线循环。

与正常的 DP 循环相比较，在 DP 主站的一个固定的 DP 循环期间，保留了一定的时间用于非循环通信。如图 2-26 所示，DP 主站确保了这个保留的时间不超时。这只允许一定数量非循环报文事件。如果此保留的时间未用完，则通过多次给自己发报文的办法直到达到所选定的固定总线循环时间为止，这样就产生了一个暂停时间。这确保了所保留的固定总线循环时间精确到微秒。

固定的 DP 总线循环的时间用 STEP7 组态软件来指定。STEP7 根据所组态的系统并考虑某些典型的非循环服务部分推荐一个默认时间值。当然，用户可以修改 STEP7 推荐的固定的总线循环时间值。

固定的 DP 循环时间只能在单主系统中设定。

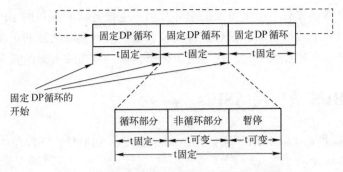

图 2-26　固定的 PROFIBUS-DP 循环的结构

2.5.5　采用交叉通信的数据交换

交叉通信，也称之为"直接通信"，是在 SIMATIC S7 应用中使用 PROFIBUS-DP 的另一种数据通信方法。在交叉通信期间，DP 从站不用 1 对 1 的报文（从→主）响应 DP 主站，而用特殊的 1 对多的报文（从→nnn）。这就是说，包含在响应报文中的 DP 从站的输入数据不仅对相关的主站可使用，而且也对总线上支持这种功能的所有 DP 节点都可使用。

2.5.6　设备数据库文件（GSD）

PROFIBUS 设备具有不同的性能特征，特性的不同在于现有功能（即 I/O 信号的数量和诊断信息）或可能的总线参数，如波特率和时间的监控不同。这些参数对每种设备类型和每家生产厂商来说均各有差别，为实现 PROFIBUS 简单的即插即用配置，这些特性均在电子数据单中具体说明，有时称为设备数据库文件或 GSD 文件。标准化的 GSD 数据将通信扩大到操作员控制一级，使用基于 GSD 的组态工具可将不同厂商生产的设备集成在一个总线系统中，简单且用户界面友好。

对一种设备类型的特性 GSD 以一种准确定义的格式给出其全面而明确的描述。GSD 文件由生产厂商分别针对每一种设备类型准备并以设备数据库清单的形式提供给用户，这种明确定义的文件格式便于读出任何一种 PROFIBUS-DP 设备的设备数据库文件，并且在组态总线系统时自动使用这些信息。在组态阶段，系统自动地对输入与整个系统有关的数据的输入误差和前后一致性进行检查核对。GSD 分为以下三部分。

（1）总体说明

包括厂商和设备名称、软硬件版本情况、支持的波特率、可能的监控时间间隔及总线插头的信号分配。

（2）DP 主设备相关规格

包括所有只适用于 DP 主设备的参数（例如可连接的从设备的最多台数，或加载和卸载能力）。从设备没有这些规定。

（3）从设备的相关规格

包括与从设备有关的所有规定（例如 I/O 通道的数量和类型、诊断测试的规格及 I/O 数据的一致性信息）。

每种类型的 DP 从设备和每种类型的 1 类 DP 主设备都有一个标识号。主设备用此标识号识别哪种类型设备连接后不产生协议的额外开销。主设备将所连接的 DP 设备的标识号与在组态数据中用组态工具指定的标识号进行比较，直到具有正确站址的正确的设备类型连接到总线上后，用户数据才开始传输。这可避免组态错误，从而大大提高安全级别。

2.6　PROFIBUS 通信用 ASICs

Siemens 公司提供的 PROFIBUS 通信用 ASICs 主要有 DPC31、LSPM2、SPC3、SPC41 和 ASPC2。如表 2-3 所示。

表 2-3　几种典型的 PROFIBUS 通信用 ASICs

型号	类型	特　性	FMS	DP	PA	加微控制器	加协议软件	最大波特率/（Mbit/s）	支持电压
DPC31	从站	SPC3+80C31 内核	×	√	√	可选	√	12	DC 3.3V
LSPM2	从站	低价格、单片、有 32 个 I/O 位	×	√	×	×	×	12	DC 5V
SPC3	从站	通用 DP 协议芯片，需外加 CPU	×	√	×	√	√	12	DC 5V
SPC41	从站	DP 协议芯片，外加 CPU，可通过 SIM1-2 连接 PA	√	√	√	√	√	12	DC 3.3/5V
ASPC2	主站	主站协议芯片，外加 CPU 实现主站功能	√	√	√		√	12	DC 5V

其中一些 PROFIBUS 通信用 ASICs 内置 INTEL80C31 内核 CPU；供电电源有 5V 或 3.3V；一些 PROFIBUS 通信控制器需要外加微控制器；一些 PROFIBUS 通信用 ASICs 不需要外加微控制器，但这些 ASICs 均支持 DP/FMS/PA 通信协议中的一种或多种。

由于 AMIS Holdings，Inc. 被 ON Semiconductor Corporation（安森美半导体公司）收购，PROFIBUS 通信控制器 ASPC2、DPC31 STEP C1 和 SPC3 ASIC 的 AMIS 标签已于 2009 年 3 月被新的安森美半导体公司的 ON 标签代替，标签的更改对于部件的功能性和兼容性没有影响。

表 2-3 中的有些产品已经停产（End of Life，EoL），如 LSPM2。有些产品已升级换代，如 DPC31-B 已被 DPC31-C1 替代，SPC41 又有了增强功能的产品 SPC42。具体情况可以浏览 Siemens 公司的官网。

PROFIBUS 通信用 ASICs 应用特点如下。

- 便于将现场设备连接到 PROFIBUS。
- 集成的节能管理。
- 不同的 ASICs 用于不同的功能要求和应用领域。

通过 PROFIBUS 通信用 ASICs，设备制造商可以将设备方便地连接到 PROFIBUS 网络，可实现最高 12 Mbit/s 的传输速率。

PROFIBUS 通信用 ASICs 的应用场合介绍如下。

（1）主站应用

- ASPC 2。

（2）智能从站

● SPC 3，硬件控制总线接入。

● DPC31，集成 80C31 内核 CPU。

● SPC41、SPC42。

（3）本安连接

用于安全现场总线系统中的物理连接的 SIM 1-2，作为一个符合 IEC 61158-2 标准的介质连接单元，传输速率 31.25 kbit/s。尤其适合与 SPC41、SPC 42 和 DPC 31 结合使用。

（4）连接到光纤导体

该 ASIC 的功能是补充现有的用于 PROFIBUS-DP 的 ASIC。FOCSI 模块可以保证接收/发送光纤信号的可靠电气调节和发送。为了把信号输入光缆，除了 FOCSI 以外，还需使用合适的发送器/接收器。FOCSI 可以与其他的 PROFIBUS-DP ASIC 一起使用。

PROFIBUS 通信用 ASICs 技术规范如表 2-4 所示。

表 2-4 PROFIBUS 通信用 ASICs 技术规范

ASICs	SPC3	DPC31	SPC42	ASPC2	SIM1-2	FOCSI
协议	PROFIBUS-DP	PROFIBUS-DP PROFIBUS-PA	PROFIBUS-DP PROFIBUS-FMS PROFIBUS-PA	PROFIBUS-DP PROFIBUS-FMS PROFIBUS-PA	PROFIBUS-PA	—
应用范围	智能从站应用	智能从站应用	智能从站应用	主站应用	介质附件	介质管理单元
最大传输速率	12 Mbit/s	12 Mbit/s	12 Mbit/s	12 Mbit/s	31.25 kbit/s	12 Mbit/s
总线访问	在 ASIC 中	在 ASIC 中	在 ASIC 中	在 ASIC 中	—	—
传输速率自动测定	√	√	√	√	—	—
所需微控制器	√	内置	√	√	—	—
固件大小	6~24 KB	约 38 KB	3~30 KB	80 KB	不需要	不需要
报文缓冲区	1.5 KB	6 KB	3 KB	1 MB（外部）	—	—
电源	5 V	3.3 V	5 V，3.3 V	5 V	通过总线	3.3 V
最大功耗	0.5 W	0.2 W	5 V 时 0.6 W 3.3 V 时 0.01 W	0.9 W	0.05 W	0.75 W
环境温度/℃	−40~+85	−40~+85	−40~+85	−40~+85	−40~+85	−40~+85
封装	PQFP，44引脚	PQFP，100引脚	TQFP，44引脚	MQFP，100引脚	PQFP，40引脚	TQFP，44引脚

2.7 PROFIBUS-DP 从站通信控制器 SPC3

2.7.1 SPC3 功能简介

SPC3 为 PROFIBUS 智能从站提供了廉价的配置方案，可支持多种处理器。与 SPC2 相比，SPC3 存储器内部管理和组织有所改进，并支持 PROFIBUS-DP。

SPC3 只集成了传输技术的部分功能，而没有集成模拟功能（RS485 驱动器）、FDL 传输协议。它支持接口功能、FMA 功能和整个 DP 从站协议（USIF，用户接口让用户很容易访问第 2 层）。第 2 层的其余功能（软件功能和管理）需要通过软件来实现。

SPC3 内部集成了 1.5KB 的双口 RAM 作为 SPC3 与软件/程序的接口。整个 RAM 被分为 192 段，每段 8 字节。用户寻址由内部 MS（Microsequencer）通过基址指针（Base-Pointer）来实现。基址指针可位于存储器的任何段。所以，任何缓存都必须位于段首。

如果 SPC3 工作在 DP 方式下，SPC3 将自动完成所有的 DP-SAPs 的设置。在数据缓冲区生成各种报文（如参数数据和配置数据），为数据通信提供三个可变的缓存器，两个输出，一个输入。通信时经常用到变化的缓存器，因此不会发生任何资源问题。SPC3 为最佳诊断提供两个诊断缓存器，用户可存入刷新的诊断数据。在这一过程中，有一个诊断缓存总是分配给 SPC3。

总线接口是一参数化的 8 位同步/异步接口，可使用各种 Intel 和 Motorola 处理器/微处理器。用户可通过 11 位地址总线直接访问 1.5KB 的双口 RAM 或参数存储器。

处理器上电后，程序参数（站地址、控制位等）必须传送到参数寄存器和方式寄存器。

任何时候状态寄存器都能监视 MAC 的状态。

各种事件（诊断、错误等）都能进入中断寄存器，通过屏蔽寄存器使能，然后通过响应寄存器响应。SPC3 有一个共同的中断输出。

看门狗定时器有三种状态 Baud_Search、Baud_Control、Dp_Control。

微顺序控制器（MS）控制整个处理过程。

程序参数（缓存器指针、缓存器长度及站地址等）和数据缓存器包含在内部 1.5 KB 双口 RAM 中。

在 UART 中，并行、串行数据相互转换，SPC3 能自动调整波特率。

空闲定时器（Idle Timer）直接控制串行总线的时序。

2.7.2　SPC3 引脚说明

SPC3 为 44 引脚 PQFP 封装，引脚说明如表 2-5 所示。

表 2-5　SPC3 引脚说明

引脚	引脚名称	描　　述		源/目的
1	XCS	片选	C32 方式：接 V_{DD}	CPU（80C165）
			C165 方式：片选信号	
2	XWR/E_Clock	写信号/E_CLOCK		CPU
3	DIVIDER	设置 CLKOUT2/4 的分频系数 低电平表示 4 分频		
4	XRD/R_W	读信号/Read_Write　Motorola		CPU
5	CLK	时钟脉冲输入		系统
6	V_{SS}	地		
7	CLKOUT2/4	2 或 4 分频时钟脉冲输出		系统，CPU
8	XINT/MOT	<log> 0 = Intel 接口 <log> 1 = Motorola 接口		系统

引脚	引 脚 名 称	描 述		源/目的
9	X/INT	中断		CPU，中断控制
10	AB10	地址总线	C32 方式：<log>0 C165 方式：地址总线	
11	DB0	数据总线	C32 方式：数据/地址复用 C165 方式：数据/地址分离	CPU，存储器
12	DB1			
13	XDATAEXCH	PROFIBUS-DP 的数据交换状态		LED
14	XREADY/XDTACK	外部 CPU 的准备好信号		系统，CPU
15	DB2	数据总线	C32 方式：数据地址复用 C165 方式：数据地址分离	CPU，存储器
16	DB3			
17	V_{SS}	地		
18	V_{DD}	电源		
19	DB4	数据总线	C32 方式：数据地址复用 C165 方式：数据地址分离	CPU，存储器
20	DB5			
21	DB6			
22	DB7			
23	MODE	<log> 0=80c166 数据地址总线分离；准备信号 <log> 1=80c32 数据地址总线复用；固定定时		系统
24	ALE/AS	地址锁存使能	C32 方式：ALE C165 方式：<LOG>0	CPU（80C32）
25	AB9	地址总线	C32 方式：<LOG>0 C165 方式：地址总线	CPU（C165），存储器
26	TXD	串行发送端口		RS485 发送器
27	RTS	请求发送		RS485 发送器
28	V_{SS}	地		
29	AB8	地址总线	C32 方式：<LOG>0 C165 方式：地址总线	
30	RXD	串行接收端口		RS485 接收器
31	AB7	地址总线		系统，CPU
32	AB6	地址总线		系统，CPU
33	XCTS	清除发送<LOG>0=发送使能		FSKModem
34	XTEST0	必须接 V_{DD}		
35	XTEST1	必须接 V_{DD}		
36	RESET	接 CPU RESET 输入		
37	AB4	地址总线		系统，CPU
38	V_{SS}	地		
39	V_{DD}	电源		

引脚	引脚名称	描　述	源/目的
40	AB3	地址总线	系统，CPU
41	AB2	地址总线	系统，CPU
42	AB5	地址总线	系统，CPU
43	AB1	地址总线	系统，CPU
44	AB0	地址总线	系统，CPU

注：1. 所有以 X 开头的信号低电平有效。
　　2. $V_{DD} = +5\,V$，$V_{SS} = GND$。

2.7.3　SPC3 存储器分配

SPC3 内部 1.5 KB 双口 RAM 的分配如表 2-6 所示。

表 2-6　SPC3 内部双口 RAM 分配

地　址	功　能	
000H	处理器参数锁存器/寄存器（22 字节）	内部工作单元
016H	组织参数（42 字节）	
040H · · · 5FFH	DP 缓存器　Data In(3)① 　　　　　　Data Out(3)② 　　　　　　Diagnostics(2) 　　　　　　Parameter Setting Data(1) 　　　　　　Configuration Data(2) 　　　　　　Auxiliary Buffer(2) 　　　　　　SSA-Buffer(1)	

注：HW 禁止超出地址范围，也就是如果用户写入或读取超出存储器末端，用户将得到一新的地址，即原地址减去
400H。禁止覆盖处理器参数，在这种情况下，SPC3 产生访问中断。如果由于 MS 缓冲器初始化有误导致地址超
出范围，也会产生这种中断。
① Date In 指数据由 PROFIBUS 从站到主站。
② Date Out 指数据由 PROFIBUS 主站到从站。

内部锁存器/寄存器位于前 22 字节，用户可以读取或写入。一些单元只读或只写，用户不能访问的内部工作单元也位于该区域。

组织参数位于以 16H 开始的单元，这些参数影响整个缓存区（主要是 DP-SAPs）的使用。另外，一般参数（站地址、标识号等）和状态信息（全局控制命令等）都存储在这些单元中。

与组织参数的设定一致，用户缓存（User-Generated Buffer）位于 40H 开始的单元，所有的缓存器都开始于段地址。

SPC3 的整个 RAM 被划分为 192 段，每段包括 8 字节，物理地址是按 8 的倍数建立的。

1. 处理器参数（锁存器/寄存器）

这些单元只读或只写，在 Motorola 方式下，SPC3 访问 00H~07H 单元（字寄存器）将进行地址交换，也就是高低字节交换。内部参数锁存器分配如表 2-7 和表 2-8 所示。

表 2-7　内部参数锁存器分配（读）

地　　址（Intel/Motorola）		名称	位号	说明（读访问）
00H	01H	Int_Req_Reg	7..0	
01H	00H	Int_Req_Reg	15..8	中断控制寄存器
02H	03H	Int_Reg	7..0	
03H	02H	Int_Reg	15..8	
04H	05H	Status_Reg	7..0	状态寄存器
05H	04H	Status_Reg	15..8	状态寄存器
06H	07H	Reserved		保留
07H	06H			
08H		Din_Buffer_SM	7..0	Dp_Din_Buffer_State_Machine 缓存器设置
09H		New_DIN_Buffer_Cmd	1..0	用户在 N 状态下得到可用的 DP Din 缓存器
0AH		DOUT_Buffer_SM	7..0	DP_Dout_Buffer_State_Machine 缓存器设置
0BH		Next_DOUT_Buffer_Cmd	1..0	用户在 N 状态下得到可用的 DP Dout 缓存器
0CH		DIAG_Buffer_SM	3..0	DP_Diag_Buffer_State_Machine 缓存器设置
0DH		New_DIAG_Buffer_Cmd	1..0	SPC3 中用户得到可用的 DP Diag 缓存器
0EH		User_Prm_Data_OK	1..0	用户肯定响应 Set_Param 报文的参数设置数据
0FH		User_Prm_Data_NOK	1..0	用户否定响应 Set_Param 报文的参数设置数据
10H		User_Cfg_Data_OK	1..0	用户肯定响应 Check_Config 报文的配置数据
11H		User_Cfg_Data_NOK	1..0	用户否定响应 Check_Config 报文的配置数据
12H		Reserved		保留
13H		Reserved		保留
14H		SSA_Bufferfreecmd		用户从 SSA 缓存器中得到数据并重新使该缓存使能
15H		Reserved		保留

表 2-8　内部参数锁存器分配（写）

地址（Intel/Motorola）		名称	位号	说明（写访问）
00H	01H	Int_Req_Reg	7..0	
01H	00H	Int_Req_Reg	15..8	
02H	03H	Int_Ack_Reg	7..0	
03H	02H	Int_Ack_Reg	15..8	中断控制寄存器
04H	05H	Int_Mask_Reg	7..0	
05H	04H	Int_Mask_Reg	15..8	
06H	07H	Mode_Reg0	7..0	对每位设置参数
07H	06H	Mode_Reg0_S	15..8	
08H		Mode_Reg1_S	7..0	
09H		Mode_Reg1_R	7..0	

地址（Intel/Motorola）	名称	位号	说明（写访问）
0AH	WD Baud Ctrl Val	7..0	波特率监视基值（root value）
0BH	MinTsdr_Val	7..0	从站响应前应该等待的最短时间
0CH	保留		
0DH			
0EH			
0FH	保留		
10H			
11H			
12H			
13H			
14H			
15H			

2. 组织参数（RAM）

用户把组织参数存储在特定的内部 RAM 中，用户可读也可写。组织参数说明如表 2-9 所示。

表 2-9　组织参数说明

地址（Intel/Motorola）		名称	位号	说　明
16H		R_TS_Adr	7..0	设置 SPC3 相关从站地址
17H		保留		默认为 0FFH
18H	19H	R_User_WD_Value	7..0	16 位看门狗定时器的值，DP 方式下监视用户
19H	18H	R_User_WD_Value	15..8	
1AH		R_Len_Dout_Buf		3 个输出数据缓存器的长度
1BH		R_Dout_Buf_Ptr1		输出数据缓存器 1 的段基值
1CH		R_Dout_Buf_Ptr2		输出数据缓存器 2 的段基值
1DH		R_Dout_Buf_Ptr3		输出数据缓存器 3 的段基值
1EH		R_Len_Din_Buf		3 个输入数据缓存器的长度
1FH		R_Din_Buf_Ptr1		输入数据缓存器 1 的段基值
20H		R_Din_Buf_Ptr2		输入数据缓存器 2 的段基值
21H		R_Din_Buf_Ptr3		输入数据缓存器 3 的段基值
22H		保留		默认为 00H
23H		保留		默认为 00H
24H		R Len Diag Buf1		诊断缓存器 1 的长度
25H		R_Len Diag Buf2		诊断缓存器 2 的长度
26H		R_Diag_Buf_Ptr1		诊断缓存器 1 的段基值

地　　址 （Intel/Motorola）	名称　　　　　位号	说　　明
27H	R_Diag_Buf_Ptr2	诊断缓存器 2 的段基值
28H	R_Len_Cntrl Buf1	辅助缓存器 1 的长度，包括控制缓存器，如 SSA_Buf、Prm_Buf、Cfg_Buf、Read_Cfg_Buf
29H	R_Len_Cntrl_Buf2	辅助缓存器 2 的长度，包括控制缓存器，如 SSA_Buf、Prm_Buf、Cfg_Buf、Read_Cfg_Buf
2AH	R_Aux_Buf_Sel	Aux_buffers1/2 可被定义为控制缓存器，如：SSA_Buf、Prm_Buf、Cfg_Buf
2BH	R_Aux_Buf_Ptr1	辅助缓存器 1 的段基值
2CH	R_Aux_Buf_Ptr2	辅助缓存器 2 的段基值
2DH	R_Len_SSA_Data	在 Set_Slave_Address_Buffer 中输入数据的长度
2EH	R_SSA_Buf_Ptr	Set_Slave_Address_Buffer 的段基值
2FH	R_Len_Prm_Data	在 Set_Param_Buffer 中输入数据的长度
30H	R_Prm_Buf_Ptr	Set_Param_Buffer 段基值
31H	R_Len_Cfg_Data	在 Check_Config_Buffer 中的输入数据的长度
32H	R Cfg Buf Ptr	Check_Config_Buffer 段基值
33H	R_Len_Read_Cfg_Data	在 Get_Config_Buffer 中的输入数据的长度
34H	R_Read_Cfg_Buf_Ptr	Get_Config_Buffer 段基值
35H	保留	默认 00H
36H	保留	默认 00H
37H	保留	默认 00H
38H	保留	默认 00H
39H	R_Real_No_Add_Change	这一参数规定了 DP 从站地址是否可改变
3AH	R_Ident_Low	标识号低位的值
3BH	R_Ident_High	标识号高位的值
3CH	R_GC_Command	最后接收的 Global_Control_Command
3DH	R_Len_Spec_Prm_Buf	如果设置了 Spec_Prm_Buffer_Mode（参见方式寄存器 0），这一单元定义为参数缓存器的长度

2.7.4　PROFIBUS-DP 接口

下面是 DP 缓存器结构。

当 DP_Mode = 1 时，SPC3 DP 方式使能。在这种过程中，下列 SAPs 服务于 DP 方式。

Default SAP：数据交换（Write_Read_Data）。

SAP53：保留。

SAP55：改变站地址（Set_Slave_Address）。

SAP56：读输入（Read_Inputs）。

SAP57：读输出（Read_Outputs）。

SAP58：DP 从站的控制命令（Global_Control）。

SAP59：读配置数据（Get_Config）。

SAP60：读诊断信息（Slave_Diagnosis）。

SAP61：发送参数设置数据（Set_Param）。

SAP62：检查配置数据（Check_Config）。

DP 从站协议完全集成在 SPC3 中，并独立执行。用户必须相应地参数化 ASIC，处理和响应传送报文。除了 Default SAP、SAP56、SAP57 和 SAP58，其他的 SAPs 一直使能，这四个 SAPs 在 DP 从站状态机制进入数据交换状态才使能。用户也可以使 SAP55 无效，这时相应的缓存器指针 R_SSA_Buf_Ptr 设置为 00H。在 RAM 初始化时已描述过使 DDB 单元无效。

用户在离线状态下配置所有的缓存器（长度和指针），在操作中除了 Dout/Din 缓存器长度外，其他的缓存配置不可改变。

用户在配置报文以后（Check_Config），等待参数化时，仍可改变这些缓存器。在数据交换状态下只可接收相同的配置。

输出数据和输入数据都有三个长度相同的缓存器可用，这些缓存器的功能是可变的。一个缓存器分配给 D（数据传输），一个缓存器分配给 U（用户），第三个缓存器出现在 N（Next State）或 F（Free State）状态，然而其中一个状态不常出现。

两个诊断缓存器长度可变。一个缓存器分配给 D，用于 SPC3 发送数据；另一个缓存器分配给 U，用于准备新的诊断数据。

SPC3 首先将不同的参数设置报文（Set_Slave_Address 和 Set_Param）和配置报文（Check_Config），读取到辅助缓存 1 和辅助缓存 2 中。

与相应的目标缓存器交换数据（SSA 缓存器，PRM 缓存器，CFG 缓存器）时，每个缓存器必须有相同的长度，用户可在 R_Aux_Puf_Sel 参数单元定义使用哪一个辅助缓存。辅助缓存器 1 一直可用，辅助缓存器 2 可选。如果 DP 报文的数据不同，比如设置参数报文长度大于其他报文，则使用辅助缓存器 2（Aux_Sel_Set_Param=1），其他的报文则通过辅助缓存器 1 读取（Aux_Sel_Set_Param）。如果缓存器太小，SPC3 将响应"无资源"。

用户可用 Read_Cfg 缓存器读取 Get_Config 缓存中的配置数据，但两者必须有相同的长度。

在 D 状态下可从 Din 缓存器中进行 Read_Input_Data 操作。在 U 状态下可从 Dout 缓存中进行 Read_Output_Data 操作。

由于 SPC3 内部只有 8 位地址寄存器，因此所有的缓存器指针都是 8 位段地址。访问 RAM 时，SPC3 将段地址左移 3 位与 8 位偏移地址相加（得到 11 位物理地址）。关于缓存器的起始地址，这 8 个字节是明确规定的。

2.7.5　SPC3 输入/输出缓冲区的状态

SPC3 输入缓冲区有 3 个，并且长度一样；输出缓冲区也有 3 个，长度也一样。输入/输出缓冲区都有 3 个状态，分别是 U、N 和 D。在同一时刻，各个缓冲区处于相互不同的状态。SPC3 的 08H~0BH 寄存器单元表明了各个缓冲区的状态，并且表明了当前用户可用的缓冲区。U 状态的缓冲区分配给用户使用，D 状态的缓冲区分配给总线使用，N 状态是 U、

D 状态的中间状态。

SPC3 输入/输出缓冲区 U-D-N 状态的相关寄存器如下。

1）寄存器 08H（Din_Buffer_SM 7..0），各个输入缓冲区的状态。

2）寄存器 09H（New_Din_Buffer_Cmd 1..0），用户通过这个寄存器从 N 状态下得到可用的输入缓冲区。

3）寄存器 0AH（Dout_Buffer_SM 7..0），各个输出缓冲区的状态。

4）寄存器 0BH（Next_Dout_Buffer_Cmd 1..0），用户从最近的处于 N 状态的输出缓冲区中得到输出缓冲区。

SPC3 输入/输出缓冲区 U-D-N 状态的转变如图 2-27 所示。

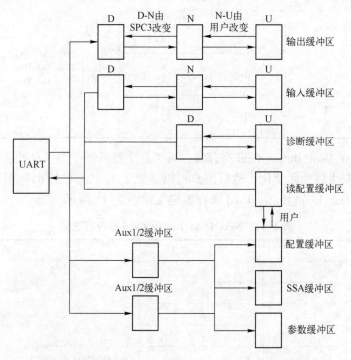

图 2-27　SPC3 输入/输出缓冲区 U-D-N 状态的转变

1. 输出数据缓冲区状态的转变

当持有令牌的 PROFIBUS-DP 主站向本地从站发送输出数据时，SPC3 在 D 缓存中读取接收到的输出数据，当 SPC3 接收到的输出数据没有错误时，就将新填充的缓冲区从 D 状态转到 N 状态，并且产生 DX_OUT 中断，这时用户读取 Next_Dout_Buffer_Cmd 寄存器，处于 N 状态的输出缓冲区由 N 状态变到 U 状态，用户同时知道哪一个输出缓冲区处于 U 状态，通过读取输出缓冲区得到当前输出数据。

如果用户程序循环时间短于总线周期时间，也就是说用户非常频繁地查询 Next_Dout_Buffer_Cmd 寄存器。用户使用 Next_Dout_Buffer_Cmd 在 N 状态下得不到新缓存，因此，缓存器的状态将不会发生变化。在 12Mbit/s 通信速率的情况下，用户程序循环时间长于总线周期时间，这就有可能使用户取得新缓存之前，在 N 状态下能得到输出数据，保证了用户能得到最新的输出数据。但是在通信速率比较低的情况下，只有在主站得到令牌，并且与本地从站通信后，用户才能在输出缓冲区中得到最新数据，如果从站比较多，输入/输出的字节数又比较多，用户得到最新数据通常要花费很长的时间。

用户可以通过读取 Dout_Buffer_SM 寄存器的状态，查询各个输出缓冲区的状态。共有 4 种状态：无（Nil）、Dout_Buf_ptr1 ~ Dout_Buf_ptr3，表明各个输出缓冲区处于什么状态。Dout_Buffer_SM 寄存器定义如表 2-10 所示。

表 2-10 Dout_Buffer_SM 寄存器定义

地　址	位	状　态	值	编　码
寄存器 0AH	7 6	F	X1 X2	X1 X2 0　0：无 0　1：Dout_Buf_Prt1 1　0：Dout_Buf_Prt2 1　1：Dout_Buf_Prt3
	5 4	U	X1 X2	
	3 2	N	X1 X2	
	1 0	D	X1 X2	

用户读取 Next_Dout_Buffer_Cmd 寄存器，可得到交换后哪一个缓存处于 U 状态，即属于用户，或者没有发生缓冲区变化。然后用户可以从处于 U 状态的输出数据缓冲区中得到最新的输出数据。Next_Dout_Buffer_Cmd 寄存器定义如表 2-11 所示。

表 2-11 Next_Dout_Buffer_Cmd 寄存器定义

地　址	位	状　态	编　码
寄存器 0BH	7	0	
	6	0	
	5	0	
	4	0	
	3	U_Buffer_cleared	0：U 缓冲区包含数据 1：U 缓冲区被清除
	2	State_U_buffer	0：没有 U 缓冲区 1：存在 U 缓冲区
	1 0	Ind_U_buffer	00：无 01：Dout_Buf_ptr1 10：Dout_Buf_ptr2 11：Dout_Buf_ptr3

2. 输入数据缓冲区状态的转变

输入数据缓冲区有 3 个，长度一样（初始化时已经规定），输出数据缓冲区也有 3 个状态，即 U、N 和 D。同一时刻，3 个缓冲区处于不同的状态。即一个缓冲区处于 U，一个处于 N，一个处于 D。处于 U 状态的缓冲区用户可以使用，并且在任何时候用户都可更新。处于 D 状态的缓冲区 SPC3 使用，也就是 SPC3 将输入数据从处于该状态的缓冲区中发送到主站。

SPC3 从 D 缓存中发送输入数据。在发送以前，处于 N 状态的输入缓冲区转为 D 状态，同时处于 U 状态的输入缓冲区变为 N 状态，原来处于 D 状态的输入缓冲区变为 U 状态，处于 D 状态的输入缓冲区中的数据发送到主站。

用户可使用 U 状态下的输入缓冲区，通过读取 New_Din_Buffer_Cmd 寄存器，用户可用知道哪一个输入缓冲区属于用户。如果用户赋值周期时间短于总线周期时间，将不会发送每次更新的输入数据，只能发送最新的数据。但在 12Mbit/s 通信速率的情况下，用户赋值时间长于总线周期时间，在此时间内，用户可多次发送当前的最新数据。但是在波特率比较低的情况下，不能保证每次更新的数据能及时发送。用户把输入数据写入处于 U 状态的输入缓冲区，只有 U 状态变为 N 状态，再变为 D 状态，然后 SPC3 才能将该数据发送到主站。

用户可以通过读取 Din_Buffer_SM 寄存器的状态，查询各个输入缓冲区的状态。共有 4 种值：无（Nil）、Din_Buf_ptr1 ~ Din_Buf_ptr 3，表明了各个输入缓冲区处于什么状态。Din_Buffer_SM 寄存器定义如表 2-12 所示。

表 2-12　Din_Buffer_SM 寄存器定义

地　　址	位	状　　态	值	编　　码
寄存器 08H	7 6	F	X1 X2	X1 X2 0　0：无 0　1：Din_Buf_Prt1 1　0：Din_Buf_Prt2 1　1：Doin_Buf_Prt3
	5 4	U	X1 X2	
	3 2	N	X1 X2	
	1 0	D	X1 X2	

读取 New_Din_Buffer_Cmd 寄存器，用户可得到交换后哪一个缓存属于用户。New_Din_Buffer_Cmd 寄存器定义如表 2-13 所示。

表 2-13　New_Din_Buffer_cmd 寄存器定义

地　　址	位	状　　态	编　　码
寄存器 09H	7	0	无
	6	0	
	5	0	
	4	0	
	3	0	
	2	0	
	1	X1	X1X2 0　0：Din_Buf_ptr1 0　1：Din_Buf_ptr2 1　0：Din_Buf_ptr3 1　1：无
	0	X2	

2.7.6 通用处理器总线接口

SPC3 有一个 11 位地址总线的并行 8 位接口。SPC3 支持基于 Intel 的 80C51/52 (80C32) 处理器和微处理器, Motorola 的 HC11 处理器和微处理器, Siemens 80C166, Intel X86, Motorola HC16 和 HC916 系列处理器和微处理器。由于 Motorola 和 Intel 的数据格式不兼容, SPC3 在访问以下 16 位寄存器 (中断寄存器、状态寄存器、方式寄存器 0) 和 16 位 RAM 单元 (R_User_Wd_Value) 时, 自动进行字节交换。这就使 Motorola 处理器能够正确读取 16 位单元的值。通常对于读或写, 要通过两次访问完成 (8 位数据线)。

由于使用了 11 位地址总线, SPC3 不再与 SPC2 (10 位地址总线) 完全兼容。然而, SPC2 的 XINTCI 引脚在 SPC3 的 AB10 引脚处, 且这一引脚至今未用。而 SPC3 的 AB10 输入端有一内置下拉电阻。如果 SPC3 使用 SPC2 硬件, 用户只能使用 1 KB 的内部 RAM。否则, AB10 引脚必须置于相同的位置。

总线接口单元 (BIU) 和双口 RAM 控制器 (DPC) 控制着 SPC3 处理器内部 RAM 的访问。

另外, SPC3 内部集成了一个时钟分频器, 能产生 2 分频 (DIVIDER = 1) 或 4 分频 (DIVIDER = 0) 输出, 因此, 不需附加费用就可实现与低速控制器相连。SPC3 的时钟脉冲是 48 MHz。

1. 总线接口单元 (BIU)

BIU 是连接处理器/微处理器的接口, 有 11 位地址总线, 是同步或异步 8 位接口。接口配置由两个引脚 (XINT/MOT 和 MODE) 决定, XINT/MOT 引脚决定连接的处理器系列 (总线控制信号, 如 XWR, XRD, R_W 和数据格式), MODE 引脚决定同步或异步。

在 C32 方式下必须使用内部锁存器和内部译码器。

2. 双口 RAM 控制器

SPC3 内部 1.5 KB 的 RAM 是单口 RAM。然而, 由于内部集成了双口 RAM 控制器, 允许总线接口和处理器接口同时访问 RAM。此时, 总线接口具有优先权, 从而使访问时间最短。如果 SPC3 与异步接口处理器相连, SPC3 将产生 Ready 信号。

3. 接口信号

在复位期间, 数据输出总线呈高阻状态。微处理器总线接口信号如表 2-14 所示。

表 2-14 微处理器总线接口信号

名 称	输入/输出	类 型	说 明
DB(7..0)	I/O	Tristate	复位时高阻
AB(10..0)	I		AB10 带下拉电阻
MODE	I		设置: 同步/异步接口
XWR/E_CLOCK	I		采用 Intel 总线时为写, 采用 Motorola 总线时为 E_CLK
XRD/R_W	I		采用 Intel 总线时为读, 采用 Motorola 总线时为读/写
XCS	I		片选
ALE/AS	I		Intel/Motorola: 地址锁存允许
DIVIDER	I		CLKOUT2/4 的分频系数 2/4

名　　称	输入/输出	类　型	说　　明
X/INT	O	Tristate	极性可编程
XRDY/XDTACK	O	Tristate	Intel/Motorola：准备好信号
CLK	I		48MHz
XINT/MOT	I		设置：Intel/Motorola 方式
CLKOUT2/4	O	Tristate	24/12MHz
RESET	I	Schmitt-trigger	最少 4 个时钟周期

2.7.7　SPC3 的 UART 接口

发送器将并行数据结构转变为串行数据流。在发送第一个字符之前，产生 Request-to-Send（RTS）信号，XCTS 输入端用于连接调制器。RTS 激活后，发送器必须等到 XCTS 激活后才发送第一个报文字符。

接收器将串行数据流转换成并行数据结构，并以 4 倍的传输速率扫描串行数据流。为了测试，可关闭停止位（方式寄存器 0 中 DIS_STOP_CONTROL＝1 或 DP 的 Set_Param_Telegram 报文），PROFIBUS 协议的一个要求是报文字符之间不允许出现其他状态，SPC3 发送器保证满足此规定。通过 DIS_START_CONTROL＝1（模式寄存器 0 或 DP 的 Set_Param 报文中），关闭起始位测试。

2.7.8　PROFIBUS-DP 接口

PROFIBUS 接口数据通过 RS485 传输，SPC3 通过 RTS、TXD、RXD 引脚与电流隔离接口驱动器相连。

PROFIBUS 接口是一带有下列引脚的 9 针 D 型接插件，引脚定义如下。

引脚 1：Free。

引脚 2：Free。

引脚 3：B 线。

引脚 4：请求发送（RTS）。

引脚 5：5 V 地（M5）。

引脚 6：5 V 电源（P5）。

引脚 7：Free。

引脚 8：A 线。

引脚 9：Free。

必须使用屏蔽线连接接插件，根据 DIN 19245，可选用 Free pin。如果使用，必须符合 DIN192453 标准。

2.8　主站通信网络接口卡 CP5611

CP5611 是 Siemens 公司推出的网络接口卡，用于工控机连接到 PROFIBUS 和 SIMATIC

S7 的 MPI。支持 PROFIBUS 的主站和从站、PG/OP、S7 通信，购买时需另附软件使用费。OPC Server 软件包已包含在通信软件供货中，但是需要 SOFTNET 支持。

2.8.1　CP5611 网络接口卡主要特点

CP5611 网络接口卡具有以下主要特点：

- 不带有微处理器。
- 经济的 PROFIBUS 接口。

1）1 类 PROFIBUS_DP 主站或 2 类 SOFTNET-DP 进行扩展。

2）PROFIBUS_DP 从站与 SOFTNET DP 从站。

3）带有 SOFTNET S7 的 S7 通信。

- OPC 作为标准接口。
- CP5611 是基于 PCI 总线的 PROFIBUS-DP 网络接口卡，可以插在 PC 及其兼容机的 PCI 总线插槽上，在 PROFIBUS-DP 网络中作为主站或从站使用。
- 作为 PC 上的编程接口，可使用 NCM PC 和 STEP 7 软件。
- 作为 PC 上的监控接口，可使用 WinCC、Fix、组态王及力控等。
- 支持的通信速率最大为 12 Mbit/s。
- 设计可用于工业环境。

2.8.2　CP5611 与从站通信的过程

当 CP5611 作为网络上的主站时，CP5611 通过轮询方式与从站进行通信。这就意味着主站要想和从站通信，首先要发送一个请求数据帧，从站得到请求数据帧后，向主站发送一响应帧。请求帧包含主站给从站的输出数据，如果当前没有输出数据，则向从站发送一空帧。从站必须向主站发送响应帧，响应帧包含从站给主站的输入数据，如果没有输入数据，也必须发送一空帧，才完成一次通信。通常按地址增序轮询所有的从站，当与最后一个从站通信完以后，接着再进行下一个周期的通信。这样就保证所有的数据（包括输出数据、输入数据）都是最新的。

主要报文有：令牌报文、固定长度没有数据单元的报文、固定长度带数据单元的报文、变数据长度的报文。

习题

1. PROFIBUS 现场总线由哪几部分组成？
2. PROFIBUS 现场总线有哪些主要特点？
3. PROFIBUS-DP 现场总线有哪几个版本？
4. 说明 PROFIBUS-DP 总线系统的组成结构。
5. 简述 PROFIBUS-DP 系统的工作过程。
6. PROFIBUS-DP 的物理层支持哪几种传输介质？
7. 画出 PROFIBUS-DP 现场总线的 RS485 总线段结构。
8. 说明 PROFIBUS-DP 用户接口的组成。

9. 什么是 GSD 文件？它主要由哪几部分组成？

10. PROFIBUS-DP 协议实现方式有哪几种？

11. SPC3 与 INTEL 总线 CPU 接口时，其 XINT/MOT 和 MODE 引脚如何配置？

12. SPC3 是如何与 CPU 接口的？

13. 简述 PROFIBUS-DP 从站的状态机制。

14. CP5611 板卡的功能是什么？

15. DP 从站初始化阶段的主要顺序是什么？

第3章 PROFIBUS-DP从站的系统设计

PROFIBUS-DP从站的开发设计分两种，一种是利用现成的从站接口模块开发，另一种则是利用芯片进行深层次的开发。对于简单的开发如远程I/O测控，用LSPM系列就能满足要求，但是如果开发一个比较复杂的智能系统，那么最好选择SPC3。本章首先以PMM2000电力网络仪表为例，详细讲述采用SPC3进行PROFIBUS-DP从站开发设计的过程，然后介绍PMM2000电力网络仪表在数字化变电站中的应用，最后讲述PROFIBUS-DP从站的测试方法。

3.1 PMM2000电力网络仪表概述

PMM2000系列数字式多功能电力网络仪表由莱恩达公司生产，本系列仪表共分为四大类别：标准型、经济型、单功能型、户表专用型。

PMM2000系列电力网络仪表采用先进的交流采样技术及模糊控制功率补偿技术与量程自校正技术，它以32位嵌入式微控制器为核心，采用双CPU结构，是一种集传感器、变送器、数据采集、显示、遥信、遥控、远距离传输数据于一体的全电子式多功能电力参数监测网络仪表。

该系列仪表能测量三相三线、三相四线（低压、中压、高压）系统的电流、电压、有功电能、无功电能、有功功率、无功功率、频率、功率因数、视在功率S、电流电压谐波总含量、电流电压基波和2~31次谐波含量、开口三角形电压、最大开口三角形电压、电流和电压三相不平衡度、电压波峰系数CF、电话波形因数THFF、电流K系数等电力参数，同时具有遥信、遥控功能及电流越限报警、电压越限报警、DI状态变位等SOE（事件顺序记录）功能。

该系列仪表既可以在本地使用，也可以通过PROFIBUS-DP现场总线、RS-485（MODBUS-RTU）、CANBUS现场总线、M-BUS仪表总线或TCP/IP工业以太网组成高性能的遥测遥控网络。

PMM2000数字式电力网络仪表的外形如图3-1所示。

PMM2000数字式电力网络仪表具有以下特点。

（1）采用领先技术

PMM2000采用了交流采样技术、模糊控制功率补偿技术、量程自校正技术、精密测量技术、现代电力电子技术、先进的存储记忆技术等，因此精度高，抗干扰、抗冲击、抗浪涌能力强，记录信息不易丢失。对于含有高次谐波的电力系统，仍能实现高精度测量。

（2）安全性高

在仪表内部，电流和电压的测量采用互感器（同类仪表一般不采用电压互感器），保证了仪表的安全性。

图 3-1　PMM2000 数字式电力网络仪表的外形图

a）LED 显示　b）LCD 显示

（3）产品种类齐全

从单相电流/电压表到全电量综合测量，集遥测、遥信、遥控功能于一体的多功能电力网络仪表。

（4）强大的网络通信接口

用户可以选择 TCP/IP 工业以太网、M-BUS、RS485（MODBUS-RTU）、CANBUS PROFIBUS-DP 通信接口。

（5）双 CPU 结构

仪表采用双 CPU 结构，保证了仪表的高测量精度和网络通信数据传输的快速性、可靠性，防止网络通信出现"死机"现象。

（6）兼容性强

采用通信接口组成通信网络系统时，可以和第三方的产品互联。

（7）可与主流工控软件轻松相连

如 iMeaCon、WinCC、Intouch、iFix 等组态软件。

3.2　PROFIBUS-DP 通信模块的硬件电路设计

PMM2000 电力网络仪表总体结构如图 3-2 所示。主要由 STM32 主板、开关电源模块、三相交流电流输入模块、三相交流电压输入模块、PROFIBUS-DP 通信模块、LCD/LED 显示模块和按键组成。

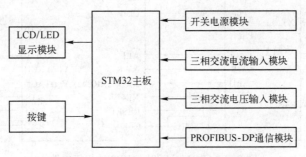

图 3-2　PMM2000 电力网络仪表总体结构

STM32 主板以 ST 公司的 STM32F103 或 STM32F407 嵌入式微控制器为核心，其功能是实现配电系统的三相交流电流和电压信号的数据采集，并计算出电力参数进行显示，同时把计算出的电力参数通过 SPI 通信接口发送到 PROFIBUS-DP 通信模块。

三相交流电流输入模块的功能是对三相配电系统的交流电流信号进行处理，经电流互感器 CT，将电流信号送往 STM32 微控制器的 A/D 转换器进行交流采样。

三相交流电源输入模块的功能是对三相配电系统的交流电流信号进行处理，经电压互感器 PT，将电压信号送往 STM32 微控制器的 A/D 转换器进行交流采样。

开关电源模块的功能是提供+5 V、−15 V、+15 V 等直流电源。

PROFIBUS-DP 通信模块的功能是将 STM32 主板测量的电力参数上传到 PROFIBUS-DP 主站。

另外，LCD/LED 显示模块和按键是人机接口。

SPC3 通过一块内置的 1.5 KB 双口 RAM 与 CPU 接口，它支持多种 CPU，包括 Intel、Siemens、Motorola 等厂商的产品。

PROFIBUS-DP 通信模块主要由 Philips 公司的 P87C51RD2 微控制器、Siemens 公司的 SPC3 从站控制器和 TI 公司的 RS485 通信接口 65ALS1176 等组成。

SPC3 与 P89V51RD2 的接口电路如图 3-3 所示。SPC3 中双口 RAM 的地址为 1000H~15FFH。

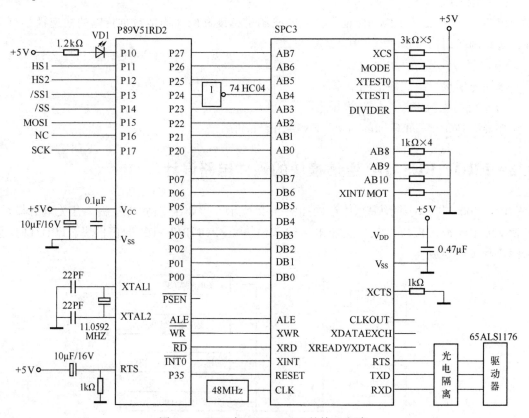

图 3-3　SPC3 与 P89V51RD2 的接口电路

PROFIBUS 接口数据通过 RS485 传输，SPC3 通过 RTS、TXD、RXD 引脚与电流隔离接口驱动器相连。PROFIBUS-DP 的 RS485 传输接口电路如图 3-4 所示。

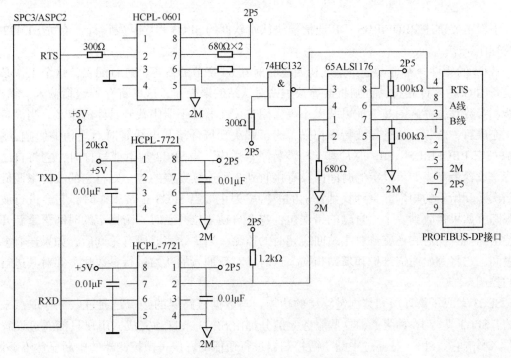

图 3-4　PROFIBUS-DP 的 RS-485 传输接口电路

为了提高系统的抗干扰能力，SPC3 通过了光电耦合器与 PROFIBUS-DP 总线相连，PROFIBUS-DP 总线的通信速率较高，所以要选择传输速率比较高的光电耦合器，本电路选择 AGILENT 公司的高速光电耦合器 HCPL0601 和 HCPL7721，RS485 总线驱动器也要满足高通信速率的要求，本电路选择 TI 公司的高速 RS485 总线驱动器 65ALS1176，能够满足 PROFIBUS-DP 现场总线 12Mbit/s 的通信速率要求。

PROFIBUS 接口是一个带有下列引脚的 9 针 D 型接插件，引脚定义如下。

引脚 1：Free。

引脚 2：Free。

引脚 3：B 线。

引脚 4：请求发送（RTS）。

引脚 5：5 V 地（M5）。

引脚 6：5 V 电源（P5）。

引脚 7：Free。

引脚 8：A 线。

引脚 9：Free。

必须使用屏蔽线连接接插件，根据 DIN19245，Free pin 可选用。如果使用，必须符合 DIN19245 标准。

在图 3-4 中，74HC132 为施密特与非门。74HC132 为施密特与非门。

3.3　PROFIBUS-DP 通信模块从站软件的开发

下面主要讲述 PROFIBUS-DP 通信模块从站软件的 SPC3 程序开发设计，有关 STM32 主板的程序从略。

SPC3 的软件开发难点是在系统初始化时对其 64 字节的寄存器进行配置，这个工作必须与设备的 GSD 文件相符，否则将会导致主站对从站的误操作。这些寄存器包括输入、输出、诊断、参数等缓存区的基地址以及大小等，用户可在器件手册中找到具体的定义。当设备初始化完成后，芯片开始进行波特率扫描，为了解决现场环境与电缆延时对通信的影响，Siemens 所有 PROFIBUS ASICs 芯片都支持波特率自适应，当 SPC3 加电或复位时，它将自己的波特率设置最高，如果设定的时间内没有接收到 3 个连续完整的包，则将它的波特率调低一个档次并开始新的扫描，直到找到正确的波特率为止。当 SPC3 正常工作时，它会进行波特率跟踪，如果接收到一个给自己的错误包，它会自动复位并延时一个指定的时间再重新开始波特率扫描，同时它还支持对主站回应超时的监测。当主站完成所有轮询后，如果还有多余的时间，它将开始通道维护和新站扫描，这时将对新加入的从站进行参数化，并对其进行预定的控制。

SPC3 完成了物理层和数据链路层的功能，与数据链路层的接口是通过服务存取点来完成的，SPC3 支持 10 种服务，这些服务大部分都由 SPC3 来自动完成，用户只能通过设置寄存器来影响它。SPC3 是通过中断与微控制器进行通信的，但是微控制器的中断显然不够用，所以 SPC3 内部有一个中断寄存器，当接收到中断后再去寄存器查中断号来确定具体操作。

在开发完从站后一定要记住 GSD 文件要与从站类型相符，比方说，从站是不许在线修改从站地址的，但是 GSD 文件是

$$Set\_Slave\_Add\_supp = 1(指支持在线修改从站地址)$$

那么在系统初始化时，主站将参数化信息送给从站，从站的诊断包则会返回一个错误代码 "Diag. Not_Supported Slave doesn't support requested function"。

下面详细讲述基于 P89V51RD 微控制器和 SPC3 通信控制器的 PROFIBUS-DP 从站通信的主要程序设计。

3.3.1　SPC3 通信控制器与 P89V51RD2 微控制器的地址定义

SPC3 通信控制器的地址定义如下：

```
REAL_NO_ADD_CHG        EQU     1        ;1=不允许地址改变,0=允许地址改变
SPC3                   EQU     1000H    ;SPC3 片选信号
SPC3_LOW               EQU     00H      ;SPC3 片选信号低字节
SPC3_HIGH              EQU     10H      ;SPC3 片选信号高字节
;***********************************************************************
P89V51RD2 微控制器的数据区定义如下：
COMMAND                DATA    18H
UCOMMAND               DATA    19H      ;设置从站地址命令
TIMCNT                 DATA    1AH      ;时间计数器
```

USER_IN_PTR	DATA	1BH	;存放 SPC3 输入数据缓冲区的指针
USER_OUT_PTR	EQU	1DH	;存放 SPC3 输出数据缓冲区的指针
SLADD	EQU	1FH	;存储 PROFIBUS-DP 从站地址
RXBF	EQU	20H	;8 字节 UART 接收缓冲区
UTXBF	EQU	28H	;8 字节 UART 发送缓冲区
CYCLE1	EQU	30H	
BUFFER	EQU	31H	
SIGNAL	EQU	32H	
TIMCNT1	EQU	33H	
SETADD_ERR	EQU	34H	
TEMP1	EQU	35H	
UCHCRCHi	EQU	36H	
UCHCRCLo	EQU	37H	

; **

STACK	EQU	38H	;堆栈,24 字节
URXBF	EQU	50H	;UART 接收缓冲区
UPSETDATA	EQU	0F8H	;上位机命令存储区

;P89V51RD2 CPU 内部 XRAM 000H~2FFH 地址分配

XURXBF	EQU	0000H	;P89V51RD2 0000H~02FFH
XUPDATA	EQU	0100H	;P89V51RD2 0000H~02FFH

; **

P89V51RD2 微控制器的 SPI 地址定义如下:

SPCR	DATA	0D5H
SPSR	DATA	0AAH
SPDR	DATA	86H

; **

P89V51RD2 微控制器的 WDT 地址定义如下:

WDTC	DATA	0C0H
WDTD	DATA	85H

; **

P89V51RD2 微控制器的 AUXR1 地址定义如下:

AUXR1	DATA	0A2H

; **

P89V51RD2 微控制器与 STM32 双 CPU 通信的握手信号和 SPI 引脚信号定义如下:

HS1	BIT	P1.1
HS2	BIT	P1.2
SS	BIT	P1.3
SS1	BIT	P1.4
MOSI	BIT	P1.5
SCK	BIT	P1.7

; **

;SPC3 通信控制器 00H~15H 可读的寄存器单元地址定义如下:

IIR_LOW	EQU	SPC3+00H	;中断请求寄存器低字节单元

```
IIR_HIGH                 EQU      SPC3+01H ;中断请求寄存器高字节单元
IR_LOW                   EQU      SPC3+02H ;中断寄存器低字节单元
IR_HIGH                  EQU      SPC3+03H ;中断寄存器高字节单元
STATUS_REG_LOW           EQU      SPC3+04H ;状态寄存器低字节单元
STATUS_REG_HIGH          EQU      SPC3+05H ;状态寄存器高字节单元
DIN_BUFFER_SM            EQU      SPC3+08H
NEW_DIN_BUFFER_CMD       EQU      SPC3+09H ;表明当前可用的输入缓冲区
DOUT_BUFFER_SM           EQU      SPC3+0AH
NEW_DOUT_BUFFER_CMD      EQU      SPC3+0BH ;表明当前可用的输出缓冲区
DIAG_BUFFER_SM           EQU      SPC3+0CH
NEW_DIAG_PUFFER_CMD      EQU      SPC3+0DH ;表明当前可用的诊断缓冲区
USER_PRM_DATA_OK         EQU      SPC3+0EH ;参数化数据正确
USER_PRM_DATA_NOK        EQU      SPC3+0FH ;参数化数据不正确
USER_CFG_DATA_OK         EQU      SPC3+10H ;配置数据正确
USER_CFG_DATA_NOK        EQU      SPC3+11H ;配置数据不正确
SSA_BUFFERFREE_CMD       EQU      SPC3+14H ;使新的 SSA 缓存可用
; *********************************************************************
;SPC3 通信控制器 00H~15H 可写的寄存器单元地址定义如下：
IRR_LOW                  EQU      SPC3+00H
IRR_HIGH                 EQU      SPC3+01H
IAR_LOW                  EQU      SPC3+02H ;中断响应寄存器低字节单元
IAR_HIGH                 EQU      SPC3+03H ;中断响应寄存器高字节单元
IMR_LOW                  EQU      SPC3+04H ;中断屏蔽寄存器低字节单元
IMR_HIGH                 EQU      SPC3+05H ;中断屏蔽寄存器高字节单元
MODE_REG0                EQU      SPC3+06H ;方式寄存器 0
MODE_REG0_S              EQU      SPC3+07H ;方式寄存器 0_S
MODE_REG1_S              EQU      SPC3+08H ;方式寄存器 1_S
MODE_REG1_R              EQU      SPC3+09H ;方式寄存器 1_R
WD_BAUD_CTRL_VAL         EQU      SPC3+0AH
MINTSDR_VAL              EQU      SPC3+0BH

; *********************************************************************
;SPC3 通信控制器 00~15H 可写的寄存器的值定义如下：
D_IMR_LOW                EQU      0F1H       ;中断屏蔽寄存器低字节单元的值
D_IMR_HIGH               EQU      0F0H       ;中断屏蔽寄存器高字节单元的值
D_MODE_REG0              EQU      0C0H       ;方式寄存器 0 的值
D_MODE_REG0_S            EQU      05H        ;方式寄存器 0_S 的值
D_MODE_REG1_S            EQU      20H        ;方式寄存器 1_S 的值
D_MODE_REG1_R            EQU      00H        ;方式寄存器 1_R 的值
D_WD_BAUD_CTRL_VAL       EQU      1EH
D_MINTSDR_VAL            EQU      00H

; *********************************************************************
;SPC3 通信控制器 16H~3D 单元地址定义如下：
R_TS_ADR                 EQU      SPC3+16H ;从站地址单元
```

```
R_FDL_SAP_LIST_PTR            EQU     SPC3+17H
R_USER_WD_VALUE_LOW           EQU     SPC3+18H ;SPC3 内部 WDT 低字节单元
R_USER_WD_VALUE_HIGH          EQU     SPC3+19H ;SPC3 内部 WDT 高字节单元
R_LEN_DOUT_BUF                EQU     SPC3+1AH ;输出数据缓存长度单元
R_DOUT_BUF_PTR1               EQU     SPC3+1BH ;输出数据缓存 1 指针单元
R_DOUT_BUF_PTR2               EQU     SPC3+1CH ;输出数据缓存 2 指针单元
R_DOUT_BUF_PTR3               EQU     SPC3+1DH ;输出数据缓存 3 指针单元
R_LEN_DIN_BUF                 EQU     SPC3+1EH ;输入数据缓存长度单元
R_DIN_BUF_PTR1                EQU     SPC3+1FH ;输入数据缓存 1 长度单元
R_DIN_BUF_PTR2                EQU     SPC3+20H ;输入数据缓存 2 长度单元
R_DIN_BUF_PTR3                EQU     SPC3+21H ;输入数据缓存 3 长度单元
R_LEN_DDBOUT_PUF              EQU     SPC3+22H
R_DDBOUT_BUF_PTR              EQU     SPC3+23H
R_LEN_DIAG_BUF1               EQU     SPC3+24H ;诊断缓存 1 长度单元
R_LEN_DIAG_BUF2               EQU     SPC3+25H ;诊断缓存 2 长度单元
R_DIAG_PUF_PTR1               EQU     SPC3+26H ;诊断缓存 1 指针单元
R_DIAG_PUF_PTR2               EQU     SPC3+27H ;诊断缓存 2 指针单元
R_LEN_CNTRL_PBUF1             EQU     SPC3+28H
R_LEN_CNTRL_PBUF2             EQU     SPC3+29H
R_AUX_PUF_SEL                 EQU     SPC3+2AH ;表明使用哪一个辅助缓存单元
R_AUX_BUF_PTR1                EQU     SPC3+2BH ;辅助缓存 1 指针单元
R_AUX_BUF_PTR2                EQU     SPC3+2CH ;辅助缓存 2 指针单元
R_LEN_SSA_DATA                EQU     SPC3+2DH ;SSA 缓存长度单元
R_SSA_BUF_PTR                 EQU     SPC3+2EH ;SSA 缓存指针单元
R_LEN_PRM_DATA                EQU     SPC3+2FH ;参数缓存长度单元
R_PRM_BUF_PTR                 EQU     SPC3+30H ;参数缓存指针单元
R_LEN_CFG_DATA                EQU     SPC3+31H ;配置缓存长度单元
R_CFG_BUF_PTR                 EQU     SPC3+32H ;配置缓存指针单元
R_LEN_READ_CFG_DATA           EQU     SPC3+33H
R_READ_CFG_BUF_PTR            EQU     SPC3+34H
R_LENDDB_PRM_DATA             EQU     SPC3+35H
R_DDB_PRM_BUF_PTR             EQU     SPC3+36H
R_SCORE_EXP_BYTE              EQU     SPC3+37H
R_SCORE_ERROR_BYTE            EQU     SPC3+38H
R_REAL_NO_ADD_CHANGE          EQU     SPC3+39H ;从站的地址是否可变
R_IDENT_LOW                   EQU     SPC3+3AH ;标识号低字节单元
R_IDENT_HIGH                  EQU     SPC3+3BH ;标识号高字节单元
R_GC_COMMAND                  EQU     SPC3+3CH ;GC 命令单元
R_LEN_SPEC_PRM_BUF            EQU     SPC3+3DH ;特殊缓存的指针单元
; ***********************************************************************
;SPC3 通信控制器 16H~3DH 寄存器单元的数据定义如下：
D_TS_ADR                      EQU     03H ;地址数据
D_FDL_SAP_LIST_PTR            EQU     79H
```

```
D_USER_WD_VALUE_LOW        EQU    20H         ;WDT 参数
D_USER_WD_VALUE_HIGH       EQU    4EH
; ***********************************************************************
;SPC3 通信控制器输入字节长度必须和上位机组态软件组态值一致
D_LEN_DOUT_BUF             EQU    7           ;输出数据缓存
D_DOUT_BUF_PTR1            EQU    08h；
D_DOUT_BUF_PTR2            EQU    09h；
D_DOUT_BUF_PTR3            EQU    0ah；
;SPC3 通信控制器输出字节长度必须和上位机组态软件组态值一致
D_LEN_DIN_BUF              EQU    113         ;输入数据缓存
D_DIN_BUF_PTR1             EQU    38H         ;一个段 8 字节,共 168 字节
D_DIN_BUF_PTR2             EQU    4DH
D_DIN_BUF_PTR3             EQU    62H


D_LEN_DDBOUT_PUF           EQU    00H
D_DDBOUT_BUF_PTR           EQU    00H
D_LEN_DIAG_BUF1            EQU    06H
D_LEN_DIAG_BUF2            EQU    06H
D_DIAG_PUF_PTR1            EQU    65H
D_DIAG_PUF_PTR2            EQU    69H
D_LEN_CNTRL_PBUF1          EQU    18H
D_LEN_CNTRL_PBUF2          EQU    00H
D_AUX_PUF_SEL              EQU    00H
D_AUX_BUF_PTR1             EQU    76H
D_AUX_BUF_PTR2             EQU    79H
D_LEN_SSA_DATA             EQU    00H
D_SSA_BUF_PTR              EQU    00H
D_LEN_PRM_DATA             EQU    14H
D_PRM_BUF_PTR              EQU    73H
D_LEN_CFG_DATA             EQU    0AH
D_CFG_BUF_PTR              EQU    6DH
D_LEN_READ_CFG_DATA        EQU    02H
D_READ_CFG_BUF_PTR         EQU    70H
D_LENDDB_PRM_DATA          EQU    00H
D_DDB_PRM_BUF_PTR          EQU    00H
D_SCORE_EXP_BYTE           EQU    00H
D_SCORE_ERROR_BYTE         EQU    00H
D_REAL_NO_ADD_CHANGE       EQU    0FFH
D_IDENT_LOW                EQU    08H
D_IDENT_HIGH               EQU    00H
D_GC_COMMAND               EQU    00H
D_LEN_SPEC_PRM_BUF         EQU    00H
```

3.3.2　P89V51RD2 微控制器的中断入口与初始化程序

```
;****************************************************************
        ORG     0000H
        LJMP    MAIN            ;主程序入口
        ORG     0003H
        LJMP    INTEX0          ;外部中断 0 程序入口
        ORG     000BH
        LJMP    T0INT           ;定时器 0 中断程序入口
        ORG     0023H
        LJMP    UART            ;UART(SPI)中断程序入口
;****************************************************************
        ORG     100H
MAIN:   MOV     SP,#STACK       ;设置 P89V51RD2 的堆栈
        MOV     R0,#20H         ;清除内部接收发送缓冲区
        MOV     A,#00H
        MOV     R7,#0DFH
CLRAM:  MOV     @R0,A
        INC     R0
        DJNZ    R7,CLRAM
        MOV     SCON,#50H       ;初始化定时器
        MOV     TMOD,#21H
        MOV     PCON,#80H
        MOV     TH0,#03CH
        MOV     TL0,#0AFH
        MOV     SPCR,#0EFH      ;P89V51 设置为 SPI 从机模式
        MOV     SPSR,#00H       ;清 SPI 发送标志
        MOV     TIMCNT,#00H
;
        MOV     SLADD,#06H      ;PROFIBUS-DP 从站地址初始化为 6
        MOV     UCOMMAND,#00H
        MOV     COMMAND,#00H

        SETB    PS
        SETB    ES              ;开中断
        SETB    TR0
        SETB    ET0
        SETB    EA

        SETB    P3.5            ;SPC3 软件复位
        LCALL   D20M
        CLRP3.5
```

```
          MOV       WDTD,#0FBH        ;P89V51RD2 的 WDT 初始化
          MOV       WDTC,#0FH
```
;**

;在 SPC3 通信控制器的内部 DPRAM 中定义了 15f0h 和 15f1h 两个单元,用于判断是初次上电复位,还是 WDT 复位。如果是初次上电复位,15f0h 和 15f1h 两个单元的内容是随机数;如果是 WDT 复位,15f0h 和 15f1h 两个单元的内容是初次上电写入的数据 55h

```
          MOV       DPTR,#15f0h       ;判断是否是 WDT 引起的复位
          MOVX      A,@ DPTR
          XRL       A,#55h
          JNZ       MN0
          MOV       DPTR,#15f1h
          MOVX      A,@ DPTR
          XRL       A,#55h
          JNZ       MN0
          MOV       DPTR,#15f2h
          MOVX      A,@ DPTR
          MOV       SLADD,A
          JMP       INI               ;由 WDT 引起的复位,跳到 INI 程序
MN0:                                  ;正常启动,从 MN0 开始执行程序
          CLR       P1.1
;初始化延时
MN1:      MOV       A,TIMCNT1         ;延时大约 1s
          CLRC
          SUBB      A,#100
          JNC       MN2
          NOP
          LCALL     WDTRET
          JMP       MN1
```

3.3.3　SPC3 通信控制器的初始化程序

;**

;以下程序一般不需改变

```
INI:      SETB      P3.5                        ;SPC3 软件复位
          LCALL     D20M
          CLR       P3.5
          LCALL     WDTRET
          CLR       EX0                         ;关中断
          MOV       DPTR,#R_TS_ADR              ;清除 SPC3 内部 RAM
          MOV       A,#00H
CLEAR:    MOVX      @ DPTR,A
          INC       DPTR
```

```
        MOV     R7,DPL
        CJNE    R7,#0e0H,CLEAR
        MOV     R7,DPH
        CJNE    R7,#15H,CLEAR
;
        MOV     DPTR,#IMR_LOW              ;设置 SPC3 内部中断
        MOV     A,#D_IMR_LOW
        MOVX    @ DPTR,A
        INC     DPTR
        MOV     A,#D_IMR_HIGH
        MOVX    @ DPTR,A
;
        MOV     DPTR,#R_USER_WD_VALUE_LOW;设置 WDT 参数
        MOV     A,#D_USER_WD_VALUE_LOW
        MOVX    @ DPTR,A
        INC     DPTR
        MOV     A,#D_USER_WD_VALUE_HIGH
        MOVX    @ DPTR,A
        LCALL   SPC3_RESET                ;调用 SPC3 初始化
;
DATA_EX：
        SETB    EX0
        SETB    EA
        MOV     DPTR,#R_DOUT_BUF_PTR1     ;计算输出数据缓冲区的指针
        MOVX    A,@ DPTR
        MOV     B,#08H
        MUL     AB
        ADD     A,#SPC3_LOW
        MOV     R6,A
        CLR     A
        ADDC    A,#SPC3_HIGH
        MOV     USER_OUT_PTR,A
        MOV     USER_OUT_PTR+1,R6

        MOV     DPTR,#R_DIN_BUF_PTR1      ;计算输入数据缓冲区的指针
        MOVX    A,@ DPTR
        MOV     B,#08H
        MUL     AB
        DD      A,#SPC3_LOW
        MOV     R6,A
        CLR     A
        ADDC    A,#SPC3_HIGH
        MOV     USER_IN_PTR,A
```

```
                    MOV      USER_IN_PTR+1,R6
                    LCALL    WDTRET
;以上部分主要是 SPC3 通信控制器的初始化程序
```

3.3.4   P89V51RD2 微控制器主循环程序与 PROFIBUS-DP 通信程序

```
;**************************************************************
;P89V51RD2 微控制器主循环程序开始
START_LOOP:
              LCALL    WDTRET
              MOV      A,UCOMMAND
              CLR      C
              SUBB     A,#19H
              JNZ      STLP2          ;如果 UCOMMAND 不是 19H,跳转到 STLP2
;如果 UCOMMAND 是 19H,主机发送地址帧,更新 PROFIBUS-DP 从站地址
              MOV      UCOMMAND,#00H
              MOV      A,RXBF
              MOV      SLADD,A
              MOV      DPTR,#15f2h    ;地址保存在 15f2h 外部 RAM 中
              MOVX     @DPTR,A
              LJMP     INI            ;更新 PROFIBUS-DP 从站地址,需要重新初始
                                      化 SPC3
;**************************************************************
STLP2:  MOV      DPTR,#MODE_REG1_S   ;触发 SPC3WDT
        MOV      A,#20H
        MOVX     @DPTR,A
        MOV      DPTR,#IRR_HIGH      ;判断有无数据输出
        MOVX     A,@DPTR
        JNB      ACC.5,STLP1
        INC      DPTR
        INC      DPTR
        MOV      A,#20H
        MOVX     @DPTR,A
        MOV      DPTR,#NEW_DOUT_BUFFER_CMD   ;更新输出数据指针
        MOVX     A,@DPTR
        ANL      A,#03H
        ADD      A,#1AH
        MOV      DPL,A
        CLR      A
        ADDC     A,#SPC3_HIGH
        MOV      DPH,A
        MOVX     A,@DPTR
        MOV      B,#08H
```

```
            MUL         AB
            MOV         R6,A
            MOV         A,B
            ADDC        A,#SPC3_HIGH
            MOV         USER_OUT_PTR,A
            MOV         USER_OUT_PTR+1,R6

            MOV         DPH,USER_OUT_PTR
            MOV         DPL,USER_OUT_PTR+1
            MOV         R1,#UPSETDATA上位机输出数据暂存
            MOV         B,#7
MOVD1:      CLR         C
            MOVX        A,@DPTR
            MOV         @R1,A
            INC         DPTR
            INC         R1
            DJNZ        B,MOVD1
            MOV         R1,#UPSETDATA判断地址,若与本站不一致,则退出
            MOV         A,@R1
            XRL         A,SLADD
            JZ          DALP11
            JMP         STLP1
DALP11:     INC         R1
            MOV         A,@R1
            XRL         A,#6
            JNZ         STLP1
            MOV         DPTR,#XUPDATA+8
            MOVX        A,@DPTR          ;取 CFG_INFO
            ANL         A,#01H
            CLR         C
            SUBB        A,#01H
            JNZ         STLP1
            LCALL       CLRDL            ;允许清电能
            MOV         TIMCNT,#00H
;*****************************************************************
STLP1:      MOV         A,TIMCNT
            CLR         C
            SUBB        A,#80
            JC          DATA_IN
            CPL         P1.0
            MOV         TIMCNT,#00H
            LCALL       REQDATA          ;从 SPI 主机读取数据
            LCALL       MOVBK            ;调用处理从 SPI 主机读取的数据的程序 MOVBK
```

```
                                      ;MOVBK 程序介绍从略
              LCALL          WDTRET        ;WDT 触发
; ****************************************************************
DATA_IN: MOV             DPTR,#NEW_DIN_BUFFER_CMD    ;更新输入数据缓存指针
              MOVX           A,@ DPTR
              ANL            A,#03H
              ADD            A,#1EH
              MOV            DPL,A
              CLR            A
              ADDC           A,#SPC3_HIGH
              MOV            DPH,A
              MOVX           A,@ DPTR
              MOV            B,#8
              MUL            AB
              MOV            R6,A
              MOV            A,B
              ADDC           A,#SPC3_HIGH
              MOV            USER_IN_PTR,A
              MOV            USER_IN_PTR+1,R6
              MOV            DPH,USER_IN_PTR
              MOV            DPL,USER_IN_PTR+1

; ****************************************************************
;向 PROFIBUS-DP 主站上传最新数据
              MOV            R7,#113
              MOV            A,AUXR1
              XRL            A,#01H
              MOV            AUXR1,A
              MOV            DPTR,#XUPDATA
DATA_IN_N:
              MOVX           A,@ DPTR
              MOV            B,A
              INC            DPTR
              MOV            A,AUXR1
              XRL            A,#01H
              MOV            AUXR1,A
              MOV            A,B
              MOVX           @ DPTR,A
              INC            DPTR
              MOV            A,AUXR1
              XRL            A,#01H
              MOV            AUXR1,A
              DJNZ           R7,DATA_IN_N

; ****************************************************************
```

```
TEST2:      MOV             DPTR,#IIR_HIGH                    ;诊断变化
            MOVX            A,@ DPTR
            JNB             ACC. 4,END_LOOP

            MOV             DPTR,#NEW_DIAG_PUFFER_CMD
            MOVX            A,@ DPTR
            MOV             DPTR,#1328h
            MOV             A,#00
            MOVX            @ DPTR,A
            INC             DPTR
            MOV             A,#0ch
            MOVX            @ DPTR,A
            MOV             DPTR,#1348h
            MOV             A,#00
            MOVX            @ DPTR,A
            INC             DPTR
            MOV             A,#0ch
            MOVX            @ DPTR,A
            MOV             DPTR,#IAR_HIGH
            MOV             A,#10h
            MOVX            @ DPTR,A
END_LOOP：
            JMP             START_LOOP
;P89V51RD2 微控制器主循环程序结束
; *********************************************************************
;电量清除程序 CLRDL 清单从略
```

3.3.5 SPC 复位初始化子程序

```
; *********************************************************************
;SPC 复位初始化子程序
SPC3_RESET：
            MOV      DPTR,#R_IDENT_LOW            ;设置本模块标识号
            MOV      A,#D_IDENT_LOW
            MOVX     @ DPTR,A
            MOV      DPTR,#R_TS_ADR
            MOV      A,SLADD                      ;设置 PROFIBUS-DP 从站地址
            MOVX     @ DPTR,A

            MOV      DPTR,#MODE_REG0              ;设置 SPC3 方式寄存器
            MOV      A,#D_MODE_REG0
            MOVX     @ DPTR,A
            INC      DPTR
```

```
              MOV        A,#D_MODE_REG0_S
              MOVX       @DPTR,A

              MOV        A,#REAL_NO_ADD_CHG            ;不允许从站地址改变
              MOV        DPTR,#R_REAL_NO_ADD_CHANGE
              CJNE       A,#1,RR1
              MOV        A,#0FFH
              MOVX       @DPTR,A
              JMP        RR2
RR1：         MOV        A,#0
              MOVX       @DPTR,A
RR2：         MOV        DPTR,#STATUS_REG_LOW          ;判断SPC3是否离线
              MOVX       A,@DPTR
              ANL        A,#01H
              JNZ        RR2
              MOV        DPTR,#R_DIAG_PUF_PTR1         ;如果SPC3离线,则初始化SPC3
              MOV        A,#D_DIAG_PUF_PTR1
              MOVX       @DPTR,A
              INC        DPTR
              MOV        A,#D_DIAG_PUF_PTR2
              MOVX       @DPTR,A

              MOV        DPTR,#R_CFG_BUF_PTR
              MOV        A,#D_CFG_BUF_PTR
              MOVX       @DPTR,A

              MOV        DPTR,#R_READ_CFG_BUF_PTR
              MOV        A,#D_READ_CFG_BUF_PTR
              MOVX       @DPTR,A

              MOV        DPTR,#R_PRM_BUF_PTR
              MOV        A,#D_PRM_BUF_PTR
              MOVX       @DPTR,A

              MOV        DPTR,#R_AUX_BUF_PTR1
              MOV        A,#D_AUX_BUF_PTR1
              MOVX       @DPTR,A
              INC        DPTR
              MOV        A,#D_AUX_BUF_PTR2
              MOVX       @DPTR,A

              MOV        DPTR,#R_LEN_DIAG_BUF1
              MOV        A,#D_LEN_DIAG_BUF1
```

```
MOVX      @ DPTR,A
INC       DPTR
MOV       A,#D_LEN_DIAG_BUF2
MOVX      @ DPTR,A


MOV       DPTR,#R_LEN_CFG_DATA
MOV       A,#D_LEN_CFG_DATA
MOVX      @ DPTR,A


MOV       DPTR,#R_LEN_PRM_DATA
MOV       A,#D_LEN_PRM_DATA
MOVX      @ DPTR,A


MOV       DPTR,#R_LEN_CNTRL_PBUF1
MOV       A,#D_LEN_CNTRL_PBUF1
MOVX      @ DPTR,A


MOV       DPTR,#R_LEN_READ_CFG_DATA
MOV       A,#D_LEN_READ_CFG_DATA
MOVX      @ DPTR,A


MOV       DPTR,#R_FDL_SAP_LIST_PTR
MOV       A,#D_FDL_SAP_LIST_PTR
MOVX      @ DPTR,A


MOV       DPTR,#R_LEN_DOUT_BUF          ;输出数据缓存长度和指针
MOV       A,#D_LEN_DOUT_BUF
MOVX      @ DPTR,A
MOV       DPTR,#R_DOUT_BUF_PTR1
MOV       A,#D_DOUT_BUF_PTR1
MOVX      @ DPTR,A
INC       DPTR
MOV       A,#D_DOUT_BUF_PTR2
MOVX      @ DPTR,A
INC       DPTR
MOV       A,#D_DOUT_BUF_PTR3
MOVX      @ DPTR,A


MOV       DPTR,#R_LEN_DIN_BUF           ;输入数据缓存长度和指针
MOV       A,#D_LEN_DIN_BUF
MOVX      @ DPTR,A
MOV       DPTR,#R_DIN_BUF_PTR1
MOV       A,#D_DIN_BUF_PTR1
```

```
                MOVX        @ DPTR,A
                INC         DPTR
                MOV         A,#D_DIN_BUF_PTR2
                MOVX        @ DPTR,A
                INC         DPTR
                MOV         A,#D_DIN_BUF_PTR3
                MOVX        @ DPTR,A

                MOV         DPTR,#13C8H
                MOV         A,#0FFH
                MOVX        @ DPTR,A
                MOV         DPTR,#1380H
                MOV         A,#13H
                MOVX        @ DPTR,A
                INC         DPTR
                MOV         A,#23H
                MOVX        @ DPTR,A

                MOV         DPTR,#WD_BAUD_CTRL_VAL          ;设置 WDT 波特率控制
                MOV         A,#D_WD_BAUD_CTRL_VAL
                MOVX        @ DPTR,A

                MOV         DPTR,#MODE_REG1_S
                MOVX        A,@ DPTR
                ORL         A,#01H
                MOVX        @ DPTR,A
                RET
;SPC3 复位程序结束
; *****************************************************************
;延时子程序 D20M 清单从略
```

3.3.6　SPC3 中断处理子程序

```
; *****************************************************************
;SPC3 中断处理子程序
INTEX0:         PUSH        ACC
                PUSH        B
                PUSH        DPH
                PUSH        DPL
                PUSH        PSW
                CLR         RS0
                SETB        RS1
```

```
              MOV       DPTR,#IR_LOW              ;GO_LEAVE_DATA_EX
              MOVX      A,@ DPTR
              JNB       ACC. 1,INTE1
              MOV       A,#02H
              MOVX      @ DPTR,A
INTE1:        MOV       DPTR,#IAR_HIGH           ;NEW_GC_COMMAND
              MOVX      A,@ DPTR
              JNB       ACC. 0,INTE2
              MOV       A,#01H
              MOVX      @ DPTR,A

INTE2:        MOV       DPTR,#IAR_HIGH          ;PRM
              MOVX      A,@ DPTR
              JNB       ACC. 3,INTE3

INTE2_1:      MOV       DPTR,#USER_PRM_DATA_OK
              MOVX      A,@ DPTR
              MOV       R7,A
              CJNE      R7,#01H,INTE3
              JMP       INTE2_1

INTE3:        MOV       DPTR,#IAR_HIGH          ;CFG
              MOVX      A,@ DPTR
              JNB       ACC. 2,INTE4

INTE3_1:      MOV       DPTR,#USER_CFG_DATA_OK
              MOVX      A,@ DPTR
              MOV       R7,A
              CJNE      R7,#01H,INTE4
              JMP       INTE3_1

INTE4:        MOV       DPTR,#IAR_HIGH          ;SSA
              MOVX      A,@ DPTR
              JNB       ACC. 1,INTE5
              MOV       A,#02H
              MOVX      @ DPTR,A

INTE5:        MOV       DPTR,#IR_LOW              ;WD_DP_MODE_TIMEOUT
              MOVX      A,@ DPTR
              JNB       ACC. 3,INTE6
              LCALL     wd_dp_mode_timeout_function
              MOV       DPTR,#IR_LOW
              MOV       A,#08H
```

```
                  MOVX      @ DPTR,A

INTE6：           MOV       DPTR,#IR_LOW          ;USER_TIME_CLOCK
                  MOVX      A,@ DPTR
                  JNB       ACC.4,INTE7
                  MOV       A,#10H
                  MOVX      @ DPTR,A

INTE7：           MOV       DPTR,#IR_LOW          ;BAUDRATE_DETECT
                  MOVX      A,@ DPTR
                  JNB       ACC.2,INTE8
                  MOV       A,#04H
                  MOVX      @ DPTR,A

INTE8：           MOV       DPTR,#1008H          ;INTERRUPT END
                  MOV       A,#02H
                  MOVX      @ DPTR,A
                  POP       PSW
                  POP       DPL
                  POP       DPH
                  POP       B
                  POP       ACC
                  RETI
```

; **
;P89V51RD2 微控制器的中断串口接收程序 UART 清单从略
;P89V51RD2 微控制器的 SPI 和 UART 串口是同一中断入口
; **
; wd_dp_mode 超时子程序 wd_dp_mode_timeout_function 清单从略

3.3.7　P89V51RD2 微控制器的定时器 0 中断服务程序

; **
;P89V51RD2 微控制器的定时器 0 中断服务程序

```
TOINT：           MOV       TH0,#3CH
                  MOV       TL0,#0AFH
                  PUSH      ACC
                  PUSH      B
                  PUSH      DPH
                  PUSH      DPL
                  PUSH      PSW
                  LCALL     WDTRET
                  MOV       A,TIMCNT
                  INC       A
```

```
        MOV         TIMCNT,A
        MOV         A,TIMCNT1
        INC         A
        MOV         TIMCNT1,A
        MOV         DPTR,#MODE_REG1_S  ;触发 SPC3WDT
        MOV         A,#20H
        MOVX        @DPTR,A
        POP         PSW
        POP         DPL
        POP         DPH
        POP         B
        POP         ACC
        RETI
;************************************************************
;WDT 复位程序
WDTRET: MOV         WDTC,#0FH
        RET
;************************************************************
```

3.4 PMM2000 电力网络仪表从站的 GSD 文件

3.4.1 GSD 文件的组成

PROFIBUS-DP 设备具有不同的性能特性。特性的不同在于其功能（即 I/O 信号的数量和诊断信息）的不同，或总线参数不同，如波特率和时间的监控不同。这些参数对每种设备类型和生产厂商来说各有差别。

为了达到 PROFIBUS-DP 简单的即插即用配置，这些特性均在电子数据单中具体说明，有时称为设备数据库文件或 GSD 文件。

标准化的 GSD 数据将通信扩大到操作员控制一级，使用基于 GSD 的组态工具可将不同厂商生产的设备集成在一个总线系统中，简单且用户界面友好。

对一种设备类型的特性，GSD 以一种准确定义的格式给出其全面而明确的描述。GSD 文件由生产厂商分别针对每一种设备类型，以设备数据库清单的形式提供给用户，此种明确定义的文件格式便于读出任何一种 PROFIBUS-DP 从站的设备数据库文件，并且在组态总线系统时自动使用这些信息。

GSD 分为以下 3 个部分。

（1）总体说明

包括厂商和设备名称、软硬件版本情况、支持的波特率、可能的监控时间间隔及总线插头的信号分配。

（2）DP 主设备相关规范

包括所有只适用于 DP 主设备的参数（例如可连接的从设备的最多台数，或加载和卸载能力）。从设备没有这些规定。

（3）从设备的相关规范

包括与从设备有关的所有规定（例如 I/O 通道的数量和类型、诊断测试的规格及 I/O 数据的一致性信息）。

所有 PROFIBUS-DP 设备的 GSD 文件均按 PROFIBUS 标准进行了符合性试验，在 PROFIBUS 用户组织的 WWW Server 中有 GSD 库，可自由下载，网址为：http//www.profibus.com。

3.4.2 GSD 文件的特点

每种类型的 DP 从设备和每种类型的 1 类 DP 主设备一定有一个标识号。主设备用此标识号识别哪种类型设备连接后不产生协议的额外开销。主设备将所连接的 DP 设备的标识号与在组态数据中用组态工具指定的标识号进行比较，直到具有正确站址的正确的设备类型连接到总线上后，用户数据才开始传送。这可避免组态错误，从而大大提高安全级别。

厂商必须为每种 DP 从设备类型和每种 1 类 DP 主设备类型向 PROFIBUS 用户组织申请标识号。各地区办事处均可领取申请表格。

GSD 文件具有如下特点。

1）在 GSD 文件中，描述每一个 PROFIBUS-DP 设备的特性。

2）每个设备的 GSD 文件用设备的电子数据单来表示。

3）GSD 文件包含所有设备的特定参数，如：

- 支持的波特率。
- 支持的信息长度。
- 输入/的数据量。
- 诊断信息的含义。

4）GSD 文件由设备制造商建立。

5）每一个设备类型分别需要一个 GSD 文件。

6）PROFIBUS 用户组织提供 GSD 编辑程序，它使得建立 GSD 文件非常容易。

7）GSD 编辑程序包括 GSD 检查程序，它确保 GSD 文件符合 PROFIBUS 标准。

3.4.3 GSD 文件实例

下面以 PMM2000 电力网络仪表从站的 GSD 文件为例，介绍 GSD 文件的设计。

PMM2000 电力网络仪表从站的 GSD 文件（pmm.GSD）设计如下：

```
#Profibus_DP
; Unit-Definition-List：
GSD_Revision        = 1                      ;GSD 版本号
Vendor_Name         = "REND"                 ;生产商
Model_Name          = "PMM2000"             ;模块名
Revision            = "Rev. 1"              ;DP 设备版本号
Ident_Number        = 0x8                    ;DP 设备标识号
Protocol_Ident      = 0                      ;DP 设备使用的协议 PROFIBUS-DP
```

```
Station_Type          = 0              ;DP 设备类型,从站
FMS_supp              = 1              ;DP 设备不支持 FMS
Hardware_Release      = "Axxx"         ;硬件版本号
Software_Release      = "Zxxx"         ;软件版本号
9.6_supp              = 1              ;支持波特率 9.6 kbit/s
19.2_supp             = 1              ;支持波特率 19.2 kbit/s
93.75_supp            = 1              ;支持波特率 93.75 kbit/s
187.5_supp            = 1              ;支持波特率 187.5 kbps
500_supp              = 1              ;支持波特率 500 kbit/s
1.5M_supp             = 1              ;支持波特率 1.5 Mbit/s
3M_supp               = 1              ;支持波特率 3 Mbit/s
6M_supp               = 1              ;支持波特率 6 Mbit/s
12M_supp              = 1              ;支持波特率 12 Mbit/s
MaxTsdr_9.6           = 60             ;9.6 kbit/s 时最大延迟时间
MaxTsdr_19.2          = 60             ;19.2 kbit/s 时最大延迟时间
MaxTsdr_93.75         = 60             ;93.75 kbit/s 时最大延迟时间
MaxTsdr_187.5         = 60             ;187.5 kbit/s 时最大延迟时间
MaxTsdr_500           = 100            ;500 kbit/s 时最大延迟时间
MaxTsdr_1.5M          = 150            ;1.5 Mbit/s 时最大延迟时间
MaxTsdr_3M            = 250            ;3 Mbit/s 时最大延迟时间
MaxTsdr_6M            = 450            ;6 Mbit/s 时最大延迟时间
MaxTsdr_12M           = 800            ;12 Mbit/s 时最大延迟时间
Redundancy            = 1              ;是不是支持冗余
Repeater_Ctrl_Sig     = 2              ;TTL
;
; Slave-Specification:
24V_Pins              = 2              ;M24V 和 P24V 没有连接
;
Implementation_Type   = "SPC3"         ;使用芯片 SPC3
Bitmap_Device         = "REND3"        ;设备图标
Bitmap_Diag           = "bmpdia"       ;有诊断时图标
Bitmap_SF             = "bmpsf"        ;特殊操作时设备图标
Freeze_Mode_supp      = 0              ;不支持锁定
Sync_Mode_supp        = 0              ;不支持同步
Auto_Baud_supp        = 1              ;自动波特率识别
Set_Slave_Add_supp    = 0              ;不支持设置从站地址
Min_Slave_Intervall   = 1              ;最小从站间隔
;
Modular_Station       = 1
Max_Module            = 1
Max_Output_Len        = 80             ;最大输出长度
Max_Input_Len         = 224            ;最大输入长度
Max_Data_Len          = 304            ;最大输入/输出长度
```

```
;
; Module-Definitions:
;
Modul_Offset         = 255
Max_User_Prm_Data_Len = 5                      ;最大参数数据长度
Fail_Safe            = 0
Slave_Family         = 0                        ;从站类型
Max_Diag_Data_Len    = 6                        ;最大诊断数据长度
ORDERNUMBER          ="FBPRO-PMM2000"           ;订货号
Ext_User_Prm_Data_Const(0) = 0x00,0x00,0x00,0x00,0x00

Module = " 113 Byte In, 7 Byte Out" 0x17,0x17,0x17,0x17,0x17,0x17,0x17,0x17,0x17,0x17,
0x17,0x17,0x17,0x17,0x10,0x26                   ;113 字节输入,7 字节输出
EndModule
```

3.4.4 GSD 文件的编写要点

在 GSD 文件中，需要注意以下几点。

1）标识号应该从 PROFIBUS 用户组织申请，在 GSD 文件中设定的标识号和在从站的程序中设定的标识号应一致。

2）Max_Output_Len，Max_Input_Len 的设定应该能满足从站的要求。比如从站要求有 8 字节的输入数据和 8 字节的输出数据，可以设定 Max_Output_Len = 8，Max_Input_Len = 8，Max_Data_Len 的值设定为 Max_Output_Len 和 Max_Input_Len 之和。

3）8 字节的输入和 8 字节的输出是在下面一条语句中实现的。

```
Module = " 8 Byte Out, 8 Byte In" 0x27,0x17      ;8 字节输入,8 字节输出
EndModule
```

4）16 字节的输入和 16 字节的输出是在下面一条语句中实现的。

```
Module = " 8 Byte Out, 8 Byte In" 0x27,0x27,0x17,0x17   ;16 字节输入,16 字节输出
EndModule
```

其他长度的字节个数设计方法与此类似，可以参考如图 3-5 所示的输入和输出字节个数的定义格式。

GSD 文件是 ASCII 格式的，可以由任何文本编辑器编写，通过标准的关键词描述设备属性。

GSD 文件创建以后，必须通过 GSD Checker 检查文件的正确性，GSD Checker 可以从 http://www.profibus.com 网站上下载。如果 GSD 文件中有错误，GSD 文件将标出错误所在的行，如果没有错误，GSD Checker 显示 GSD( )OK。

设备生产商提供针对各自设备的 GSD 文件，和产品一起提供给用户。配置工具中也提供部分 GSD 文件，一些 GSD 文件可以通过以下途径得到。

通过 Internet：网站 http://www.ad.siemens.de 提供西门子公司所有的 GSD 文件。

通过 PNO（PROFIBUS Trade Organizaton）：网站 http://www.profibus.com。

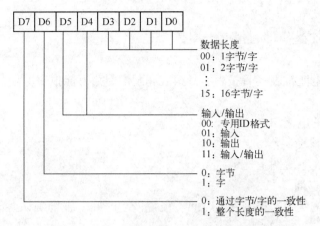

图 3-5　输入和输出字节个数的定义格式

3.5　PMM2000 电力网络仪表在数字化变电站中的应用

3.5.1　PMM2000 电力网络仪表的应用领域

PMM2000 系列数字式多功能电力网络仪表主要应用领域如下。

1）变电站综合自动化系统。

2）低压智能配电系统。

3）智能小区配电监控系统。

4）智能型箱式变电站监控系统。

5）电信动力电源监控系统。

6）无人值班变电站系统。

7）市政工程泵站监控系统。

8）智能楼宇配电监控系统。

9）远程抄表系统。

10）工矿企业综合电力监控系统。

11）铁路信号电源监控系统。

12）发电机组/电动机远程监控系统。

3.5.2　iMeaCon 数字化变电站后台计算机监控网络系统

现场的变电站根据分布情况分成不同的组，组内的现场 I/O 设备通过数据采集器连接到变电站的后台计算机监控系统。

若有多个变电站后台计算机监控网络系统，总控室需要采集现场 I/O 设备的数据，现场的变电站后台计算机监控网络系统被定义为"服务器"，总控室后台计算机监控网络系统需要采集现场 I/O 设备的数据，通过访问服务器即可实现。

iMeaCon 计算机监控网络系统软件基本组成如下。

（1）系统图

能显示配电回路的位置及电气连接。

（2）实时信息

根据系统图可查看具体回路的测量参数。

（3）报表

配出回路有功电能报表（日报表、月报表和配出回路万能报表）。

（4）趋势图形

显示配出回路的电流和电压。

（5）通信设备诊断

现场设备故障在系统图上提示。

（6）报警信息查询

报警信息可查询，包括报警发生时间、报警恢复时间、报警确认时间、报警信息打印、报警信息删除等。

（7）打印

能够打印所有的报表。

（8）数据库

有实时数据库、历史数据库。

（9）自动运行

计算机开机后自动运行软件。

（10）系统管理和远程接口

有密码登录、注销、退出系统等管理权限，防止非法操作。

通过局域网 TCP/IP，以 OPCServer 的方式访问。

iMeaCon 计算机监控网络系统的网络拓扑结构如图 3-6 所示。

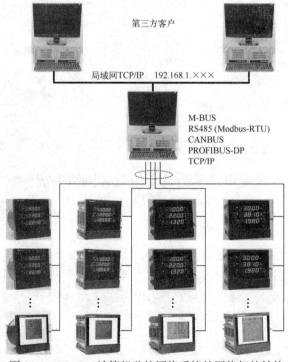

图 3-6 iMeaCon 计算机监控网络系统的网络拓扑结构

3.6 PROFIBUS-DP 从站的测试方法

如果已经设计好了完成某种功能的 PROFIBUS-DP 从站，就可以对从站的性能进行测试了。

测试 PROFIBUS-DP 从站，PROGIBUS-DP 主站可以采用 Siemens 公司的 CP5611 网络通信接口卡和 PC 及配套软件。也可以采用 Siemens 公司 PLC，如 S7-300、S7-400 等作为主站。

下面采用北京鼎实创新公司的 PBMG-ETH-2 主站网关对 PROFIBUS-DP 从站进行测试，PROFIBUS-DP 从站选用济南莱恩达公司的 PMM2000 电力网络仪表。

PBMG-ETH-2 主站网关实现的功能是将 PROFIBUS-DP 通信协议的从站设备连接到以太网上，该网关在 PROFIBUS-DP 一侧只做主站，在 MODBUS TCP/IP 一侧为服务端。

PBMG-ETH-2 与从站设备的连接有两种方式。

一种是将从站设备直接连接到 PBMG-ETH-2 的 DP 接口上，如图 3-7 所示。

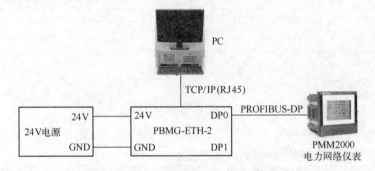

图 3-7　PBMG-ETH-2 与从站设备直接相连

另一种是通过 PB-Hub6 将从站设备和 PBMG-ETH-2 相连，如图 3-8 所示。

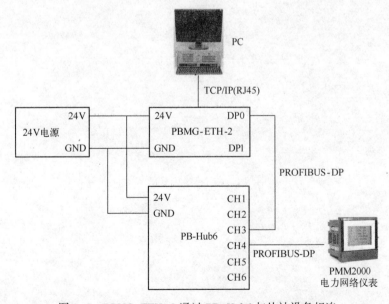

图 3-8　PBMG-ETH-2 通过 PB-Hub6 与从站设备相连

需要注意的是，PBMG-ETH-2 共有两个 DP 接口，可以同时使用。但若直接与从站设备相连，其所带从站个数之和不能超过 31 个，且两个 DP 接口所带从站需统一编址。在图 3-8 所示的连接方式中，通过使用 PB-Hub6 的中继器功能，可以使所带从站个数有所增加。PB-Hub6 的每一个接口都相当于一个中继器接口，可以独立驱动一个 PROFIBUS-DP 网段，即可以再连接最多 31 个从站。同时 PB-Hub6 还可以实现级连，通过 PB-Hub6 组成的混合型 PROFIBUS-DP 网络结构，其站点数可达 126 个。

PBMG-ETH-2 主站网关需要和 PB-CONFI 软件配合使用，该网关使用的是 PB-CONFI 软件的以太网下载功能。PROFIBUS-DP 从站测试实例配置如表 3-1 所示。

表 3-1　PROFIBUS-DP 从站测试实例配置

序号	设 备 名 称	型号及技术指标	数量	备　注
1	网关设备	PBMG-ETH-2	1	—
2	PROFIBUS-DP 从站	PMM2000	1	其他从站皆可
3	MODBUS TCP 客户端	计算机	1	模拟 MODBUS TCP 客户端
4	DP 电缆（带有 DP 插头）	标准 PROFIBUS-DP 电缆	1	连接 PROFIBUS-DP 侧
5	网线（带有水晶头）	普通网线	1	连接以太网侧

习题

1. PROFIBUS-DP 的从站为 80 字节输入和 8 字节输出，设置 3 个输入/输出数据缓存器的长度和 3 个输入/输出数据缓存器的段基址。

2. 若 PROFIBUS-DP 的从站地址为 6，80 字节输入和 8 字节输出，编写完成此功能的程序。

第4章 CAN 现场总线与应用系统设计

20 世纪 80 年代初，德国的 BOSCH 公司提出了用 CAN（Controller Area Network）控制器局域网络来解决汽车内部的复杂硬信号接线问题。目前，其应用范围已不再局限于汽车工业，而向过程控制、纺织机械、农用机械、机器人、数控机床、医疗器械及传感器等领域发展。CAN 总线以其独特的设计，低成本，高可靠性，实时性，抗干扰能力强等特点得到了广泛的应用。

本章首先介绍了 CAN 现场总线的特点和 CAN 的技术规范，然后详述了经典的 CAN 独立通信控制器 SJA1000、CAN 总线收发器和 CAN 总线节点的设计实例。最后以一个 CAN 通信转换器的设计实例，详述了 CAN 应用系统设计。

4.1 CAN 的特点

1993 年 11 月，ISO 正式颁布了道路交通运输工具、数据信息交换、高速通信控制器局域网国际标准，即 ISO 11898 CAN 高速应用标准，ISO 11519 CAN 低速应用标准，这为控制器局域网的标准化、规范化铺平了道路。CAN 具有如下特点。

1）CAN 为多主方式工作，网络上任一节点均可以在任意时刻主动地向网络上其他节点发送信息，而不分主从，通信方式灵活，且无需站地址等节点信息。利用这一特点可方便地构成多机备份系统。

2）CAN 网络上的节点信息分成不同的优先级，可满足不同的实时要求，高优先级的数据最多可在 134 μs 内得到传输。

3）CAN 采用非破坏性总线仲裁技术。当多个节点同时向总线发送信息时，优先级较低的节点会主动地退出发送，而最高优先级的节点可不受影响地继续传输数据，从而大大节省了总线冲突仲裁时间，尤其是在网络负载很重的情况下也不会出现网络瘫痪情况（以太网则可能）。

4）CAN 只需通过报文滤波即可实现点对点、一点对多点及全局广播等几种方式传送接收数据，无需专门的"调度"。

5）CAN 的直接通信距离最远可达 10 km（速率 5 kbit/s 以下）；通信速率最高可达 1 Mbit/s（此时通信距离最长为 40 m）。

6）CAN 上的节点数主要取决于总线驱动电路，目前可达 110 个；报文标识符可达 2032 种（CAN 2.0A），而扩展标准（CAN 2.0B）的报文标识符几乎不受限制。

7）采用短帧结构，传输时间短，受干扰概率低，具有极好的检错效果。

8）CAN 的每帧信息都有 CRC 校验及其他检错措施，保证了极低的数据出错率。

9）CAN 的通信介质可为双绞线、同轴电缆或光纤，选择灵活。

10）CAN 节点在错误严重的情况下具有自动关闭输出功能，以使总线上其他节点的操作不受影响。

4.2 CAN 的技术规范

控制器局域网（CAN）为串行通信协议，能有效地支持具有很高安全等级的分布实时控制。CAN 的应用范围很广，从高速的网络到低价位的多路接线都可以使用 CAN。在汽车电子行业里，使用 CAN 连接发动机控制单元、传感器、防刹车系统等，其传输速度可达1 Mbit/s。同时，可以将 CAN 安装在卡车本体的电子控制系统里，诸如车灯组、电气车窗等，用以代替接线配线装置。

制订技术规范的目的是为了在任何两个 CAN 仪器之间建立兼容性。可是，兼容性有不同的方面，比如电气特性和数据转换的解释。为了达到设计透明度以及实现柔韧性，CAN 被细分为以下不同的层次：

1) CAN 对象层（The Object Layer）。

2) CAN 传输层（The Transfer Layer）。

3) 物理层（The Physical Layer）。

对象层和传输层包括所有由 ISO/OSI 模型定义的数据链路层的服务和功能。对象层的作用范围包括：

1) 查找被发送的报文。

2) 确定由实际要使用的传输层接收哪一个报文。

3) 为应用层相关硬件提供接口。

在这里，定义对象处理较为灵活，传输层的作用主要是传送规则，也就是控制帧结构、执行仲裁、错误检测、出错标定、故障界定。总线上什么时候开始发送新报文及什么时候开始接收报文，均在传输层里确定。位定时的一些普通功能也可以看作是传输层的一部分。理所当然，传输层的修改是受到限制的。

物理层的作用是在不同节点之间根据所有的电气属性进行位信息的实际传输。当然，同一网络内，物理层对于所有的节点必须是相同的。

4.2.1 CAN 的基本概念

1. 报文

总线上的信息以不同格式的报文发送，但长度有限制。当总线开放时，任何连接的单元均可开始发送一个新报文。

2. 信息路由

在 CAN 系统中，一个 CAN 节点不使用有关系统结构的任何信息（如站地址）。这时包含如下重要概念。

1) 系统灵活性。节点可在不要求所有节点及其应用层改变任何软件或硬件的情况下，被接于 CAN 网络。

2) 报文通信。一个报文的内容由其标识符 ID 命名。ID 并不指出报文的目的，但描述数据的含义，以便让网络中的所有节点有可能借助报文滤波决定该数据是否使它们激活。

3) 成组。由于采用了报文滤波，所有节点均可接收报文，并同时被相同的报文激活。

4) 数据相容性。在 CAN 网络中，可以确保报文同时被所有节点或者没有节点接收，因此，系统的数据相容性是借助于成组和出错处理达到的。

3. 位速率

CAN 的位速率在不同的系统中是不同的，而在一个给定的系统中，此速度是唯一的，并且是固定的。

4. 优先权

在总线访问期间，标识符定义了一个报文静态的优先权。

5. 远程数据请求

需要数据的节点通过发送一个远程帧，可以请求另一个节点发送一个相应的数据帧，该数据帧与对应的远程帧以相同标识符 ID 命名。

6. 多主站

当总线开放时，任何节点均可开始发送报文，具有最高优先权报文的发送节点获得总线访问权。

7. 仲裁

当总线开放时，任何单元均可开始发送报文，若同时有两个或更多的单元开始发送，总线访问冲突运用逐位仲裁规则，借助标识符 ID 解决。这种仲裁规则可以使信息和时间均无损失。若具有相同标识符的一个数据帧和一个远程帧同时发送，则数据帧优先于远程帧。仲裁期间，每一个发送器都对发送位电平与总线上检测到的电平进行比较，若相同则该单元可继续发送。当发送一个"隐性"电平（Recessive Level），而在总线上检测为"显性"电平（Dominant Level）时，该单元退出仲裁，并不再传送后续位。

8. 故障界定

CAN 节点有能力识别永久性故障和短暂扰动，可自动关闭故障节点。

9. 连接

CAN 串行通信链路是一条众多单元均可被连接的总线。理论上，单元数目是无限的，实际上，单元总数受限于延迟时间和（或）总线的电气负载。

10. 单通道

指由单一进行双向位传送的通道组成的总线，借助数据重同步实现信息传输。在 CAN 技术规范中，实现这种通道的方法不是固定的，例如，通道可以是单线（加接地线）、两条差分连线、光纤等。

11. 总线数值表示

总线上具有两种互补逻辑数值：显性电平和隐性电平。在显性位与隐性位同时发送期间，总线上数值将是显性位。例如，在总线的"线与"操作情况下，显性位由逻辑"0"表示，隐性位由逻辑"1"表示。在 CAN 技术规范中未给出表示这种逻辑电平的物理状态（如电压、光、电磁波等）。

12. 应答

每次通信，所有接收器均对接收报文的相容性进行检查，应答一个相容报文，并标注一个不相容报文。

4.2.2　CAN 的分层结构

CAN 遵从 OSI 模型，按照 OSI 标准模型，CAN 结构划分为两层：数据链路层和物理层。

而数据链路层又包括逻辑链路控制子层 LLC 和媒体访问控制子层 MAC，而在 CAN 技术规范 2.0A 的版本中，数据链路层的 LLC 和 MAC 子层的服务和功能被描述为"目标层"和"传送层"。CAN 的分层结构和功能如图 4-1 所示。

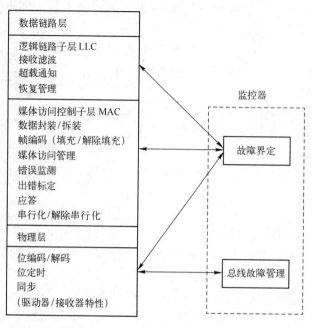

图 4-1　CAN 的分层结构和功能

LLC 子层的主要功能是为数据传送和远程数据请求提供服务，确认由 LLC 子层接收的报文实际已被接收，并为恢复管理和通知超载提供信息。在定义目标处理时，存在许多灵活性。MAC 子层的功能主要是传送规则，即控制帧结构、执行仲裁、错误检测、出错标定和故障界定。MAC 子层也要确定，为开始一次新的发送，MAC 子层需要确定总线是否开放或者是否马上开始接收。位定时特性也是 MAC 子层的一部分。MAC 子层特性不存在修改的灵活性。物理层的功能是有关全部电气特性在不同节点间的实际传送。因此，在一个网络内，物理层的所有节点必须是相同的，然而，在选择物理层时存在很大的灵活性。

CAN 技术规范 2.0B 定义了数据链路中的 MAC 子层和 LLC 子层的一部分，并描述了与 CAN 有关的外层。物理层定义信号怎样进行发送，因此，物理层涉及位定时、位编码和同步的描述。在这部分技术规范中，未定义物理层中的驱动器/接收器特性，以便允许根据具体应用，对发送媒体和信号电平进行优化。MAC 子层是 CAN 协议的核心。它描述由 LLC 子层接收到的报文和对 LLC 子层发送的认可报文。MAC 子层可响应报文帧、仲裁、应答、错误检测和标定。MAC 子层由称为故障界定的一个管理实体监控，它具有识别永久故障或短暂扰动的自检机制。LLC 子层的主要功能是报文滤波、超载通知和恢复管理。

4.2.3　报文传送和帧结构

在进行数据传送时，发出报文的单元称为该报文的发送器。该单元在总线空闲或丢失仲裁前恒为发送器。如果一个单元不是报文发送器，并且总线不处于空闲状态，则该单元为接收器。

对于报文发送器和接收器，报文的实际有效时刻是不同的。对于发送器而言，如果直到帧结束末尾一直未出错，则对于发送器报文有效。如果报文受损，将允许按照优先权顺序自动重发。为了能同其他报文进行总线访问竞争，总线一旦空闲，重发送立即开始。对于接收器而言，如果直到帧结束的最后一位一直未出错，则对于接收器报文有效。

构成一帧的帧起始、仲裁场、控制场、数据场和CRC序列均借助位填充规则进行编码。当发送器在发送的位流中检测到5位连续的相同数值时，将自动地在实际发送的位流中插入一个补码位。数据帧和远程帧的其余位场采用固定格式，不进行填充，出错帧和超载帧同样是固定格式，也不进行位填充。

报文中的位流按照非归零（NRZ）码方法编码，这意味着一个完整位的位电平要么是显性，要么是隐性。

报文传送由4种不同类型的帧表示和控制：数据帧携带数据由发送器至接收器；远程帧通过总线单元发送，以请求发送具有相同标识符的数据帧；出错帧由检测出总线错误的任何单元发送；超载帧用于提供当前的和后续的数据帧的附加延迟。

数据帧和远程帧借助帧间空间与当前帧分开。

1. 数据帧

数据帧由7个不同的位场组成，即帧起始、仲裁场、控制场、数据场、CRC场、应答场和帧结束。数据场长度可为0。CAN 2.0A数据帧的组成如图4-2所示。

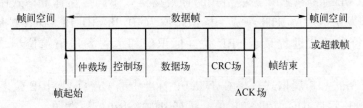

图4-2　CAN2.0A数据帧组成

在CAN 2.0B中存在两种不同的帧格式，其主要区别在于标识符的长度，具有11位标识符的帧称为标准帧，而包括29位标识符的帧称为扩展帧。标准格式和扩展格式的数据帧结构如图4-3所示。

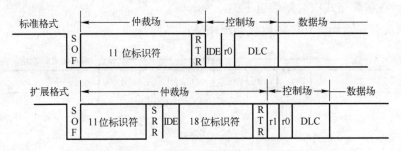

图4-3　标准格式和扩展格式的数据帧结构

为使控制器设计相对简单，报文并不要求执行完全的扩展格式（例如，以扩展格式发送报文或由报文接收数据），但必须不加限制地执行标准格式。如新型控制器至少具有下列特性，则可被认为同CAN技术规范兼容：每个控制器均支持标准格式；每个控制器均接收扩展格式报文，即不至于因为它们的格式而破坏扩展帧。

CAN2.0B 对报文滤波特别加以描述，报文滤波以整个标识符为基准。屏蔽寄存器可用于选择一组标识符，以便映像至接收缓存器中，屏蔽寄存器的每一位值都需是可编程的。它的长度可以是整个标识符，也可以仅是其中一部分。

1）帧起始（SOF）。标志数据帧和远程帧的起始，它仅由一个显性位构成。只有在总线处于空闲状态时，才允许站开始发送。所有站都必须同步于首先开始发送的那个站的帧起始前沿。

2）仲裁场。由标识符和远程发送请求（RTR）组成。仲裁场如图 4-4 所示。

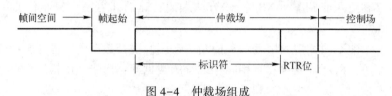

图 4-4　仲裁场组成

对于 CAN 2.0B 标准，标识符的长度为 11 位，这些位以从高位到低位的顺序发送，最低位为 ID.0，其中最高 7 位（ID.10~ID.4）不能全为隐性位。

RTR 位在数据帧中必须是显性位，而在远程帧中必须为隐性位。

对于 CAN 2.0B 标准格式和扩展格式的仲裁场格式不同。在标准格式中，仲裁场由 11 位标识符和远程发送请求位 RTR 组成，标识符位为 ID.28~ID.18，而在扩展格式中，仲裁场由 29 位标识符和替代远程请求 SRR 位、标识位和远程发送请求位组成，标识符位为 ID.28~ID.0。

为区别标准格式和扩展格式，将 CAN 2.0B 标准中的 r1 改记为 IDE 位。在扩展格式中，先发送基本 ID，其后是 IDE 位和 SRR 位。扩展 ID 在 SRR 位后发送。

SRR 位为隐性位，在扩展格式中，它在标准格式的 RTR 位上被发送，并替代标准格式中的 RTR 位。这样，标准格式和扩展格式的冲突由于扩展格式的基本 ID 与标准格式的 ID 相同而告解决。

IDE 位对于扩展格式属于仲裁场，对于标准格式属于控制场。IDE 在标准格式中以显性电平发送，而在扩展格式中为隐性电平。

3）控制场。控制场由 6 位组成，如图 4-5 所示。

图 4-5　控制场组成

由图 4-5 可见，控制场包括数据长度码和两个保留位，这两个保留位必须发送显性位，但接收器认可显性位与隐性位的全部组合。

数据长度码 DLC 指出数据场的字节数目。数据长度码为 4 位，在控制场中被发送。数据字节的允许使用数目为 0~8，不能使用其他数值。

4) 数据场。由数据帧中被发送的数据组成，它可包括 0~8 个字节，每个字节 8 位。首先发送的是最高有效位。

5) CRC 场。包括 CRC 序列，后随 CRC 界定符。CRC 场结构如图 4-6 所示。

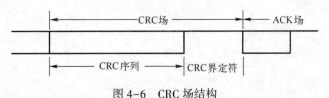

图 4-6　CRC 场结构

CRC 序列由循环冗余码求得的帧检查序列组成，最适用于位数小于 127（BCH 码）的帧。为实现 CRC 计算，被除的多项式系数由包括帧起始、仲裁场、控制场、数据场（若存在的话）在内的无填充的位流给出，其 15 个最低位的系数为 0，此多项式被发生器产生的下列多项式除（系数为模 2 运算）：

$$X^{15}+X^{14}+X^{10}+X^8+X^7+X^4+X^3+1$$

发送/接收数据场的最后一位后，CRC-RG 包含有 CRC 序列。CRC 序列后面是 CRC 界定符，它只包括一个隐性位。

6) 应答场（ACR）。为两位，包括应答间隙和应答界定符，如图 4-7 所示。

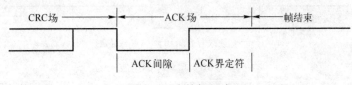

图 4-7　应答场组成

在应答场中，发送器送出两个隐性位。一个正确地接收到有效报文的接收器，在应答间隙，将此信息通过发送一个显性位报告给发送器。所有接收到匹配 CRC 序列的站，通过在应答间隙内把显性位写入发送器的隐性位来报告。

应答界定符是应答场的第二位，并且必须是隐性位。因此，应答间隙被两个隐性位（CRC 界定符和应答界定符）包围。

7) 帧结束。每个数据帧和远程帧均由 7 个隐性位组成的标志序列界定。

2. 远程帧

远程帧由 6 个不同分位场组成：帧起始、仲裁场、控制场、CRC 场、应答场和帧结束。

同数据帧相反，远程帧的 RTR 位是隐性位。远程帧不存在数据场。DLC 的数据值是没有意义的，它可以是 0~8 中的任何数值。远程帧的组成如图 4-8 所示。

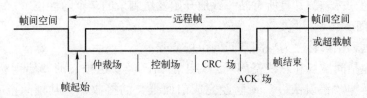

图 4-8　远程帧的组成

3. 出错帧

出错帧由两个不同的场组成，第一个场由来自各帧的错误标志叠加得到，后随的第二个场是出错界定符。出错帧的组成如图4-9所示。

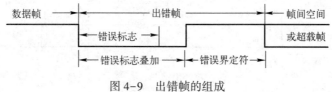

图4-9　出错帧的组成

为了正确地终止出错帧，一种"错误认可"节点可以使总线处于空闲状态至少3个位时间（如果错误认可接收器存在本地错误），因而总线不允许被加载至100%。

错误标志具有两种形式，一种是活动错误标志（Active Error Flag），一种是认可错误标志（Passive Error Flag），活动错误标志由6个连续的显性位组成，而认可错误标志由6个连续的隐性位组成，除非被来自其他节点的显性位冲掉重写。

4. 超载帧

超载帧包括两个位场：超载标志和超载界定符，如图4-10所示。

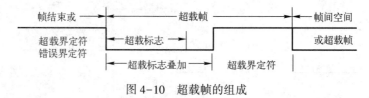

图4-10　超载帧的组成

存在两种导致发送超载标志的超载条件：一个是要求延迟下一个数据帧或远程帧的接收器的内部条件；另一个是在间歇场检测到显性位。由前一个超载条件引起的超载帧起点，仅允许在期望间歇场的第一位时间开始，而由后一个超载条件引起的超载帧在检测到显性位的后一位开始。在大多数情况下，为延迟下一个数据帧或远程帧，两种超载帧均可产生。

超载标志由6个显性位组成。全部形式对应于活动错误标志形式。超载标志形式破坏了间歇场的固定格式，因而，所有其他站都将检测到一个超载条件，并且由它们开始发送超载标志（在间歇场第三位期间检测到显性位的情况下，节点将不能正确理解超载标志，而将6个显性位的第一位理解为帧起始）。第6个显性位违背了引起出错条件的位填充规则。

超载界定符由8个隐性位组成。超载界定符与错误界定符具有相同的形式。发送超载标志后，站将监视总线直到检测到由显性位到隐性位的发送。在此站点上，总线上的每一个站均完成送出其超载标志，并且所有站一致地开始发送剩余的7个隐性位。

5. 帧间空间

数据帧和远程帧被称之为帧间空间的位场分开。

帧间空间包括间歇场和总线空闲场，对于前面已经发送报文的"错误认可"站还有暂停发送场。对于非"错误认可"或已经完成前面报文的接收器，其帧间空间如图4-11所示；对于已经完成前面报文发送的"错误认可"站，其帧间空间如图4-12所示。

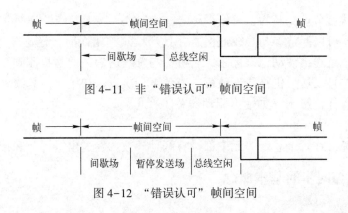

图 4-11 非 "错误认可" 帧间空间

图 4-12 "错误认可" 帧间空间

间歇场由 3 个隐性位组成。间歇期间，不允许启动发送数据帧或远程帧，它仅起标注超载条件的作用。

总线空闲周期可为任意长度。此时，总线是开放的，因此任何需要发送的站均可访问总线。在其他报文发送期间，暂时被挂起的待发报文紧随间歇场从第一位开始发送。此时总线上的显性位被理解为帧起始。

暂停发送场是指：错误认可站发完一个报文后，在开始下一次报文发送或认可总线空闲之前，它紧随间歇场后送出 8 个隐性位。如果其间开始一次发送（由其他站引起），本站将变为报文接收器。

4.2.4 错误类型和界定

1. 错误类型

CANBUS 有五种错误类型。

1）位错误。向总线送出一位的某个单元同时也在监视总线，当监视到总线位数值与送出的位数值不同时，则在该位时刻检测到一个位错误。例外情况是，在仲裁场的填充位流期间，或应答间隙送出隐性位而检测到显性位时，不视为位错误。送出认可错误标注的发送器在检测到显性位时，也不视为位错误。

2）填充错误。在使用位填充方法进行编码的报文中，出现了第 6 个连续相同的位电平时，将检出一个位填充错误。

3）CRC 错误。CRC 序列是由发送器 CRC 计算的结果组成的。接收器以与发送器相同的方法计算 CRC。若计算结果与接收到的 CRC 序列不相同，则检出一个 CRC 错误。

4）形式错误。若固定形式的位场中出现一个或多个非法位，则检出一个形式错误。

5）应答错误。在应答间隙，若发送器未检测到显性位，则由它检出一个应答错误。

检测到出错条件的站通过发送错误标志进行标定。当任何站检出位错误、填充错误、形式错误或应答错误时，由该站在下一位开始发送出错标志。

当检测到 CRC 错误时，出错标志在应答界定符后面那一位开始发送，除非其他出错条件的错误标志已经开始发送。

在 CAN 总线中，任何一个单元可能处于下列三种故障状态之一：错误激活（Error Active）、错误认可（Error Passive）和总线关闭。

检测到出错条件的站通过发送出错标志进行标定。对于错误激活节点，其为活动错误标

131

志；而对于错误认可节点，其为认可错误标志。

错误激活单元可以照常参与总线通信，并且当检测到错误时，送出一个活动错误标志。不允许错误认可节点送出活动错误标志，它可参与总线通信，但当检测到错误时，只能送出认可错误标志，并且发送后仍被错误认可，直到下一次发送初始化。总线处于关闭状态时不允许单元对总线有任何影响（如输出驱动器关闭）。

2. 错误界定

为了界定故障，在每个总线单元中都设有两种计数：发送出错计数和接收出错计数。

4.2.5 位定时与同步的基本概念

1. 正常位速率

正常位速率为在非重同步情况下，借助理想发送器每秒发出的位数。

2. 正常位时间

正常位时间即正常位速率的倒数。

正常位时间可分为几个互不重叠的时间段。这些时间段包括同步段（SYNC-SEG）、传播段（PROP-SEG）、相位缓冲段1（PHASE-SEG1）和相位缓冲段2（PHASE-SEG2），如图4-13所示。

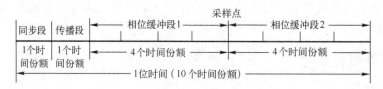

图4-13 位时间的各组成部分

3. 同步段

用于同步总线上的各个节点。

4. 传播段

用于补偿网络内的传输延迟时间，它是信号在总线上传播时间、输入比较器延迟和驱动器延迟之和的两倍。

5. 相位缓冲段1和相位缓冲段2

用于补偿沿的相位误差，通过重同步，这两个时间段可被延长或缩短。

6. 采样点

它是这样一个时点，在此点上，仲裁电平被读，并被理解为各位的数值，位于相位缓冲段1的终点。

7. 信息处理时间

由采样点开始，保留用于计算子序列位电平的时间。

8. 时间份额

由振荡器周期派生出的一个固定时间单元。存在一个可编程的分度值，其整体数值范围为1~32，以最小时间份额为起点，时间份额可为

$$时间份额 = m \times 最小时间份额$$

式中，m 为分度值。

正常位时间中各时间段长度数值为：SYNC-SEG 为一个时间份额；PROP-SEG 长度可编程为 1~8 个时间份额；PHASE-SEG1 可编程为 1~8 个时间份额；PHASE-SEG2 长度为 PHASE-SEG1 和信息处理时间的最大值；信息处理时间长度小于或等于两个时间份额。在位时间中，时间份额的总数至少必须被编程为 8~25。

9. 硬同步

硬同步后，内部位时间从 SYNC-SEG 重新开始，因而，硬同步强迫由于硬同步引起的沿处于重新开始的位时间同步段之内。

10. 重同步跳转宽度

由于重同步的结果，PHASE-SEG1 可被延长或 PHASE-SEG2 可被缩短。这两个相位缓冲段的延长或缩短的总和上限由重同步跳转宽度给定。重同步跳转宽度可编程为 1~4（PHASE-SEG1）。

时钟信息可由一位数值到另一位数值的跳转获得。由于总线上出现连续相同位的位数的最大值是确定的，这提供了在帧期间重新将总线单元同步于位流的可能性。可被用于重同步的两次跳变之间的最大长度为 29 个位时间。

11. 沿相位误差

沿相位误差由沿相对于 SYNC-SEG 的位置给定，以时间份额度量。相位误差的符号定义如下。

若沿处于 SYNC-SEG 之内，则 $e=0$。

若沿处于采样点之前，则 $e>0$。

若沿处于前一位的采样点之后，则 $e<0$。

12. 重同步

当引起重同步沿的相位误差小于或等于重同步跳转宽度编程值时，重同步的作用与硬同步相同。当相位误差大于重同步跳转宽度且相位误差为正时，PHASE-SEG1 延长总数为重同步跳转宽度。当相位误差大于重同步跳转宽度且相位误差为负时，PHASE-SEG2 缩短总数为重同步跳转宽度。

4.3 CAN 独立通信控制器 SJA1000

SJA1000 是一种独立控制器，用于汽车和一般工业环境中的局域网络控制。它是 PHILIPS 公司的 PCA82C200 CAN 控制器（BasicCAN）的替代产品。而且，它增加了一种新的工作模式（PeliCAN），这种模式支持具有很多新特点的 CAN 2.0B 协议，SJA1000 具有如下特点。

1）与 PCA82C200 独立 CAN 控制器引脚和电气兼容。

2）PCA82C200 模式（即默认的 BasicCAN 模式）。

3）扩展的接收缓冲器（64 字节、先进先出 FIFO）。

4）与 CAN 2.0B 协议兼容（PCA82C200 兼容模式中的无源扩展结构）。

5）同时支持 11 位和 29 位标识符。

6）位速率可达 1 Mbit/s。

7）PeliCAN 模式扩展功能：

- 可读/写访问的错误计数器。
- 可编程的错误报警限制。
- 最近一次错误代码寄存器。
- 对每一个 CAN 总线错误的中断。
- 具有详细位号（bit position）的仲裁丢失中断。
- 单次发送（无重发）。
- 只听模式（无确认、无激活的出错标志）。
- 支持热插拔（软件位速率检测）。
- 接收过滤器扩展（4B 代码，4B 屏蔽）。
- 自身信息接收（自接收请求）。
- 24 MHz 时钟频率。
- 可以和不同微处理器接口。
- 可编程的 CAN 输出驱动器配置。
- 增强的温度范围（−40~+125℃）。

4.3.1　SJA1000 内部结构

SJA1000 CAN 控制器主要由以下几部分构成。

1. 接口管理逻辑（IML）

接口管理逻辑解释来自 CPU 的命令，控制 CAN 寄存器的寻址，向主控制器提供中断信息和状态信息。

2. 发送缓冲器（TXB）

发送缓冲器是 CPU 和 BSP（位流处理器）之间的接口，能够存储发送到 CAN 网络上的完整报文。缓冲器长 13 字节，由 CPU 写入，BSP 读出。

3. 接收缓冲器（RXB，RXFIFO）

接收缓冲器是接收过滤器和 CPU 之间的接口，用来接收 CAN 总线上的报文，并存储接收到的报文。接收缓冲器（RXB，13B）作为接收 FIFO（RXFIFO，64B）的一个窗口，可被 CPU 访问。

CPU 在此 FIFO 的支持下，可以在处理报文的时候接收其他报文。

4. 接收过滤器（ACF）

接收过滤器把它其中的数据和接收的标识符相比较，以决定是否接收报文。在纯粹的接收测试中，所有的报文都保存在 RXFIFO 中。

5. 位流处理器（BSP）

位流处理器是一个在发送缓冲器、RXFIFO 和 CAN 总线之间控制数据流的序列发生器。它还执行错误检测、仲裁、总线填充和错误处理。

6. 位时序逻辑（BTL）

位时序逻辑监视串行 CAN 总线，并处理与总线有关的位定时。在报文开始，由隐性到显性的变换同步 CAN 总线上的位流（硬同步），接收报文时再次同步下一次传送（软同步）。BTL 还提供了可编程的时间段来补偿传播延迟时间、相位转换和定义采样点和每一位的采样次数。

7. 错误管理逻辑（EML）

EML 负责传送层中调制器的错误界定。它接收 BSP 的出错报告，并将错误统计数字通知 BSP 和 IML。

4.3.2　SJA1000 引脚功能

SJA1000 为 28 引脚 DIP 和 SO 封装，引脚如图 4-14 所示。

引脚功能介绍如下。

AD7~AD0：地址/数据复用总线。

ALE/AS：ALE 输入信号（Intel 模式），AS 输入信号（Motorola 模式）。

$\overline{CS}$：片选输入，低电平允许访问 SJA1000。

$\overline{RD}$：微控制器的$\overline{RD}$信号（Intel 模式）或 E 使能信号（Motorola 模式）。

$\overline{WR}$：微控制器的$\overline{WR}$信号（Intel 模式）或 R/$\overline{W}$ 信号（Motorola 模式）。

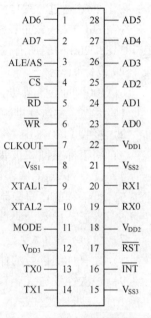

图 4-14　SJA1000 引脚图

CLKOUT：SJA1000 产生的提供给微控制器的时钟输出信号；此时钟信号通过可编程分频器由内部晶振产生；时钟分频寄存器的时钟关闭位可禁止该引脚。

V_{SS1}：接地端。

XTAL1：振荡器放大电路输入，外部振荡信号由此输入。

XTAL2：振荡器放大电路输出，使用外部振荡信号时，此引脚必须保持开路。

MODE：模式选择输入。1＝Intel 模式，0＝Motorola 模式。

V_{DD3}：输出驱动的 5V 电压源。

TX0：由输出驱动器 0 到物理线路的输出端。

TX1：由输出驱动器 1 到物理线路的输出端。

V_{SS3}：输出驱动器接地端。

$\overline{INT}$：中断输出，用于中断微控制器；$\overline{INT}$在内部中断寄存器各位都被置位时被激活；$\overline{INT}$是开漏输出，且与系统中的其他$\overline{INT}$是线或的；此引脚上的低电平可以把 IC 从睡眠模式中激活。

$\overline{RST}$：复位输入，用于复位 CAN 接口（低电平有效）；把$\overline{RST}$引脚通过电容连到 V_{SS}，通过电阻连到 V_{DD} 可自动上电复位（例如，$C=1\,\mu F$；$R=50\,k\Omega$）。

V_{DD2}：输入比较器的 5V 电压源。

RX0，RX1：由物理总线到 SJA1000 输入比较器的输入端，显性电平将会唤醒 SJA1000 的睡眠模式。如果 RX1 比 RX0 的电平高，读出为显性电平，反之读出为隐性电平。如果时钟分频寄存器的 CBP 位被置位，就忽略 CAN 输入比较器以减少内部延时（此时连有外部收发电路）。这种情况下只有 RX0 是激活的，隐性电平被认为是高，而显性电平被认为是低。

V_{SS2}：输入比较器的接地端。

V_{DD1}：逻辑电路的 5V 电压源。

4.3.3 SJA1000 的工作模式

SJA1000 在软件和引脚上都是与它的前一款——PCA82C200 独立控制器兼容的。在此基础上它增加了很多新的功能。为了实现软件兼容，SJA1000 增加修改了以下两种模式。

- BasicCAN 模式：PCA82C200 兼容模式。
- PeliCAN 模式：扩展特性。

工作模式通过时钟分频寄存器中的 CAN 模式位来选择。复位默认模式是 BasicCAN 模式。

在 PeliCAN 模式下，SJA1000 有一个含很多新功能的重组寄存器。SJA1000 包含了设计在 PCA82C200 中的所有位及一些新功能位，PeliCAN 模式支持 CAN 2.0B 协议规定的所有功能（29 位标识符）。

SJA1000 的主要新功能如下。

1）接收、发送标准帧和扩展帧格式信息。

2）接收 FIFO（64 字节）。

3）用于标准帧和扩展帧的单/双接收过滤器（含屏蔽和代码寄存器）。

4）读/写访问的错误计数器。

5）可编程的错误限制报警。

6）最近一次的误码寄存器。

7）对每一个 CAN 总线错误的错误中断。

8）具有详细位号的仲裁丢失中断。

9）一次性发送（当错误或仲裁丢失时不重发）。

10）只听模式（CAN 总线监听，无应答，无错误标志）。

11）支持热插拔（无干扰软件驱动的位速率检测）。

12）硬件禁止 CLKOUT 输出。

4.3.4 BasicCAN 功能介绍

1. BasicCAN 地址分配

SJA1000 对微控制器而言是内存管理的 I/O 器件。两个器件的独立操作是通过像 RAM 一样的片内寄存器修正来实现的。

SJA1000 的地址区包括控制段和报文缓冲器。控制段在初始化加载时，是可被编程来配置通信参数的（如位定时等）。微控制器也是通过这个段来控制 CAN 总线上的通信的。在初始化时，CLKOUT 信号可以被微控制器编程指定一个值。

应发送的报文写入发送缓冲器。成功接收报文后，微控制器从接收缓冲器中读出接收的报文，然后释放空间以便下一次使用。

微控制器和 SJA1000 之间状态、控制和命令信号的交换都是在控制段中完成的。在初始化程序加载后，接收代码寄存器、接收屏蔽寄存器、总线定时寄存器 0 和 1 以及输出控制寄存器就不能改变了。只有控制寄存器的复位位被置高时，才可以再次初始化这些寄存器。

在以下两种不同的模式中访问寄存器是不同的。

- 复位模式。
- 工作模式。

当硬件复位或控制器掉电时会自动进入复位模式。工作模式是通过置位控制寄存器的复位请求位激活的。

BasicCAN 地址分配如表 4-1 所示。

表 4-1　BasicCAN 地址分配表

段	CAN 地址	工作模式		复位模式	
		读	写	读	写
控制	0	控制	控制	控制	控制
	1	(FFH)	命令	(FFH)	命令
	2	状态	—	状态	—
	3	中断	—	中断	—
	4	(FFH)	—	接收代码	接收代码
	5	(FFH)	—	接收屏蔽	接收屏蔽
	6	(FFH)	—	总线定时 0	总线定时 0
	7	(FFH)	—	总线定时 1	总线定时 1
	8	(FFH)	—	输出控制	输出控制
	9	测试	测试	测试	测试
发送缓冲器	10	标识符 (10~3)	标识符 (10~3)	(FFH)	—
	11	标识符 (2~0) RTR 和 DLC	标识符 (2~0) RTR 和 DLC	(FFH)	—
	12	数据字节 1	数据字节 1	(FFH)	—
	13	数据字节 2	数据字节 2	(FFH)	—
	14	数据字节 3	数据字节 3	(FFH)	—
	15	数据字节 4	数据字节 4	(FFH)	—
	16	数据字节 5	数据字节 5	(FFH)	—
	17	数据字节 6	数据字节 6	(FFH)	—
	18	数据字节 7	数据字节 7	(FFH)	—
	19	数据字节 8	数据字节 8	(FFH)	—
接收缓冲器	20	标识符 (10~3)	标识符 (10~3)	标识符 (10~3)	标识符 (10~3)
	21	标识符 (2~0) RTR 和 DLC	标识符 (2~0) RTR 和 DLC	标识符 (2~0) RTR 和 DLC	标识符 (2~0) RTR 和 DLC
	22	数据字节 1	数据字节 1	数据字节 1	数据字节 1
	23	数据字节 2	数据字节 2	数据字节 2	数据字节 2
	24	数据字节 3	数据字节 3	数据字节 3	数据字节 3
	25	数据字节 4	数据字节 4	数据字节 4	数据字节 4
	26	数据字节 5	数据字节 5	数据字节 5	数据字节 5
	27	数据字节 6	数据字节 6	数据字节 6	数据字节 6
	28	数据字节 7	数据字节 7	数据字节 7	数据字节 7
	29	数据字节 8	数据字节 8	数据字节 8	数据字节 8

段	CAN 地址	工 作 模 式		复 位 模 式	
		读	写	读	写
	30	（FFH）	—	（FFH）	—
	31	时钟分频器	时钟分频器	时钟分频器	时钟分频器

2. 控制段

（1）控制寄存器（CR）

控制寄存器的内容可用来改变 CAN 控制器的状态。这些位可以被微控制器置位或复位，微控制器可以对控制寄存器进行读/写操作。控制寄存器各位的功能如表 4-2 所示。

表 4-2　控制寄存器（地址 0）

位	符号	名　称	值	功　能
CR. 7	—	—	—	保留
CR. 6	—	—	—	保留
CR. 5	—	←	—	保留
CR. 4	OIE	超载中断使能	1	使能：如果数据超载位置位，微控制器接收一个超载中断信号（见状态寄存器）
			0	禁止：微控制器不从 SJA1000 接收超载中断信号
CR. 3	EIE	错误中断使能	1	使能：如果出错或总线状态改变，微控制器接收一个错误中断信号（见状态寄存器）
			0	禁止：微控制器不从 SJA1000 接收错误中断信号
CR. 2	TIE	发送中断使能	1	使能：当报文被成功发送或发送缓冲器可再次被访问时（例如，一个夭折发送命令后），SJA1000 向微控制器发出一次发送中断信号
			0	禁止：SJA1000 不向微控制器发送中断信号
CR. 1	RIE	接收中断使能	1	使能：报文被无错误接收时，SJA1000 向微控制器发出一次中断信号
			0	禁止：SJA1000 不向微控制器发送中断信号
CR. 0	RR	复位请求	1	常态：SJA1000 检测到复位请求后，忽略当前发送/接收的报文，进入复位模式
			0	非常态：复位请求位接收到一个下降沿后，SJA1000 回到工作模式

（2）命令寄存器（CMR）

命令位初始化 SJA1000 传输层上的动作。命令寄存器对微控制器来说是只写存储器。如果去读这个地址，返回值是"1111 1111"。两条命令之间至少有一个内部时钟周期，内部时钟的频率是外部振荡频率的 1/2。命令寄存器各位的功能如表 4-3 所示。

表 4-3　命令寄存器（地址 1）

位	符号	名　称	值	功　能
CMR. 7	—	—	—	保留
CMR. 6	—	—	—	保留

位	符号	名　称	值	功　能
CMR.5	—	—	—	保留
CMR.4	GTS	睡眠	1	睡眠：如果没有 CAN 中断等待和总线活动，SJA1000 将进入睡眠模式
			0	唤醒：SJA1000 正常工作模式
CMR.3	CDO	清除超载状态	1	清除：清除数据超载状态位
			0	无作用
CMR.2	RRB	释放接收缓冲器	1	释放：接收缓冲器中存放报文的内存空间将被释放
			0	无作用
CMR.1	AT	夭折发送	1	常态：如果不是在处理过程中，等待处理的发送请求将被忽略
			0	非常态：无作用
CMR.0	TR	发送请求	1	常态：报文被发送
			0	非常态：无作用

（3）状态寄存器（SR）

状态寄存器的内容反映了 SJA1000 的状态。状态寄存器对微控制器来说是只读存储器，各位的功能如表 4-4 所示。

表 4-4　状态寄存器（地址 2）

位	符号	名　称	值	功　能
SR.7	BS	总线状态	1	总线关闭：SJA1000 退出总线活动
			0	总线开启：SJA1000 进入总线活动
SR.6	ES	出错状态	1	出错：至少出现一个错误计数器满或超过 CPU 报警限制
			0	正常：两个错误计数器都在报警限制以下
SR.5	TS	发送状态	1	发送：SJA1000 正在传送报文
			0	空闲：没有要发送的报文
SR.4	RS	接收状态	1	接收：SJA1000 正在接收报文
			0	空闲：没有正在接收的报文
SR.3	TCS	发送完毕状态	1	完成：最近一次发送请求被成功处理
			0	未完成：当前发送请求未处理完毕
SR.2	TBS	发送缓冲器状态	1	释放：CPU 可以向发送缓冲器写报文
			0	锁定：CPU 不能访问发送缓冲器；有报文正在等待发送或正在发送
SR.1	DOS	数据超载状态	1	超载：报文丢失，因为 RXFIFO 中没有足够的空间来存储它
			0	未超载：自从最后一次清除数据超载命令执行，无数据超载发生
SR.0	RBS	接收缓冲状态	1	满：RXFIFO 中有可用报文
			0	空：无可用报文

（4）中断寄存器（IR）

中断寄存器允许识别中断源。当寄存器的一位或多位被置位时，$\overline{\text{INT}}$（低电位有效）引脚被激活。该寄存器被微控制器读过之后，所有位被复位，这将导致 $\overline{\text{INT}}$ 引脚上的电平漂移。中断寄存器对微控制器来说是只读存储器，各位的功能如表4-5所示。

表4-5 中断寄存器（地址3）

位	符号	名称	值	功能
IR.7	—	—	—	保留
IR.6	—	—	—	保留
IR.5	—	—	—	保留
IR.4	WUI	唤醒中断	1	置位：退出睡眠模式时此位被置位
			0	复位：微控制器的任何读访问将清除此位
IR.3	DOI	数据超载中断	1	置位：当数据超载中断使能位被置为1时，数据超载状态位由低到高的跳变将其置位
			0	复位：微控制器的任何读访问将清除此位
IR.2	EI	错误中断	1	置位：错误中断使能时，错误状态位或总线状态位的变化会置位此位
			0	复位：微控制器的任何读访问将清除此位
IR.1	TI	发送中断	1	置位：发送缓冲器状态从低到高的跳变（释放）和发送中断使能时，此位被置位
			0	复位：微控制器的任何读访问将清除此位
IR.0	RI	接收中断	1	置位：当接收FIFO不空和接收中断使能时置位此位
			0	复位：微控制器的任何读访问将清除此位

（5）验收代码寄存器（ACR）

当复位请求位被置高（当前）时，验收代码寄存器是可以访问（读/写）的。如果一条报文通过了接收过滤器的测试而且接收缓冲器有空间，那么描述符和数据将被分别顺次写入RXFIFO。当报文被正确的接收完毕，则有：

● 接收状态位置高（满）。

● 接收中断使能位置高（使能），接收中断置高（产生中断）。

验收代码位（AC.7~AC.0）和报文标识符的高8位（ID.10~ID.3）必须相等，或者验收屏蔽位（AM.7~AM.0）的所有位为"1"。即如果满足以下方程的描述，则予以接收。

$$[(ID.10~ID.3)\equiv(AC.7~AC.0)]\vee(AM.7~AM.0)\equiv 11111111$$

验收代码寄存器各位功能如表4-6所示。

表4-6 验收代码寄存器（地址4）

BIT 7	BIT 6	BIT 5	BIT 4	BIT 3	BIT 2	BIT1	BIT0
AC.7	AC.6	AC.5	AC.4	AC.3	AC.2	AC.1	AC.0

（6）验收屏蔽寄存器（AMR）

如果复位请求位置高（当前），验收屏蔽寄存器可以被访问（读/写）。验收屏蔽寄存器定义验收代码寄存器的哪些位对接收过滤器是"相关的"或"无关的"（即可为任意值）。

当AM.i=0时，是"相关的"。

当AM.i=1时，是"无关的"（i=0，1，…，7）。

验收屏蔽寄存器各位的功能如表4-7所示。

表 4-7　验收屏蔽寄存器（地址 5）

BIT 7	BIT 6	BIT 5	BIT 4	BIT 3	BIT 2	BIT1	BIT0
AM.7	AM.6	AM.5	AM.4	AM.3	AM.2	AM.1	AM.0

3. 发送缓冲区

发送缓冲区的全部内容如表 4-8 所示。缓冲器是用来存储微控制器要 SJA1000 发送的报文的。它被分为描述符区和数据区。发送缓冲器的读/写只能由微控制器在工作模式下完成。在复位模式下读出的值总是"FFH"。

表 4-8　发送缓冲区

区	CAN 地址	名　称	位							
			7	6	5	4	3	2	1	0
描述符	10	标识符字节 1	ID.10	ID.9	ID.8	ID.7	ID.6	ID.5	ID.4	ID.3
	11	标识符字节 2	ID.2	ID.1	ID.0	RTR	DLC.3	DLC.2	DLC.1	DLC.0
数据	12	TX 数据 1	发送数据字节 1							
	13	TX 数据 2	发送数据字节 2							
	14	TX 数据 3	发送数据字节 3							
	15	TX 数据 4	发送数据字节 4							
	16	TX 数据 5	发送数据字节 5							
	17	TX 数据 6	发送数据字节 6							
	18	TX 数据 7	发送数据字节 7							
	19	TX 数据 8	发送数据字节 8							

（1）标识符（ID）

标识符有 11 位（ID0~ID10）。ID10 是最高位，在仲裁过程中是最先被发送到总线上的。标识符就像报文的名字。它在接收器的接收过滤器中被用到，也在仲裁过程中决定总线访问的优先级。标识符的值越低，其优先级越高。这是因为在仲裁时有许多前导显性位所致。

（2）远程发送请求（RTR）

如果此位置"1"，总线将以远程帧发送数据。这意味着此帧中没有数据字节。然而，必须给出正确的数据长度码，数据长度码由具有相同标识符的数据帧报文决定。

如果 RTR 位没有被置位，数据将以数据长度码规定的长度来传送数据帧。

（3）数据长度码（DLC）

报文数据区的字节数根据数据长度码编制。在远程帧传送中，因为 RTR 被置位，数据长度码是不被考虑的。这就迫使发送/接收数据字节数为 0。然而，数据长度码必须正确设置，以避免两个 CAN 控制器用同样的识别机制启动远程帧传送而发生总线错误。数据字节数是 0~8，计算方法如下：

$$数据字节数 = 8 \times DLC.3 + 4 \times DLC.2 + 2 \times DLC.1 + DLC.0$$

为了保持兼容性，数据长度码不超过 8。如果选择的值超过 8，则按照 DLC 规定认为是 8。

（4）数据区

传送的数据字节数由数据长度码决定。发送的第一位是地址 12 单元的数据字节 1 的最高位。

4. 接收缓冲区

接收缓冲区的全部列表和发送缓冲区类似。接收缓冲区是 RXFIFO 中可访问的部分，位于 CAN 地址的 20~29 之间。

标识符、远程发送请求位和数据长度码同发送缓冲器的相同，只不过是在地址 20~29。RXFIFO 共有 64B 的报文空间。在任何情况下，FIFO 中可以存储的报文数取决于各条报文的长度。如果 RXFIFO 中没有足够的空间来存储新的报文，CAN 控制器会产生数据溢出。数据溢出发生时，已部分写入 RXFIFO 的当前报文将被删除。这种情况将通过状态位或数据溢出中断（中断允许时，即使除了最后一位整个数据块被无误接收也将使接收报文无效）反映到微控制器。

5. 寄存器的复位值

检测到有复位请求后将中止当前接收/发送的报文而进入复位模式。当复位请求位出现了 1 到 0 的变化时，CAN 控制器将返回操作模式。

4.3.5 PeliCAN 功能介绍

CAN 控制器的内部寄存器对 CPU 来说是内部在片存储器。因为 CAN 控制器可以工作于不同模式（操作/复位），所以必须要区分两种不同内部地址的定义。从 CAN 地址 32 起所有的内部 RAM（80 字节）被映像为 CPU 的接口。

必须特别指出的是：在 CAN 的高端地址区的寄存器是重复的，CPU 8 位地址的最高位不参与解码。CAN 地址 128 和地址 0 是连续的。PeliCAN 的详细功能说明请参考 SJA1000 数据手册。

4.3.6 BasicCAN 和 PeliCAN 的公用寄存器

1. 总线时序寄存器 0

总线时序寄存器 0（BTR0）如表 4-9 所示，定义了波特率预置器（Baud Rate Prescaler-BRP）和同步跳转宽度（SJW）的值。复位模式有效时，这个寄存器是可以被访问（读/写）的。

表 4-9　总线时序寄存器 0（地址 6）

BIT 7	BIT 6	BIT 5	BIT 4	BIT 3	BIT 2	BIT 1	BIT 0
SJW. 1	SJW. 0	BRP. 5	BRP. 4	BRP. 3	BRP. 2	BRP. 1	BRP. 0

如果选择的是 PeliCAN 模式，此寄存器在操作模式中是只读的。在 BasicCAN 模式中总是 "FFH"。

（1）波特率预置器位域

位域 BRP 使得 CAN 系统时钟的周期 t_{SCL} 是可编程的，而 t_{SCL} 决定了各自的位定时。CAN 系统时钟由如下公式计算：

$$t_{SCL} = 2t_{CLK} \times (32 \times BRP.5 + 16 \times BRP.4 + 8 \times BRP.3 +$$
$$4 \times BRP.2 + 2 \times BRP.1 + BRP.0 + 1)$$

式中，$t_{CLK} = XTAL$ 的振荡周期 $= 1/f_{XTAL}$。

（2）同步跳转宽度位域

为了补偿在不同总线控制器的时钟振荡器之间的相位漂移，任何总线控制器必须在当前传送的任一相关信号边沿重新同步。同步跳转宽度 t_{SJW} 定义了一个位周期可以被一次重新同步缩短或延长的时钟周期的最大数目，它与位域 SJW 的关系是

$$t_{SJW} = t_{SCL} \times (2 \times SJW.1 + SJW.0 + 1)$$

2. 总线时序寄存器 1

总线时序寄存器 1（BTR1）如表 4-10 所示，定义了一个位周期的长度、采样点的位置和在每个采样点的采样数目。在复位模式中，这个寄存器可以被读/写访问。在 PeliCAN 模式的操作模式中，这个寄存器是只读的。在 BasicCAN 模式中总是"FFH"。

表 4-10　总线时序寄存器 1（地址 7）

BIT 7	BIT 6	BIT 5	BIT 4	BIT 3	BIT 2	BIT 1	BIT 0
SAM	TSEG2.2	TSEG2.1	TSEG2.0	TSEG1.3	TSEG1.2	TSEG1.1	TSEG1.0

（1）采样位

采样位（SAM）的功能说明如表 4-11 所示。

表 4-11　采样位的功能说明

位	值	功　能
SAM	1	3 次：总线采样 3 次；建议在低/中速总线（A 和 B 级）上使用，这对过滤总线上的毛刺波是有效的
	0	单次：总线采样 1 次；建议使用在高速总线上（SAE C 级）

（2）时间段 1 和时间段 2 位域

时间段 1（TSEG1）和时间段 2（TSEG2）决定了每一位的时钟周期数目和采样点的位置，如图 4-15 所示，这里：

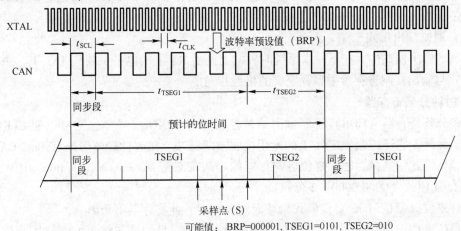

图 4-15　位周期的总体结构

$$t_{SYNCSEG} = 1 \times t_{SCL}$$

$$t_{TSEG1} = t_{SCL} \times (8 \times TSEG1.3 + 4 \times TSEG1.2 + 2 \times TSEG1.0 + 1)$$

$$t_{TSEG2} = t_{SCL} \times (4 \times TSEG2.2 + 2 \times TSEG2.1 + TSEG2.1 + 1)$$

3. 输出控制寄存器

输出控制寄存器（OCR）如表4-12所示，允许由软件控制建立不同输出驱动的配置。在复位模式中此寄存器可被读/写访问。在PeliCAN模式的操作模式中，这个寄存器是只读的。在BasicCAN模式中总是"FFH"。

表4-12 输出控制寄存器（地址8）

BIT 7	BIT 6	BIT 5	BIT 4	BIT 3	BIT 2	BIT 1	BIT 0
OCTP1	OCTN1	OCPOL1	OCTP0	OCTN0	OCPOL0	OCMODE1	OCMODE0

当SJA1000在睡眠模式中时，TX0和TX1引脚根据输出控制寄存器的内容输出隐性的电平。在复位状态（复位请求=1）或外部复位引脚$\overline{RST}$被拉低时，输出TX0和TX1悬空。

发送的输出阶段可以有不同的模式。

（1）正常输出模式

正常模式中位序列（TXD）通过TX0和TX1送出。输出驱动引脚TX0和TX1的电平取决于被OCTPx、OCTNx（悬空、上拉、下拉、推挽）编程的驱动器的特性和被OCPOLx编程的输出端极性。

（2）时钟输出模式

TX0引脚在这个模式中和正常模式中是相同的。然而，TX1上的数据流被发送时钟（TXCLK）取代。发送时钟（非翻转）的上升沿标志着一个位周期的开始。时钟脉冲宽度是$1 \times t_{SCL}$。

（3）双相输出模式

与正常输出模式相反，这里位的表现形式是时间的变量而且会反复。如果总线控制器被发送器从总线上电流退耦，则位流不允许含有直流成分。这一点由下面的方案实现：在隐性位期间所有输出呈现"无效"（悬空），而显性位交替在TX0和TX1上发送，即第一个显性位在TX0上发送，第二个在TX1上发送，第三个在TX0上发送等，依此类推。

（4）测试输出模式

在测试输出模式中，在下一次系统时钟的上升沿RX上的电平反映到TXx上，系统时钟（$f_{osc}/2$）与输出控制寄存器中编程定义的极性相对应。

4. 时钟分频寄存器

时钟分频寄存器（CDR）控制输出给微控制器的CLKOUT频率，它可以使CLKOUT引脚失效。另外，它还控制着TX1上的专用接收中断脉冲、接收比较器旁路和BasicCAN模式与PeliCAN模式的选择。硬件复位后寄存器的默认状态是Motorola模式（0000 0101，12分频）和Intel模式（0000 0000，2分频）。

软件复位（复位请求/复位模式）或总线关闭时，此寄存器不受影响。

保留位（CDR.4）总是0。应用软件应向此位写0，目的是与将来可能使用此位的特性兼容。

4.4　CAN 总线收发器

CAN 作为一种技术先进、可靠性高、功能完善、成本低的远程网络通信控制方式，已广泛应用于汽车电子、自动控制、电力系统、楼宇自控、安防监控、机电一体化、医疗仪器等自动化领域。目前，世界众多著名半导体生产商推出了独立的 CAN 通信控制器，而有些半导体生产商（例如 INTEL、NXP、Microchip、Samsung、NEC、ST、TI 等公司），还推出了内嵌 CAN 通信控制器的 MCU、DSP 和 ARM 微控制器。为了组成 CAN 总线通信网络，NXP 和安森美等公司推出了 CAN 总线驱动器。

4.4.1　PCA82C250/251CAN 总线收发器

PCA82C250/251 收发器是协议控制器和物理传输线路之间的接口。此器件对总线提供差动发送能力，对 CAN 控制器提供差动接收能力，可以在汽车和一般的工业应用上使用。

PCA82C250/251 收发器的主要特点如下。

1) 完全符合 ISO 11898 标准。

2) 高速率（最高达 1 Mbit/s）。

3) 具有抗汽车环境中的瞬间干扰，保护总线的能力。

4) 斜率控制，降低射频干扰（RFI）。

5) 差分收发器，抗宽范围的共模干扰，抗电磁干扰（EMI）。

6) 热保护。

7) 防止电源和地之间发生短路。

8) 低电流待机模式。

9) 未上电的节点对总线无影响。

10) 可连接 110 个节点。

11) 工作温度范围：-40~+125℃。

1. 功能说明

PCA82C250/251 驱动电路内部具有限流电路，可防止发送输出级对电源、地或负载短路。虽然短路出现时功耗增加，但不至于使输出级损坏。若结温超过 160℃，则两个发送器输出端极限电流将减小，由于发送器是功耗的主要部分，因而限制了芯片的温升。器件的所有其他部分将继续工作。PCA82C250 采用双线差分驱动，有助于抑制汽车等恶劣电气环境下的瞬变干扰。

引脚 Rs 用于选定 PCA82C250/251 的工作模式。有 3 种不同的工作模式可供选择：高速、斜率控制和待机。

2. 引脚介绍

PCA82C250/251 为 8 引脚 DIP 和 SO 两种封装，引脚如图 4-16 所示。

引脚介绍如下。

TXD：发送数据输入。

GND：地。

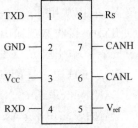

图 4-16　PCA82C250/251
引脚图

V_{CC}：电源电压 $4.5 \sim 5.5 \, V$。

RXD：接收数据输出。

V_{ref}：参考电压输出。

CANL：低电平 CAN 电压输入/输出。

CANH：高电平 CAN 电压输入/输出。

Rs：斜率电阻输入。

PCA82C250/251 收发器是协议控制器和物理传输线路之间的接口。如在 ISO11898 标准中描述的，它们可以用高达 1 Mbit/s 的位速率在两条有差动电压的总线电缆上传输数据。

这两个器件都可以在额定电源电压分别是 12 V（PCA82C250）和 24 V（PCA82C251）的 CAN 总线系统中使用。它们的功能相同，根据相关的标准，可以在汽车和普通的工业应用上使用。PCA82C250 和 PCA82C251 还可以在同一网络中互相通信。而且，它们的引脚和功能兼容。

4.4.2　TJA1051 系列 CAN 总线收发器

1. 功能说明

TJA1051 是一款高速 CAN 收发器，是 CAN 控制器和物理总线之间的接口，为 CAN 控制器提供差动发送和接收功能。该收发器专为汽车行业的高速 CAN 应用设计，传输速率高达 1 Mbit/s。

TJA1051 是高速 CAN 收发器 TJA1050 的升级版本，改进了电磁兼容性（EMC）和静电放电（ESD）性能，具有如下特性。

1）完全符合 ISO 11898-2 标准。

2）收发器在断电或处于低功耗模式时，在总线上不可见。

3）TJA1051T/3 和 TJA1051TK/3 的 I/O 口可直接与 3~5 V 的微控制器接口连接。

TJA1051 是高速 CAN 网络节点的最佳选择，TJA1051 不支持可总线唤醒的待机模式。

2. 引脚介绍

TJA1051 有 SO8 和 HVSON8 两种封装，TJA1051 引脚如图 4-17 所示。

TJA1051 的引脚介绍如下。

TXD：发送数据输入。

GND：接地。

V_{CC}：电源电压。

RXD：接收数据输出，从总线读出数据。

n.c.：空引脚（仅 TJA1051T）。

V_{IO}：I/O 电平适配（仅 TJA1051T/3 和 TJA1051TK/3）。

CANL：低电平 CAN 总线。

CANH：高电平 CAN 总线。

S：待机模式控制输入。

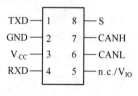

图 4-17　TJA1051 引脚图

4.5 CAN 总线节点设计实例

4.5.1 CAN 节点硬件设计

采用 AT89S52 单片微控制器、独立 CAN 通信控制器 SJA1000、CAN 总线驱动器 PCA82C250 及复位电路 IMP708 的 CAN 应用节点电路如图 4-18 所示。

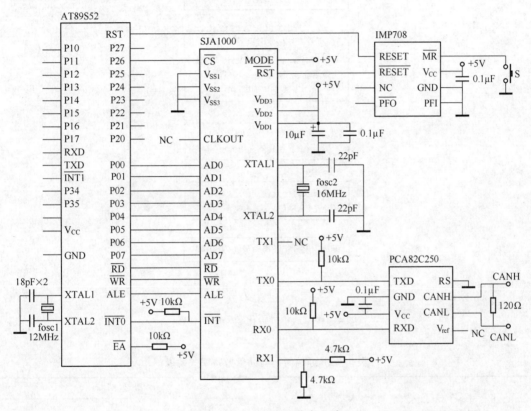

图 4-18　CAN 应用节点电路

在图 4-18 中，IMP708 具有两个复位输出 RESET 和 $\overline{RESET}$，分别接至 AT89S52 单片微控制器和 SJA1000 CAN 通信控制器。当按下按键 S 时，为手动复位。

4.5.2 CAN 节点软件设计

CAN 应用节点的程序设计主要分为三部分：初始化子程序、发送子程序、接收子程序。

（1）CAN 初始化程序

CAN 初始化子程序流程图如图 4-19 所示。

CAN 任意两个节点之间的传输距离与其通信波特率有关，当采用 PHILIPS 公司的 SJA1000 CAN 通信控制器时，并假设晶振频率为 16 MHz，通信距离与通信波特率关系如表 4-13 所示。

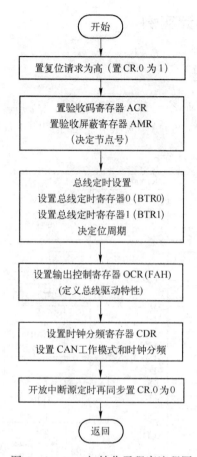

图 4-19　CAN 初始化子程序流程图

表 4-13　通信距离与通信波特率关系表

位　速　率	最大总线长度	总 线 定 时	
		BTR0	BTR1
1 Mbit/s	40 m	00H	14H
500 kbit/s	130 m	00H	1CH
250 kbit/s	270 m	01H	1CH
125 kbit/s	530 m	03H	1CH
100 kbit/s	620 m	43H	2FH
50 kbit/s	1.3 km	47H	2FH
20 kbit/s	3.3 km	53H	2FH
10 kbit/s	6.7 km	67H	2FH
5 kbit/s	10 km	7FH	7FH

（2）CAN 接收子程序

CAN 接收子程序流程图如图 4-20 所示。

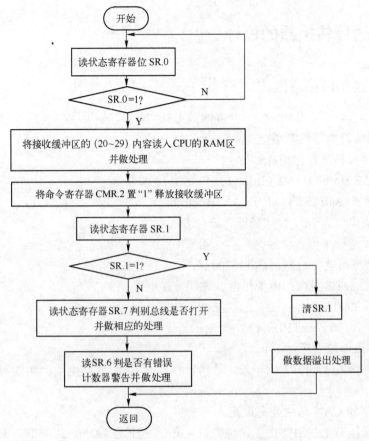

图 4-20　CAN 接收子程序流程图

（3）CAN 发送子程序

CAN 发送子程序流程图如图 4-21 所示。

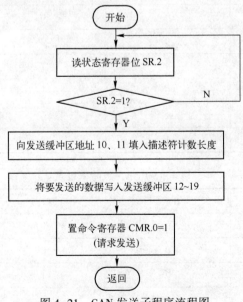

图 4-21　CAN 发送子程序流程图

4.6 CAN 通信转换器的设计

4.6.1 CAN 通信转换器概述

CAN 通信转换器可以将 RS232、RS485 或 USB 串行口转换为 CAN 现场总线。

1. CAN 通信转换器性能指标

CAN 通信转换器的性能指标如下。

- 支持 CAN2.0A 和 CAN2.0B 协议，与 ISO11898 兼容。
- 可方便地实现 RS232 接口与 CAN 总线的转换。
- CAN 总线接口为 DB9 针式插座，符合 CIA 标准。
- CAN 总线波特率可选，最高可达 1 Mbit/s。
- 串口波特率可选，最高可达 115200 bit/s。
- 由 PCI 总线或微机内部电源供电，无须外接电源。
- 隔离电压 2000 Vrms。
- 外形尺寸：130 mm×110 mm。

2. CAN 节点地址设定

CAN 通信转换器上的 JP1 用于设定通信转换器的 CAN 节点地址。跳线短接为 "0"，断开为 "1"。

3. 串口速率和 CAN 总线速率设定

CAN 通信转换器上的 JP2 用于设定串口及 CAN 通信波特率。其中 JP2.3~JP2.1 用于设定串口速率，如表 4-14 所示。JP2.6~JP2.4 用于设定 CAN 波特率，如表 4-15 所示。

表 4-14 串口波特率设定

波特率/(bit/s)	JP2.3	JP2.2	JP2.1
2400	0	0	0
9600	0	0	1
19200	0	1	0
38400	0	1	1
57600	1	0	0
115200	1	0	1

表 4-15 CAN 波特率设定

CAN 波特率/(kbit/s)	JP2.6	JP2.5	JP2.4
5	0	0	0
10	0	0	1
20	0	1	0

CAN 波特率/(kbit/s)	JP2.6	JP2.5	JP2.4
40	0	1	1
80	1	0	0
200	1	0	1
400	1	1	0
800	1	1	1

4. 通信协议

CAN 通信转换器的通信协议格式如下：

开始字节(40H)+CAN 数据包(1~256 字节)+校验字节(1 字节)+结束字节(23H)

校验字节为从开始字节（包括开始字节 40H）到 CAN 帧中最后一个数据字节（包括最后一个数据字节）之间的所有字节的异或和。结束符为 23H，表示数据结束。

4.6.2 STM32F4 嵌入式微控制器简介

ST 公司生产的 STM32F4 系列嵌入式微控制器的引脚和软件完全兼容 STM32F1 系列，如果 STM32F1 系列的用户想要更大的 SRAM 容量、更高的性能和更快速的外设接口，则可轻松地从 STM32F1 升级到 STM32F4 系列。

除引脚和软件兼容的 STM32F1 系列外，STM32F4 的主频（168 MHz）高于 STM32F1 系列（72 MHz），并支持单周期 DSP 指令和浮点单元、更大的 SRAM 容量（192 KB）、512 KB~1 MB 的嵌入式闪存以及影像、网络接口和数据加密等更先进的外设。

STM32F4 的单周期 DSP 指令将会催生数字信号控制器（DSC）市场，适用于高端电机控制、医疗设备和安全系统等应用。

1. STM32F4 系列嵌入式微控制器的技术优势

STM32F4 系列嵌入式微控制器具有如下技术优势。

1）采用多达 7 重 AHB 总线矩阵和多通道 DMA 控制器，支持程序执行和数据传输并行处理，数据传输速率极快。

2）内置的单精度 FPU 可提升控制算法的执行速度，给目标应用增加更多功能，提高代码执行效率，缩短研发周期，减少了定点算法的缩放比和饱和负荷。

3）高集成度：最高 1 MB 片上闪存、192 KB SRAM、复位电路、内部 RC 振荡器、PLL 锁相环、低于 1 μA 的实时时钟（误差低于 1 s）。

4）在电池或者较低电压供电且要求高性能处理、低功耗运行的应用中，STM32F4 更多的灵活性可实现高性能和低功耗的目的；在待机或电池备用模式下，4 KB 备份 SRAM 数据仍然能保存；在 VBAT 模式下实时时钟功耗小于 1 μA；内置可调节稳压器，准许用户选择高性能或低功耗工作模式。

5）出色的开发工具和软件生态系统，提供各种集成开发环境、元语言工具、DSP 固件库、低价入门工具、软件库和协议栈。

6）优越且具有创新性的外设。

7）互联性：相机接口、加密/哈希硬件处理器、支持 IEEE 1588V210/100 M 以太网接口、两个 USB OTG（其中 1 个支持高速模式）。

8）音频：音频专用锁相环和两个全双工 I2S。

9）最多 15 个通信接口（包括 6 个 10.5 Mbit/s 的 USART、3 个 42 Mbit/s 的 SPI，3 个 I2C、两个 CAN 和 1 个 SDIO）。

10）模拟外设：两个 12 位 DAC，3 个 12 位 ADC，采样速率达到 2.4MSPS，在交替模式下达 7.2MSPS。

11）最多 17 个定时器：16 位和 32 位定时器，最高频率 168 MHz。

2. STM32F4 系列产品介绍

STM32F4 系列嵌入式微控制器产品介绍如下。

（1）STM32F405xx 和 STM32F407xx 系列

STM32F405xx 和 STM32F407xx 系列是 Cortex-M4F 32 位 RISC、核心频率高达 168 MHz 的 DSC。Cortex-M4 的浮点单元（FPU）支持所有 ARM 单精度的数据处理指令和数据类型的单精度，同时实现了一套完整的 DSP 指令和内存保护单（MPU），从而提高应用程序的安全性。

STM32F405xx 和 STM32F407xx 系列采用高速存储器，高达 4 KB 的备份 SRAM，增强的 IO 均连接到两条 APB 外设总线，包括两个 AHB 总线和一个 32 位的多 AHB 总线矩阵。

所有 STM32F405xx 和 STM32F407xx 系列设备均提供 3 个 12 位 ADC，两个 DAC，低功耗 RTC，12 个通用 16 位定时器，包括两个 PWM 定时器，电机控制，两个通用 32 位定时器，1 个真正的数字随机发生器（RNG），并且配备了标准和先进的通信接口。

STM32F405xx 和 STM32F407xx 系列主要通信接口如下。

- 3 个 IC 接口。
- 3 个 SPI 接口，两个 IS 全双工接口。
- 可以通过专用的内部音频 PLL 或允许通过外部时钟来提供同步时钟。
- 4 个 USART，加上两个 UART。
- 1 个全速 USB OTG 和 1 个高速 USB OTG（使用 ULPI）。
- 两个 CAN 总线接口。
- 1 个 SDIO/MMC 接口。
- 以太网和相机接口（STM32F407xx 上有）。

STM32F405xx 和 STM32F407xx 系列工作在 -40 ~ +105℃ 之间，电源 1.8 ~ 3.6 V。当设备工作在 0 ~ 70℃ 且 PDR_ON 连接到 VSS 时，电源电压可降至 1.7 V。具有一套全面的省电模式，允许低功耗应用设计。

STM32F405Xx 和 STM32F407xx 系列设备提供的封装，范围为 64 ~ 176 引脚。

STM32FE405x 和 STM32F407x 微控制器系列的上述特点，使得其应用范围广。如电动机驱动和应用控制、医疗设备、变频器、断路器、打印机和扫描仪、报警系统、可视对讲、空调、家用音响设备等。

（2）STM32F415 和 STM32F417

STM32F415 和 STM32F417 在 STM32F405 和 STM32F407 基础增加一个硬件加密/哈希处

理器。此处理器包含 AES128，192，256，TripleDES、HASH（MD5，SHA-1）算法硬件加速器，处理性能十分出色，例如，AES-256 加密速度最高达到 149.33 MB/s。

4.6.3　CAN 通信转换器微控制器主电路的设计

CAN 通信转换器微控制器主电路的设计如图 4-22 所示。

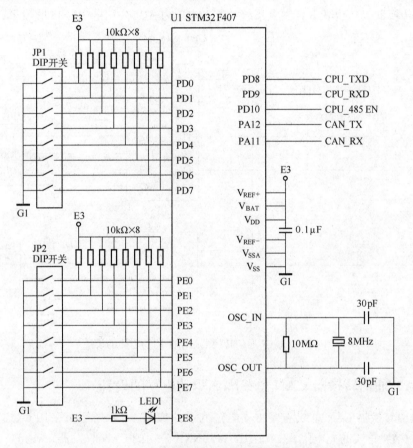

图 4-22　CAN 通信转换器微控制器主电路的设计

主电路采用 ST 公司的 STM32F407 嵌入式微控制器，利用其内嵌的 UART 串口和 CAN 控制器设计转换器，体积小、可靠性高，实现了低成本设计。LED1 为通信状态指示灯，JP1 和 JP2 设定 CAN 节点地址和通信波特率。

STM32F4 嵌入式微控制器内嵌的 CAN 控制器特点如下。

- STM32F4 中有 bxCAN（Basic Extended CAN）控制器，支持 CAN 协议 2.0 A 和 2.0 B 标准。
- 支持最高的通信速率为 1 Mbit/s。
- 可以自动接收和发送 CAN 报文，支持使用标准 D 和扩展 ID 的报文。
- 外设中具有 3 个发送邮箱，发送报文的优先级可以使用软件控制，还可以记录发送的时间；具有两个 3 级深度的接收 FIFO，可使用过滤功能只接收或不接收某些 ID 号的报文。

- 可配置成自动重发。
- 不支持使用 DMA 进行数据收发。

4.6.4　CAN 通信转换器 UART 驱动电路的设计

CAN 通信转换器 UART 驱动电路的设计如图 4-23 所示。MAX3232 为 MAXIM 公司的 RS232 电平转换器，适合 3.3 V 供电系统；ADM487 为 ADI 公司的 RS485 收发器。

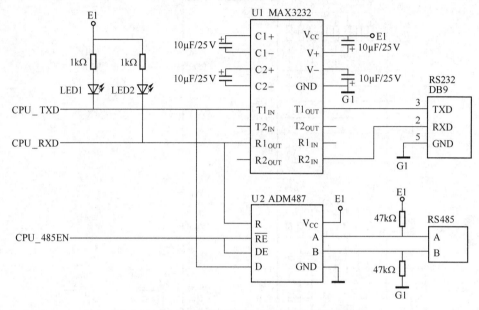

图 4-23　CAN 通信转换器 UART 驱动电路的设计

4.6.5　CAN 通信转换器 CAN 总线隔离驱动电路的设计

CAN 通信转换器 CAN 总线隔离驱动电路的设计如图 4-24 所示。采用 6N137 高速光电耦合器实现 CAN 总线的光电隔离，TJA1051 为 NXP 公司的 CAN 收发器。

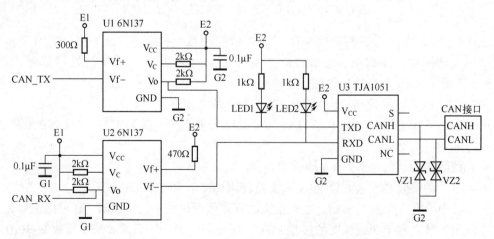

图 4-24　CAN 通信转换器 CAN 总线隔离驱动电路的设计

4.6.6 CAN 通信转换器 USB 接口电路的设计

CAN 通信转换器 USB 接口电路的设计如图 4-25 所示。CH340G 为 USB 转 UART 串口的接口电路，实现 USB 到 CAN 总线的转换。

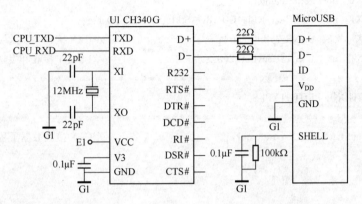

图 4-25　CAN 通信转换器 USB 接口电路的设计

4.6.7 CAN 通信转换器的程序设计

CAN 通信转换器的源程序设计清单如下。

采用 ST 公司的 STM32F407 微控制器，编译器为 KEIL4 或 KEIL5。

```
头文件:main. h
/*********************************************************/
#ifndef _MAIN__H_
#define _MAIN__H_

#ifdef   CAN_GLOBALS
#define CAN_EXT
#else
#define CAN_EXT extern
#endif

typedef unsigned char   u8;
/*********************************************************
* MACRO   PROTOTYPES
*********************************************************/

#define LED_LED1        GPIO_Pin_8        //LED1 指示灯标志位
#define TriggLed1       GPIOE->ODR = GPIOE->IDR ^ LED_LED1

#define RS485_TX_EN     GPIO_SetBits( GPIOD,GPIO_Pin_10)
```

```
#define RS485_RX_EN      GPIO_ResetBits(GPIOD,GPIO_Pin_10)
/*******************************************************************
 * VARIABLES
 *******************************************************************/
CAN_EXT   u8   SerialCounter;
CAN_EXT   u8   CANRecvOvFlg,COMRecvStFlg,COMRecvOvFlg;
CAN_EXT   u8   CANRecvBuf[256];                      //CAN 接收和发送缓冲区
CAN_EXT   u8   USARTRecvBuf[260];                    //USART 接收和发送缓冲区
/*******************************************************************
 * FUNCTION   PROTOTYPES
 *******************************************************************/
extern void CANRecvDispose(void);                    //CAN 接收数据子程序


#endif
```

主程序:main. c

```
/*******************************************************************/
#define   CAN_GLOBALS
#include "stm32f4xx. h"
#include "main. h"
/*******************************************************************
 * FUNCTION   PROTOTYPES
 *******************************************************************/
void RCC_Configuration(void);
void NVIC_Configuration(void);
void GPIO_Configuration(void);
void SysTick_Configuration(void);
void CAN_RegInit(void);                              //CAN 初始化
void USART_Configuration(void);                      //串口初始化函数调用
void CANTxData(void);                                //CAN 发送数据子程序
void COMTxData(void);                                //串口发送数据子程序
void IWDG_Configuration(void);                       //配置独立 WDT
/*******************************************************************
 * DATA   ARRAYPROTOTYPES
 *******************************************************************/
int main(void)
{
/* ST 固件库中的启动文件已经执行了 SystemInit() 函数,该函数在 system_stm32f4xx. c 文件中,
主要功能是配置 CPU 系统的时钟,内部 Flash 访问时序,配置 FSMC 用于外部 SRAM */
/* 配置 rcc */
RCC_Configuration();
/* 配置系统时钟 */
```

```c
    SysTick_Configuration( );
    /* 配置 NVIC */
    NVIC_Configuration( );
    /* 配置 GPIO 端口 */
    GPIO_Configuration( );
    /* 配置 IWDG */
    IWDG_Configuration( );
    /* 配置 USART */
    USART_Configuration( );
    /* 配置 CAN */
    CAN_RegInit( );
    SerialCounter = 0;
    GPIOE->ODR = GPIOE->IDR & ~LED_LED1;          //点亮 LED1
    RS485_RX_EN;                                  //使能 RS485 接收

    for( ; ; )
    {
        IWDG_ReloadCounter( );                    //重装独立 WDT
        if( CANRecvOvFlg = = 0xAA )
        {
            CANRecvOvFlg = 0;                     //CAN 接收完成清 0
            SerialCounter = 0;
            TriggLed1;                            //LED1 取反
            COMTxData( );                         //串口发送数据
        }
        if( COMRecvOvFlg = = 0xAA )
        {
            COMRecvOvFlg = 0;                     //串口接收完成清 0
            TriggLed1;                            //LED1 取反
            CANTxData( );                         //CAN 发送数据
        }
    }
}


/*****************************************************************
* 函数名称:SysTick 配置
* 描述:将 SysTick 配置为每 68 ms 生成一个中断
* 输入:无
* 输出:无
* 返回值:无
*****************************************************************/
void SysTick_Configuration( void )
```

```
    {
        /* 设置 SysTick 优先级 0 */
        SysTick->LOAD =(SystemCoreClock /8)/1000 * 68 - 1;  /* 设置重载寄存器 */
        NVIC_SetPriority (SysTick_IRQn,0);                 /* 设置 Systick 中断的优先级 */
        SysTick->CTRL= SysTick_CTRL_TICKINT_Msk;           /* 使能 SysTick IRQ */
    }/* 选择(HCLK/8)作为 SysTick 时钟源 */


/* ******************************************************
 * 函数名称:RCC 配置
 * 描述:配置不同的系统时钟
 * 输入:无
 * 输出:无
 * 返回值:无
 ******************************************************/
void RCC_Configuration( void)
{
/* 使能 GPIOA GPIOD GPIOE AFIO 时钟 */
RCC_AHB1PeriphClockCmd( RCC_AHB1Periph_GPIOA|RCC_AHB1Periph_GPIOD|RCC_AHB1Periph_
GPIOE,ENABLE);
/* 使能 CAN、USART 时钟 */
RCC_APB1PeriphClockCmd( RCC_APB1Periph_CAN1| RCC_APB1Periph_USART3,ENABLE);
}


/* ******************************************************
 * 函数名称:NVIC 配置
 * 描述:配置向量表的基地址
 * 输入:无
 * 输出:无
 * 返回值:无
 ******************************************************/
void NVIC_Configuration( void)
{

NVIC_InitTypeDef NVIC_InitStructure;

#ifdef   VECT_TAB_RAM
/* 设置向量表的基地址为 0x20000000 */
NVIC_SetVectorTable( NVIC_VectTab_RAM,0x0);
#else   /* VECT_TAB_FLASH */
/* 设置向量表的基地址为 0x08000000 */
NVIC_SetVectorTable( NVIC_VectTab_FLASH,0x0);
#endif
```

```
/* 为抢占优先级配置一位 */
NVIC_PriorityGroupConfig( NVIC_PriorityGroup_1);

/* 使能 CAN 接收中断 */
NVIC_InitStructure. NVIC_IRQChannel = CAN1_RX0_IRQn;
NVIC_InitStructure. NVIC_IRQChannelPreemptionPriority = 1;
NVIC_InitStructure. NVIC_IRQChannelSubPriority = 0;
NVIC_InitStructure. NVIC_IRQChannelCmd = ENABLE;
NVIC_Init( &NVIC_InitStructure);

/* 使能 USART 接收中断 */
NVIC_InitStructure. NVIC_IRQChannel = USART3_IRQn;
NVIC_InitStructure. NVIC_IRQChannelSubPriority = 1;
NVIC_Init( &NVIC_InitStructure);
}


/* ****************************************************************
* 函数名称:GPIO 配置
* 描述:配置不同的 GPIO 端口
* 输入:无
* 输出:无
* 返回值:无
* ************************************************************** */
void GPIO_Configuration( void)
{
GPIO_InitTypeDef GPIO_InitStructure;

/* 将 PD0~PD7 配置为输入浮空 */
GPIO_InitStructure. GPIO_Pin = 0x00FF;
GPIO_InitStructure. GPIO_Mode = GPIO_Mode_IN;
GPIO_InitStructure. GPIO_PuPd = GPIO_PuPd_NOPULL;
GPIO_Init( GPIOD,&GPIO_InitStructure);

/* 将 PE0~PE7 配置为输入浮空 */
GPIO_Init( GPIOE,&GPIO_InitStructure);

/* 将 PE8 配置为输出上拉 */
GPIO_InitStructure. GPIO_Pin = GPIO_Pin_8;
GPIO_InitStructure. GPIO_Mode = GPIO_Mode_OUT;         /* 设为输出口 */
GPIO_InitStructure. GPIO_OType = GPIO_OType_PP;        /* 设为推挽模式 */
GPIO_InitStructure. GPIO_PuPd = GPIO_PuPd_NOPULL;      /* 上、下拉电阻不使能 */
GPIO_InitStructure. GPIO_Speed = GPIO_Speed_50MHz;
```

```
GPIO_Init(GPIOE,&GPIO_InitStructure);

/* USART 引脚重映射到 PD8:TXD,PD9:RXD */

/* 配置 USART 引脚 RXD:PD9 */
GPIO_InitStructure. GPIO_Pin = GPIO_Pin_9;
GPIO_InitStructure. GPIO_Mode = GPIO_Mode_AF;          /*设为复用功能 */
GPIO_InitStructure. GPIO_PuPd = GPIO_PuPd_NOPULL;      /*上下拉电阻不使能 */
GPIO_Init(GPIOD,&GPIO_InitStructure);

/* 配置 USART 引脚 TXD :PD8 */
GPIO_InitStructure. GPIO_Pin = GPIO_Pin_8;
GPIO_InitStructure. GPIO_Mode = GPIO_Mode_AF;          /*设为复用功能 */
GPIO_InitStructure. GPIO_OType = GPIO_OType_PP;        /*设为推挽模式 */
GPIO_InitStructure. GPIO_PuPd = GPIO_PuPd_UP;          /* 内部上拉电阻使能 */
GPIO_InitStructure. GPIO_Speed = GPIO_Speed_50 MHz;
GPIO_Init(GPIOD,&GPIO_InitStructure);

GPIO_PinAFConfig(GPIOD,GPIO_PinSource8,GPIO_AF_USART3);    //设置串口引脚功能映射
GPIO_PinAFConfig(GPIOD,GPIO_PinSource9,GPIO_AF_USART3);

/* 配置 RS485_EN 引脚:PD10 */
GPIO_InitStructure. GPIO_Pin = GPIO_Pin_10;
GPIO_InitStructure. GPIO_Mode = GPIO_Mode_OUT;         /*设为输出口 */
GPIO_InitStructure. GPIO_OType = GPIO_OType_PP;        /*设为推挽模式 */
GPIO_InitStructure. GPIO_PuPd = GPIO_PuPd_NOPULL;      /*上、下拉电阻不使能 */
GPIO_InitStructure. GPIO_Speed = GPIO_Speed_50MHz;
GPIO_Init(GPIOD,&GPIO_InitStructure);

/* CAN 引脚 PA12:TXD,PA11:RXD */

/* 配置 CAN 引脚 RX:PA11 */
GPIO_InitStructure. GPIO_Pin = GPIO_Pin_11;
GPIO_InitStructure. GPIO_Mode = GPIO_Mode_AF;          /*设为复用功能 */
GPIO_InitStructure. GPIO_PuPd = GPIO_PuPd_UP;          /* 上拉电阻使能 */
GPIO_Init(GPIOA,&GPIO_InitStructure);
/* 配置 CAN 引脚 TX:PA12 */
GPIO_InitStructure. GPIO_Pin = GPIO_Pin_12;
GPIO_InitStructure. GPIO_Mode = GPIO_Mode_AF;          /*复用模式 */
GPIO_InitStructure. GPIO_OType = GPIO_OType_PP;        /*输出类型为推挽 */
GPIO_InitStructure. GPIO_PuPd = GPIO_PuPd_UP;          /* 内部上拉电阻使能 */
GPIO_InitStructure. GPIO_Speed = GPIO_Speed_50MHz;
```

```
    GPIO_Init(GPIOA,&GPIO_InitStructure);

    GPIO_PinAFConfig(GPIOA,GPIO_PinSource11,GPIO_AF_CAN1);    //设置 CAN 引脚功能映射
    GPIO_PinAFConfig(GPIOA,GPIO_PinSource12,GPIO_AF_CAN1);

}

/* ***********************************************************
 * 独立 WDT 初始化程序
 * ***********************************************************/
void IWDG_Configuration(void)
{
    /* IWDG 超时等于 100 ms
    (超时可能会因 LSI 频率分散而有所不同) */
    /* 启用对 IWDG_PR 和 IWDG_RLR 寄存器的写访问 */
    IWDG_WriteAccessCmd(IWDG_WriteAccess_Enable);

    /* 对于 stm32f103 IWDG 计数器时钟:40 kHz(LSI)/16 = 2.5 kHz */
    /* 对于 STM32F4 07,IWDG 计数器时钟:32 kHz(LSI)/16 = 2 kHz */
    IWDG_SetPrescaler(IWDG_Prescaler_16);

    /* 对于 STM32F4 07, 2400 * 16/32 = 1200 ms */
    IWDG_SetReload(2400);

    /* 重载 IWDG 计数器 */
    IWDG_ReloadCounter();

    /* 使能 IWDG (LSI 振荡器将由硬件使能) */
    IWDG_Enable();
}

/* ***********************************************************
 * CAN 寄存器初始化函数
 * ***********************************************************/
void CAN_RegInit(void)
{
    CAN_InitTypeDef CAN_InitStructure;
    CAN_FilterInitTypeDef    CAN_FilterInitStructure;

    u8   CAN_BS1[8] = {CAN_BS1_10tq,CAN_BS1_10tq,CAN_BS1_10tq,CAN_BS1_10tq,CAN_
BS1_10tq,\CAN_BS1_10tq,CAN_BS1_10tq,CAN_BS1_5tq,};
    u8   CAN_BS2[8] = {CAN_BS2_7tq,CAN_BS2_7tq,CAN_BS2_7tq,CAN_BS2_7tq,CAN_BS2_
```

```
        7tq,\CAN_BS2_7tq,CAN_BS2_7tq,CAN_BS2_3tq,|;
            u16 CAN_Prescaler[8] = {400,200,100,50,25,10,5,5};
            //5 kbit/s,10 kbit/s,20 kbit/s,40 kbit/s,80 kbit/s,200 kbit/s,400 kbit/s,800 kbit/s
            u8   CANBaudIndex,CANAddr;

            CANBaudIndex = ((u8)GPIOE->IDR&0x38)>>3;
            CANAddr = (u8)GPIOD->IDR;
            CAN_DeInit(CAN1);                                   //CAN 接口重置
            CAN_StructInit(&CAN_InitStructure);

            /* CAN 单元初始化 */
            CAN_InitStructure. CAN_TTCM = DISABLE;              //禁用时间触发连接模式 ID
            CAN_InitStructure. CAN_ABOM = DISABLE;              //禁用自动总线关闭模式
            CAN_InitStructure. CAN_AWUM = DISABLE;              //禁用自动唤醒模式
            CAN_InitStructure. CAN_NART = DISABLE;              //禁用自动发送失败消息
                CAN_InitStructure. CAN_RFLM = DISABLE;          //禁用新消息刷新旧消息
                CAN_InitStructure. CAN_TXFP = ENABLE;           //哪个消息先发送取决于哪个请求先发送
            CAN_InitStructure. CAN_Mode = CAN_Mode_Normal;     //CAN 可以保持正常模式
            CAN_InitStructure. CAN_SJW = CAN_SJW_1tq;
            CAN_InitStructure. CAN_BS1 = CAN_BS1[CANBaudIndex];
            CAN_InitStructure. CAN_BS2 = CAN_BS2[CANBaudIndex];
            CAN_InitStructure. CAN_Prescaler = CAN_Prescaler[CANBaudIndex];
            CAN_Init(CAN1,&CAN_InitStructure);                 //CAN 初始化
            /* CAN 过滤器初始化 */
            CAN_FilterInitStructure. CAN_FilterNumber = 1;     //使用过滤器 1
            CAN_FilterInitStructure. CAN_FilterMode = CAN_FilterMode_IdMask;  //掩码
            CAN_FilterInitStructure. CAN_FilterScale = CAN_FilterScale_16bit;  //11 bit ID
            CAN_FilterInitStructure. CAN_FilterIdHigh = (u16)CANAddr<<8;
            CAN_FilterInitStructure. CAN_FilterIdLow = (u16)CANAddr<<8;
            CAN_FilterInitStructure. CAN_FilterMaskIdHigh = 0x0000;  //ff00
            CAN_FilterInitStructure. CAN_FilterMaskIdLow = 0x0000;   //ff00
            CAN_FilterInitStructure. CAN_FilterFIFOAssignment = CAN_FIFO0;  //FIFO0
            CAN_FilterInitStructure. CAN_FilterActivation = ENABLE;
            CAN_FilterInit(&CAN_FilterInitStructure);

            CAN_ITConfig(CAN1,CAN_IT_FMP0,ENABLE);             //使能接收中断
            return;
        }


    /*************************************************************
    *     串口初始化函数
    *************************************************************/
```

```c
void USART_Configuration(void)                        //串口初始化函数
{
    //串口参数初始化
    u8 Index;
    USART_InitTypeDef USART_InitStructure;            //串口设置恢复默认参数
    u32   BaudRate[8] = {2400,9600,19200,38400,57600,115200};

    Index = ((u8)GPIOE->IDR & 0x07);
    //初始化参数设置
    USART_InitStructure.USART_BaudRate = BaudRate[Index];    //波特率9600 bit/s
    USART_InitStructure.USART_WordLength = USART_WordLength_8b;  //字长8位
    USART_InitStructure.USART_StopBits = USART_StopBits_1;   //1位停止位
    USART_InitStructure.USART_Parity = USART_Parity_No;     //无奇偶校验位

    USART_InitStructure.USART_HardwareFlowControl = USART_HardwareFlowControl_None;
    //打开Rx接收和Tx发送功能
    USART_InitStructure.USART_Mode = USART_Mode_Rx | USART_Mode_Tx;

    USART_Init(USART3,&USART_InitStructure);           //初始化
    //使能USART3接收中断
    USART_ITConfig(USART3,USART_IT_RXNE,ENABLE);
    USART_ITConfig(USART3,USART_IT_TXE,DISABLE);

    USART_Cmd(USART3,ENABLE);                          //启动串口
}


/***************************************************************
* CAN发送数据子程序
***************************************************************/
void CANTxData(void)
{
    u8 i,j,FrameNum,datanum,lastnum,offset;
    u8 TransmitMailbox;
    u32 delay;
    CanTxMsg TxMessage;
    datanum = USARTRecvBuf[4] + 3;                     //总字节个数
    FrameNum = (datanum%6)? (datanum/6+1):(datanum/6);
    lastnum = datanum-(FrameNum-1)*6+2;
    TxMessage.IDE=CAN_ID_STD;
    TxMessage.RTR=CAN_RTR_DATA;
    offset = 3;
    for(i=1;i<=FrameNum;i++)
```

```
    {
        if( i = = FrameNum)                                 //最后一帧
        {
            TxMessage. StdId = (u32) USARTRecvBuf[2]<<3 | 1;   //标识符 ID. 0 = 1
            TxMessage. DLC = lastnum;
            TxMessage. Data[0] = USARTRecvBuf[1];
            TxMessage. Data[1] = offset;
            for( j = 0;j<lastnum−2;j++)
            {
                TxMessage. Data[2+j] = USARTRecvBuf[offset+j];
            }
            TransmitMailbox = CAN_Transmit( CAN1,&TxMessage);
            delay = 0;
            while( CAN_TransmitStatus( CAN1,TransmitMailbox)! = CANTXOK)  //等待发送成功
            {
                delay++;
                if( delay = = 3600000)
                {
                    break;                                 //超时等待 50 ms
                }
            }
            return;
        }
        else                                               //不是最后一帧
        {
            TxMessage. StdId = (u32) USARTRecvBuf[2]<<3 | 0;   //标识符 ID. 0 = 0
            TxMessage. DLC = 0x08;
            TxMessage. Data[0] = USARTRecvBuf[1];
            TxMessage. Data[1] = offset;
            for( j = 0;j<6;j++)
            {
                TxMessage. Data[2+j] = USARTRecvBuf[offset+j];
            }
            TransmitMailbox = CAN_Transmit( CAN1,&TxMessage);
            offset += 6;                                   //地址变址
            delay = 0;
            while( CAN_TransmitStatus( CAN1,TransmitMailbox)! = CANTXOK)  //等待发送成功
            {
                delay++;
                if( delay = = 3600000)
                {
                    break;                                 //超时等待 50 ms
```

```
              }
           }
        }
      }
}

/*************************************************************
 * 串口发送数据子程序
 *************************************************************/
void COMTxData(void)
{
    u8   i,j,TotalNum,XorData=0;

    RS485_TX_EN;                                      //使能 RS485 发送
    //波特率为 9600 bit/s 情况下,89 为临界值,为保证可靠使能 RS485,取循环次数为 150
    for(i=0;i<150;i++)
        for(j=0;j<100;j++);

    TotalNum = CANRecvBuf[4] + 5;                     //总有效数据个数
    for(i=1;i<=TotalNum;i++)                          //求异或和
    XorData ^= CANRecvBuf[i];
    USART_SendData(USART3,0x40);                      //发送开始字节
    while(USART_GetFlagStatus(USART3,USART_FLAG_TXE) == RESET);
    for(i=1;i<=TotalNum;i++)
    {
        USART_SendData(USART3,CANRecvBuf[i]);         //发送有效数据
        while(USART_GetFlagStatus(USART3,USART_FLAG_TXE) == RESET);
    }
    USART_SendData(USART3,XorData);                   //发送异或和
    while(USART_GetFlagStatus(USART3,USART_FLAG_TXE) == RESET);
    USART_SendData(USART3,0x23);                      //发送结束字节
    while(USART_GetFlagStatus(USART3,USART_FLAG_TXE) == RESET);

    for(i=0;i<150;i++)
        for(j=0;j<100;j++);
    RS485_RX_EN;                                      //使能 RS485 接收

    return;
}


中断程序:stm32f103vbxx_it. c
/*************************************************************/
```

```
#define IT_EXT
#include "stm32f4xx_it. h"
//#include "stm32f10x_dly. h"
#include "main. h"
/*************************************************************
 * 函数名称:延迟递减
 * 说明:插入一个延迟时间
 * 输入:nTime:指定延迟时间长度,以毫秒为单位
 * 输出:无
 * 返回值:无
 *************************************************************/
volatile unsigned long TimingDly;
void TimingDly_Discrease( void)
{
    if( TimingDly)
    {
        TimingDly--;
    }
    return;
}


/*************************************************************
 * 函数名称:SysTick 中断函数
 * 说明:此函数处理 SysTick 中断
 * 输入:无
 * 返回值:无
 *************************************************************/
void SysTickHandler( void)
{
    TimingDly_Discrease( );                      //调用延迟量消减函数
    //LED 控制子程序
    COMRecvStFlg = 0;                            //开始接收标志清 0
    SerialCounter = 0;                           //串口接收个数清 0
    COMRecvOvFlg = 0;
    SysTick->CTRL &= ~SysTick_CTRL_ENABLE_Msk;   //关闭时钟
}


/*************************************************************
 * 函数名称:USB_LP_CAN_RX0_IRQ 中断函数
 * 说明:此功能处理 USB 低优先级或 CAN RX0 中断
 * 输入:无
 * 返回值:无
```

```
*******************************************************/
void USB_LP_CAN_RX0_IRQHandler(void)
{
    u8 offset,num,j;
    static u8 FirstFrameFlg=0;
    CanRxMsg RxMessage;

    RxMessage. StdId=0x00;
    RxMessage. ExtId=0x00;
    RxMessage. IDE=0;
    RxMessage. DLC=0;
    RxMessage. FMI=0;
    RxMessage. Data[0]=0x00;
    RxMessage. Data[1]=0x00;

    CAN_Receive(CAN1,CAN_FIFO0,&RxMessage);

    if(FirstFrameFlg == 0)                              //数据包第一帧
    {
      CANRecvBuf[1]=RxMessage. Data[0];                 //源节点
      CANRecvBuf[2]=(RxMessage. IDE == CAN_ID_STD)? RxMessage. StdId>>3:RxMessage.
ExtId>>21;
        FirstFrameFlg = 1;
    }
    offset=RxMessage. Data[1];
    j=0;
    num=RxMessage. DLC;
    num-=2;
    while(num--)
    {
        CANRecvBuf[offset++]=RxMessage. Data[2+j];
        j++;
    }
    if(RxMessage. StdId&0x01)
    {
        CANRecvBuf[0]=0xAA;                             //数据接收完成
        FirstFrameFlg=0;                                //第一帧标志重新清0
        CANRecvOvFlg=0xAA;                              //CAN 数据包接收完成标志
    }
    else
    {
        CANRecvBuf[0]=0x55;                             //数据未接收完成
    }
```

```
        return;
    }


/* *************************************************************
 * 函数名称:USART3_IRQ 中断函数
 * 说明:此函数处理 USART3 全局中断请求
 * 输入:无
 * 输出:无
 * *********************************************************** */
void USART3_IRQHandler( void)
{
    u8 index,tmp,XORData = 0;
    tmp = USART_ReceiveData( USART3) ;
    USARTRecvBuf[ SerialCounter++] = tmp;
    if( COMRecvStFlg = = 0x55)                                    //串口开始接收
    {
        if( tmp = = 0x23)                                        //结束字节
        {
            if( ( SerialCounter -8) = = USARTRecvBuf[ 4] )       //判断字节个数
            {
                for( index = 1;index<SerialCounter-2;index++)
                XORData ^= USARTRecvBuf[ index] ;               //求异或值
                if( XORData = = USARTRecvBuf[ SerialCounter-2] )  //判断异或和
                {
                    COMRecvStFlg = 0;                            //开始接收标志清 0
                    SerialCounter = 0;                           //串口接收个数清 0
                    COMRecvOvFlg = 0xAA;                         //串口接收完成置 1
                    SysTick->CTRL &= ~SysTick_CTRL_ENABLE_Msk;  //关闭时钟
                }
            }
        }
    }

    else
    {
        if( tmp = = 0x40)
        {
            COMRecvStFlg = 0x55;                                //串口开始接收置 1
            SysTick->VAL = 0;                                   //清除计数值
            SysTick->CTRL |= SysTick_CTRL_ENABLE_Msk;          //启动时钟
        }
    }
}
```

习题

1. CAN 现场总线有什么主要特点？

2. 什么是位填充技术？

3. BasicCAN 与 PeliCAN 有什么不同？

4. 采用你熟悉的一种单片机或单片微控制器，设计一 CANBUS 硬件节点电路，使用 SJA1000 独立 CAN 控制器，假设节点号为 26，通信波特率为 250 kbit/s。

① 画出硬件电路图。

② 画出 CAN 初始化程序流程图。

③ 编写 CAN 初始化程序。

④ 编写发送 06H、04H、03H、84H、42H、45H、76H、29H 一组数据的程序。

5. CAN 总线收发器的作用是什么？

6. 常用的 CAN 总线收发器有哪些？

第5章　CAN FD 现场总线与应用系统设计

在汽车领域，传统的 CAN 总线难以满足人们对数据传输带宽增加的需求。此外，为了缩小 CAN 网络（最大 1 Mbit/s）与 FlexRay（最大 10 Mbit/s）网络的带宽差距，BOSCH 公司 2011 年推出了 CAN FD（CAN with Flexible Data-Rate）方案。

本章首先介绍了 CAN FD 通信协议，然后详述了 CAN FD 控制器 MCP2517FD 并给出了微控制器与 MCP2517FD 的接口电路，同时讲述了 CAN FD 高速收发器和 CAN FD 收发器隔离器件。最后讲述了 MCP2517FD 的应用程序设计，主要包括 MCP2517FD 的初始化程序、MCP2517FD 接收报文程序和 MCP2517FD 发送报文程序。

5.1　CAN FD 通信协议

5.1.1　CAN FD 概述

对于汽车产业发展方向，新能源和智能化一直是人们讨论的两个主题。在汽车智能化的过程中，CAN FD 协议由于其优越的性能受到了广泛的关注。

CAN FD 是 CAN 总线的升级换代设计，它继承了 CAN 总线的主要特性，提高了 CAN 总线的网络通信带宽，改善了错误帧漏检率，同时可以保持网络系统大部分软硬件特别是物理层不变。CAN FD 协议充分利用 CAN 总线的保留位进行判断以及区分不同的帧格式。在现有车载网络中应用 CAN FD 协议时，需要加入 CAN FD 控制器，但是 CAN FD 也可以参与到原来的 CAN 通信网络中，提高了网络系统的兼容性。

CAN FD（CAN with Flexible Data rate）继承了 CAN 总线的主要特性。CAN 总线采用双线串行通信协议，基于非破坏性仲裁技术、分布式实时控制、可靠的错误处理和检测机制使 CAN 总线有很高的安全性，但 CAN 总线带宽和数据场长度却受到制约。CAN FD 总线弥补了 CAN 总线带宽和数据场长度的制约，CAN FD 总线与 CAN 总线的区别主要在以下两个方面。

1. 可变速率

CAN FD 采用了两种位速率：从控制场中的 BRS 位到 ACK 场之前（含 CRC 分界符）为可变速率，其余部分为原 CAN 总线用的速率，即仲裁段和数据控制段使用标准的通信波特率，而数据传输段就会切换到更高的通信波特率。两种速率各有一套位时间定义寄存器，它们除了采用不同的位时间单位外，位时间各段的分配比例也可不同。

在 CAN 中，所有的数据都以固定的帧格式发送。帧类型有五种，其中数据帧包含数据段和仲裁段。

当多个节点同时向总线发送数据时，对各个消息的标识符（即 ID 号）进行逐位仲裁，如果某个节点发送的消息仲裁获胜，那么这个节点将获取总线的发送权，仲裁失败的节点则立即停止发送并转变为监听（接收）状态。

在同一条 CAN 线上，所有节点的通信速度必须相同。这里所说的通信速度指的就是波特率。也就是说，CAN 在仲裁阶段，用于仲裁 ID 的仲裁段和用于发送数据的数据段，波特率是必须相同的。而 CAN FD 协议对于仲裁段和数据段来说有两个独立的波特率。即在仲裁段采用标准 CAN 位速率通信，在数据段采用高位速率通信，这样可以缩短位时间，从而提高了位速率。

数据段的最大波特率并没有明确的规定，很大程度上取决于网络拓扑和 ECU 系统等。不过在 ISO 11898-2：2016 标准中，规定波特率最高可达 5 Mbit/s 的时序要求。汽车厂商正在考虑根据应用软件和网络拓扑，使用不同的波特率组合。

例如，在诊断和升级应用中，数据段的波特率可以使用 5 Mbit/s，而在控制系统中，可以使用 500 kbit/s 至 2 Mbit/s。相对于传统 CAN 报文有效数据场的 8 字节，CAN FD 对有效数据场长度做了很大的扩充，数据场长度最大可达到 64 字节。

2. CAN FD 数据帧

CAN FD 对数据场的长度进行了很大的扩充，DLC 最大支持 64 个字节，在 DLC 小于等于 8 时与原 CAN 总线是一样的，大于 8 时有一个非线性的增长，所以最大的数据场长度可达 64 字节。

（1）CAN FD 数据帧帧格式

CAN FD 数据帧在控制场新添加 EDL 位、BRS 位、ESI 位，采用了新的 DLC 编码方式、新的 CRC 算法（CRC 场扩展到 21 位）。

CAN FD 标准帧格式如图 5-1 所示，CAN FD 扩展帧格式如图 5-2 所示。

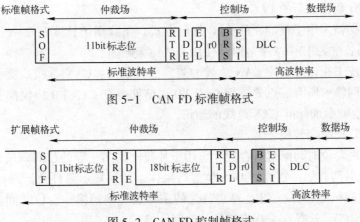

图 5-1　CAN FD 标准帧格式

图 5-2　CAN FD 控制帧格式

（2）CAN FD 数据帧中新添加位

CAN FD 数据帧中新添加位如图 5-3 所示。

EDL（Extended Data Length）位：原 CAN 数据帧中的保留位 r，该位功能为隐性，表示 CAN FD 报文，采用新的 DLC 编码和 CRC 算法。该功能位为显性，表示 CAN 报文。

BRS（Bit Rate Switch）位：该功能位为隐性时，表示转换可变速率；为显性时，表示不转换可变速率。

ESI（Error State Indicator）位：该功能位为隐性时，表示发送节点处于被动错误状态

（Error Passive）；为显性时，表示发送节点处于主动错误状态（Error Active）。

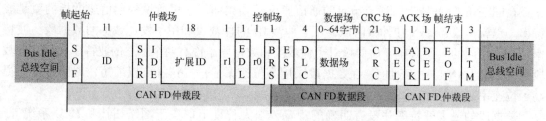

图 5-3　CAN FD 数据帧中新添加位

EDL 位可以表示是 CAN 报文还是 CAN FD 报文。BRS 位表示位速率转换，该位为隐性时，表示报文 BRS 位到 CRC 界定符之间使用转换速率传输，其余场位使用标准位速率；该位为显性时，表示报文以正常的 CAN FD 总线速率传输；通过 ESI 位可以方便地获悉当前节点所处的状态。

（3）CAN FD 数据帧中新的 CRC 算法

CAN 总线由于位填充规则对 CRC 的干扰，造成错帧漏检率未达到设计意图。CAN FD 对 CRC 算法做了改变，即 CRC 以含填充位的位流进行计算。在校验和部分为避免再有连续位超过 6 个，就确定在第一位以及以后每 4 位添加一个填充位加以分割，这个填充位的值是上一位的反码，作为格式检查，如果填充位不是上一位的反码，就做出错处理。CAN FD 的 CRC 场扩展到了 21 位。由于数据场长度有很大变化区间，所以要根据 DLC 大小应用不同的 CRC 生成多项式。CRC-17 适合于帧长小于 210 位的帧，CRC-21 适合于帧长小于 1023 位的帧。

（4）CAN FD 数据帧新的 DLC 编码

CAN FD 数据帧采用了新的新的 DLC 编码方式，在数据场长度在 0~8 字节时，采用线性规则，数据场长度为 12~64 字节时，使用非线性编码。

CAN FD 白皮书在论及与原 CAN 总线的兼容性时指出：CAN 总线系统可以逐步过渡到 CAN FD 系统，网络中所有节点要进行 CAN FD 通信都得有 CAN FD 协议控制器，但是 CAN FD 协议控制器也能参加标准 CAN 总线的通信。

（5）CAN FD 位时间转换

CAN FD 有两套位时间配置寄存器，应用于仲裁段的第一套的位时间较长，而应用于数据段的第二套位时间较短。首先对 BRS 位进行采样，如果显示隐性位，即在 BRS 采样点转换成较短的位时间机制，并在 CRC 界定符位的采样点转换回第一套位时间机制。为保证其他节点同步 CAN FD，选择在采样点进行位时间转换。

5.1.2　CAN 和 CAN FD 报文结构

1. 帧起始（Start of Frame）

帧起始如图 5-4 所示。

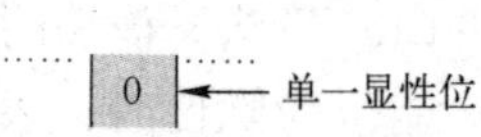

0 ←── 单一显性位

图 5-4　帧起始

单一显性位之前最多有 11 个隐性位。

2. 总线电平（Bus Levels）

总线电平如图 5-5 所示。

图 5-5　总线电平

显性位"0"或隐性位"1"均可代表一位，当许多发送器同时向总线发送状态位的时候，显性位始终会比隐性位优先占有总线，这就是总线逐位仲裁原则。

3. 总线逐位仲裁机制（Bitwise Bus Arbitration）

如图 5-6 所示，控制器 1 发送 ID 为 0x653 的报文，控制器 2 由于发送报文 ID 为 0x65B（图 5-6 中标示的第 3 位）。控制器失去总线，会等待总线空闲之后重新发送。

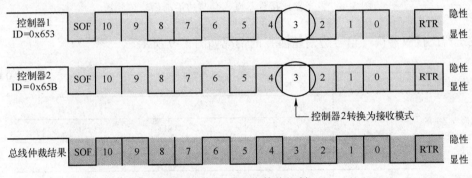

图 5-6　总线逐位仲裁机制

4. 位时间划分（Bit Time Segmentation）

位时间划分如图 5-7 所示。

图 5-7　位时间划分

SYNC 同步段：在同步段中产生边沿。

TSEG1 时间段 1：时间段 1 用来补偿网络中的最大信传输延迟并可以延长重同步时间。

TSEG2 时间段 2：时间段 2 作为时间保留位可以缩短重同步时间。

CAN 的同步包括硬同步和重同步两种方式，同步规划如下。

1）一个位时间内只允许一种同步方式。

2）任何一个跳变边沿都可用于同步。

3）硬同步发生在帧起始 SOF 部分，所有接收节点调整各自当前位的同步段，使其位于发送的帧起始 SOF 位内。

4）当跳变沿落在同步段之外时，重同步发生在一个帧的其他位场内。

5）帧起始到仲裁场有多个节点同时发送的情况下，发送节点对跳变沿不进行重同步，发送器比接收器慢（信号边沿滞后）。

发送器比接收器慢（信号边沿滞后）的情况如图5-8所示。

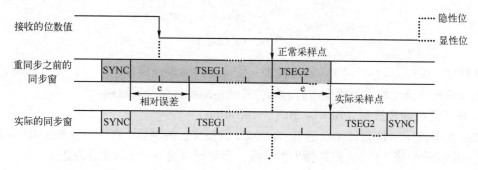

图5-8 发送器比接收器慢（信号边沿滞后）的情况

发送器比接收器快（信号边沿超前）的情况如图5-9所示。

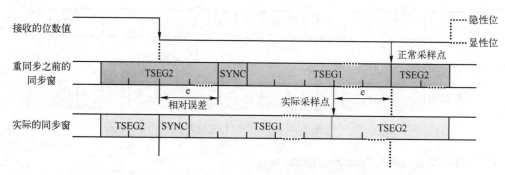

图5-9 发送器比接收器快（信号边沿超前）的情况

CAN FD 协议对于仲裁段和数据段来说有两个独立的比特率，但其仲裁段比特率与标准的 CAN 帧有相同的位定时时间，而数据段比特率会大于或等于仲裁段比特率，且由某一独立的配置寄存器设置。

5. 位填充（Bit Stuffing）

CAN 协议规定，CAN 发送器如果检测到连续传输 5 个极性相同的位，则会自动在实际发送的比特流后面插入一个极性相反的位。接收节点 CAN 控制器如果检测到连续传输 5 个极性相同的位，则会自动将后面极性相反的填充位去除。位填充如图5-10所示。

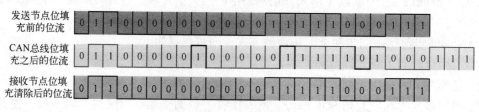

图5-10 位填充

CAN FD 帧会在 CRC 序列第一个位之前自动插入一个固定的填充位，且独立于前面填充位的位置。CRC 序列中每 4 个位后面会插入一个远程固定填充位。

6. 仲裁段（Arbitration Field）

仲裁段如图 5-11 所示。

RTR（Remote Transmission Request）远程帧标志位：显性（0）= 数据帧，隐性（1）= 远程帧。

SRR（Substitute RTR bit for 29 bit ID）代替远程帧请求位：用 RTR 代替 29 位 ID。

IDE（Identifier Extension）标志位扩展位：显性（0）= 11 位 ID，隐性（1）= 29 位 ID。

rl（Reserved for future use）：保留位供未来使用，且 CAN FD 不支持远程帧。

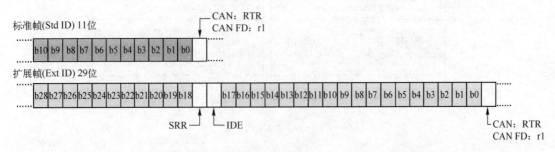

图 5-11　仲裁段

由于显性（逻辑"0"）优先级大于隐性（逻辑"1"），所以较小的帧 ID 值会获得较高的优先级，优先占有总线。如果同时涉及标准帧（Std ID）与扩展帧（Ext ID）的仲裁，首先标准帧会与扩展帧中的 11 个最大有效位（b28~b18）进行竞争，若标准帧与扩展帧具有相同的前 11 位 ID，那么标准帧将会由于 IDE 位为 0，优先获得总线。

7. 控制段（Control Field）

CAN Format CAN 帧格式如图 5-12 所示。

CAN FD Format CAN 帧格式如图 5-13 所示。

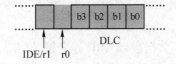

图 5-12　CAN Format CAN 帧格式

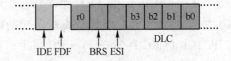

图 5-13　CAN FD Format CAN 帧格式

IDE（Identifier Extension）标志位扩展位：CAN FD 帧中不存在。

r0、rl（Reserved for future use）：保留位供未来使用。

FDF（FD frame format）FD 帧结构：FD 帧结构中为隐性。

BRS（Bit Rate Switch）比特率转换：CAN FD 数据段以 BRS 采样点作为起始点，显性（0）表示转换速率不可变，隐性（1）表示转换速率可变。

ESI（Error State Indicator）错误状态指示符：显性（0）表示 CAN FD 节点错误主动状态，隐性（1）表示 CAN FD 节点错误被动状态。

DLC（Data Length Code）数据长度代码。

8. CAN FD-数据比特率可调（CAN FD-Flexible Data Rate）

CAN FD 帧由仲裁段和数据段两端组成，如图 5-14 所示。

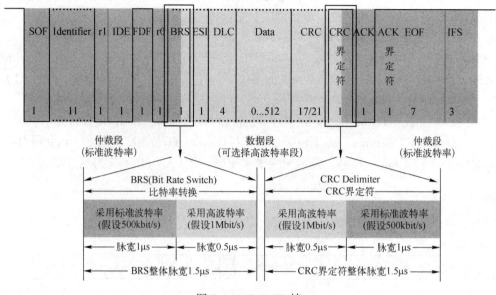

图 5-14 CAN FD 帧

配置过程中可以使数据段比特率比仲裁段比特率高。其中控制段的 BRS 是数据段比特率加速过渡阶段，BRS 阶段前半段为仲裁段会采用标准比特率传输（假设 500 kbit/s），脉宽为 2 μs；后半段为数据段会采用高比特率传输（假设 1 Mbit/s），脉宽为 1 μs，计算 BRS 整体脉宽则是分别取两种比特率脉宽的一半，进行累加，计算可得到如图 5-14 所示 BRS 整体脉宽为 1.5 μs，CRC 界定符同理。

FDF（FD frame format）FD 帧结构：FD 帧结构中为隐性。

BRS（Bit Rate Switch）比特率转换：CAN FD 数据段以 BRS 采样点作为起始点，显性（0）表示转换速率不可变，隐性（1）表示转换速率可变。

ESI（Error State Indicator）错误状态指示符：显性（0）表示 CAN FD 节点错误主动状态，隐性（1）表示 CAN FD 节点错误被动状态。

CRC Del（CRC Delimiter）CRC 界定符：CAN FD 数据段以 CRC 界定符采样点最为结束点，由于段转换的存在，CAN FD 控制器为了使接收位位数达到两位，会接收带有 CRC 界定符的帧。

ACK：CAN FD 控制器会接收一个 2 位的 ACK，用于补偿控制器与接收器之间的段选择关系。

9. 循环冗余校验段（Cyclic Redundancy Check Field）

CAN 帧 CRC 格式如图 5-15 所示。

图 5-15　CAN 帧 CRC 格式

CAN FD 帧 CRC 格式如图 5-16 所示。

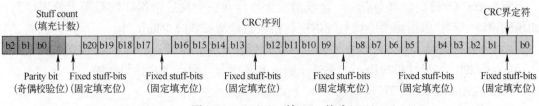

图 5-16　CAN FD 帧 CRC 格式

CAN FD 帧 CRC 格式如表 5-1 所示。

表 5-1　CAN FD 帧 CRC 格式

Stuff count（填充计数）	Grey code（格雷码）	Parity bit（奇偶校验码）	Fixed stuff-bits（固定填充位）
0	000	0	1
1	001	1	0
2	010	0	1
3	011	1	0
4	100	0	1
5	101	1	0
6	110	0	1
7	111	1	0

CAN 帧的 CRC 段如表 5-2 所示。

在 CANFD 协议标准化的过程中，通信的可靠性也得到了提高。由于 DLC 的长度不同，在 DLC 大于 8 个字节时，CAN FD 选择了两种新的 BCH 型 CRC 多项式。

表 5-2　CAN 帧的 CRC 段

Data Length（数据长度）	CRC Length（CRC 长度）	CRC Polynom（CRC 多项式）
CAN（0~8 字节）	15	$x^{15}+x^{14}+x^{10}+x^8+x^7+x^4+x^3+1$
CAN FD（0~16 字节）	17	$x^{17}+x^{16}+x^{14}+x^{13}+x^{11}+x^6+x^4+x^3+x^1+1$
CAN FD（17~64 字节）	21	$X^{21}+x^{20}+x^{13}+x^{11}+x^7+x^4+x^3+1$

10. 错误检测机制（Error Detecting）

"位检测"导致"位错误"：节点检测到的位与自身送出的位数值不同；仲裁或 ACK 位期间送出"隐性"位，而检测到"显性"位不导致位错误。

"填充检测"导致"填充错误"：在使用位填充编码的帧场（帧起始至 CRC 序列）中，不允许出现六个连续相同的电平位。

"格式检测"导致"格式错误"：固定格式位场（如 CRC 界定符、ACK 界定符、帧结束等）含有一个或更多非法位。

"CRC 检测"导致"CRC 错误"：计算的 CRC 序列与接收到的 CRC 序列不同。

"ACK 检测"导致"ACK 错误"：发送节点在 ACK 位期间未检测到"显性"。

11. 错误检测机制 （Error Detecting）

每一个 CAN 控制器都会有一个接收错误计数器和一个发送错误计数器用于处理检测到的传输错误，然后依据相关协议与规则进行错误数量增加或减少的统计。

CAN FD 控制器在发送错误帧之前会自动选择仲裁段比特率。CAN 控制器如果处于错误主动状态，则产生显性错误帧；如果处于错误被动状态，则产生隐性错误帧。

CAN 控制器错误状态转换如图 5-17 所示。

CAN 控制器接收错误计数器 （REC） 如图 5-18 所示。

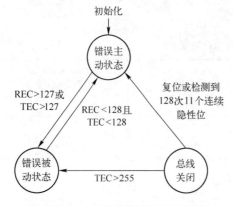

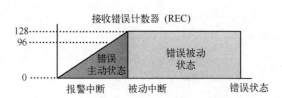

图 5-17　CAN 控制器错误状态转换　　　图 5-18　CAN 控制器接收错误计数器 （REC）

CAN 控制器发送错误计数器 （TEC） 如图 5-19 所示。

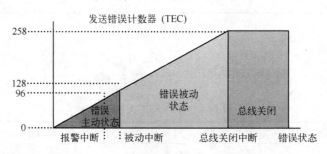

图 5-19　CAN 控制器发送错误计数器 （TEC）

12. 数据段 （Data Field）

CAN 和 CAN FD 帧数据长度码如表 5-3 所示。

CAN FD 对数据场的长度做了很大的扩充，DLC 最大支持 64 字节，在 DLC 小于等于 8 时与原 CAN 总线是一样的，大于 8 时则有一个非线性的增长，最大的数据场长度可达 64 字节。表 5-3 所示为 DLC 数值与字节数的非线性对应关系。

表 5-3　CAN 和 CAN FD 帧数据长度码

Data Bytes	CAN 和 CAN FD								CAN	CAN FD							
	0	1	2	3	4	5	6	7	8	8	12	16	20	24	32	48	64
DLC3	0	0	0	0	0	0	0	0	1	1	1	1	1	1	1	1	1
DLC2	0	0	0	0	1	1	1	1	0/1	0	0	0	0	1	1	1	1

Data Bytes	CAN 和 CAN FD								CAN	CAN FD							
	0	1	2	3	4	5	6	7	8	8	12	16	20	24	32	48	64
DLC1	0	0	1	1	0	0	1	1	0/1	0	0	1	1	0	0	1	1
DLC0	0	1	0	1	0	1	0	1	0/1	0	1	0	1	0	1	0	1

13. 主要的错误计数规则（Main Error Counting Rules）

主要的错误计数规则如下。

1）CAN 控制器复位时，错误计数器初始化归零。

2）CAN 控制器检测到一次无效传输时，REC 加 1。

3）接收器首次发送错误标志时，REC 加 1。

4）报文成功接收时，REC 减 1。

5）报文传输过程中检测到错误时，TEC 加 8。

6）报文成功发送时，TEC 减 1。

7）在 TEC<127 且子序列错误被动状态标记保持隐性的情况下 TEC 加 8。

8）TES>255 情况下 CAN 控制器与总线断开连接。

REC 为 128，以及 REC 或 TEC 为零时，错误计数不会增加。

14. Acknowledge Field 确认段

Acknowledge Field 确认段如图 5-20 所示。

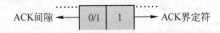

图 5-20　Acknowledge Field 确认段

某报文无论是否应该发送至某一节点，该 CAN 节点凡是接收到一个正确传输时，都必须发送一个显性位以示应答，如果没有节点正确的接收到报文，则 ACK 保持隐性。

15. 错误帧详情（Acknowledgement Details ACK）

当 CAN/CAN FD 节点不允许信息传输时，错误帧详情如图 5-21 所示。

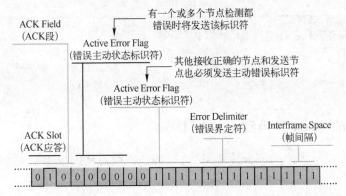

图 5-21　错误帧详情

错误帧详情说明如下。

1）该情况下假设的是有两个或多个处于错误主动状态的接收器接入总线。

2）单次发送后，只允许一个接收器发送一个确认标识，如果有多个接收器同时发出确认标识，则会通过发送错误主动标识符拒绝接收后面的帧。

3）如果所有接收器都发送确认标识，会导致 EOF 帧结束部分 7 个隐性位中检测到一个显性位，进而导致格式错误，随后接收器便会发送错误主动标识符。

4）接收器检测到格式错误时，会随即发出一个错误主动状态标识符，发送器如果检测出格式错误，则会在发送一个错误主动状态标识符之后会自动在空闲状态下尝试发送同一报文。

16. 帧结束（End of Frame）

帧结束为 7 个隐性位。如果某一位出现一个显性电平：

1）1~6 位发送器或接收器检测到一个帧结构错误。此时接收器丢弃该帧，同时产生一个错误标记（如果接收器 CAN 控制器处于错误主动状态，则产生显性错误帧；如果处于错误被动状态，则产生隐性错误帧）。如果是显性错误帧，则发送器重新发送该帧。

2）7 位该位对于接收器有效，但对于发送器无效。如果此位出现显性错误帧，则接收器已经把报文接收成功，而发送器又重新发送，则该帧就被接收器接收两次，这时就需要由高层协议来处理。

17. 帧间空间（Interframe Space）

错误主动状态 TX 节点帧间空间如图 5-22 所示。错误被动状态 TX 节点帧间空间如图 5-23 所示。

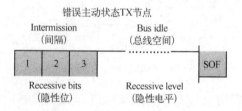

图 5-22　错误主动状态 TX 节点帧间空间

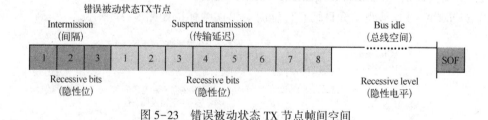

图 5-23　错误被动状态 TX 节点帧间空间

5.1.3　从传统的 CAN 升级到 CAN FD

尽管 CAN FD 继承了绝大部分传统 CAN 的特性，但是从传统 CAN 到 CAN FD 的升级，仍需要做很多的工作。

1）在硬件和工具方面，要使用 CAN FD，首先要选取支持 CAN FD 的 CAN 控制器和收发器，还要选取新的网络调试和监测工具。

2）在网络兼容性方面，对于传统 CAN 网段的部分节点需要升级到 CAN FD 的情况要特别注意，由于帧格式不一致的原因，CAN FD 节点可以正常收发传统 CAN 节点报文，但是传统 CAN 节点不能正常收发 CAN FD 节点的报文。

CAN FD 协议是 CAN 总线协议的最新升级，将 CAN 的每帧 8 字节数据提高到 64 字节，波特率从最高的 1 Mbit/s 提高到 8～15 Mbit/s，使得通信效率提高 8 倍以上，大大提升了车辆的通信效率。

5.2　CAN FD 控制器 MCP2517FD

MCP2517FD 是 Microchip 公司生产的一款经济高效的小尺寸 CAN FD 控制器，可通过 SPI 接口与微控制器连接。MCP2517FD 支持经典格式（CAN2.0B）和 CAN 灵活数据速率（CAN FD）格式的 CAN 帧，满足 ISO11898-1：2015 规范。

5.2.1　MCP2517FD 概述

1. 通用

MCP2517FD 具有如下通用特点。

1）带 SPI 的外部 CAN FD 控制器。

2）最高 1 Mbit/s 的仲裁波特率。

3）最高 8 Mbit/s 的数据波特率。

4）CAN FD 控制器模式。

- CAN2.0B 和 CAN FD 混合模式。
- CAN2.0B 模式。

5）符合 ISO 11898-1：2015 规范。

2. 报文 FIFO

1）31 个 FIFO，可配置为发送或接收 FIFO。

2）1 个发送队列（Transmit Queue，TXQ）。

3）带 32 位时间戳的发送事件 FIFO（Transmit Event FIFO，TEF）。

3. 报文发送

1）报文发送优先级：

- 基于优先级位域。
- 使用发送队列（Transmit Queue，TXQ）先发送 ID 最小的报文。

2）可编程自动重发尝试：无限制、3 次尝试或禁止。

4. 报文接收

1）32 个灵活的过滤器和屏蔽器对象。

2）每个对象均可配置为过滤。

3）32 位时间戳。

5. 特点

1）VDD：2.7～5.5 V。

2）工作电流：最大 20 mA（5.5 V，40 MHz CAN 时钟）。

3）休眠电流：10 μA（典型值）。

4）报文对象位于 RAM 中为 2 KB。

5）最多 3 个可配置中断引脚。

6）总线健康状况诊断和错误计数器。

7）收发器待机控制。

8）帧起始引脚：用于指示总线上报文的开头。

9）温度范围：高温（H），-40~+150℃。

6. 振荡器选项

1）40 MHz、20 MHz 或 4 MHz 晶振或陶瓷谐振器或外部时钟输入。

2）带预分频器的时钟输出。

7. SPI 接口

1）最高 20 MHz SPI 时钟速度。

2）支持 SPI 模式 0 和模式 3。

3）寄存器和位域的排列方式便于通过 SPI 高效访问。

8. 安全关键系统

1）带 CRC 的 SPI 命令，用于检测 SPI 上的噪声。

2）受纠错码（Error Correction Code，ECC）保护的 RAM。

9. 其他特性

1）GPIO 引脚：$\overline{INT0}$ 和 $\overline{INT1}$ 可配置为通用 I/O。

2）漏极开路输出：TXCAN、$\overline{INT}$、$\overline{INT0}$ 和 $\overline{INT1}$ 引脚可配置为推/挽或漏极开路输出。

5. 2. 2　MCP2517FD 的功能

MCP2517FD 的功能框图如图 5-24 所示。

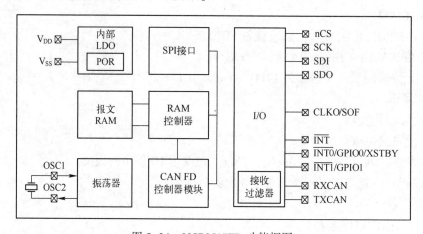

图 5-24　MCP2517FD 功能框图

MCP2517FD 主要包含以下模块。

1）CAN FD 控制器模块实现了 CAN FD 协议并包含 FIFO 和过滤器。

2）SPI 接口用于通过访问 SFR 和 RAM 来控制器件。

3）RAM 控制器仲裁 SPI 和 CAN FD 控制器模块之间的 RAM 访问。

4）报文 RAM 用于存储报文对象的数据。

5）振荡器产生 CAN 时钟。

6）内部 LDO 和 POR 电路。

7）I/O 控制。

1. I/O 配置

IOCON 寄存器：用于配置 I/O 引脚。

CLKO/SOF：选择时钟输出或帧起始。

TXCANOD：TXCAN 可配置为推挽输出或漏极开路输出。漏极开路输出允许用户将多个控制器连接到一起来构建 CAN 网络，无需使用收发器。

$\overline{INT0}$ 和 $\overline{INT1}$：可配置为 GPIO 或者发送和接收中断。

$\overline{INT0}$/GPIO0/XSTBY：也可用于自动控制收发器的待机引脚。

$\overline{INTOD}$：中断引脚可配置为漏极开路或推挽输出。

2. 中断引脚

MCP2517FD 包含三个不同的中断引脚。

$\overline{INT}$：在 CiINT 寄存器中的任何中断发生时置为有效（xIF 和 xIE），包括 RX 和 TX 中断。

$\overline{INT1}$/GPIO1：可配置为 GPIO 或 RX 中断引脚（CiINT.RXIF 和 RXIE）。

$\overline{INT0}$/GPIO0：可配置为 GPIO 或 TX 中断引脚（CiINT.TXIF 和 TXIE）。

所有引脚低电平有效。

3. 振荡器

振荡器系统生成 SYSCLK，用于 CAN FD 控制器模块以及 RAM 访问。建议使用 40 MHz 或 20 MHz SYSCLK。

5.2.3　MCP2517FD 引脚说明

MCP2517FD 有 SOIC14 和 VDFN14 两种封装，分别如图 5-25 和图 5-26 所示。

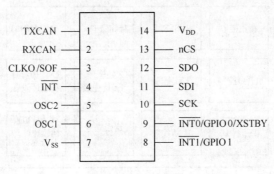

图 5-25　MCP2517FD 引脚图（SOIC14）

MCP2517FD 引脚介绍如下。

TXCAN（1）：向 CAN FD 收发器发送输出。

RXCAN（2）：接收来自 CAN FD 收发器的输入。

CLKO/SOF（3）：时钟输出/帧起始输出。

$\overline{INT}$（4）：中断输出（低电平有效）。

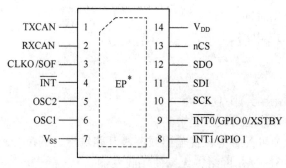

图 5-26 MCP2517FD 引脚图（VDFN14）

OSC2（5）：外部振荡器输出。

OSC1（6）：外部振荡器输入。

VSS（7）：地。

$\overline{INT1}$/GPIO1（8）：RX 中断输出（低电平有效）/GPIO。

$\overline{INT0}$/GPIO0/ XSTBY（9）：TX 中断输出（低电平有效）/GPIO/收发器待机输出。

SCK（10）：SPI 时钟输入。

SDI（11）：SPI 数据输入。

SDO（12）：SPI 数据输出。

nCS（13）：SPI 片选输入。

V_{DD}（14）：正电源。

EP（VDFN14 封装）：外露焊盘，连接至 V_{SS}。

5.2.4 CAN FD 控制器模块

CAN FD 控制器模块框图如图 5-27 所示。

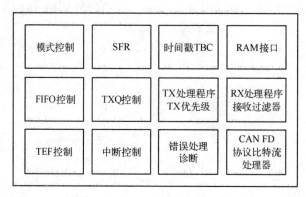

图 5-27　CAN FD 控制器模块框图

1. MCP2517FD 控制器模块的工作模式

MCP2517FD 控制器模块有多种工作模式，具体工作模式如下。

1）配置模式。

2）正常 CAN FD 模式。

3）正常 CAN2.0 模式。

4）休眠模式。

5）仅监听模式。

6）受限工作模式。

7）内部和外部环回模式。

2. CAN FD 比特流处理器

CAN FD 比特流处理器（Bit Stream Processor，BSP）实现了 ISO 11898-1：2015 规范中说明的 CAN FD 协议介质访问控制。它可以对比特流进行序列化和反序列化处理、对 CAN FD 帧进行编码和解码、管理介质访问、应答帧以及检测错误和发送错误信号。

3. TX 处理程序

TX 处理程序优先处理发送 FIFO 请求发送的报文。该处理程序通过 RAM 接口从 RAM 中获取发送数据并将其提供给 BSP 进行发送。

4. RX 处理程序

BSP 向 RX 处理程序提供接收到的报文。RX 处理程序使用接收过滤器过滤应存储在接收 FIFO 中的报文。该处理程序通过 RAM 接口将接收到的数据存储到 RAM 中。

5. FIFO

每个 FIFO 都可以配置为发送或接收 FIFO。FIFO 控制持续跟踪 FIFO 头部和尾部，并计算用户地址。在 TX FIFO 中，用户地址指向 RAM 中用于存储下一个发送报文数据的地址。在 RX FIFO 中，用户地址指向 RAM 中用于存储即将读取的下一个接收报文数据的地址。用户通过递增 FIFO 的头部/尾部来通知 FIFO 已向 RAM 写入报文或已从 RAM 读取报文。

6. 发送队列（TXQ）

发送队列（TXQ）是一个特殊的发送 FIFO，它根据队列中存储的报文 ID 发送报文。

7. 发送事件 FIFO（TEF）

发送事件 FIFO（TEF）存储所发送报文的报文 ID。

8. 自由运行的时基计数器

自由运行的时基计数器用于为接收的报文添加时间戳。TEF 中的报文也可以添加时间戳。

9. CAN FD 控制器模块

CAN FD 控制器模块在接收到新的报文时或在成功发送报文时产生中断。

10. 特殊功能寄存器（SFR）

特殊功能寄存器（SFR）用于控制和读取 CAN FD 控制器模块的状态。

5.2.5 MCP2517FD 的存储器构成

MCP2517FD 存储器映射如图 5-28 所示。

图 5-28 给出了 MCP2517FD 存储器的主要分段及其地址范围。主要包括如下内容。

1）MCP2517FD 特殊功能寄存器（Special Function Register，SFR）。

2）CAN FD 控制器模块 SFR。

3）报文存储器（RAM）

SFR 的宽度为 32 位。LSB 位于低地址，例如，C1CON 的 LSB 位于地址 0x000，而其 MSB 位于地址 0x003。

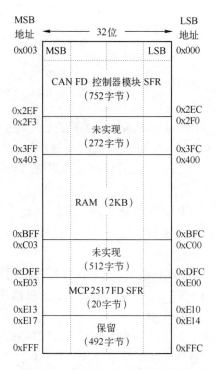

图 5-28　MCP2517FD 存储器映射

5.2.6　MCP2517FD 特殊功能寄存器

MCP2517FD 有 5 个特殊功能寄存器，位于存储器地址 0xE00~0xE13，共占 20 字节。具体地址分配与功能介绍如下。

1. OSC 振荡器控制寄存器

OSC 振荡器控制寄存器的地址范围为 0xE00~0xE13。

OSC 振荡器控制寄存器功能描述如表 5-4 所示。

2. IOCON 输入/输出控制寄存器

IOCON 输入/输出控制寄存器的地址范围为 0xE04~0xE07。

IOCON 输入/输出控制寄存器功能描述如表 5-5 所示。

3. CRC 寄存器

CRC 寄存器的地址范为 0xE08~0xE0B。

CRC 寄存器功能描述如表 5-6 所示。

4. ECCCON——ECC 控制寄存器

ECCCO N——ECC 控制寄存器地址范为 0xE0C~0xE0F。

ECCCO N——ECC 控制寄存器功能描述如表 5-7 所示。

5. ECCSTAT——ECC 状态寄存器

ECCSTAT——ECC 状态寄存器地址范为 0xE10~0xE13。

ECCSTAT——ECC 状态寄存器功能描述如表 5-8 所示。

表 5-4　OSC 振荡器控制寄存器功能描述

位	位 名 称	描 述	读/写
0	PLLEN	PLL 使能 1：系统时钟来自 10x PLL 0：系统时钟直接来自 XTAL 振荡器 只能在配置模式下修改该位	R/W
1	保留		
2	OSCDIS	时钟（振荡器）禁止 1：禁止时钟，器件处于休眠模式 0：使能时钟 在休眠模式下，清零 OSCDIS 将唤醒器件，并将其重新置于配置模式	HS/C 仅由硬件置1或清零
3	保留		
4	SCLKDIV	系统时钟分频比 1：SCLK 2 分频 0：SCLK 1 分频 只能在配置模式下修改该位	R/W
5~6	CLKODIV<1:0>	时钟输出分频比 11：CLKO 10 分频 10：CLKO 4 分频 01：CLKO 2 分频 00：CLKO 1 分频	R/W
7	保留		
8	PLLRDY	PLL 就绪 1：PLL 锁定 0：PLL 未就绪	R
9	保留		
10	OSCRDY	时钟就绪 1：时钟正在运行且保持稳定 0：时钟未就绪或已关闭	R
11	保留		
12	SCLKRDY	同步 SCLKDIV 位 1：SCLKDIV 1 0：SCLKDIV 0	R
13~31	保留		

表 5-5　IOCON 输入/输出控制寄存器功能描述

位	位 名 称	描 述	读/写
0	TRIS0	GPIO0 数据方向 1：输入引脚 0：输出引脚 如果 PM0=0，TRIS0 将被忽略，引脚将为输出	R/W
1	TRIS1	GPIO1 数据方向 1：输入引脚 0：输出引脚 如果 PM1=0，TRIS1 将被忽略，引脚将为输出	R/W
2~5	保留		

位	位 名 称	描 述	读/写
6	XSTBYEN	使能收发器待机引脚控制 1：使能 XSTBY 控制 0：禁止 XSTBY 控制	R/W
7	保留		
8	LAT0	GPIO0 锁存器 1：将引脚驱动为高电平 0：将引脚驱动为低电平	R/W
9	LAT1	GPIO1 锁存器 1：将引脚驱动为高电平 0：将引脚驱动为低电平	R/W
10~15	保留		
16	GPIO0	GPIO0 状态 1：VGPIO0 > VIH 0：VGPIO0 < VIL	R/W
17	GPIO1	GPIO1 状态 1：VGPIO0 > VIH 0：VGPIO0 < VIL	R/W
18~23	保留		
24	PM0	GPIO 引脚模式 1：引脚用作 GPIO0 0：中断引脚INT0，在 CiINT. TXIF 和 TXIE 置 1 时置为有效	R/W
25	PM1	GPIO 引脚模式 1：引脚用作 GPIO1 0：中断引脚INT1，在 CiINT. TXIF 和 TXIE 置 1 时置为有效	R/W
26~27	保留		
28	TXCANOD	TXCAN 漏极开路模式 1：漏极开路输出 0：推/挽输出	R/W
29	SOF	帧起始信号 1：CLKO 引脚上出现 SOF 信号 0：CLKO 引脚上出现时钟	R/W
30	INTOD	中断引脚漏极开路模式 1：漏极开路输出 0：推挽输出	R/W
31	保留		

表 5-6　CRC 寄存器功能描述

位	位 名 称	描 述	读/写
0~15	CRC<15:0>	自上一次 CRC 不匹配起的循环冗余校验	R
16	CRCERRIF	CRC 错误中断标志 1：发生 CRC 不匹配 0：未发生 CRC 错误	HS/C 仅由硬件置 1 或清零

位	位 名 称	描 述	读/写
17	FERRIF	CRC 命令格式错误中断标志 1："SPI + CRC" 命令发生期间字节数不匹配 0：未发生 SPI CRC 命令格式错误	HS/C 仅由硬件置 1 或清零
18~23	保留		
24	CRCERRIE	CRC 错误中断允许	R/W
25	FERRIE	CRC 命令格式错误中断允许	R/W
26~31	保留		

表 5-7　ECCCON——ECC 控制寄存器功能描述

位	位 名 称	描 述	读/写
0	ECCEN	ECC 使能 1：使能 ECC 0：禁止 ECC	R/W
1	SECIE	单个位错误纠正中断允许	
2	DEDIE	双位错误检测中断允许	R/W
3~7	保留		
8~14	PARITY<6:0>	禁止 ECC 时，在写入 RAM 期间使用的奇偶校验位	R/W
15~31	保留		

表 5-8　ECCSTAT——ECC 状态寄存器功能描述

位	位 名 称	描 述	读/写
0	保留		
1	SECIF	单个位错误纠正中断标志 1：纠正了单个位错误 0：未发生单个位错误	HS/C 仅由硬件置 1 或清零
2	DEDIF	双位错误检测中断标志 1：检测到双位错误 0：未检测到双位错误	HS/C 仅由硬件置 1 或清零
3~15	保留		
16~27	ERRADDR<11:0>	发生上一个 ECC 错误的地址	R
28~31	保留		

5.2.7　CAN FD 控制器模块 SFR

MCP2517FD 包含的 CAN FD 控制器模块有 5 组特殊功能寄存器，位于存储器地址 0x000~0x2EF，共占 752 字节。具体地址分配与功能介绍如下。

1. 配置寄存器

CAN FD 控制器模块有 6 个配置寄存器，其地址范围为 0x000~0x017，共占 24 字节。每个配置寄存器为 32 位，占用 4 字节。

CAN FD 控制器模块的配置寄存器如下。

1）CAN 控制寄存器 CiCON。

2）标称位时间配置寄存器 CiNBTCFG。

3）数据位时间配置寄存器 CiDBTCFG。

4）发送器延时补偿寄存器 CiTDC。

5）时基计数器寄存器 CiTBC。

6）时间戳控制寄存器 CiTSCON。

寄存器标识符中显示的"i"表示 CANi，例如 CiCON。

CAN FD 控制器模块的配置寄存器功能描述分别如表 5-9～表 5-14 所示。

表 5-9　CiCON——CAN 控制寄存器

位	位 名 称	描 述	读写
0～4	DNCNT<4:0>	DeviceNet 过滤器位编号位 10011～11111：无效选择（最多可将数据的 18 位与 EID 进行比较） 10010：最多可将数据字节 2 的 bit 6 与 EID17 进行比较 … 00001：最多可将数据字节 0 的 bit 7 与 EID0 进行比较 00000：不比较数据字节	R/W
5	ISOCRCEN	使能 CAN FD 帧中的 ISO CRC 位 1：CRC 字段中包含填充位计数，使用非零 CRC 初始化向量（符合 ISO 11898-1：2015 规范） 0：CRC 字段中不包含填充位计数，使用全零 CRC 初始化向量 只能在配置模式下修改这些位	R/W
6	PXEDIS	协议异常事件检测禁止位 隐性 FDF 位后的隐性"保留位"称为"协议异常" 1：协议异常被视为格式错误 0：如果检测到协议异常，CAN FD 控制器模块将进入总线集成状态 只能在配置模式下修改这些位	R/W
7	保留		
8	WAKFIL	使能 CAN 总线线路唤醒滤波器位 1：使用 CAN 总线线路滤波器来唤醒 0：不使用 CAN 总线线路滤波器来唤醒 只能在配置模式下修改这些位	R/W
9～10	WFT<1:0>	可选唤醒滤波器时间位 00：T00FILTER 01：T01FILTER 10：T10FILTER 11：T11FILTER	R/W
11	BUSY	CAN 模块忙状态位 1：CAN 模块正在发送或接收报文 0：CAN 模块不工作	R
12	BRSDIS	波特率切换禁止位 1：无论发送报文对象中的 BRS 状态如何，都禁止波特率切换 0：根据发送报文对象中的 BRS 进行波特率切换	R/W
13～15	保留		

位	位 名 称	描 述	读写
16	RTXAT	限制重发尝试位 1：重发尝试受限，使用 CiFIFOCONm. TXAT 0：重发尝试次数不受限，CiFIFOCONm. TXAT 将被忽略 只能在配置模式下修改这些位	R/W
17	ESIGM	在网关模式下发送 ESI 位 1：当报文的 ESI 为高电平或 CAN 控制器处于被动错误状态时，ESI 隐性发送 0：ESI 反映 CAN 控制器的错误状态 只能在配置模式下修改这些位	R/W
18	SERR2LOM	发生系统错误时切换到仅监听模式位 1：切换到仅监听模式 0：切换到受限工作模式 只能在配置模式下修改这些位	R/W
19	STEF	存储到发送事件 FIFO 位 1：将发送的报文保存到 TEF 中并在 RAM 中预留空间 0：不将发送的报文保存到 TEF 中 只能在配置模式下修改这些位	R/W
20	TXQEN	使能发送队列位 1：使能 TXQ 并在 RAM 中预留空间 0：不在 RAM 中为 TXQ 预留空间 只能在配置模式下修改这些位	R/W
21~23	OPMOD<2:0>	工作模式状态位 000：模块处于正常 CAN FD 模式，支持混用 CAN FD 帧和经典 CAN 2.0 帧 001：模块处于休眠模式 010：模块处于内部环回模式 011：模块处于仅监听模式 100：模块处于配置模式 101：模块处于外部环回模式 110：模块处于正常 CAN 2.0 模式，接收 CAN FD 帧时可能生成错误帧 111：模块处于受限工作模式	R
24~26	REQOP<2:0>	请求工作模式位 000：设置为正常 CAN FD 模式，支持混用 CAN FD 帧和经典 CAN 2.0 帧 001：设置为休眠模式 010：设置为内部环回模式 011：设置为仅监听模式 100：设置为配置模式 101：设置为外部环回模式 110：设置为正常 CAN 2.0 模式，接收 CAN FD 帧时可能生成错误帧 111：设置为受限工作模式	R/W
27	ABAT	中止所有等待的发送位 1：通知所有发送 FIFO 中止发送 0：模块将在所有发送中止时清零该位	R/W

位	位 名 称	描 述	读写
28~31	TXBWS<3:0>	发送带宽共用位 两次连续传输之间的延时（以仲裁位时间为单位） 0000：无延时 0001：2 0010：4 0011：8 0100：16 0101：32 0110：64 0111：128 1000：256 1001：512 1010：1024 1011：2048 1111~1100：4096	R/W

表 5-10　CiNBTCFG——标称位时间配置寄存器

位	位 名 称	描 述	读/写
0~6	SJW<6:0>	同步跳转宽度位 111 1111：长度为 128xTQ … 0000000：长度为 1xTQ	R/W
7	保留		
8~14	TSEG2<6:0>	时间段 2 位（相位段 2） 111 1111：长度为 128xTQ … 000 0000：长度为 1xTQ	R/W
15	保留		
16~23	TSEG1<7:0>	时间段 1 位（传播段+相位段 1） 1111 1111：长度为 256xTQ … 0000 0000：长度为 1xTQ	R/W
24~31	BRP<7:0>	波特率预分频比位 1111 1111：$TQ = 256/F_{sys}$ … 00000000：$TQ = 1/F_{sys}$	R/W

表 5-11　CiDBTCFG——数据位时间配置寄存器

位	位 名 称	描 述	读/写
0~3	SJW<3:0>	同步跳转宽度位 1111：长度为 16xTQ … 0000：长度为 1xTQ	R/W
4~7	保留		
8~11	TSEG2<3:0>	时间段 2 位（相位段 2） 1111：长度为 16xTQ … 0000：长度为 1xTQ	R/W

位	位 名 称	描 述	读/写
12~15	保留		
16~20	TSEG1<4:0>	时间段 1 位（传播段+相位段 1） 1 1111：长度为 32xTQ … 0 0000：长度为 1xTQ	R/W
21~23	保留		
24~31	BRP<7:0>	波特率预分频比位 1111 1111：TQ=256/Fsys … 00000000：TQ=1/Fsys	R/W

注：只能在配置模式下修改该寄存器。

表 5-12　CiTDC——发送器延时补偿寄存器

位	位 名 称	描 述	读/写
0~5	TDCV<5:0>	发送器延时补偿值位，二次采样点（SSP） 11 1111：63xTSYSCLK … 00 0000：0xTSYSCLK	R/W
6~7	保留		
8~14	TDCO<6:0>	发送器延时补偿偏移位，二次采样点（SSP）二进制补码，偏移可以是正值、零或负值 011 1111：63xTSYSCLK … 000 0000：0xTSYSCLK … 111 1111：-64xTSYSCLK	R/W
15	保留		
16~17	TDCMOD<1:0>	发送器延时补偿模式位，二次采样点（Secondary Sample Point，SSP） 10-11：自动；测量延时并添加 TDCO 01：手动；不测量，使用来自寄存器的 TDCV+TDCO 00：禁止 TDC	R/W
21~23	保留		
24~31	BRP<7:0>	波特率预分频比位 1111 1111：TQ=256/Fsys … 00000000：TQ=1/Fsys	R/W

表 5-13　CiTBC——时基计数器寄存器

位	位 名 称	描 述	读/写
0~31	TBC<31:0>	时基计数器位 自由运行的定时器 当 TBCEN 置 1 时，每经过一个 TBCPRE 时钟递增一次 当 TBCEN=0 时，TBC 将停止并复位 对 CiTBC 的任何写操作都会使 TBC 的预分频器计数复位 （CiTSCON.TBCPRE 不受影响）	R/W

表 5-14　CiTSCON——时间戳控制寄存器

位	位 名 称	描 述	读/写
0~9	TBCPRE<9:0>	时基计数器预分频比位 1023：每经过 1024 个时钟 TBC 递增一次 … 0：每经过 1 个时钟 TBC 递增一次	R/W
10~15	保留		
16	TBCEN	时基计数器使能位 1：使能 TBC 0：停止并复位 TBC	R/W
17	TSEOF	时间戳 EOF 位 1：在帧生效后添加时间戳 在 EOF 的倒数第二位之前 RX 未产生错误 在 EOF 结束之前 TX 未产生错误 0：在帧"开始"时添加时间戳 经典帧：在 SOF 的采样点 FD 帧：请参见 TSRES 位	
18	TSRES	时间戳保留位（仅限 FD 帧） 1：在 FDF 位后的位的采样点 0：在 SOF 的采样点	R/W
19~31	保留		

2. 中断和状态寄存器

CAN FD 控制器模块有 7 个中断和状态寄存器，其地址范围为 0x018~0x033，共占 28 字节。每个配置寄存器为 32 位，占用 4 字节。

CAN FD 控制器模块的中断和状态寄存器如下。

1）中断代码寄存器 CiVEC。

2）中断寄存器 CiINT。

3）接收中断状态寄存器 CiRXIF。

4）接收溢出中断状态寄存器 CiRXOVIF。

5）发送中断状态寄存器 CiTXIF。

6）发送尝试中断状态寄存器 CiTXATIF。

7）发送请求寄存器 CiTXREQ。

寄存器标识符中显示的"i"表示 CANi，例如 CiVEC。

CAN FD 控制器模块的中断和状态寄存器功能描述从略，具体请参考 MCP2517FD 数据手册。

3. 错误和诊断寄存器

CAN FD 控制器模块有 3 个错误和诊断寄存器，其地址范围为 0x034~0x03B，共占 12 字节。每个错误和诊断寄存器为 32 位，占用 4 字节。

CAN FD 控制器模块的错误和诊断寄存器如下。

1）发送/接收错误计数寄存器 CiTREC。

2）总线诊断寄存器 0 CiBDIAG0。

3）总线诊断寄存器 1 CiBDIAG1。

寄存器标识符中显示的"i"表示 CANi，例如 CiTREC。

CAN FD 控制器模块的错误和诊断寄存器功能描述从略，具体请参考 MCP2517FD 数据手册。

4. FIFO 控制和状态寄存器

CAN FD 控制器模块前 6 个 FIFO 控制和状态寄存器，其地址范围为 0x040~0x05B，其中地址 0x048~0x04C 保留，共占 24 字节。

FIFO 控制寄存器 m(m=1 至 31) CiFIFOCONm、FIFO 状态寄存器 m(m=1 至 31) CiFI-FOSTAm 和 FIFO 用户地址寄存器 m(m=1 至 31) CiFIFOUAm 分别为 31 个寄存器，其地址范围为 0x05C~0x1CF，共占 372 字节。

每个 FIFO 控制和状态寄存器为 32 位，占用 4 字节。

CAN FD 控制器模块的 FIFO 控制和状态寄存器如下。

1）发送事件 FIFO 控制寄存器 CiTEFCON。

2）发送事件 FIFO 状态寄存器 CiTEFSTA。

3）发送事件 FIFO 用户地址寄存器 CiTEFUA。

4）发送队列控制寄存器 CiTXQCON。

5）发送队列状态寄存器 CiTXQSTA。

6）发送队列用户地址寄存器 CiTXQUA。

7）FIFO 控制寄存器 m(m=1~31) CiFIFOCONm。

8）FIFO 状态寄存器 m(m=1~31) CiFIFOSTAm。

9）FIFO 用户地址寄存器 m(m=1~31) CiFIFOUAm。

寄存器标识符中显示的"i"表示 CANi，例如 CiTEFCON。

CAN FD 控制器模块的 FIFO 控制和状态寄存器功能描述从略，具体请参考 MCP2517FD 数据手册。

5. 过滤器配置和控制寄存器

CAN FD 控制器模块过滤器配置和控制寄存器地址范围为 0x1D0~0x2EF，共占 288 字节。

1）过滤器控制寄存器 m(m=0 至 7) CiFLTCONm。

2）过滤器对象寄存器 m(m=0 至 31) CiFLTOBJm。

3）屏蔽寄存器 m(m=0 至 31) CiMASKm。

寄存器标识符中显示的"i"表示 CANi，例如 CiFLTCONm。

CAN FD 控制器模块过滤器配置和控制寄存器功能描述从略，具体请参考 MCP2517FD 数据手册。

5.2.8 报文存储器

MCP2517FD 报文存储器构成如图 5-29 所示。图 5-29 说明了报文对象如何映射到 RAM 中。TEF、TXQ 和每个 FIFO 的报文对象数均可配置。图 5-29 中仅详细显示了 FIFO2 的报文对象。对于 TXQ 和每个 FIFO 而言，每个报文对象（有效负载）的数据字节数均可单独配置。

FIFO 和报文对象只能在配置模式下配置。配置步骤如下。

1）首先分配 TEF 对象。只有 CiCON. STEF = 1 时才会保留 RAM 中的空间。

2）接下来分配 TXQ 对象。只有 CiCON. TXQEN = 1 时才会保留 RAM 中的空间。

3）接下来分配 FIFO1 至 FIFO31 的报文对象。这种高度灵活的配置可以有效地使用 RAM。

报文对象的地址取决于所选的配置。应用程序不必计算地址。用户地址字段提供要读取或写入的下一个报文对象的地址。

RAM 由纠错码（ECC）保护。ECC 逻辑支持单个位错误纠正（Single Error Correction，SEC）和双位错误检测（Double Error Detection，DED）。

除 32 个数据位外，SEC/DED 还需要 7 个奇偶校验位。

TEF
TX队列
FIFO1
FIFO2：报文对象 0
FIFO2：报文对象 1
⋮
FIFO2：报文对象 n
FIFO3
⋮
FIFO31

图 5-29　MCP2517FD 报文存储器构成

1. ECC 使能和禁止

可以通过将 ECCCON. ECCEN 置 1 来使能 ECC 逻辑。当使能 ECC 时，将对写入 RAM 的数据进行编码，对从 RAM 读取的数据进行解码。

禁止 ECC 逻辑时，数据写入 RAM，奇偶校验位取自 ECCCON. PARITY。这使得用户能够测试 ECC 逻辑。在读取期间，将剔除奇偶校验位，按原样回读数据。

2. RAM 写入

在 RAM 写入期间，编码器计算奇偶校验位并将奇偶校验位加到输入数据。

3. RAM 读取

MCP2517FD 包含 2 KB RAM，用于存储报文对象。有以下三种不同的报文对象。

1）TXQ 和 TXFIFO 使用的发送报文对象，如表 5-15 所示。

2）RXFIFO 使用的接收报文对象，如表 5-16 所示。

3）TEF 发送事件 FIFO 对象，如表 5-17 所示。

在 RAM 读取期间，解码器检查来自 RAM 的输出数据的一致性并删除奇偶校验位。它可以纠正单个位错误并检测双位错误。

表 5-15　TXQ 和 TXFIFO 使用的发送报文对象

字	位	bit31/23/15/7	bit30/22/14/6	bit29/21/13/5	bit28/20/12/4	bit27/19/11/3	bit26/18/10/2	bit25/17/9/1	bit24/16/8/0
T0	31~24	—	—	SID11	EID<17:6>				
	23~16	EID<12:5>							
	15~8	EID<4:0>				SID<10:8>			
	7~0	SID<7:0>							
T1	31~24	—	—	—	—	—	—	—	—
	23~16								—
	15~8	SEQ<6:0>							ESI
	7~0	FDF	BRS	RTR	IDE	DLC<3:0>			

字	位	bit31/23/15/7	bit30/22/14/6	bit29/21/13/5	bit28/20/12/4	bit27/19/11/3	bit26/18/10/2	bit25/17/9/1	bit24/16/8/0
T2 (1)	31~24	发送数据字节 3							
	23~16	发送数据字节 2							
	15~8	发送数据字节 1							
	7~0	发送数据字节 0							
T3	31~24	发送数据字节 7							
	23~16	发送数据字节 6							
	15~8	发送数据字节 5							
	7~0	发送数据字节 4							
Ti	31~24	发送数据字节 n							
	23~16	发送数据字节 n-1							
	15~8	发送数据字节 n-2							
	7~0	发送数据字节 n-3							

注：数据字节 0~n：在控制寄存器（CiFIFOCONm. PLSIZE<2:0>）中单独配置有效负载大小。

表 5-15 中的 T0 字和 T1 字说明如下。

（1）T0 字

1）bit31~30：保留。

2）bit29 SID11：在 FD 模式下，标准 ID 可通过 r1 扩展为 12 位。

3）bit28~11 EID<17:0>：扩展标识符。

4）bit10~0 SID<10：0>：标准标识符。

（2）T1 字

1）bit31~16：保留。

2）bit15~9 SEQ<6:0>：用于跟踪发送事件 FIFO 中已发送报文的序列。

3）bit 8 ESI：错误状态指示符。

在 CAN-CAN 网关模式（CiCON. ESIGM = 1）下，发送的 ESI 标志为 T1. ESI 与 CAN 控制器被动错误状态的"逻辑或"结果。

在正常模式下，ESI 指示错误状态。

1：发送节点处于被动错误状态。

0：发送节点处于主动错误状态。

4）bit7 FDF：FD 帧；用于区分 CAN 和 CAN FD 格式。

5）bit6 BRS：波特率切换；选择是否切换数据波特率。

6）bit5 RTR：远程发送请求；不适用于 CAN FD。

7）bit4 IDE：标识符扩展标志；用于区分基本格式和扩展格式。

8）bit3~0 DLC<3:0>：数据长度码。

表 5-16 RXFIFO 使用的接收报文对象

字	位	bit31/23/15/7	bit30/22/14/6	bit29/21/13/5	bit28/20/12/4	bit27/19/11/3	bit26/18/10/2	bit25/17/9/1	bit24/16/8/0
R0	31~24	—	—	SID11	EID<17:6>				
	23~16	EID<12:5>							
	15~8	EID<4:0>				SID<10:8>			
	7~0	SID<7:0>							
R1	31~24	—	—	—	—	—	—	—	—
	23~16	—	—	—	—	—	—	—	—
	15~8	FILHIT<4:0>					—	—	ESI
	7~0	FDF	BRS	RTR	IDE	DLC<3:0>			
R2 (1)	31~24	RXMSGTS<31:24>							
	23~16	RXMSGTS<23:16>							
	15~8	RXMSGTS<15:8>							
	7~0	RXMSGTS<7:0>							
R3 (2)	31~24	接收数据字节 3							
	23~16	接收数据字节 2							
	15~8	接收数据字节 1							
	7~0	接收数据字节 0							
R4	31~24	接收数据字节 7							
	23~16	接收数据字节 6							
	15~8	接收数据字节 5							
	7~0	接收数据字节 4							
Ri	31~24	接收数据字节 n							
	23~16	接收数据字节 n-1							
	15~8	接收数据字节 n-2							
	7~0	接收数据字节 n-3							

注：1. R2（RXMSGTS）仅存在于 CiFIFOCONm. RXTSEN 置 1 的对象中。

2. RXMOBJ：数据字节 0~n，在 FIFO 控制寄存器（CiFIFOCONm. PLSIZE<2:0>）中单独配置有效负载大小。

表 1-5 中的 R0 字、R1 字和 R2 字说明如下。

（1）R0 字

1）bit31~30：保留。

2）bit29　SID11：在 FD 模式下，标准 ID 可通过 r1 扩展为 12 位。

3）bit28~11　EID<17:0>：扩展标识符。

4）bit10~0　SID<10:0>：标准标识符。

（2）R1 字

1）bit31~16：保留。

2）bit15~11　FILHIT<4：0>：命中的过滤器；匹配的过滤器编号。

3）bit10~9：保留。

4) bit8 ESI：错误状态指示符。

1：发送节点处于被动错误状态。

0：发送节点处于主动错误状态。

5) bit7 FDF：FD 帧；用于区分 CAN 和 CAN FD 格式。

6) bit6 BRS：波特率切换；指示是否切换数据波特率。

7) bit5 RTR：远程发送请求，不适用于 CAN FD。

8) bit4 IDE：标识符扩展标志，用于区分基本格式和扩展格式。

9) bit3~0 DLC<3：0>：数据长度码。

（3）R2 字

bit31~0 RXMSGTS<31：0>：接收报文时间戳。

表 5-17　TEF 发送事件 FIFO 对象

字		bit31/23/ 15/7	bit30/22/ 14/6	bit29/21/ 13/5	bit28/20/ 12/4	bit27/19/ 11/3	bit26/18/ 10/2	bit25/17/ 9/1	bit24/16/ 8/0
TE0	31~24	—	—	SID11	EID<17：6>				
	23~16	EID<12：5>							
	15~8	EID<4：0>				SID<10：8>			
	7~0	SID<7：0>							
TE1	31~24	—	—	—	—	—	—	—	—
	23~16	—	—	—	—	—	—	—	—
	15~8	SEQ<6：0>							ESI
	7~0	FDF	BRS	RTR	IDE	DLC<3：0>			
TE2 （1）	31~24	TXMSGTS<31：24>							
	23~16	TXMSGTS<23：16>							
	15~8	TXMSGTS<15：8>							
	7~0	TXMSGTS<7：0>							

注：TE2（TXMSGTS）仅存在于 CiTEFCON.TEFTSEN 置 1 的对象中。

表 1-5 中的 TE0 字、TE1 字和 TE2 字说明如下。

（1）TE0 字

1) bit31~30：保留。

2) bit29 SID11：在 FD 模式下，标准 ID 可通过 r1 扩展为 12 位。

3) bit28~11 EID<17：0>：扩展标识符。

4) bit10~0 SID<10：0>：标准标识符。

（2）TE1 字

1) bit31~16：保留。

2) bit15~9 SEQ<6：0>：用于跟踪已发送报文的序列。

3) bit8 ESI：错误状态指示符。

1：发送节点处于被动错误状态；

0：发送节点处于主动错误状态。

4）bit7　FDF：FD 帧；用于区分 CAN 和 CAN FD 格式。

5）bit6　BRS：波特率切换；选择是否切换数据波特率。

6）bit5　RTR：远程发送请求；不适用于 CAN FD。

7）bit4　IDE：标识符扩展标志；用于区分基本格式和扩展格式。

8）bit3~0　DLC<3：0>：数据长度码。

（3）TE2 字

bit31~0　TXMSGTS<31：0>：发送报文时间戳。

5.2.9　SPI

MCP2517FD 可与大多数微控制器上提供的串行外设接口（Serial Peripheral Interface, SPI）直接相连。微控制器中的 SPI 必须在 8 位工作模式下配置为 00 或 11 模式。

SPI 四种模式的区别如下。

SPI 四种模式 SPI 的相位（CPHA）和极性（CPOL）分别可以为 0 或 1，对应的四种组合构成了 SPI 的四种模式。

- 模式 0：CPOL=0，CPHA=0。
- 模式 1：CPOL=0，CPHA=1。
- 模式 2：CPOL=1，CPHA=0。
- 模式 3：CPO L=1，CPHA=1。

时钟极性 CPOL：即 SPI 空闲时，时钟信号 SCLK 的电平（1：空闲时高电平，0：空闲时低电平）。

时钟相位 CPHA：即 SPI 在 SCLK 第几个边沿开始采样（0：第一个边沿开始，1：第二个边沿开始）。

SFR 和报文存储器（RAM）通过 SPI 指令访问。SPI 指令格式（SPI 模式 0）如图 5-30 所示。

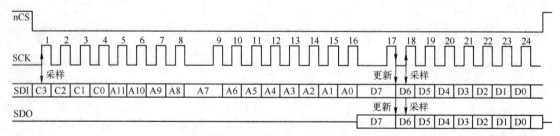

图 5-30　SPI 指令格式（SPI 模式 0）

每条指令均以 nCS 驱动为低电平（nCS 的下降沿）开始。4 位命令和 12 位地址在 SCK 的上升沿移入 SDI。在写指令期间，数据位在 SCK 的上升沿移入 SDI。在读指令期间，数据位在 SCK 的下降沿移出 SDO。一条指令可传输一个或多个数据字节。数据位在 SCK 的下降沿更新，在 SCK 的上升沿必须有效。每条指令均以 nCS 驱动为高电平（nCS 的上升沿）结束。

SCK 的频率必须小于或等于 SYSCLK 频率的一半。这可确保 SCK 和 SYSCLK 之间能够正常同步。

为了最大限度地降低休眠电流，MCP2517FD 的 SDO 引脚在器件处于休眠模式时不得悬空。这可以通过使能微控制器内与 MCP2517FD（当 MCP2517FD 处于休眠模式时）的 SDO 引脚相连的引脚上的上拉或下拉电阻来实现。

SPI 指令格式如表 5-18 所示。

表 5-18　SPI 指令格式

名　　称	格　　式	说　　明
RESET	C＝0b0000，A＝0x000	将内部寄存器复位为默认状态，选择配置模式
READ	C＝0b0011，A，D＝SDO	从地址 A 读取 SFR/RAM 的内容
WRITE	C＝0b0010，A，D＝SDI	将 SFR/RAM 的内容写入地址 A
READ_CRC	C＝0b1011，A，N，D＝SDO，CRC＝SDO	从地址 A 读取 SFR/RAM 内容。N 个数据字节。2 字节 CRC。基于 C、A、N 和 D 计算 CRC
WRITE_ CRC	C＝0b1010，A，N，D＝SDI，CRC＝SDI	将 SFR/RAM 内容写入地址 A。N 个数据字节。2 字节 CRC。基于 C、A、N 和 D 计算 CRC
WRITE_SAFE	C＝0b1100，A，D＝SDI，CRC＝SDI	将 SFR/RAM 内容写入地址 A。写入前校验 CRC。基于 C、A 和 D 计算 CRC

在表 5-18 中，C 为命令，4 位；A 为地址，12 位；D 为数据，1 至 n 字节；N 为字节数，1 字节；CRC 为校验和，2 字节。

5.2.10　微控制器与 MCP2517FD 的接口电路

微控制器采用 ST 公司生产的 STM32F103，与 MCP2517FD 的接口电路如图 5-31 所示。

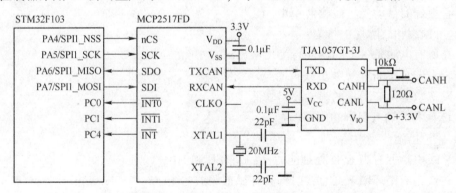

图 5-31　STM32F103 微控制器与 MCP2517FD 的接口电路

5.3　CAN FD 高速收发器 TJA1057

5.3.1　TJA1057 概述

TJA1057 是 NXP 公司 Mantis 系列的高速 CAN 收发器，它可在控制器局域网（CAN）协议控制器和物理双线式 CAN 总线之间提供接口。该收发器专门设计用于汽车行业的高速 CAN 应用，可以为微控制器中的 CAN 协议控制器提供发送和接收差分信号的功能。

TJA1057 的特性集经过优化可用于 12 V 汽车应用，相对于 NXP 的第一代和第二代 CAN 收发器，如 TJA1050，TJA1057 在性能上有显著的提升，它有着极其优异的电磁兼容性（EMC）。在断电时，TJA1057 还可以展现 CAN 总线理想的无源性能。

TJA1057GT（K）/3 型号上的 V_{IO} 引脚允许与 3.3 V 和 5 V 供电的微控制器直连。

TJA1057 采用了 ISO11898-2：2016 和 SAEJ2284-1 至 SAEJ2284-5 标准定义下的 CAN 物理层，TJA1057T 型号的数据传输速率可达 1 Mbit/s。为其他变量指定了定义回路延迟对称性的其他时序参数。在 CAN FD 的快速段中，仍能保持高达 5 Mbit/s 的通信传输速率的可靠性。

当 HS-CAN 网络仅需要基本 CAN 功能时，以上这些特性使得 TJA1057 是其绝佳选择。

5.3.2 TJA1057 特点

（1）基本功能

完全符合 ISO11898-2：2016 和 SAEJ2284-1~SAEJ2284-5 标准。

1）为 12 V 汽车系统使用提供优化。

2）EMC 性能满足 2012 年 5 月 1.3 版的 "LIN、CAN 和 FlexRay 接口在汽车应用中的硬件要求"。

3）TJA1057x/3 型号中的 V_{IO} 输入引脚允许其可与 3~5 V 供电的微控制器直连。对于没有 V_{IO} 引脚的型号，只要微控制器 I/O 的容限电压为 5 V，就可以与 3.3 V 和 5 V 供电的微控制器连接。

4）有无 V_{IO} 引脚的型号都提供 SO8 封装和 HVSON8（3.0 mm×3.0 mm）无铅封装，HVSON8 具有更好的自动光学检测（AOI）能力。

（2）可预测和故障保护行为

1）在所有电源条件下的功能行为均可预测。

2）收发器会在断电（零负载）时与总线断开。

3）发送数据（TXD）的显性超时功能。

4）TXD 和 S 输入引脚的内部偏置。

（3）保护措施

1）总线引脚拥有高 ESD 处理能力（8 kV IEC 和 HBM）。

2）在汽车应用环境下，总线引脚具有瞬态保护功能。

3）V_{CC} 和 V_{IO} 引脚具有欠电压保护功能。

4）过热保护。

（4）TJA1057 CAN FD（适用于除 TJA1057T 外的所有型号）

1）时序保证数据传输速率可达 5 Mbit/s。

2）改进 TXD 至 RXD 的传输延迟，降为 210 ns。

5.3.3 TJA1057 引脚分配

TJA1057 高速 CAN 收发器引脚分配如图 5-32 所示。

引脚功能介绍如下。

TXD：传输输入数据。

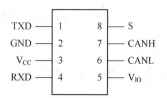

图 5-32 TJA1057 高速
CAN 收发器引脚分配

GND：地。

V_{CC}：电源电压。

V_{IO}：TJA1057T/TJA1057GT/TJA1057GTK 型号不连接；TJA1057GT/3 和 TJA1057GTK/3 型号连接 I/O 电平适配器的电源电压。

CANL：低电平的 CAN 总线。

CANH：高电平的 CAN 总线。

S：静默模式控制输入。

5.3.4 TJA1057 高速 CAN 收发器功能说明

（1）操作模式

TJA1057 支持两种操作模式：正常模式和静默模式。操作模式由 S 引脚进行选择，在正常供电情况下的操作模式如表 5-19 所示。

表 5-19 TJA1057 的操作模式

模　式	输　入		输　出	
	S 引脚	TXD 引脚	CAN 驱动器	RXD 引脚
正常模式	低电平	低电平	显性	低电平
		高电平	隐性	总线显性时低电平
				总线隐性时高电平
静默模式	高电平	x	偏置至隐性	总线显性时低电平
				总线隐性时高电平

1）正常模式。

S 引脚上低电平选择正常模式。在正常模式下，收发器通过总线 CANH 和 CANL 发送和接收数据。差分信号接收器把总线上的模拟信号转换成由 RXD 引脚输出的数字信号，总线上输出信号的斜率在内部进行控制，并以确保最低可能的 EME 的方式进行优化。

2）静默模式。

S 引脚上的高电平选择静默模式。在静默模式下，收发器被禁用，释放总线引脚并置于隐性状态。其他所有（包括接收器）的 IC 功能像在正常模式下一样继续运行。静默模式可以用来防止 CAN 控制器的故障扰乱整个网络通信。

（2）故障保护特性

1）TXD 的显性超时功能。

当 TXD 引脚为低电平时，TXD 显性超时定时器才会启动。如果该引脚上低电平的持续时间超过 $t_{to(dom)TXD}$，那么收发器会被禁用，释放总线并置于隐性状态。此功能使得硬件与软件应用错误不会驱动总线置于长期显性的状态，而阻挡所有网络通信。当 TXD 引脚为高电平时，复位 TXD 显性超时定时器。TXD 显性超时定时器也规定了大约 25 kbit/s 的最小比特率。

2）TXD 和 S 输入引脚的内部偏置。

TXD 和 S 引脚被内部上拉至 V_{CC}（在 TJA1057GT(K)/3 型号下是 V_{IO}）来保证设备处在一个安全、确定的状态下，防止这两个引脚的一个或多个悬空的情况发生。上拉电流在所有状态下都流经这些引脚。在静默模式下，这两个引脚应该置高电平来使供电电流尽可能的小。

3）VCC 和 V_{IO} 引脚上的欠电压检测（TJA1057GT(K)/3）。

如果 V_{CC} 或 V_{IO} 电压降至欠电压检测阈值 $V_{uvd(VCC)}$/$V_{uvd(VIO)}$ 以下，收发器会关闭并从总线（零负载、总线引脚悬空）上断开，直至供电电压恢复。一旦 V_{CC} 和 V_{IO} 都重新回到了正常工作范围，输出驱动器就会重新启动，TXD 也会被复位为高电平。

4）过热保护。

保护输出驱动器免受过热故障的损害。如果节点的实际温度超过了节点的停机温度 $T_{j(sd)}$，两个输出驱动器都会被禁用。当节点的实际温度重新降至 $T_{j(sd)}$ 以下，TXD 引脚置高电平后（要等待 TXD 引脚置于高电平，以防由于温度的微小变化导致输出驱动器振荡），输出驱动器便会重新启用。

5）V_{IO} 供电引脚（TJA1057x/3 型号）。

V_{IO} 引脚应该与微控制器供电电压相连，TXD、RXD 和 S 引脚上信号的电平会被调整至微控制器的 I/O 电平，允许接口直连而不用额外的胶连逻辑。

对于 TJA1057 系列中没有 V_{IO} 引脚的型号，V_{IO} 输入引脚与 V_{CC} 在内部相连。TXD、RXD 和 S 引脚上信号的电平被调整至兼容 5 V 供电的微控制器的电平。

5.4　CAN FD 收发器隔离器件 HCPL-772X 和 HCPL-072X

5.4.1　HCPL-772X 和 HCPL-072X 概述

HCPL-772X 和 HCPL-072X 是原 Avago 公司（现为 BROADCOM）生产的高速光电耦合器，分别采用 8 引脚 DIP 和 SO-8 封装，采用最新的 CMOS 芯片技术，以极低的功耗实现了卓越的性能。HCPL-772X/072X 只需要两个旁路电容就可以实现 CMOS 的兼容性。

HCPL-772X/072X 的基本架构主要由 CMOS LED 驱动芯片、高速 LED 和 CMOS 检测芯片组成。CMOS 逻辑输入信号控制 LED 驱动芯片为 LED 提供电流。检测芯片集成了一个集成光电二极管、一个高速传输放大器和一个带输出驱动器的电压比较器。

5.4.2　HCPL-772X/072X 的特点

HCPL-772X/072X 光电耦合器具有如下特点。

1）+5 V CMOS 兼容性。

2）最高传播延迟差：20 ns。

3）高速：25 MBaud。

4）最高传播延迟：40 ns。

5）最低 10 kV/μs 的共模抑制。

6）工作温度范围：−40~85℃。

7）安全规范认证：UL 认证、IEC/EN/DIN EN 60747-5-5。

5.4.3　HCPL-772X/072X 的功能图

HCPL-772X/072X 的功能图如图 5-33 所示。

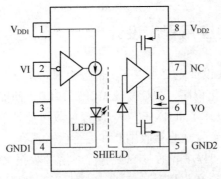

图 5-33   HCPL-772X/072X 功能图

引脚 3 是内部 LED 的阳极，不能连接任何电路；引脚 7 没有连接芯片内部电路。
引脚 1 和 4、引脚 5 和 8 之间必须连接 1 个 0.1μF 的旁路电容。
HCPL-772X/072X 真值表正逻辑如表 5-20 所示。

表 5-20   HCPL-772X/072X 真值表正逻辑

V_I	LED1	V_O 输出
高	灭	高
低	亮	低

5.4.4   HCPL-772X/072X 的应用领域

HCPL-772X/072X 主要应用在如下领域。

1）数字现场总线隔离：CAN FD、CC-Link、DeviceNet、PROFIBUS 和 SDS。

2）交流等离子显示屏电平变换。

3）多路复用数据传输。

4）计算机外设接口。

5）微处理器系统接口。

5.4.5   带光电隔离的 CAN FD 接口电路设计

带光电隔离的 CAN FD 接口电路如图 5-34 所示。

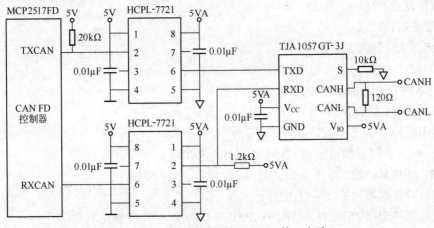

图 5-34   带光电隔离的 CAN FD 接口电路

5.5 MCP2517FD 的应用程序设计

MCP2517FD 的应用程序设计主要由以下三部分组成。

1）MCP2517FD 的初始化程序。包括复位 MCP2517FD、使能 ECC 并初始化 RAM、配置 CAN 控制寄存器、设置 TX FIFO 和 RX FIFO、设置接收过滤器、设置接收掩码、链接 FIFO 和过滤器、设置波特率、设置发送与接收中断和运行模式选择。

2）MCP2517FD 接收报文程序。通过 SPI 串行通信接收报文，获得相应的寄存器信息，获得要读取的字节数，分配报文头和报文数据，设置 UINC（FIFO 尾部递增一个报文，通过递增 FIFO 尾部来通知 FIFO 已从 RAM 读取报文），将接收到的报文存放到接收报文缓冲区中。

3）MCP2517FD 发送报文程序。通过 SPI 串行通信发送报文、检查 FIFO 是否已满，如果未满，则添加报文以发送 FIFO，获得相应的寄存器信息，把要发送的报文存放到发送报文缓冲区中，设置发送 FIFO 的 UINC（FIFO 头部递增一个报文，通过递增 FIFO 的头部来通知 FIFO 已向 RAM 写入报文）和 TXREQ（报文发送请求位，通过将该位置为 1 请求发送报文，在成功发送 FIFO 中排队的所有报文之后，该位会自动清零），然后发送报文。

5.5.1 MCP2517FD 初始化程序

在函数 APP_CANFDSPI_Init 中进行 MCP2517FD 初始化，初始化的主要功能如下。

1）重置器件 MCP2517FD、使能 MCP2517FD 的 ECC 和初始化 RAM。

2）配置 CiCON——CAN 控制寄存器，在配置前，需要先将 CiCON 的配置对象重置。

3）设置 TX FIFO：配置 CiFIFOCONm——FIFO 控制寄存器 2 为发送 FIFO。

4）设置 RX FIFO：配置 CiFIFOCONm——FIFO 控制寄存器 1 为接收 FIFO。

5）设置接收过滤器：配置 CiFLTOBJm——过滤器对象寄存器 0。

6）设置接收掩码：配置 CiMASKm——屏蔽寄存器 0。

7）链接过滤寄存器和 FIFO。

8）设置波特率。

9）设置发送和接收中断。

10）设置运行模式。

11）初始化发送报文对象。

MCP2517FD 初始化函数的流程图如图 5-35 所示。

APP_CANFDSPI_Init 函数入口参数说明如下。

1）NODE_ID 为 MCP2517FD 节点 ID。

2）NODE_BPS 为节点波特率。

NODE_BPS 参数类型是枚举 CAN_BITTIME_SETUP。

在函数 APP_CANFDSPI_Init 中，对 MCP2517FD 进行初始化。

MCP2517FD 初始化的主要任务如下。

1）重置器件 MCP2517FD，使能 MCP2517FD 的 ECC 和初始化 RAM。

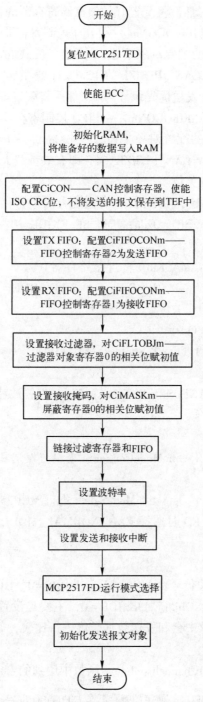

图 5-35　MCP2517FD 初始化函数的流程图

2) 配置 CiCON——CAN 控制寄存器，在配置前需要先将 CiCON——CAN 控制寄存器的配置对象重置。

将 CiCON——CAN 控制寄存器配置对象重置后，主要进行两个操作，一是将 config. IsoCrcEnable 置 1，使能 CAN FD 帧中的 ISO CRC 位，二是将 config. StoreInTEF 置 0，不

将发送的报文保存到 TEF 中。然后将配置好的值赋给寄存器的相关位。

3）设置 TX FIFO：配置 CiFIFOCONm——FIFO 控制寄存器 2 为发送 FIFO。

先将 FIFO 控制寄存器 2 的配置对象重置，令 txConfig. FifoSize = 7，即 FIFO 深度为 7 个报文；txConfig. PayLoadSize = CAN _ PLSIZE _ 64，即有效负载大小位为 64 个数据字节；txConfig. TxPriority = 1，即报文发送优先级位为 1，然后将配置好的值赋给寄存器的相关位。

4）设置 RX FIFO：配置 CiFIFOCONm——FIFO 控制寄存器 1 为接收 FIFO。

先将 FIFO 控制寄存器 1 的配置对象复位，令 rxConfig. FifoSize = 15，即 FIFO 深度为 15 个报文；rxConfig. PayLoadSize = CAN_PLSIZE_64，即有效负载大小位为 64 个数据字节；然后将配置好的值赋给寄存器的相关位。

5）设置接收过滤器：配置 CiFLTOBJm——过滤器对象寄存器 0。

令 fObj. word = 0；fObj. bF. SID = 0xda；fObj. bF. EXIDE = 0；fObj. bF. EID = 0x00；然后将配置好的值赋给寄存器的相关位。

6）设置接收掩码：配置 CiMASKm——屏蔽寄存器 0。

令 mObj. word = 0、mObj. bF. MSID = 0x0、mObj. bF. MIDE = 1、mObj. bF. MEID = 0x0，然后将配置好的值赋给寄存器的相关位。

7）链接过滤寄存器和 FIFO。

通过函数 DRV_CANFDSPI_FilterToFifoLink 链接 FIFO。

8）设置波特率。

过滤器通过函数 DRV_CANFDSPI_BitTimeConfigure 设置波特率，程序默认波特率仲裁域为 1 Mbit/s，数据域为 8 Mbit/s。

9）设置发送和接收中断。

通过函数 DRV_CANFDSPI_GpioModeConfigure 来设置发送和接收中断。

10）设置运行模式。

通过函数 DRV_CANFDSPI_OperationModeSelect 进行 MCP2517FD 运行模式选择。本例程选择了普通模式，使用 CAN FD 时选择 CAN_NORMAL_MODE，使用普通 CAN 2.0 时选择 CAN_CLASSIC_MODE。

11）初始化发送报文对象。

初始化发送报文对象相关位，令 txObj. bF. ctrl. BRS = 1、txObj. bF. ctrl. DLC = CAN_DLC_64、txObj. bF. ctrl. FDF = 1 和 txObj. bF. ctrl. IDE = 0，主要是设置发送报文长度码，此处设置为 CAN_DLC_64，在发送函数中会和发送数据长度进行比较，如果发送报文长度大于发送报文对象长度码，则返回错误。

DRV_CANFDSPI_TransmitChannelConfigure 函数中用到的宏定义为

```
//发送通道,设置 TX FIFO 时,使用的寄存器是 CiFIFOCONm——FIFO 控制寄存器 2
#define APP_TX_FIFO CAN_FIFO_CH2
//接收通道,设置 RX FIFO 时,使用的寄存器是 CiFIFOCONm——FIFO 控制寄存器 1
#define APP_RX_FIFO CAN_FIFO_CH1
```

从函数 DRV_CANFDSPI_FilterObjectConfigure（NODE_ID，CAN_FILTER0，&fObj. bF）的入口参数 CAN_FILTER0 可以看出设置接收过滤器时使用的寄存器是 CiFLTOBJm——过滤器

对象寄存器0。

从函数 DRV_CANFDSPI_FilterMaskConfigure(NODE_ID, CAN_FILTER0, &mObj. bF)的入口参数 CAN_FILTER0 可以看出设置接收掩码时使用的寄存器是 CiMASKm——屏蔽寄存器0。

MCP2517FD 初始化程序所调用的函数如表 5-21 所示。

表 5-21 MCP2517FD 初始化程序所调用的函数

序号	函　数	功　能
1	DRV_CANFDSPI_Reset	重置器件 MCP2517FD
2	DRV_CANFDSPI_EccEnable	使能 ECC
3	DRV_CANFDSPI_RamInit	初始化 RAM
4	DRV_CANFDSPI_ConfigureObjectReset	重置 CiCON——CAN 控制寄存器
5	DRV_CANFDSPI_Configure	配置 CiCON——CAN 控制寄存器
6	DRV_CANFDSPI_TransmitChannelConfigureObjectReset	重置 CiFIFOCONm——FIFO 控制寄存器 m(m=1~31)
7	DRV_CANFDSPI_TransmitChannelConfigure	配置 CiFIFOCONm——FIFO 控制寄存器 m(m=1~31)
8	DRV_CANFDSPI_ReceiveChannelConfigureObjectReset	重置 CiFIFOCONm——FIFO 控制寄存器 m(m=1~31)
9	DRV_CANFDSPI_ReceiveChannelConfigure	配置 CiFIFOCONm——FIFO 控制寄存器 m(m=1~31)
10	DRV_CANFDSPI_FilterObjectConfigure	配置 CiFLTOBJm——过滤器对象寄存器 m(m=0~31)
11	DRV_CANFDSPI_FilterMaskConfigure	配置 CiMASKm——屏蔽寄存器 m(m=0~31)
12	DRV_CANFDSPI_FilterToFifoLink	链接 FIFO 和过滤器
13	DRV_CANFDSPI_BitTimeConfigure	设置波特率
	DRV_CANFDSPI_BitTimeConfigureNominal20 MHz	根据波特率的值，配置标称波特率配置寄存器的相关位
	DRV_CANFDSPI_BitTimeConfigureData20 MHz	根据波特率的值，配置数据波特率配置寄存器和发送器延时补偿寄存器的相关位
14	DRV_CANFDSPI_GpioModeConfigure	设置 GPIO 模式
15	DRV_CANFDSPI_TransmitChannelEventEnable	读取发送 FIFO 中断使能标志，计算更改后将新的使能状态写入
16	DRV_CANFDSPI_ReceiveChannelEventEnable	读取接收 FIFO 中断使能标志，计算更改后将新的使能状态写入
17	DRV_CANFDSPI_ModuleEventEnable	读取中断使能寄存器的中断使能标志，计算更改后将新的使能状态写入
18	DRV_CANFDSPI_OperationModeSelect	运行模式选择

5.5.2 MCP2517FD 接收报文程序

MCP2517FD 接收报文程序主要是通过 SPI 串行通信接收报文，如果接收到中断 APP_RX_INT( )，则调用 MCP2517FD 接收报文程序，通过获得相应的寄存器信息、要读取的字节数、分配报文头和报文数据、设置 UINC，将从 MCP2517FD 接收到的报文存放到接收报文缓冲区中。

接收报文缓冲区为 uint8_t RX_MSG_BUFFER [RX_MSG_BUFFER_SIZE]。

接收报文缓冲区大小可以自由设置，最大不能超过 64 字节，通过如下宏定义来定义接收报文缓冲区的大小：

    #define RX_MSG_BUFFER_SIZE   64

MCP2517FD 接收程序用到的寄存器包括：FIFO 控制寄存器（判断是否是接收 FIFO）、FIFO 状态寄存器和 FIFO 用户地址寄存器（获得要读取的下一报文的地址）。

MCP2517FD 接收报文程序主要包括如下函数。

1）DRV_CANFDSPI_ReadWordArray：实现读取字数组中数据的功能。

2）spi_master_transfer：实现 SPI 主站发送和接收数据的功能。

MCP2517FD 接收函数的流程图如图 5-36 所示。

图 5-36 中返回（return）值说明如下。

1）return0：成功接收。

2）return-1：获取寄存器状态失败。

3）return-2：不是接收缓冲区。

4）return-3：SPI 读取失败。

5）return-4：设置 UINC 失败。

接收函数重要变量包括：

1）接收 FIFO：APP_RX_FIFO。

2）接收报文对象：CAN_RX_MSGOBJ rxObj。

3）接收报文缓冲区：uint8_t RX_MSG_BUFFER［RX_MSG_BUFFER_SIZE］。

MCP2517FD 接收函数实现的功能如下。

1）通过函数 DRV_CANFDSPI_ReadWordArray 进行读操作（如果得到的 spiTransferError 为 1，则程序 return-1），从中获得相应的寄存器信息，主要寄存器信息包括：FIFO 控制寄存器（判断是否是接收 FIFO）、FIFO 状态寄存器和 FIFO 用户地址寄存器（获得要读取的下一报文的地址，如果宏定义了 USERADDRESS_TIMES_FOUR，地址为（4 * ciFifoUa. bF. UserAddress+cRAMADDR_START），否则地址为（ciFifoUa. bF. UserAddress + cRAMADDR_START））。其中的 DRV_CANFDSPI_ReadWordArray 函数基于 SPI 通信协议的底层代码，以字节为单位进行读取。

2）扩展读取字节大小，加上 8 字节的头信息，如果 ciFifoCon. rxBF. RxTimeStampEnable 为 1，则再加上 4 个时间戳字节，通过运算确保从 RAM 中读取的是 4 字节的倍数，如果字节数超过了 MAX_MSG_SIZE，则将其限幅为 MAX_MSG_SIZE。读取读报文对象和写入写报文对象时最大数据长度为 76 字节（64 字节数据+8 字节 ID+4 字节时间戳）。宏定义#define MAX_MSG_SIZE 76 来定义读报文对象和写报文对象最大传输数据长度。

3）通过函数 DRV_CANFDSPI_ReadByteArray 进行读操作。分配报文头和报文数据，其中将前 12 字节的数据保存到读报文对象 rxObj 中，后 64 字节的数据保存到 RX_MSG_BUFFER 缓冲区中。

4）调用函数 DRV_CANFDSPI_ReceiveChannelUpdate 设置 UINC（FIFO 尾部递增一个报文，通过递增 FIFO 尾部来通知 FIFO 已向 RAM 已从 RAM 读取报文），最后程序返回 spiTransferError 的值。

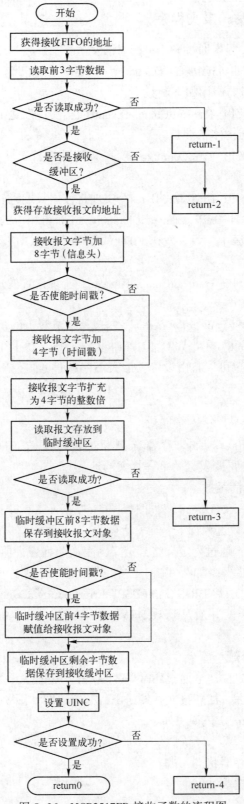

图 5-36 MCP2517FD 接收函数的流程图

5.5.3 MCP2517FD 发送报文程序

MCP2517FD 发送报文程序通过 SPI 串行通信发送报文，发送报文的过程如下。

1）通过函数 APP_TransmitMessageQueue 检查 FIFO 是否已满，如果未满则添加报文以发送 FIFO。本函数中还需要调用如下函数。

① 函数 DRV_CANFDSPI_TransmitChannelEventGet，实现发送 FIFO 事件获取，更新数据 *flags（发送 FIFO 事件结构体指针）。

② 函数 DRV_CANFDSPI_ErrorCountStateGet，实现错误计数状态获取（读取错误，更新数据）的功能。

③ 函数 DRV_CANFDSPI_DlcToDataBytes，实现将数据长度码转换为数据字节的功能。

2）通过函数 DRV_CANFDSPI_TransmitChannelLoad 获得相应的寄存器信息，把要发送的报文存放到发送报文缓冲区中，设置发送 FIFO 的 UINC 和 TXREQ 然后发送报文。本函数中还需要调用如下函数。

① 函数 DRV_CANFDSPI_TransmitChannelUpdate，实现设置发送 FIFO 的 UINC 和 TXREQ 的功能。

② 函数 DRV_CANFDSPI_WriteByteArray，实现写字节数组的功能。

发送报文缓冲区为 uint8_t TX_MSG_BUFFER [TX_MSG_BUFFER_SIZE]。

发送报文缓冲区大小也可以自由设置，最大不能超过 64 字节，通过如下宏定义来定义发送报文缓冲区的大小：

```
#define TX_MSG_BUFFER_SIZE   64
```

用到的寄存器包括 FIFO 控制寄存器（判断是否是发送 FIFO）、FIFO 状态寄存器和 FIFO 用户地址寄存器（获得要发送的下一报文的地址）。

1. 检查 FIFO 是否已满函数

函数 APP_TransmitMessageQueue 流程图如图 5-37 所示。

MCP2517 发送队列函数过程如下。

1）定义变量 attempts，通过宏定义将其定义为发送队列最大值。

2）检查 FIFO 是否已满。如果 FIFO 已满，则循环等待，每次循环 attempts-1，当 attempts 等于 0 时，则通过函数 DRV_CANFDSPI_ErrorCountStateGet 获取错误计数状态。如果 FIFO 未满，则获取数据长度并通过函数 DRV_CANFDSPI_TransmitChannelLoad 加载报文并发送。

2. 加载报文并发送函数

加载报文并发送函数主要是通过 SPI 串行通信发送报文，将发送缓冲区 TX_MSG_BUFFER 中的报文发送出去。加载报文并发送函数的流程图如图 5-38 所示。

图 5-38 中返回（return）值说明如下。

1）return0：成功接收。

2）return-1：获取寄存器状态失败。

3）return-2：不是发送缓冲区。

4）return-3：DLC 大于发送报文长度。

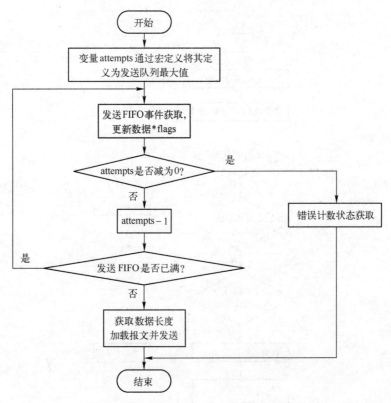

图 5-37　APP_TransmitMessageQueue 流程图

5）return-4：SPI 发送失败。

6）return-5：设置 UINC 和 TXREQ 失败。

发送函数中重要变量包括：

1）发送 FIFO：APP_TX_FIFO。

2）发送报文对象：CAN_TX_MSGOBJ txObj。

3）发送缓冲区：uint8_t TX_MSG_BUFFER [TX_MSG_BUFFER_SIZE]。

对于发送缓冲区，本程序通过宏定义#define TX_MSG_BUFFER_SIZE 64 来定义发送缓冲区大小，也可以自由设置。（最大不能超过 64 字节）。

加载报文并发送函数的功能如下。

1）通过函数 DRV_CANFDSPI_ReadWordArray 进行读操作（如果得到的 spiTransferError 为 1，则程序 return-1），从中获得相应的寄存器信息，主要寄存器信息包括：FIFO 控制寄存器（判断是否是发送 FIFO）、FIFO 状态寄存器和 FIFO 用户地址寄存器（获得要读取的下一报文的地址，如果宏定义了 USERADDRESS_TIMES_FOUR，地址为（4 * ciFifoUa. bF. UserAddress+cRAMADDR_START），否则地址为（ciFifoUa. bF. UserAddress+cRAMADDR_START））。其中的 DRV_CANFDSPI_ReadWordArray 函数基于 SPI 通信协议的底层代码以字节为单位进行数据读取，这里不做详细讲解。

2）通过函数 DRV_CANFDSPI_DlcToDataBytes 将数据长度码 DLC 转换为数据字节，检查配置的数据长度码 DLC 是否小于发送缓冲区大小，如果（dataBytesInObject < txdNumBytes），则程序 return-3。

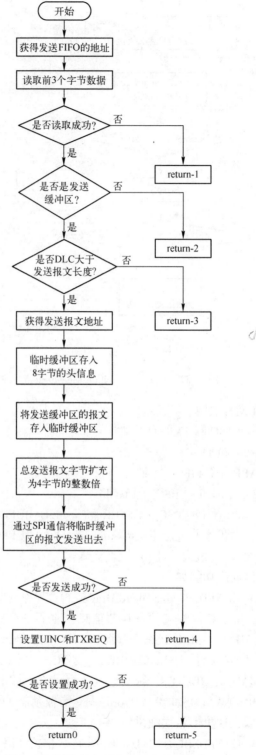

图 5-38 加载报文并发送函数的流程图

3）先从发送报文对象中取 8 字节的数据作为头信息放入发送缓冲区中，再把要发送的报文存入发送缓冲区中，通过运算确保写入 RAM 的是 4 字节的倍数。通过函数 DRV_CAN-FDSPI_WriteByteArray 进行写操作（如果得到的 spiTransferError 为 1 则程序 return−4）。

4）调用函数 DRV_CANFDSPI_TransmitChannelUpdate 设置 UINC（FIFO 头部递增一个报文，通过递增 FIFO 的头部来通知 FIFO 已向 RAM 写入报文）和 TXREQ（报文发送请求位，通过将该位置为 1 请求发送报文，在成功发送 FIFO 中排队的所有报文之后，该位会自动清零），最后程序返回 spiTransferError 的值。

习题

1. CAN FD 总线与 CAN 总线的主要区别是什么？
2. 说明 CAN FD 帧的组成。
3. 说明 CAN FD 数据帧格式。
4. 从传统的 CAN 升级到 CAN FD 需要做哪些工作？
5. CAN FD 控制器 MCP2517FD 有什么特点？
6. 简述 MCP2517FD 的功能。
7. 说明 CAN FD 控制器模块的组成。
8. MCP2517FD 控制器模块有哪些工作模式？
9. 说明 MCP2517FD 的存储器构成。
10. MCP2517FD 有哪几个特殊功能寄存器？简述其功能。
11. 说明 MCP2517FD 报文存储器构成。
12. 说明 MCP2517FD 的 FIFO 和报文对象的配置步骤。
13. 画出微控制器与 MCP2517FD 的接口电路图。
14. CAN FD 高速收发器有哪些？
15. CAN FD 收发器隔离器件有哪几种？
16. MCP2517FD 的应用程序设计主要由几部分组成？简述各自实现的功能。

第 6 章　LonWorks 嵌入式智能控制网络

LonWorks 控制网络技术可用于各主要工业领域，如工厂厂房自动化、生产过程控制、楼宇及家庭自动化、农业、医疗和运输业等，为实现智能控制网络提供完整的解决方案。

本章首先对 LonWorks 技术进行概述，然后详述 LonWorks 技术平台、6000 系列智能收发器和处理器、神经元现场编译器，最后介绍 LonWorks 和 IzoT 平台的 FT 6000 EVK 评估板和开发工具包。

6.1　LonWorks 概述

LonWorks 技术正在彻底改变楼宇自动化和工业控制领域的现场集成。

FT6050 智能收发器片上系统（SoC）支持 LON、LON/IP、BACnet/IP 和 BACnet MS/TP 协议栈以及简单的报文协议。

FT6050 简化了自动化和控制网络，尤其是在智能建筑中。其独特而强大的开放系统方法允许 BACnet 工作站，以及 LON 网络管理器和集成器工具对 LON 或 BACnet 设备或两者同时进行配置，并可对监视控制器进行本地配置。

1. 自由选择和最佳架构

在同一网络上具有本地 BACnet 和 LON 通信的能力，从根本上改变了楼宇自动化系统的体系结构。解决方案提供商可以混合使用来自不同供应商的设备和应用程序，从而为无数的物联网应用，如办公室和房间控制、HVAC 和能源管理、安全和访问控制系统、电梯控制和空间管理提供即时的分散式对等通信。

从其工作站或建筑物管理系统（BMS）应用程序到设备网络的统一管理体系结构，使管理复杂系统的工作流程标准化，建筑物管理者和操作员也将从中受益。

FT6050 智能收发器 SoC 使系统集成商可以使用一个可容纳任何系统的单一安装工具在任何网络拓扑中自由安装设备，而不受噪声和安装错误的影响。

2. 嵌入式系统

LonWorks 的嵌入式系统产品使 OEM、应用开发人员和集成商能够快速构建满足 IIoT 独特要求的、有创新性且可互操作的解决方案，包括自动控制、工业强度可靠性和旧协议支持。使用 LonWorks 技术，用户可以减少能耗、资本成本、运营成本和维护成本，并更准确地控制关键业务条件。

3. 嵌入式物联网平台

Adesto 公司的产品组合旨在为客户提供系统性能和成本优势，包括物联网边缘服务器、路由器、网络节点和通信模块，以及交付给客户的模拟、数字和非易失性存储器（NVM）技术。产品包括分立器件、专用集成电路（ASIC）、分布式网络系统和 IP 内核。

从通信芯片组到具有多协议和多介质功能的可编程边缘服务器，Adesto 公司拥有一整套可用于建筑和工业自动化的工具。

1）边缘到边缘和边缘到云的连接协议支持分布式智能和点对点控制,实现可靠、灵活的部署。

2）专门为工业物联网边缘设备设计的开放式多协议系统芯片（SoC）解决方案和开发工具,确保快速地开发出可靠的产品。

3）拥有可编程边缘服务器、路由器和网络接口,可以轻松地、安全地从边缘设备访问数据。

4）平台软件和集成工具可用于设计、配置和管理整个物联网网络。

嵌入式物联网平台的分层结构如图 6-1 所示。

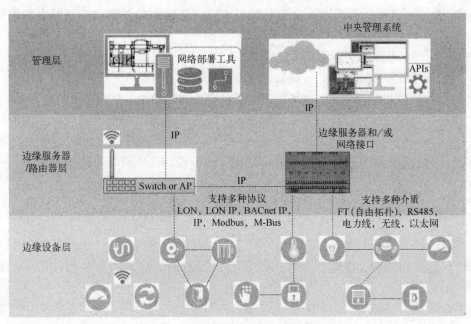

图 6-1　嵌入式物联网平台的分层结构

4. 应用领域

（1）建筑系统

● HVAC 和房间控制。

● 电梯和自动扶梯控制。

● 消防和安全系统。

● 照明控制。

● 能源管理。

（2）工业系统

● 过程控制。

● 声音屏蔽和呼叫。

● 列车和交通运输系统。

● 工业设备控制。

● 冷藏仓库。

- 环境监测。

（3）智慧城市和基础设施
- 户外照明。
- 智能电网。
- 隧道控制。
- 园艺和水产养殖系统。

6.2 LonWorks 技术平台

LonWorks 技术平台是建筑和家庭自动化、工业、交通和公共事业控制网络的领先开放解决方案。

LonWorks 技术平台基于以下概念。

1）无论应用程序用途是什么，控制系统都有许多共同的要求。

2）与非网络控制系统相比，网络控制系统具有更强的功能、更高的灵活性和可扩展性。

3）网络化控制系统可以在控制系统的基础上较轻松地继续发展，以应对新的应用、市场和机会。

4）从长远来看，企业使用控制网络比使用非网络控制系统可以节省更多成本，获取更多利益。

6.2.1 LonWorks 网络

LonWorks 技术的第一个基本概念是传感、监控或控制应用程序中的信息在各个市场和行业中基本上是相同的。例如，车库门和客轮门发送的信息基本上是相同的——关闭或打开。

LonWorks 技术的第二个基本概念是不管网络的功能如何，随着节点的增加，网络的功率都会增加。梅特卡夫定律（Metcalf's Law）适用于数据网络和控制网络。在许多方面，LonWorks 网络类似于传统的数据网络。

LonWorks 分布式控制网络如图 6-2 所示。

控制网络包含与数据网络类似的组件，但是控制网络组件是根据控制的成本、性能、大小和响应需求进行优化的。控制网络允许网络系统扩展到不适合使用数据网络技术的一类应用程序中。控制系统和设备制造商可以通过在产品中设计 LonWorks 组件来缩短开发和工程时间。其结果是有成本效益的开发，同时有互操作性，允许来自多个制造商的设备之间相互通信。

LonWorks 网络的复杂程度从嵌入式机器的小型网络到拥有数千台设备的大型网络，这些设备控制着聚变激光器、造纸机械和建筑自动化系统。LonWorks 网络被应用于建筑、火车、飞机、工厂和其他数百种工艺。制造商正在使用开放的、现有的芯片、操作系统和部件来构建产品，以提高系统的可靠性、灵活性和性能，降低系统成本。LonWorks 产品可以帮助开发人员、系统集成商和最终用户实现控制网络。这些产品提供了一个完整的 LonWorks 解决方案，包括开发工具、网络管理软件、电力线与双绞线收发和控制模块、网络接口、路由器、控制器、技术支持和培训。

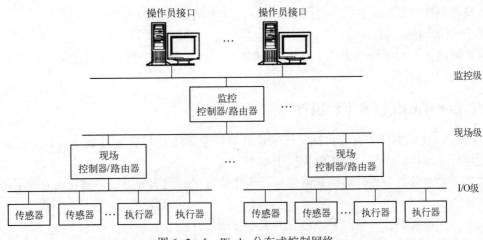

图 6-2　LonWorks 分布式控制网络

6.2.2　实现控制网络

LonWorks 技术平台的强大功能是提供最具成本效益的系统控制解决方案的关键所在。达到该目标的方法是通过消除控制系统之间的不可互操作性和创建一个通用的网络控制系统来实现的，它可以随着市场需求的变化而发展。网络控制系统利用一个共同的物理和逻辑基础设施来提供整体的系统控制，以满足新的机会和客户的需求。

在这种情况下，整个系统由单个控制基础设施控制。标准的布线方案允许设备方便地访问和共享通信介质。标准的网络管理服务使网络易于设置、监视和控制，同时确保来自不同制造商的设备和工具之间的兼容性。然而，不同的网络控制系统可能有不同的需求，不同的用户可能接受过不同网络工具的培训。网络管理标准允许多个用户同时在同一网络上使用不同的工具。最后，存在一个设备间信息交换的应用层标准，这样设备就可以很容易地进行通信了。

1. 具有成本效益的网络布线

网络控制系统的基础是经济有效的布线。许多控制系统是使用昂贵的点对点连接或需要昂贵的连接器、难于安装的网络拓扑或昂贵的集线器和交换机来创建的。最经济有效的商业和工业网络布线是一对简单的双绞线，可以在任何拓扑结构中进行布线，不受极性影响，并且只需要一个终端器。对于家庭、公共事业、户外照明和交通网络来说，最经济有效的布线方式是使用现有的电力线，这样就可以在没有新的通信线的情况下安装网络控制系统了。

2. 有效的系统设计

正如在处理器上实现的控制系统必须考虑处理器的处理能力一样，在设计网络化控制系统时也必须考虑网络的处理能力。有效的系统设计确保控制网络中的每个设备使用其适当的带宽共享，并将大型网络划分为多个子网以增加总可用带宽。

3. 标准网络管理

标准网络管理为基础设施提供了必要的网络服务和发布的接口。这些服务允许来自多个供应商的工具和应用程序在网络上共存。

有两种解决方案可用于 LonWorks 网络：用于商业、工业和运输系统的 LNS 网络操作系统，以及互操作自安装（ISI）可选 LonBridge 服务器的家庭系统。

4. 标准的网络工具

标准网络工具包括网络集成工具以及 HMI 应用程序开发工具、数据记录器和其他具有系统视图的应用程序。

6.2.3 LonWorks 技术平台组件

LonWorks 技术平台的首要目标是使构建开放控制系统变得容易且成本有效。在控制市场中创建可互操作的产品，必须解决三个基本问题。

首先，必须开发一种针对控制网络进行优化的协议，但这种协议必须具有处理不同类型控制的通用能力。

其次，在设备中合并和部署该协议的成本必须具有竞争力。

第三，引入协议的方式不能因供应商而异，因为这会破坏互操作性。

为了有效地解决这些问题，Echelon 公司建立了一个设计、创建和安装智能控制设备的完整平台，其中一步是通过创建 ISO/IEC 14908-1 控制网络协议来实现的。解决成本和部署问题意味着找到一种经济的方法来为客户提供协议的实现以及开发工具。LonWorks 技术平台的目标是为创建智能设备和网络提供一个集成良好、优化设计和经济的平台。

LonWorks 技术平台具有以下组件。

1) 智能收发器。

2) 开发工具。

3) 路由器。

4) 网络接口。

5) 智能服务器。

6) 网络管理。

7) 网络操作系统。

1. 智能收发器

Neuron 核是一个独立的组件，称为 Neuron 芯片。为了进一步降低设备成本，Echelon 还提供了 Neuron 核与通信收发器的组合，称为智能收发器。

智能收发器消除了开发或集成通信收发器的需要。Neuron 核提供了 ISO/OSI 通信协议参考模型的第 2 层到第 6 层，而智能收发器增加了第 1 层。设备制造商只需要提供应用层编程，网络集成商提供网络安装的配置，就可以实现 LonWorks 网络控制系统的开发。

大多数 LonWorks 设备利用 Neuron 核的功能，将其作为控制处理器。Neuron 核是一种专门为低成本控制设备提供智能和网络功能的半导体组件。

Neuron 核是一个有多个处理器、存储器、通信和 I/O 子系统的片上系统。在制造过程中，每个 Neuron 核都有一个永久的独一无二的 48 位代码，称为 Neuron ID。Neuron 系列芯片有不同的速度、内存类型、容量和接口。

2. 开发工具

Echelon 为开发 LonWorks 设备和应用程序提供了广泛的工具。

（1）Mini FX Eval 评估工具

用于评估 LonWorks 技术的工具和评估板。该工具包可以用于为 Neuron 芯片或智能收发器开发简单的 LonWorks 应用程序，但它不包括许多设备所需的调试器、项目管理器或网络集成工具。

（2）NodeBuilder FX 开发工具

为 Neuron 芯片或智能收发器开发简单或复杂的 LonWorks 应用程序的工具和评估板，包括调试器、项目管理器和网络集成工具。

（3）ShortStack Developer's Kit

用于开发 LonWorks 应用程序的工具和固件，该应用程序运行在不包含 Neuron 核的处理器上。ShortStack 工具包包括加载到智能收发器上的固件，使智能收发器成为主机处理器的通信协处理器。

使用这些工具的开发人员通常还需要网络集成和诊断工具。NodeBuilder FX 开发工具中包含网络集成工具，但其他 LonWorks 开发工具不包含网络集成工具。

3. 路由器

LonWorks 路由器可以在互联网等广域网络上跨越很远的距离。

Echelon 公司提供连接不同类型双绞线通道的路由器，以及用于双绞线通道与 Internet、Intranet 或 Virtual Private Network（VPN）等 IP 网络之间路由的 IP-852 路由器。

4. 网络接口

网络接口是用于将主机（通常是 PC）连接到 LonWorks 网络的板卡或模块。

5. 智能服务器

智能服务器是一种可编程的设备，它将控制器与 Web 服务器组合在一起，用于本地或远程访问、LonWorks 网络接口和可选的 IP-852 路由器等。

6. 网络管理

LonWorks 网络可以按照用于执行网络安装的方法进行分类。这两类网络是托管网络和自安装网络。托管网络是使用共享网络管理服务器执行网络安装的网络。网络管理服务器可以是网络操作系统的一部分，也可以是 Internet 服务器（如智能服务器）的一部分。用户通常使用一个工具与服务器交互，并定义如何配置网络中的设备以及如何进行通信，这种工具称为网络管理工具。

7. 网络操作系统

对于托管网络，网络操作系统（NOS）可用于提供支持监视、监视控制、安装和配置的公共网络服务集。NOS 还提供了易于使用的网络管理和维护工具的编程扩展。此外，NOS 还为 HMI 和 SCADA 应用程序提供数据访问服务，以及通过 LonWorks 或 IP 网络进行远程访问服务。

6.2.4　可互操作的自安装（ISI）

自安装网络中的每个设备负责自身的配置，不依赖于网络管理服务器来协调其配置。因为每个设备负责自身的配置，所以需要一个公共标准来确保设备以兼容的方式来进行配置。使用 LonWorks 技术平台执行自安装的标准协议称为 LonWorks 互操作自安装（ISI）协议。ISI 协议可用于多达 200 台设备的网络，使 LonWorks 设备能够发现其他设备并相互通信。更大或更复杂的网络必须安装为托管网络，或者必须划分为多个较小的子系统，其中每个子系统不超过 200 个设备，并且满足 ISI 拓扑和连接约束。符合 LonWorks ISI 协议的设备称为 ISI

设备。

6.2.5 网络工具

网络工具是构建在网络操作系统之上的用于网络设计、安装、配置、监控、控制、诊断和维护的软件应用程序。许多工具结合了这些功能，常见的组合如下。

1. 网络集成工具

提供设计、配置、委托和维护网络所需的基本功能。

2. 网络诊断工具

用于观察、分析和诊断网络流量和监视网络负载的专用工具。

3. HMI 开发工具

用于创建人机界面（HMI）应用程序的工具。HMI 应用程序用于操作系统的操作员接口。

4. I/O 服务器

为最初不是为 LonWorks 网络设计的 HMI 应用程序提供对 LonWorks 网络的访问的通用驱动程序。

6.2.6 LonMaker 集成工具

LonMaker 集成工具是一个用于设计、记录、安装和维护多供应商、开放的、可互操作的 LonWorks 网络的软件包。LonMaker 工具基于 LNS 网络操作系统，结合了强大的客户端-服务器架构和易于使用的 Visio 用户界面，是一个足够复杂的设计、启用和维护分布式控制网络，同时提供网络设计、安装和维护人员所需的易用性的工具。

LonMaker 集成工具符合 LNS 插件标准。该标准允许 LonWorks 设备制造商为其产品提供定制应用程序，并在 LonMaker 用户选择关联设备时自动启动这些定制应用程序。这使得系统工程师和技术人员很容易定义、使用、维护和测试相关的设备。

对于工程系统，网络设计通常是在非现场进行的，不需要将 LonMaker 工具附加到网络上。然而，网络设计可以在现场进行，将工具连接到一个委托的网络。这特别适合小型网络，或者经常进行添加、移动和更改的网络。

LonMaker 集成工具为用户提供熟悉的、类似 CAD 的环境来设计控制系统。Visio 的智能形状绘制功能为创建设备提供了直观、简单的方法。LonMaker 工具包括许多用于 LonWorks 网络的智能图形，用户可以创建新的自定义图形。自定义图形可以是简单的单个设备或功能块，也可以是复杂的具有预定义设备、功能块和它们之间的连接的完整子系统。使用自定义的子系统图形，可以通过简单地将图形拖动到绘图的新页面来创建额外的子系统，这在设计复杂系统时可以节省时间。任何子系统都可以通过向子系统图形添加网络变量来更改为超级节点。超级节点通过将简化的接口赋给一组设备来减少工程时间。

安装程序可以同时启用多个设备，从而最小化网络安装时间。设备可以通过服务引脚、扫描 Neuron IDs 条码、闪烁或手动输入 ID 来识别。自动发现可用于包含嵌入式网络的系统，以自动查找和启用系统中的设备。测试和设备配置通过一个用于浏览网络变量和配置属性的集成应用程序来简化。提供了一个管理窗口来测试、启用/禁用或覆盖设备中的各个功能块，或测试、闪烁或设置设备的在线和离线状态。

LonMaker 集成工具可以导入和导出 AutoCAD 文件，并生成完成的文档。还可以使用集成报告生成器和材料清单生成器生成网络配置的详细报告。

LonMaker 集成工具是一个可扩展的工具，覆盖整个网络的生命周期，以简化安装程序的任务。

6.2.7 LonScanner 协议分析器

LonScanner 协议分析器是一个软件包，它提供网络诊断工具来观察、分析和诊断已安装的 LonWorks 网络的行为。

协议分析器可用于收集时间戳和保存 LonWorks 通道上的所有 CNP 数据包。信息包保存在日志文件中，以后可以查看和分析；当协议分析器收集信息包时，也可以实时查看它们。

一个复杂的事务分析系统在每个包到达时对其进行检查，并将相关的包关联起来，以帮助用户理解和解释其网络中的流量模式。

日志可以显示为每行一个包的摘要形式，以便快速分析，也可以显示为每个窗口一个包的扩展形式，以便进行更详细的分析。使用从 LNS 数据库导入的数据，协议分析器使用安装期间分配的设备和网络变量名解码并显示数据包日期。它还提供每条报文的文本说明和用于传送信息的 CNP 报文服务的说明。不再需要用户手动解释 CNP 的 1 和 0，从而减少了诊断网络问题所需的时间和精力。

用户可以指定捕获过滤器来限制收集的包。过滤器可用于将捕获的包限制为所选设备或网络变量之间的包，或限制为使用所选 CNP 服务的包。

流量统计工具提供对与网络行为相关的详细统计信息的访问。统计数据包括总包计数、错误包计数和网络负载。统计数据显示为用户提供了一个易于阅读的网络活动摘要。

6.2.8 控制网络协议

ISO/IEC 14908-1 控制网络协议（CNP）是 LonWorks 技术平台的基础，为控制应用提供了可靠、经济的通信标准。开发人员将主要处理第 6 层和第 7 层，但也要对第 1 层中描述的收发器信息有所了解。系统设计人员和集成人员将对与开发人员相同的层进行了解，并且也将理解第 4 层提供的选项。

1. ISO/IEC 14908-1 控制网络协议

LonWorks 技术平台的基础是 ISO/IEC 14908-1 控制网络协议（CNP），Echelon 实现的 CNP 被称为 LonTalk 协议。

CNP 的设计是为了支持跨越一系列行业和要求的控制应用的需求。该协议是一个完整的 7 层通信协议，每一层都根据控制应用程序的需要进行了优化。CNP 通过处理 OSI 参考模型定义的所有 7 层，提供了一个可靠的通信解决方案，满足当今广泛应用程序的需求，并将继续满足未来不断发展的控制应用程序的需求。

CNP 的主要有如下特点。

（1）高效传递短报文

典型的控制报文可能由 1~8 字节的数据组成，但是支持较长和较短的报文。

（2）可靠的报文传递

CNP 包含可靠的报文传递服务，当发生通信故障时重试报文传输，并在发生不可恢复的故障时，可通知发送应用程序。

（3）重复报文检测

某些类型的控制报文不能多次传递。例如，如果正在计数事件的监视应用程序接收到重复的报文，则事件计数将发生错误。CNP 可防止向接收应用程序传递重复的报文。

（4）多种通信介质

CNP 是独立于介质的，支持多种通信介质。此外，CNP 还支持路由器，使不同通道上的设备可以互操作。

（5）设备成本低

控制装置可以是简单的单点传感器，如限位开关或温度传感器。

（6）防止篡改

CNP 可以防止未经授权用户篡改认证协议。

2. CNP 层

CNP 为七层 OSI 参考模型的每一层提供以下服务。

1）物理层定义了原始比特在通信信道上的传输。CNP 可以根据不同的通信介质支持多个物理层协议。

2）链路层定义介质访问方法和数据编码，以确保有效地使用单个通信通道。

3）网络层定义如何将报文包从源设备路由到一个或多个目标设备。这一层定义了设备的命名和寻址，以确保包的正确传递。

4）传输层确保报文包的可靠传递。可以使用确认服务交换报文，发送设备等待来自接收者的确认，如果没有收到确认，则重新发送报文。传输层还定义了在由于确认丢失而重新发送报文时如何检测和拒绝重复报文。

5）会话层向较低层交换的数据添加控制。它支持远程操作，以便客户机可以向远程服务器发出请求并接收对该请求的响应。它还定义了一种身份验证协议，使报文的接收方能够确定发送方是否被授权发送报文。

6）表示层通过定义报文数据的编码，将结构添加到较低层交换的数据中。报文可以编码为网络变量、应用程序报文或外部帧。网络变量的互操作编码提供了标准网络变量类型（SNVTs）。表示层服务由 Neuron 固件提供，用于托管在 Neuron 芯片或智能收发器上的应用程序；这些服务由主机处理器和 LonWorks 网络接口提供，供在其他主机上运行的应用程序使用。

7）应用层定义使用较低层交换的数据的标准网络服务。为网络配置、网络诊断、文件传输、应用程序配置、应用程序规范、警报、数据日志记录和调度提供标准的网络服务。这些服务确保由不同的开发人员或制造商创建的设备可以互操作，并且可以使用标准的网络工具进行安装和配置。

OSI 参考模型层和每一层提供的 CNP 服务如表 6-1 所示。

表 6-1 CNP 层服务

	OSI 层	目标	设备需求
1	物理层	电气连接	介质专用接口和调制方案（双绞线、电源线、射频、同轴电缆、红外线和光纤）
2	链路层	介质接入和帧	组帧、数据编码、CRC 错误检查、预测 CSMA、避碰、优先级和冲突检测

OSI 层		目标	设备需求
3	网络层	报文传输	单播和多播寻址、路由器
4	传输层	端到端可靠性	已确认和未确认的报文传递、常见的排序和重复检测
5	会话层	控制	请求-响应、身份验证
6	表示层	数据解析	网络变量、应用程序报文和外帧（Foreign Frame）传输
7	应用层	应用程序兼容性	网络配置、网络诊断、文件传输、应用程序配置、应用程序规范、报警、数据日志记录和调度

6.3 6000 系列智能收发器和处理器

FT 6000 智能收发器包括与 TP/FT-10 信道完全兼容的网络收发器。自由拓扑收发器支持使用星形、总线形、菊花链形、环路或组合拓扑的极性不敏感布线。这种灵活性使安装程序不必遵守严格的布线规则。自由拓扑布线允许以快速和经济的方式安装布线，减少了设备安装的时间和费用。它还通过消除对布线、拼接和设备放置的限制来简化网络扩展。

Neuron 6000 处理器具有与 FT 6000 智能收发器类似的性能、鲁棒性和低成本特点，可以将它与许多不同类型的网络收发器一起使用，这样就可以将不同的信道类型（例如 TP/XF-1250 信道）集成到一个 LonWorks 网络中。

6.3.1 6000 系列产品概述

Echelon 公司将原 Neuron 芯片设计成为片上系统，为低成本控制设备提供智能化和联网能力。通过独特的硬件和固件组合，Neuron 芯片提供了所有必要的关键功能处理来自传感器和控制设备的输入，并在各种网络介质上传播控制信息。

FT 6000 自由拓扑智能收发器和 Neuron 6000 处理器统称为 6000 系列芯片。

6000 系列芯片包括多处理器、读写和只读存储器（RAM 和 ROM）、通信子系统和 I/O 子系统。每个 6000 系列芯片包括一个处理器内核，用于运行应用程序和管理网络通信、内存、I/O，以及每个设备特有的 48 位标识号（Neuron ID）。

此外，6000 系列芯片还包括 Neuron 系统固件，它提供了 LonTalk 协议的实现，以及 I/O 库和用于应用程序管理的任务调度程序。设备制造商提供了完成 LonWorks 设备的应用程序代码和 I/O 设备。

Neuron 6000 处理器提供了一个独立于介质的通信端口，该端口允许短距离的 Neuron 芯片到 Neuron 芯片的通信，并且几乎可以与任何类型的外接线路驱动器和收发器一起使用。

（1）FT 6000 智能收发器

FT 6000 自由拓扑智能收发器集成了一个具有自由拓扑双绞线收发器的高性能 Neuron 内核。FT 6000 智能收发器提供了一个低成本、高性能的解决方案。

（2）Neuron 6000 处理器

Neuron 6000 处理器提供了一个独立于介质的通信端口，该端口使用一个外部收发器电路来支持 EIA-485 或 TP/XF-1250 信道的外部收发器。Neuron 6000 处理器还可以使用 Lon-Works LPT-11 链路功率收发器连接到链路功率 TP/FT-10 信道上。

6.3.2　FT 6000 智能收发器引脚分配

FT 6000 智能收发器的引脚分配如图 6-3 所示。

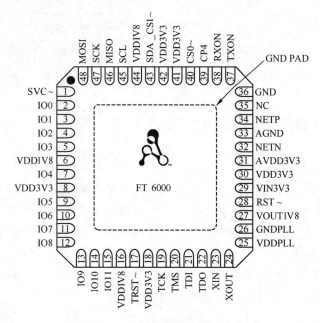

图 6-3　FT 6000 智能收发器引脚分配

图 6-3 中的中心矩形表示必须接地的底部焊盘（引脚 49）。所有数字输入均与低压晶体管晶体管逻辑（LVTTL）兼容，耐受 5 V 电压，低泄漏。所有的数字输出都有转换率限制，以减少电磁干扰（EMI）的问题。

FT 6000 智能收发器的引脚分配如下。

SVC~（1）：Service（低电平有效）。

IO0（2）：I/O 接口的 IO0。

IO1（3）：I/O 接口的 IO1。

IO2（4）：I/O 接口的 IO2。

IO3（5）：I/O 接口的 IO3。

VDD1V8（6）：1.8 V 电源输入（来自内部电压调节器）。

IO4（7）：I/O 接口的 IO4。

VDD3V3（8）：3.3 V 电源。

IO5（9）：I/O 接口的 IO5。

IO6（10）：I/O 接口的 IO6。

IO7（11）：I/O 接口的 IO7。

IO8（12）：I/O 接口的 IO8。

IO9（13）：I/O 接口的 IO9。

IO10（14）：I/O 接口的 IO10。

IO11（15）：I/O 接口的 IO11。

VDD1V8（16）：1.8 V 电源输入（来自内部电压调节器）。

TRST~（17）：JTAG 测试复位（低电平有效）。

VDD3V3（18）：3.3 V 电源。

TCK（19）：JTAG 测试时钟。

TMS（20）：JTAG 测试模式选择。

TDI（21）：JTAG 测试数据输入。

TDO（22）：JTAG 测试数据输出。

XIN（23）：晶体振荡器输入。

XOUT（24）：晶体振荡器输出。

VDDPLL（25）：1.8 V 电源输入（来自内部电压调节器）。

GNDPLL（26）：地。

VOUT1V8（27）：1.8 V 电源输出（内部调压器输出）。

RST~（28）：复位（低电平有效）。

VIN3V3（29）：3.3 V 输入至内部电压调节器。

VDD3V3（30）：3.3 V 电源。

AVDD3V3（31）：3.3 V 电源。

NETN（32）：网络端口（极性不敏感）。

AGND（33）：地。

NETP（34）：网络端口（极性不敏感）。

NC（35）：不连接。

GND（36）：地。

TXON（37）：可选网络活动 LED 的有效发送。

RXON（38）：可选网络活动 LED 的有效接收。

CP4（39）：通过 4.99 kΩ 上拉电阻器连接到 VDD33。

CS0~（40）：SPI 从机选择 0（低电平有效）。

VDD3V3（41）：3.3 V 电源。

VDD3V3（42）：3.3 V 电源。

SDA_CS1~（43）：当用作 I^2C 总线时为串行数据，当用作 SPI 总线时为从机选择 1（低电平有效）。

VDD1V8（44）：1.8 V 电源输入（来自内部电压调节器）。

SCL（45）：I^2C 串行时钟。

MISO（46）：SPI 主输入、从输出（MISO）。

SCK（47）：SPI 串行时钟。

MOSI（48）：SPI 主输出、从输入（MOSI）。

GND PAD（49）：地。

Neuron 6000 处理器和 FT 6000 智能收发器的引脚分配只有通信部分不同，不再赘述。

6.3.3　6000 系列芯片硬件功能

1. 6000 系列芯片架构

6000 系列芯片体系结构如图 6-4 所示。

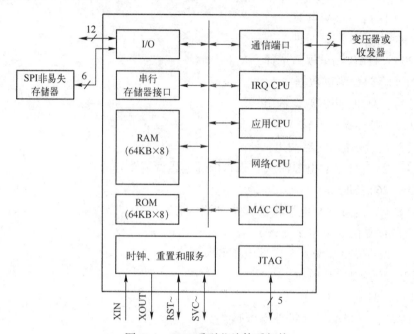

图 6-4　6000 系列芯片体系架构

6000 系列芯片体系结构主要由如下几部分组成。

1）CPU：6000 系列芯片包括三个处理器，用于管理芯片、网络和用户应用程序的操作。在更高的时钟速率下，还有一个单独的处理器来处理中断。

2）ROM：6000 系列芯片包括 16 KB 的只读存储器（ROM），其中存储用于从闪存引导系统映像的系统固件映像。

3）RAM：6000 系列芯片包括 64 KB 随机存取存储器（RAM），用于存储用户应用程序和数据。

4）串行存储器接口：该接口使用串行外围接口（SPI）管理外部非易失性存储器（NVM）。

5）通信端口：通信端口为芯片提供网络访问。对于 FT 6000 智能收发器，这个端口连接到 FT-X3 通信变压器。对于 Neuron 6000 处理器，这个端口连接到外部收发器。

6）I/O：12 个专用 I/O 引脚。

7）时钟、复位和服务：芯片时钟、锁相环（PLL）、复位和服务引脚功能。

8）JTAG：6000 系列芯片包括用于边界扫描操作的 JTAG（IEEE 1149.1）接口。

2. 存储器体系结构

6000 系列芯片的存储器结构包括片内存储器和片外非易失性存储器。每个 6000 系列设备必须在 SPI 闪存设备中至少有 512 KB 的片外存储器可用。

（1）片上存储器

6000 系列芯片具有以下片上存储器。

1）16 KB 只读存储器（ROM）。ROM 包含一个初始系统映像，该映像仅用于从 Flash 引导系统或在 6000 系列设备制造期间通过网络初始加载 Flash。

2）64 KB 随机存取存储器（RAM）。RAM 为用户应用程序和数据提供内存，为每个处理器提供堆栈段，以及网络和应用程序缓冲区。

6000 系列芯片不包含用于应用程序的内部可写非易失性内存（如 EEPROM 内存）。但是，每个 6000 系列芯片在非易失性只读存储器中都包含一个唯一的 MAC ID。

（2）内存映射

一个 Neuron C 应用程序有 64 KB 的内存映射。6000 系列芯片内存映射如图 6-5 所示。内存映射是设备内存的逻辑视图，而不是物理视图，因为 6000 系列芯片的处理器只能直接访问 RAM。

3. 外部串行存储器接口

用于访问芯片外非易失性存储器（NVM）的接口是一个串行接口，它使用串行外设接口 SPI。

6000 系列芯片的串行外围接口（SPI）协议使用表 6-2 所示的引脚。

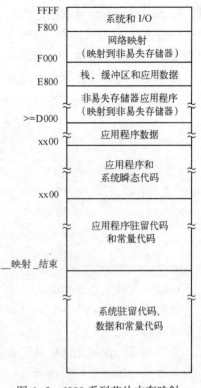

图 6-5 6000 系列芯片内存映射

表 6-2 SPI 协议的内存接口引脚

引脚号	引脚名	方向	描 述
40	CS0~	输出	第一从机选择（SS）信号
43	SDA_CS1~	双向的	第二从机选择（SS）信号
46	MISO	输入	主机输入，从机输出（MISO）信号
47	SCK	输出	串行时钟（SCK）信号
48	MOSI	输出	主机输出，从机输入（MOSI）信号

这些引脚是 3.3 V 电平，并且具有 5 V 的容限。6000 系列芯片始终是主 SPI 设备；任何外部 NVM 设备始终是从设备。不支持多主机配置。6000 系列芯片与 SPI Flash 存储器的接口如图 6-6 所示。

4. 数字引脚的特性

6000 系列芯片提供 12 个双向 I/O 引脚，可用于多种不同的 I/O 配置。

数字 I/O 引脚（IO0~IO11）具有 LVTTL 级的输入。引脚 IO0~IO7 也有低电平检测锁存器。RST~ 和 SVC~ 引脚有内部上拉功能。

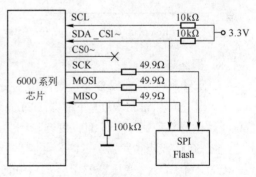

图 6-6 6000 系列芯片与 SPI Flash
存储器的接口

5. Neuron 6000 处理器的通信端口（CP）

Neuron 6000 处理器有一个通用的通信端口。它由 5 个引脚 CP0~CP4 组成，这些引脚可以配置为与多种介质接口（网络收发器）连接，并在多种数据速率下工作。

通信端口可以配置为在单端模式或专用模式两种模式之一工作。每种模式的通信端口引脚的分配如表 6-3 所示，Neuron 6000 处理器内部收发器框图如图 6-7 所示。

表 6-3　通信端口引脚的分配

引脚	驱动电流	单端模式（3.3 V）	特殊用途模式（3.3 V）	连接
CP0	无	数据输入	RX 输入	收发器 RXD
CP1	8 mA	数据输出	TX 输出	收发器 TXD
CP2	8 mA	发射使能输出	位时钟输出	发射启用（单端模式）位时钟（专用模式）
CP3	无	不连接	不连接	不连接
CP4	8 mA	碰撞检测输入	帧时钟输出	碰撞检测（单端模式）帧时钟（专用模式）

单端模式使用差分曼彻斯特编码，用于在各种介质上传输数据。

单端模式（3.3 V）用于与射频、IR、光纤、双绞线和同轴电缆等通信介质接口的外部有源收发器。

单端模式操作的通信端口配置如图 6-8 所示。通过引脚 CP0 和 CP1 上的单端（相对于 GND）输入和输出缓冲器进行数据通信。

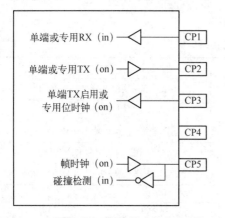

图 6-7　Neuron 6000 处理器内部收发器框图

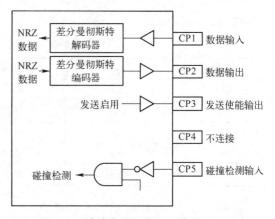

图 6-8　单端模式操作的通信端口配置

6. 网络连接

如何将 6000 系列设备连接到网络主要取决于 6000 系列设备是否包含一个 FT 6000 智能收发器或一个 Neuron 6000 处理器。FT 6000 智能收发器使用 FT-X3 变压器；对于 Neuron 6000 处理器，使用一个外部收发器和相关的互连电路。

FT 6000 智能收发器和 FT-X3 的互连如图 6-9 所示。图 6-9 中还显示了相关的瞬态保护电路，将 FT-X3 变压器的引脚 1 和引脚 6 连接到 FT 6000 智能收发器上。

7. TPT/XF-1250 收发器

Neuron 6000 处理器和 TP/XF-1250 收发器的互连如图 6-10 所示。

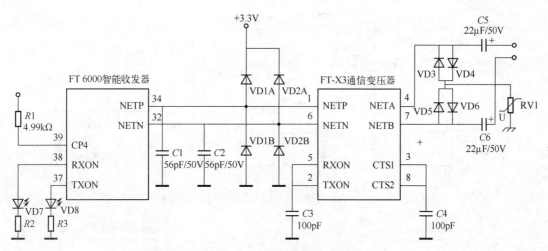

图 6-9　FT 6000 智能收发器和 FT-X3 的互连

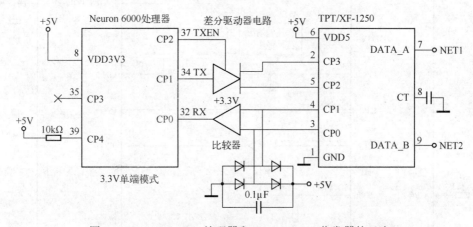

图 6-10　Neuron 6000 处理器和 TP/XF-1250 收发器的互连

在图 6-10 中，Neuron 芯片的 CP4 引脚的上拉电阻是可选的。如果 Neuron 处理器被错误地配置为在特殊模式下运行（CP4 引脚为输出），上拉电阻可防止在 CP4 引脚上引起冲突。TPT/XF-1250 收发器的 CP0 和 CP1 信号的箝位二极管是高速开关二极管，如 1N4148 二极管。TPT/XF-1250 收发器的变压器中心抽头（CT）引脚上的电容器值取决于设备的 PCB 布局和 EMI 特性，典型值为 100 pF，额定电压为 1000 V。

8. EIA-485 收发器

Neuron 6000 处理器的通信端口以单端模式运行，通过 EIA-485 收发器可以支持多种数据速率（最高 1.25 Mbit/s），并支持多种通信线类型。

EIA-485 双绞线接口（使用单端模式）如图 6-11 所示。

9. LPT-11 链路功率收发器

LPT-11 链路功率双绞线收发器提供了一种简单、经济有效的方法，可将网络供电的 LonWorks 收发器添加到任何基于 Neuron 芯片的传感器、显示器、照明设备或通用 I/O 控制器中。LPT-11 收发器不需要为每个设备使用本地电源，因为设备电源由处理网络通信的同一双绞线上的电源提供。

Neuron 6000 处理器和 LPT-11 链路功率收发器的互连如图 6-12 所示。

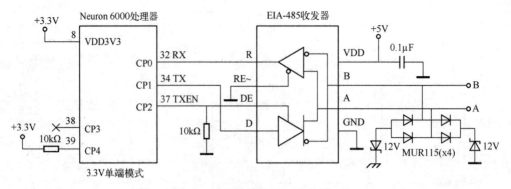

图6-11 EIA-485 双绞线接口（使用单端模式）

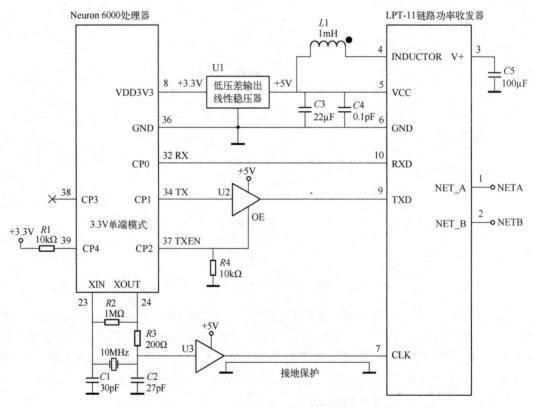

图6-12 Neuron 6000 处理器和 LPT-11 链路功率收发器的互连

10. SVC～引脚

SVC～引脚在输入和漏极输出之间以 76 Hz 的频率和 50% 的占空比交替使用，可以驱动一个 LED。

在 Neuron 固件的控制下，该引脚用于包含 6000 系列芯片的设备的配置、安装和维护。当 6000 系列芯片没有配置网络地址信息时，固件使 LED 以 0.5 Hz 的频率闪烁。SVC～引脚接地会使 6000 系列芯片发送一条网络管理消息，其中包含其唯一的 48 位 MAC ID 和应用程序 ID。然后，网络管理工具可以使用此信息来安装和配置设备。

SVC～引脚为低电平有效，并且每次 SVC～引脚跳变都会发送一次服务引脚消息。

6.3.4　6000 系列的 I/O 接口

Echelon 公司 Neuron 芯片和智能收发器通过 11 或 12 个 I/O 引脚（分别命名为 IO0 ~ IO11）连接到专用外部硬件。可通过配置这些引脚，以最少的外部电路提供灵活的输入和输出（I/O）功能。

Neuron C 编程语言允许程序员声明使用一个或多个 I/O 引脚的 I/O 对象。I/O 对象是 I/O 模型的软件实例，并提供对 I/O 驱动器的可编程访问，用于指定的片上 I/O 硬件配置和指定的输入或输出波形定义。然后，程序可以通过 io_in( ) 和 io_out( ) 系统调用来应用大多数对象，在程序执行期间来执行实际的输入或输出功能。

Neuron 芯片和智能收发器可以使用多种不同的 I/O 模型。默认情况下，大多数 I/O 模型在系统映像中都可用。如果应用程序需要 I/O 模型，但默认系统映像中不包含 I/O 模型，则开发工具会将适当的模型链接到可用的内存空间中。

6000 系列芯片具有两个定时器/计数器，如图 6-13 所示。

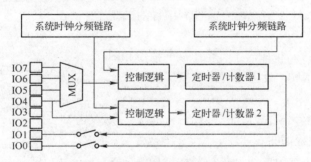

图 6-13　定时器/计数器电路

定时器/计数器 1，输入引脚是 IO4 ~ IO7，输出到 IO0 引脚；定时器/计数器 2，输入引脚是 IO4，输出到 IO1 引脚。6000 系列芯片还支持每个定时器/计数器单元最多一项特定于应用程序的中断任务。

6.4　神经元现场编译器

Neuron C 编程语言允许用户为神经元芯片和智能收发器开发 LonWorks 应用程序。Neuron C 现场编译器 4.0 软件是一个 Neuron C 编译器工具链，用户可以使用它来开发一个现场编程工具，生成 6000 系列神经元芯片的应用程序。神经元现场编译器 4.0 软件包括一个应用程序，它接受一个 Neuron C 源文件并生成一个可下载的神经元映像。网络管理工具可以使用神经元映像在 LonWorks 网络上，下载应用程序。

Echelon 神经元现场编译器主要有以下两种不同类型的用户。

1）用于为包含智能收发器或神经元芯片的设备生成应用程序的现场编程工具的开发人员。

2）现场编程工具的最终用户。

6.4.1　神经元现场编译器概述

在应用程序将编程结构转换为 Neuron C 源代码之后，它可以调用神经元现场编译器来编译静态或动态生成的 Neuron C 源代码。神经元现场编译器为神经元芯片或智能收发器生成可下载的应用程序映像和接口文件。

因此，应用程序为 LonWorks 设备功能提供自己的编程接口，并用 Neuron C 语言生成该功能的内部表示。但是，应用程序用户不需要了解 Neuron C 语言，甚至不需要了解生成的 Neuron C 代码。此外，应用程序不需要能够为神经元芯片或智能收发器构建可下载的应用程序映像文件，而是可以依赖于神经元现场编译器从 Neuron C 代码生成这些文件。

6.4.2 使用神经元现场编译器

1. 编译一个 Neuron C 程序
为了编译 Neuron C 应用程序代码，神经元字段编译器包括几个组件。

1）用户的 Neuron C 生成器工具调用神经元现场编译器，传递生成的 Neuron C 代码和目标设备的硬件模板文件。

2）神经元现场编译器编译 Neuron C 代码。

3）神经元现场编译器生成列表文件和编译后的图像文件。

4）用户的 Neuron C 生成器工具将生成的清单和图像文件，加载到 LonWorks 设备的智能收发器或神经元芯片中。

在神经元现场编译器中，编译、汇编和链接一个 Neuron C 源文件的流程如图 6-14 所示。

图 6-14 点画线中显示的组件是神经元现场编译器的一部分。Neuron C 生成器工具通常调用神经元现场编译器 LonNCA32，而不是直接调用任何组件。

2. 命令的使用
运行神经元现场编译器的命令是 LonNCA32。用户可以在 Windows 命令提示符中发出此命令，也可以从 Neuron C 生成器工具中调用它。

3. 调用神经元现场编译器
Neuron C 生成器工具调用神经元现场编译器（LonNCA32），解析编译的输出，然后把生成的图像映射文件下载到智能收发器或神经元芯片中。

4. 神经元现场编译器输出
在构建应用程序时，神经元现场编译器将创建应用程序映像文件和设备接口文件。网络管理工具使用可下载的应用程序映像文件将编译后的应用程序映像下载到设备中。

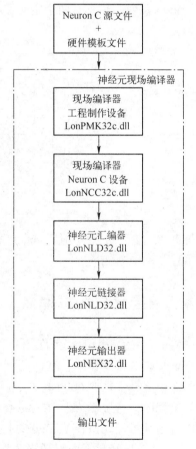

图 6-14　编译、汇编和链接一个
Neuron C 源文件的流程

输出文件和文件夹的位置相当于 Neuron C 源文件的位置。神经元现场编译器在包含 Neuron C 源文件的文件夹中创建一个具有目标名称的文件夹。

6.5 FT 6000 EVK 评估板和开发工具包

6.5.1 FT 6000 EVK 的主要特点

FT 6000 EVK 的主要特点如下。

1）支持在通用平台上开发 LonWorks、LonWorks/IP 或 BACnet/IP 设备。

2）包括两个用于初始应用程序开发和测试的 FT 6000 EVB 硬件平台。

3）包括 LCD 显示屏，可方便进行 I/O 原型设计和测试。

4）包括用于应用程序开发的 IzoT NodeBuilder 软件，可方便安装和测试控制网络的 IzoT 调试工具评估板。

5）包括一个带 FT 和以太网接口的 IzoT 路由器和五片 FT 6050 智能收发器芯片。

6）开源 Wireshark 网络协议分析器可用于捕获、分析、表征和显示网络数据包，以便开发者可以查明网络或设备故障。

FT 6000 EVK 评估板如图 6-15 所示。

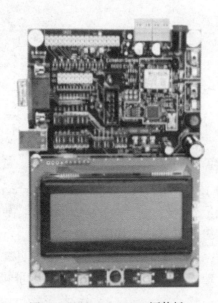

图 6-15　FT 6000 EVK 评估板

FT 6000 EVK 评估板是一个完整的硬件和软件平台，用于基于 6000 系列智能收发器和 Neuron 处理器的创建或评估 LonWorks 和 IzoT 设备。

可以使用 FT 6000 EVK 来创建设备，例如变风量（VAV-Variable Air Volume）控制器、恒温器、读卡器、照明镇流器、电机控制器和许多其他设备。这些设备可用于各种系统，包括建筑和照明控制、工厂自动化、能源管理和运输系统。无论是建造大型还是小型控制网络设备，启用 IP 的 LonWorks 或 BACnet 设备，FT 6000 EVK 都能使项目开发更快，更轻松，成本更低。

6.5.2 用于 IzoT 控制平台的开发套件

IzoT 系统平台如图 6-16 所示。

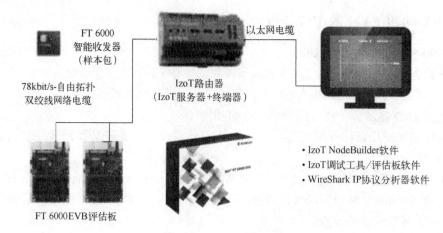

图 6-16 IzoT 系统平台

这些设备的控制和通信要求如下。

1）自主控制，无需人工参与。

2）工业强度可靠性。

3）与传统控制协议共存，并发展为基于寻址的新 IP。

4）增强的安全性。

FT 6000 EVK 评估板是开发人员创建控制设备，并将其与控制网络连接的最简便方法。

6.5.3 IzoT NodeBuilder 软件

IzoT NodeBuilder 软件使开发者可以基于 Echelon Series 6000 Neuron 处理器或智能收发器为 LonWorks 或 IzoT 设备创建、调试、测试和维护应用程序。使用 IzoT NodeBuilder 软件，可以使用 Neuron C 编程语言来编写设备应用程序。

对于基于 6000 系列芯片（带有 Neuron 固件版本 21 或更高版本）的设备，Neuron C 语言最多支持每个设备 254 个地址表条目，254 个静态网络变量和 127 个网络变量别名。

习题

1. LonWorks 的应用领域有哪些？

2. 简述 LonWorks 网络。

3. 画出 LonWorks 分布式控制网络。

4. LonWorks 平台由哪些组件组成？

5. 什么是智能收发器？

6. 什么是网络操作系统？

7. 什么是网络工具？常见的组合有哪些？

8. 什么是 LonMaker 集成工具？

9. 什么是 LonScanner 协议分析器？

10. 简述控制网络协议（CNP）。

11. OSI 参考模型层和每一层提供的 CNP 服务是什么？

12. 智能收发器和 Neuron 芯片有哪些新功能？

13. 什么是 IzoT 平台？

14. 6000 系列芯片主要包括哪些功能？

15. 6000 系列芯片体系结构主要包括哪些组件？

16. Neuron 内核由哪四个独立的逻辑处理器组成？

17. 说明 6000 系列芯片的内存映射。

18. 画出 6000 系列芯片与 SPI Flash 存储器的接口电路图。

19. 什么是单端模式？

20. 画出 FT 6000 智能收发器和 FT-X3 的互连的电路图。

21. 画出 Neuron 6000 处理器连接到 TP/XF-1250 收发器的电路图。

22. SVC~ 引脚有什么功能？

23. 简述 6000 系列的 I/O 接口的功能。

24. 简述神经元现场编译器的功能。

25. FT 6000 EVK 的主要特点是什么？

26. 用于 IzoT 控制平台的开发套件由哪几部分组成？

第7章 EtherCAT 通信协议与从站控制器 ET1100

EtherCAT 是由德国 BECKHOFF 自动化公司于 2003 年提出的实时工业以太网技术。它具有高速和高数据有效率的特点，支持多种设备连接拓扑结构。EtherCAT 是一种全新的、高可靠性的、高效率的实时工业以太网技术，并于 2007 年成为国际标准，由 EtherCAT 技术协会（EtherCAT Technology Group，ETG）负责推广 EtherCAT 技术。

EtherCAT 扩展了 IEEE 802.3 以太网标准，满足了运动控制对数据传输的同步实时要求。它充分利用了以太网的全双工特性，并通过"On Fly"模式提高了数据传送的效率。主站发送以太网帧给各个从站，从站直接处理接收的报文，并从报文中提取或插入相关的用户数据。其从站节点使用专用的控制芯片，主站使用标准的以太网控制器。

EtherCAT 工业以太网技术在全球多个领域得到广泛应用。如机器控制、测量设备、医疗设备、汽车和移动设备以及无数的嵌入式系统中。

EtherCAT 从站的开发通常采用 EtherCAT 从站控制器（EtherCAT Slave Controller，ESC）负责 EtherCAT 通信，并作为 EtherCAT 工业以太网和从站应用之间的接口。

目前，EtherCAT 从站控制器解决方案的供应商主要有 BECKHOFF、Microchip、TI、ASIX、Renesas、Infineon、Hilscher 和 HMS 等公司。

以上各公司提供的 EtherCAT 从站控制器主要有：

1）BECKHOFF：ET1100、ET1200、IP Core 和 ESC20。

2）Microchip：LAN9252。

3）TI：Sitara AM3357/9、Sitara AM4377/9、Sitara AM571xE、Sitara AM572xE 和 Sitara AMIC110 SoC。

4）ASIX：AX58100。

5）Renesas：RZ/T1 和 R-IN32M3-EC。

6）Infineon：XMC4300 和 XMC4800。

7）Hilscher：netX50、netX50、netX90、netX500 和 netX4000。

8）HMS：Anybus NP40。

本章首先对 EtherCAT 工业以太网通信协议进行介绍，然后以 BECKHOFF 公司生产的 EtherCAT 从站控制器 ET1100 为例，详述 EtherCAT 从站控制器的解决方案。最后讲述 EtherCAT 从站控制器的数据链路控制、EtherCAT 从站控制器的应用层控制、EtherCAT 从站控制器的存储同步管理和 EtherCAT 从站信息接口（SII）。

7.1 EtherCAT 通信协议

EtherCAT 为基于 Ethernet 的可实现实时控制的开放式网络。EtherCAT 系统可扩展至 65535 个从站规模，由于具有非常短的循环周期和高同步性能，EtherCAT 非常适合用于伺服运动控制系统中。在 EtherCAT 从站控制器中使用的分布式时钟能确保高同步性和同时性，其同步性能对于多轴系统来说至关重要，同步性使内部的控制环可按照需要的精度和循环数据保持同步。将 EtherCAT 应用于伺服驱动器不仅有助于整个系统实时性能的提升，同时还有利于实现远程维护、监控、诊断与管理，使系统的可靠性大大增强。

EtherCAT 作为国际工业以太网总线标准之一，BECKHOFF 自动化公司大力推动 EtherCAT 的发展，EtherCAT 的研究和应用越来越被重视。工业以太网 EtherCAT 技术广泛应用于机床、注塑机、包装机、机器人等高速运动场合，以及物流、高速数据采集等分布范围广控制要求高的场合。很多厂商如三洋、松下、库卡等公司的伺服系统都具有 EtherCAT 总线接口。其中，三洋公司应用 EtherCAT 技术对三轴伺服系统进行同步控制。在机器人控制领域，EtherCAT 技术作为通信系统具有高实时性能的优势。2010 年以来，库卡一直采用 EtherCAT 技术作为库卡机器人控制系统中的通信总线。

国外很多企业厂商针对 EtherCAT 已经开发出了比较成熟的产品，例如美国 NI、日本松下、库卡等自动化设备公司都推出了一系列支持 EtherCAT 驱动的设备。国内的 EtherCAT 技术研究也取得了较大的进步，基于 ARM 架构的嵌入式 EtherCAT 从站控制器的研究开发也日渐成熟。

随着我国科学技术的不断发展和工业水平的不断提高，在工业自动化控制领域，用户对高精度、高尖端的制造的需求也在不断提高。特别是我国的国防工业、航天航空领域以及核工业等的制造领域中，对高效率、高实时性的工业控制以太网系统的需求也是与日俱增。

电力工业的迅速发展，电力系统的规模不断扩大，系统的运行方式越来越复杂，对自动化水平的要求越来越高，从而促进了电力系统自动化技术的不断发展。

电力系统自动化技术特别是变电站综合自动化是在计算机技术和网络通信技术的基础上发展起来的。而随着半导体技术、通信技术及计算机技术的发展，硬件集成度越来越高，性能得到大幅提升，功能越来越强，为电力系统自动化技术的发展提供了条件。特别是光电电流和电压互感器（OCT、OVT）技术的成熟，插接式开关系统（PASS）的逐渐应用，电力自动化系统中出现了大量的与控制、监视和保护功能相关的智能电子设备（IED），智能电子设备之间一般是通过现场总线或工业以太网进行数据交换。这使得现场总线和工业以太网技术在电力系统中的应用成为热点之一。

在电力系统中，随着光电式互感器的逐步应用，大量高密度的实时采样值信息会从过程层的光电式互感器向间隔层的监控、保护等二次设备传输。当采样频率达到千赫级，数据传输速度将达到 10 Mbit/s 以上，一般的现场总线较难满足该要求。

实时以太网 EtherCAT 具有高速的信息处理与传输能力，不但能满足高精度实时采样数据的实时处理与传输要求，提高系统的稳定性与可靠性，更有利于电力系统的经济运行。

EtherCAT 工业以太网的主要特点如下。

1) 完全符合以太网标准。普通以太网相关的技术都可以应用于 EtherCAT 网络中。EtherCAT 设备可以与其他的以太网设备共存于同一网络中。普通的以太网卡、交换机和路由器等标准组件都可以在 EtherCAT 中使用。

2) 支持多种拓扑结构。如线形、星形、树形。可以使用普通以太网使用的电缆或光缆。当使用 100 Base-TX 电缆时，两个设备之间的通信距离可达 100 m。当采用 100 BASE-FX 模式，两对光纤在全双工模式下，单模光纤能够达到 40 km 的传输距离，多模光纤能够达到

2 km 的传输距离。EtherCAT 还能够使用低压差分信号（Low Voltage Differential Signaling，LVDS）线来实现低延时地通信，通信距离能够达到 10 m。

3）广泛的适用性。任何带有普通以太网控制器的设备都有条件作为 EtherCAT 主站，比如嵌入式系统、普通的 PC 和控制板卡等。

4）高效率、刷新周期短。EtherCAT 从站对数据帧的读取、解析和过程数据的提取与插入完全由硬件来实现，这使得数据帧的处理不受 CPU 的性能软件的实现方式影响，时间延迟极小、实时性很高。同时 EtherCAT 可以达到小于 100 μs 的数据刷新周期。EtherCAT 以太网帧中能够压缩大量的设备数据，这使得 EtherCAT 网络有效数据率可达到 90% 以上。据官方测试，1000 个硬件 I/O 更新时间仅仅 30 μs，其中还包括 I/O 周期时间。而容纳 1486 字节（相当于 12000 个 I/O）的单个以太网帧的书信时间仅仅 300 μs。

5）同步性能好。EtherCAT 采用高分辨率的分布式时钟使各从站节点间的同步精度能够远小于 1 μs。

6）无从属子网。复杂的节点或只有 n 位的数字 I/O 都能被用作 EtherCAT 从站。

7）拥有多种应用层协议接口来支持多种工业设备行规。如 CoE（CANopen over EtherCAT）用来支持 CANopen 协议；SoE（SERCOE over EtherCAT）用来支持 SERCOE 协议；EoE（Ethernet over EtherCAT）用来支持普通的以太网协议；FoE（File over EtherCAT）用于上传和下载固件程序或文件；AoE（ADS over EtherCAT）用于主从站之间非周期的数据访问服务。对多种行规的支持使得用户和设备制造商很容易从其他现场总线向 EtherCAT 转换。

快速以太网全双工通信技术构成主从式的环形结构如图 7-1 所示。

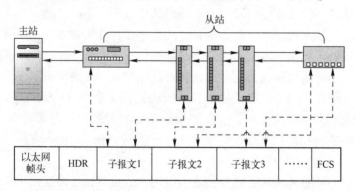

图 7-1　快速以太网全双工通信技术构成主从式的环形结构

这个过程利用了以太网设备独立处理双向传输（TX 和 RX）的特点，并运行在全双工模式下，发出的报文又通过 RX 线返回到控制单元。

报文经过从站节点时，从站识别出相关的命令并做出相应的处理。信息的处理在硬件中完成，延迟时间约为 100~500 ns，这取决于物理层器件，通信性能独立于从站设备控制微处理器的响应时间。每个从站设备有最大容量为 64 KB 的可编址内存，可完成连续的或同步的读写操作。多个 EtherCAT 命令数据可以被嵌入到一个以太网报文中，每个数据对应独立的设备或内存区。

从站设备可以构成多种形式的分支结构，独立的设备分支可以放置于控制柜中或机器模块中，再用主线连接这些分支结构。

7.1.1 EtherCAT 物理拓扑结构

EtherCAT 采用了标准的以太网帧结构，几乎对于所有适用标准以太网的拓扑结构都是适用的，也就是说可以使用传统的基于交换机的星形结构，但是 EtherCAT 的布线方式更为灵活，由于其主-从的结构方式，无论多少节点都可以用一条线串接起来，无论是菊花链形还是树形拓扑结构，可任意选配组合。布线也更为简单，布线只需要遵从 EtherCAT 的所有的数据帧都会从第一个从站设备转发到后面连接的节点。数据传输到最后一个从站设备又逆序将数据帧发送回主站。这样的数据帧处理机制允许在 EtherCAT 同一网段内，只要不打断逻辑环路，都可以用一根网线串接起来，从而使得设备连接布线非常方便。

传输电缆的选择同样灵活。与其他的现场总线不同的是，不需要采用专用的电缆连接头，对于 EtherCAT 的电缆选择，可以选择经济实惠的标准超五类以太网电缆，采用 100BASE-TX 模式无交叉地传送信号，并且可以通过交换机或集线器等实现不同的光纤和铜电缆以太网连线的完整组合。

在逻辑上，EtherCAT 网段内从站设备的布置构成一个开口的环形总线。在开口的一端，主站设备直接或通过标准以太网交换机插入以太网数据帧，并在另一端接收经过处理的数据帧。所有的数据帧都被从第一个从站设备转发到后续的节点。最后一个从站设备将数据帧返回到主站。

EtherCAT 从站的数据帧处理机制允许在 EtherCAT 网段内的任一位置使用分支结构，同时不打破逻辑环路。分支结构可以构成各种物理拓扑以及各种拓扑结构的组合，从而使设备连接布线非常灵活方便。

7.1.2 EtherCAT 数据链路层

1. EtherCAT 数据帧

EtherCAT 数据是遵从 IEEE 802.3 标准，直接使用标准的以太网帧数据格式传输，不过 EtherCAT 数据帧是使用以太网帧的保留字 0x88A4。EtherCAT 数据报文是由两个字节的数据头和 44~1498 字节的数据组成，一个数据报文可以由一个或者多个 EtherCAT 子报文组成，每一个子报文映射到独立的从站设备存储空间。

2. 寻址方式

EtherCAT 的通信是由主站发送 EtherCAT 数据帧读写从站设备的内部的存储区来实现，也就是在从站存储区中读数据和写数据。在通信的时候，主站首先根据以太网数据帧头中的 MAC 地址来寻址所在的网段，寻址到第一个从站后，网段内的其他从站设备只需要依据 EtherCAT 子报文头中的 32 地址去寻址。在一个网段里面，EtherCAT 支持使用两种方式：设备寻址和逻辑寻址。

3. 通信模式

EtherCAT 的通信方式分为周期性过程数据通信和非周期性邮箱数据通信。

（1）周期性过程数据通信

周期性过程数据通信主要用在工业自动化环境中实时性要求高的过程数据传输场合。周期性过程数据通信时，需要使用逻辑寻址，主站是使用逻辑寻址的方式完成从站的读、写或者读写操作。

（2）非周期性过程数据通信

非周期性过程数据通信主要用在对实时性要求不高的数据传输场合，在参数交换、配置从站的通信等操作时，可以使用非周期性邮箱数据通信，并且还可以双向通信。在从站到从站通信时，主站是作为类似路由器功能来管理。

4. 存储同步管理器 SM

存储同步管理器 SM 是 ESC 用来保证主站与本地应用程序数据交换的一致性和安全性的工具，其实现的机制是在数据状态改变时产生中断信号来通知对方。EtherCAT 定义了两种同步管理器（SM）运行模式：缓存模式和邮箱模式。

（1）缓存模式

缓存模式使用了三个缓存区，允许 EtherCAT 主站的控制权和从站控制器双方在任何时候都访问数据交换缓存区。接收数据的那一方随时可以得到最新的数据，数据发送那一方也随时可以更新缓存区里的内容。假如写缓存区的速度比读缓存区的速度快，则旧数据就会被覆盖。

（2）邮箱模式

邮箱模式通过握手的机制完成数据交换，这种情况下只有一端完成读或写数据操作后另一端才能访问该缓存区，这样数据就不会丢失。数据发送方首先将数据写入缓存区，接着缓存区被锁定为只读状态，一直等到数据接收方将数据读走。这种模式通常用在非周期性的数据交换，分配的缓存区也叫作邮箱。邮箱模式通信通常是使用两个 SM 通道，一般情况下主站到从站通信使用 SM0，从站到主站通信使用 SM1，它们被配置成为一个缓存区方式，使用握手来避免数据溢出。

7.1.3 EtherCAT 应用层

应用层（Application Layer，AL）是 EtherCAT 协议最高的一个功能层，是直接面向控制任务的一层，它为控制程序访问网络环境提供手段，同时为控制程序提供服务。应用层不包括控制程序，它只是定义了控制程序和网络交互的接口，使符合此应用层协议的各种应用程序可以协同工作，EtherCAT 协议结构如图 7-2 所示。

1. 通信模型

EtherCAT 应用层区分主站与从站，主站与从站之间的通信关系是由主站开始的。从站之间的通信是由主站作为路由器来实现的。不支持两个主站之间的通信，但是当两个具有主站功能的设备并且其中一个具有从站功能时，仍可实现通信。

EtherCAT 通信网络仅由一个主站设备和至少一个从站设备组成。系统中的所有设备必须支持 EtherCAT 状态机和过程数据（Process Data）的传输。

2. 从站

（1）从站设备分类

从站应用层可分为不带应用层处理器的简单设备与带应用层处理器的复杂设备。

（2）简单从站设备

简单从站设备设置了一个过程数据布局，通过设备配置文件来描述。在本地应用中，简单从站设备要支持无响应的 ESM 应用层管理服务。

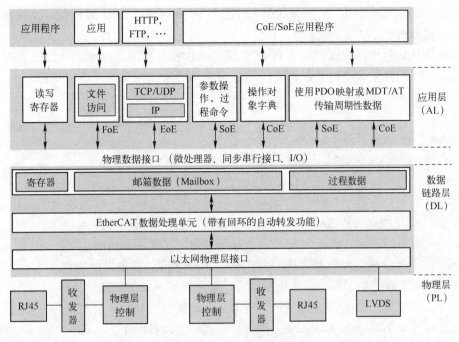

图 7-2　EtherCAT 协议结构

（3）复杂从站设备

复杂从站设备支持 EtherCAT 邮箱、CoE 目标字典、读写对象字典数据入口的加速 SDO 服务以及读对象字典中已定义的对象和紧凑格式入口描述的 SDO 信息服务。

为了过程数据的传输，复杂从站设备支持 PDO 映射对象和同步管理器 PDO 赋值对象。复杂从站设备要支持可配置过程数据，可通过写 PDO 映射对象和同步管理器 PDO 赋值对象来配置。

（4）应用层管理

应用层管理包括 EtherCAT 状态机，ESM 描述了从站应用的状态及状态变化。由应用层控制器将从站应用的状态写入 AL 状态寄存器，主站通过写 AL 控制寄存器进行状态请求。从逻辑上来说，ESM 位于 EtherCAT 从站控制器与应用之间。ESM 定义了四种状态：初始化状态（Init）、预运行状态（Pre-Operational）、安全运行状态（Safe-Operational）、运行状态（Operational）。

（5）EtherCAT 邮箱

每一个复杂从站设备都有 EtherCAT 邮箱。EtherCAT 邮箱数据传输是双向的，可以从主站到从站，也可以从站到主站。EtherCAT 邮箱支持双向多协议的全双工独立通信。从站与从站通信通过主站进行信息路由。

（6）EtherCAT 过程数据

过程数据通信方式下，主/从站访问的是缓冲型应用存储器。对于复杂从站设备，过程数据的内容将由 CoE 接口的 PDO 映射及同步管理器 PDO 赋值对象来描述。对于简单从站设备，过程数据是固有的，在设备描述文件中定义。

3. 主站

主站各种服务可与从站进行通信。在主站中为每个从站设置了从站处理机（Slave Handler），用来控制从站的状态机（ESM）；同时每个主站也设置了一个路由器，支持从站与从站之间的邮箱通信。

主站支持从站处理机通过 EtherCAT 状态服务来控制从站的状态机，从站处理机是从站状态机在主站中的映射。从站处理机通过发送 SDO 服务去改变从站状态机状态。

路由器将客户从站的邮箱服务请求路由到服务从站；同时，将服务从站的服务响应路由到客户从站。

4. EtherCAT 设备行规

EtherCAT 设备行规包括以下几种。

（1）CANopen over EtherCAT（CoE）

CANopen 最初是为基于 CAN（Control Aera Network）总线的系统所制定的应用层协议。EtherCAT 协议在应用层支持 CANopen 协议，并做了相应的扩充，其主要功能有：

- 使用邮箱通信访问 CANopen 对象字典及其对象，实现网络初始化。
- 使用 CANopen 应急对象和可选的事件驱动 PDO 消息，实现网络管理。
- 使用对象字典映射过程数据，周期性传输指令数据和状态数据。

CoE 协议完全遵从 CANopen 协议，其对象字典的定义也相同，针对 EtherCAT 通信扩展了相关通信对象 0x1C00~0x1C4F，用于设置存储同步管理器的类型、通信参数和 PDO 数据分配。

1）应用层行规。CoE 完全遵从 CANopen 的应用层行规，CANopen 标准应用层行规主要有：

- CiA 401 I/O 模块行规。
- CiA 402 伺服和运动控制行规。
- CiA 403 人机接口行规。
- CiA 404 测量设备和闭环控制。
- CiA 406 编码器。
- CiA 408 比例液压阀等。

2）CiA 402 行规通用数据对象字典。数据对象 0x6000~0x9FFF 为 CANopen 行规定义数据对象，一个从站最多控制 8 个伺服驱动器，每个驱动器分配 0x800 个数据对象。第一个伺服驱动器使用 0x6000~0x67FF 的数据字典范围，后续伺服驱动器在此基础上以 0x800 偏移使用数据字典。

（2）Servo Drive over EtherCAT（SoE）

IEC61491 是国际上第一个专门用于伺服驱动器控制的实时数据通信协议标准，其商业名称为 SERCOS（Serial Real-time Communication Specification）。EtherCAT 协议的通信性能非常适合数字伺服驱动器的控制，应用层使用 SERCOS 应用层协议实现数据接口，可以实现以下功能：

- 使用邮箱通信访问伺服控制规范参数（IDN），配置伺服系统参数。
- 使用 SERCOS 数据电报格式配置 EtherCAT 过程数据报文，周期性传输伺服指令数据和伺服状态数据。

（3）Ethernet over EtherCAT（EoE）

除了前面描述的主、从站设备之间的通信寻址模式外，EtherCAT 也支持 IP 标准的协议，比如 TCP/IP、UDP/IP 和所有其他高层协议（HTTP 和 FTP 等）。EtherCAT 能分段传输标准以太网协议数据帧，并在相关的设备完成组装。这种方法可以避免为长数据帧预留时间片，大大缩短周期性数据的通信周期。此时，主站和从站需要相应的 EoE 驱动程序支持。

（4）File Access over EtherCAT（FoE）

该协议通过 EtherCAT 下载和上传固定程序和其他文件，其使用类似 TFTP（Trivial File Transfer Protocol，简单文件传输协议）的协议，不需要 TCP/IP 的支持，实现简单。

7.1.4　EtherCAT 系统组成

1. EtherCAT 网络架构

EtherCAT 是一种实时工业以太网技术，它充分利用了以太网的全双工特性。使用主从模式介质访问控制（MAC），主站发送以太网帧给主从站，从站从数据帧中抽取数据或将数据插入数据帧。主站使用标准的以太网接口卡，从站使用专门的 EtherCAT 从站控制器 ESC（EtherCAT Slave Controller），EtherCAT 物理层使用标准的以太网物理层器件。

从以太网的角度来看，一个 EtherCAT 网段就是一个以太网设备，它接收和发送标准的 ISO/IEC8802-3 以太网数据帧。但是，这种以太网设备并不局限于一个以太网控制器及相应的微处理器，它可由多个 EtherCAT 从站组成，EtherCAT 系统运行如图 7-3 所示，这些从站可以直接处理接收的报文，并从报文中提取或插入相关的用户数据，然后将该报文传输到下一个 EtherCAT 从站。最后一个 EtherCAT 从站发回经过完全处理的报文，并由第一个从站作为响应报文将其发送给控制单元。实际上只要 RJ45 网口悬空，ESC 就自动闭合（Close）了，产生回环（LOOP）。

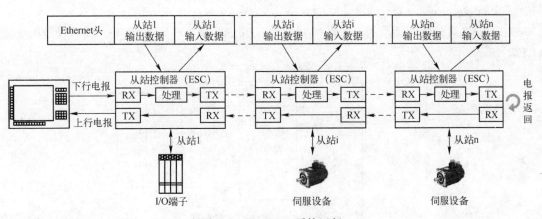

图 7-3　EtherCAT 系统运行

实时以太网 EtherCAT 技术采用了主-从介质访问方式。在基于 EtherCAT 的系统中，主站控制所有的从站设备的数据输入与输出。主站向系统中发送以太网帧后，EtherCAT 从站设备在报文经过其节点时处理以太网帧，嵌入在每个从站中的现场总线存储管理单元（FM-MU）在以太网帧经过该节点时读取相应的编址数据，并同时将报文传输到下一个设备。同样，输入数据也是在报文经过时插入至报文中。当该以太网帧经过所有从站并与从站进行数据交换后，由 EtherCAT 系统中最末一个从站将数据帧返回。

整个过程中，报文只有几纳秒的时间延迟。由于发送和接收的以太帧压缩了大量的设备数据，所以可用数据率可达90%以上。

EtherCAT支持各种拓扑结构，如总线型、星形、环形等，并且允许EtherCAT系统中出现多种结构的组合。支持多种传输电缆，如双绞线、光纤等，以适应于不同的场合，提升布线的灵活性。

EtherCAT支持同步时钟，EtherCAT系统中的数据交换完全是基于纯硬件机制，由于通信采用了逻辑环结构，主站时钟可以简单、精确地确定各个从站传播的延迟偏移。分布时钟均基于该值进行调整，在网络范围内使用精确的同步误差时间基。

EtherCAT具有高性能的通信诊断能力，能迅速地排除故障；同时也支持主站、从站冗余检错，以提高系统的可靠性；EtherCAT实现了在同一网络中将安全相关的通信和控制通信融合为一体，并遵循IEC 61508标准论证，满足安全SIL4级的要求。

2. EtherCAT主站组成

EtherCAT无需使用昂贵的专用有源插接卡，只需使用无源的NIC（Network Interface Card）或主板集成的以太网MAC设备即可。EtherCAT主站很容易实现，尤其适用于中小规模的控制系统和有明确规定的应用场合。使用PC构成EtherCAT主站时，通常是用标准的以太网卡作为主站硬件接口，网卡芯片集成了以太网通信的控制器和收发器。

EtherCAT使用标准的以太网MAC，不需要专业的设备，EtherCAT主站很容易实现，只需要一台PC或其他嵌入式计算机即可。

由于EtherCAT映射不是在主站产生，而是在从站产生，因此该特性进一步减轻了主机的负担。EtherCAT主站完全在主机中采用软件方式实现。EtherCAT主站的实现方式是使用倍福公司或者ETG社区样本代码。软件以源代码形式提供，包括所有的EtherCAT主站功能，甚至还包括EoE。

EtherCAT主站使用标准的以太网控制器，传输介质通常使用100BASE-TX规范的5类UTP线缆，如图7-4所示。

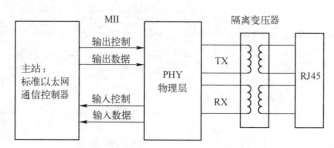

图7-4　EtherCAT物理层连接原理图

通信控制器完成以太网数据链路的介质访问控制功能，物理层芯片PHY实现数据编码、译码和收发，它们之间通过一个MII（Media Independent Interface）交互数据。MII是标准的以太网物理层接口，定义了与传输介质无关的标准电气和机械接口，使用这个接口将以太网数据链路层和物理层完全隔离开，使以太网可以方便地选用任何传输介质。隔离变压器可实现信号的隔离，提高通信的可靠性。

在基于PC的主站中，通常使用NIC，其中的网卡芯片集成了以太网通信控制器和物理数据收发器。而在嵌入式主站中，通信控制器通常嵌入到微控制器中。

3. EtherCAT 从站组成

EtherCAT 从站设备主要完成 EtherCAT 通信和控制应用两大功能，是工业以太网 EtherCAT 控制系统的关键部分。

从站通常分为四大部分：EtherCAT 从站控制器（ESC）、从站控制微处理器、物理层 PHY 器件和电气驱动等其他应用层器件。

从站的通信功能是通过从站 ESC 实现的。EtherCAT 通信控制器 ECS 使用双端口存储区实现 EtherCAT 数据帧的数据交换，各个从站的 ESC 在各自的环路物理位置通过顺序移位读写数据帧。报文经过从站时，ESC 从报文中提取要接收的数据存储到其内部存储区，要发送的数据又从其内部存储区写到相应的子报文中。数据报文的读取和插入都是由硬件自动来完成，速度很快。

从站使用物理层的 PHY 芯片来实现 ESC 的 MII 物理层接口，同时需要隔离变压器等标准以太网物理器件。

从站不需要微控制器就可以实现 EtherCAT 通信，EtherCAT 从站设备只需要使用一个价格较低的从站控制器芯片 ESC。从站的实施可以通过 I/O 接口实现的简单设备加 ESC、PHY、变压器和 RJ45 接头来完成。微控制器和 ESC 之间使用 8 位或 16 位并行接口或串行 SPI 接口。从站实施要求的微控制器性能取决于从站的应用，EtherCAT 协议软件在其上运行。ESC 采用 BECKHOFF 公司提供的从站控制专用芯片 ET1100 或者 ET1200 等。通过 FPGA，也可实现从站控制器的功能，这种方式需要购买授权以获取相应的二进制代码。

EtherCAT 从站设备同时实现通信和控制应用两部分功能的结构如图 7-5 所示。

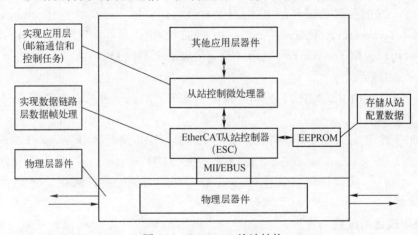

图 7-5 EtherCAT 从站结构

EtherCAT 从站由以下四部分组成。

（1）EtherCAT 从站控制器 ESC

EtherCAT 从站通信控制器芯片 ESC 负责处理 EtherCAT 数据帧，并使用双端口存储区实现 EtherCAT 主站与从站本地应用的数据交换。各个从站 ESC 按照各自在环路上的物理位置顺序移位读写数据帧。在报文经过从站时，ESC 从报文中提取发送给自己的输出命令数据并将其存储到内部存储区，输入数据从内部存储区又被写到相应的子报文中。数据的提取和插入都是由数据链路层硬件完成的。

ESC 具有四个数据收发端口，每个端口都可以收发以太网数据帧。

ESC 使用两种物理层接口模式：MII 和 EBUS。

MII 是标准的以太网物理层接口，使用外部物理层芯片，一个端口的传输延时约为 500 ns。

EBUS 是 BECKHOFF 公司使用 LVDS（Low Voltage Differential Signaling）标准定义的数据传输标准，可以直接连接 ESC 芯片，不需要额外的物理层芯片，从而避免了物理层的附加传输延时，一个端口的传输延时约为 100 ns。EBUS 最大传输距离为 10 m，适用于距离较近的 I/O 设备或伺服驱动器之间的连接。

（2）从站控制微处理器

微处理器负责处理 EtherCAT 通信和完成控制任务。微处理器从 ESC 读取控制数据，实现设备控制功能，并采样设备的反馈数据，写入 ESC，由主站读取。通信过程完全由 ESC 处理，与设备控制微处理器响应时间无关。从站控制微处理器性能选择取决于设备控制任务，可以使用 8 位、16 位的单片机及 32 位的高性能处理器。

（3）物理层器件

从站使用 MII 时，需要使用物理层芯片 PHY 和隔离变压器等标准以太网物理层器件。使用 EBUS 时不需要任何其他芯片。

（4）其他应用层器件

针对控制对象和任务需要，微处理器可以连接其他控制器件。

7.1.5 EtherCAT 系统主站设计

EtherCAT 系统的主站可以利用 BECKHOFF 公司提供的 TwinCAT（The Windows Control and Automation Technology）组态软件实现，用户可以利用该软件实现控制程序以及人机界面程序。用户也可以根据 EtherCAT 网络接口及通信规范来实现 EtherCAT 的主站。

1. TwinCAT 系统

TwinCAT 软件是由 BECKHOFF 公司开发的一款工控组态软件，以实现 EtherCAT 系统的主站功能以及人机界面。

TwinCAT 系统由实时服务器（Realtime Server）、系统控制器（System Control）、系统 OCX 接口、PLC 系统、CNC 系统、输入/输出系统（I/O System）、用户应用软件开发系统（User Application）、自动化设备规范接口（ADS - Interface）及自动化信息路由器（AMS Router）等组成。

2. 系统管理器与配置

系统管理器（System Manger）是 TwinCAT 的配置中心，涉及 PLC 系统的个数及程序，轴控系统的配置及所连接的 IO 通道配置。它关系到所有的系统组件以及各组件的数据关系，数据域及过程映射的配置。TwinCAT 支持所有通用的现场总线和工业以太网，同时也支持 PC 外设（并行或串行接口）和第三方接口卡。

系统管理器的配置主要包括系统配置、PLC 配置、CAM 配置以及 IO 配置。系统配置中包括了实时设定、附加任务以及路由设定。实时设定就是要设定基本时间及实时程序运行的时间限制。PLC 配置就是要利用 PLC 控制器编写 PLC 控制程序加载到系统管理器中。CAM 配置是一些与凸轮相关的程序配置。IO 配置就是配置 IO 通道，涉及整个系统的设备。IO 配置中要根据系统中的不同的设备编写相应的 XML 配置文件。

XML 配置文件的作用就是用来解释整个 TWinCAT 系统，包括了主站设备信息、各从站设备信息、主站发送的循环命令配置以及输入/输出映射关系。

3. 基于 EtherCAT 网络接口的主站设计

EtherCAT 主站系统可以通过组态软件 TwinCAT 配置实现，并且具有优越的实时性能。但是该组态软件主要支持逻辑控制的开发，如可编程逻辑控制器、数字控制等，在一定程度上约束了用户主站程序的开发。可利用 EtherCAT 网络接口与从站通信以实现主站系统，在软件设计上要以 EtherCAT 通信规范为标准。

实现基于 EtherCAT 网络接口的主站系统就是要实现一个基于网络接口的应用系统程序的开发。Windows 网络通信构架的核心是网络驱动接口规范（NDIS），它的作用就是实现一个或多个网卡（NIC）驱动与其他协议驱动或操作系统通信，它支持以下三种类型的网络驱动。

1）网卡驱动（NIC Driver）。

2）中间层驱动（Intermediate Driver）。

3）协议驱动（Protocol Driver）。

网卡驱动是底层硬件设备的接口，对上层提供发送帧和接收帧的服务；中间层驱动主要作用就是过滤网络中的帧；协议驱动就是实现一个协议栈（如 TCP/IP），对上层的应用提供服务。

4. EtherCAT 主站驱动程序

EtherCAT 主站可由 PC 或其他嵌入式计算机实现，使用 PC 构成 EtherCAT 主站时，通常用标准的以太网网卡 NIC 作为主站硬件接口，主站动能由软件实现。从站使用专用芯片 ESC，通常需要一个微处理器实现应用层功能。EtherCAT 通信协议栈如图 7-6 所示。

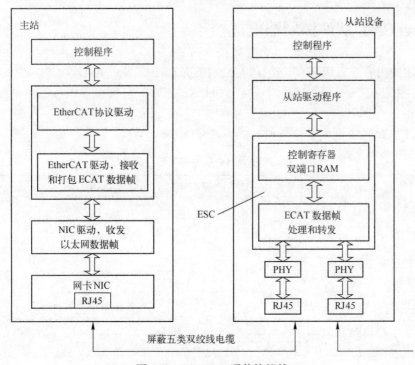

图 7-6　EtherCAT 通信协议栈

EtherCAT 数据通信包括 EtherCAT 通信初始化、周期性数据传输和非周期性数据传输。

7.1.6 EtherCAT 系统从站设计

EtherCAT 系统从站也称为 EtherCAT 系统总线上的节点，从站主要包括传感部件、执行部件或控制器单元。节点的形式是多种多样的，EtherCAT 系统中的从站主要有简单从站及复杂从站设备。简单从站设备没有应用层的控制器，而复杂从站设备具有应用层的控制器，该控制器主要用来处理应用层的协议。

EtherCAT 从站是一个嵌入式计算机系统，其关键部分就是 EtherCAT 从站控制器，由它来实现 EtherCAT 的物理层与数据链路层协议。应用层的协议是通过它的应用层控制器来实现的，应用层的实现根据项目的不同的需要由用户来实现。应用层控制器与 EtherCAT 从站控制器完成 EtherCAT 从站系统的构成，以实现 EtherCAT 网络通信。

EtherCAT 主站使用标准的以太网设备，能够发送和接收符合 IEEE 802.3 标准以太网数据帧的设备都可以作为 EtherCAT 主站。在实际应用中，可以使用基于 PC 或嵌入式计算机的主站，对其硬件设计没有特殊要求。

EtherCAT 从站使用专用 ESC 芯片，需要设计专门的从站硬件。

ET1100 芯片只支持具有 MII 的以太网物理层 PHY 器件。有些 ESC 器件也支持 RMII（Reduced MII）。但是由于 RMII 的 PHY 使用发送 FIFO 缓存区，增加了 EtherCAT 从站的转发延时和抖动，所以不推荐使用 RMII。

EtherCAT 从站控制器具有完成 EtherCAT 通信协议所要求的物理层和数据链路层的所有功能。这两层协议的实现在任何 EtherCAT 应用中是不变的，由厂家直接将其固化在从站控制器中。

7.2 EtherCAT 从站控制器概述

本节讲述的内容主要包括 BECKHOFF 公司的 EtherCAT 从站控制器 ET1100 和 ET1200 的实现，功能固定的二进制配置 FPGAs（ESC20）和可配置的 FPGAs IP 核（ET1810/ET1815）。

EtherCAT 从站控制器主要特征如表 7-1 所示。

表 7-1 EtherCAT 从站控制器主要特征

特　　征	ET1200	ET1100	IP Core	ESC20
端口	2~3（每个 EBUS/MII，最大 1 个 MII）	2~4（每个 EBUS/MII）	1~3 MII/1~3 RGMII/1~2 RMII	2 MII
FMMUs	3	8	0~8	4
同步管理器	4	8	0~8	4
过程数据 RAM	1 KB	8 KB	0~60 KB	4 KB
分布式时钟	64 位	64 位	32/64 位	32 位
数字 I/O	16 位	32 位	8~32 位	32 位

特 征	ET1200	ET1100	IP Core	ESC20
SPI 从站	是	是	是	是
8/16 位微控制器	—	异步/同步	异步	异步
片上总线	—	—	是	—

EtherCAT 从站控制器功能框图如图 7-7 所示。

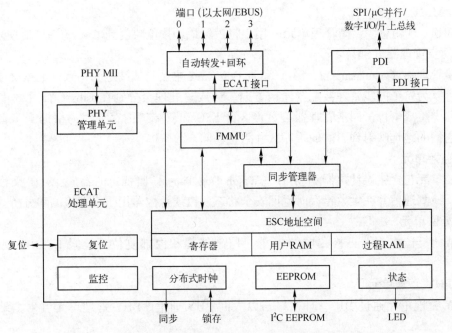

图 7-7 EtherCAT 从站控制器功能框图

7.2.1 EtherCAT 从站控制器功能块

1. EtherCAT 接口（以太网/EBUS）

EtherCAT 接口或端口将 EtherCAT 从站控制器连接到其他 EtherCAT 从站和主站。MAC 层是 EtherCAT 从站控制器的组成部分。物理层可以是以太网或 EBUS。EBUS 的物理层完全集成到 ASIC 中。对于以太网端口，外部以太网 PHY 连接到 EtherCAT 从站控制器的 MII/RGMII/RMII 端口。通过全双工通信，EtherCAT 的传输速度固定为 100 Mbit/s。EtherCAT 从站支持 2~4 个端口，逻辑端口编号为 0、1、2 和 3。

2. EtherCAT 处理单元

EtherCAT 处理单元（EPU）接收、分析和处理 EtherCAT 数据流，在逻辑上位于端口 0 和端口 3 之间。EtherCAT 处理单元的主要用途是启用和协调对 EtherCAT 从站控制器的内部寄存器和存储空间的访问，可以从 EtherCAT 主站或通过 PDI 从本地应用程序对其寻址。EtherCAT 处理单元除了自动转发、回环和 PDI 功能外，还包含 EtherCAT 从站的主要功能块。

3. 自动转发

自动转发（Auto-Forwarder）接收以太网帧，执行帧检查并将其转发到环回功能。接收帧的时间戳由自动转发生成。

4. 回环功能

如果端口没有链路，或者端口不可用，又或者该端口的环路关闭，则 Loop-back（回环功能）将以太网帧转发到下一个逻辑端口。端口 0 的回环功能可将帧转发到 EtherCAT 处理单元。环路设置可由 EtherCAT 主站控制。

5. FMMU

FMMU（现场总线存储管理单元）用于将逻辑地址按位映射到 ESC 的物理地址。

6. 同步管理器（SM）

同步管理器（Syncmanager，SM）负责 EtherCAT 主站与从站之间一致性数据交换和邮箱通信。可以为每个同步管理器配置通信方向。读或写处理会分别在 EtherCAT 主站和附加的微控制器中生成事件。同步管理器可负责区分 ESC 和双端口内存，因为根据同步管理器状态可将它们的地址映射到不同的缓冲区并阻止访问。

7. 监控单元

监控单元包含错误计数器和 WDT（Watch Dog Timer，监视定时器）。WDT 又称为看门狗，用于检测通信并在发生错误时返回安全状态，错误计数器用于错误检测和分析。

8. 复位单元

集成的复位控制器可检测电源电压并控制外部和内部复位，仅限 ET1100 和 ET1200 ASIC。

9. PHY 管理单元

PHY 管理单元通过 MII 管理接口与以太网 PHY 通信。PHY 管理单元可由主站或从站使用。

10. 分布式时钟

分布式时钟（DC）允许精确地同步生成输出信号和输入采样，以及事件时间戳。同步性可能会跨越整个 EtherCAT 网络。

11. 存储单元

EtherCAT 从站具有高达 64 KB 的地址空间。第一个 4 KB 块（0x0000~0x0FFF）用于寄存器和用户存储器。地址 0x1000 以后的存储空间用作过程存储器（最大 60 KB）。过程存储器的大小取决于设备。ESC 地址范围可由 EtherCAT 主站和附加的微控制器直接寻址。

12. 过程数据接口（PDI）或应用程序接口

接口的功能取决于 ESC，有以下几种 PDI。

1）数字 I/O（8~32 位，单向/双向，带 DC 支持）。

2）SPI 从站。

3）8/16 位微控制器（异步或同步）。

4）片上总线（例如 Avalon、PLB 或 AXI，具体取决于目标 FPGA 类型和选择方式）。

5）一般用途 I/O。

13. SII EEPROM

EtherCAT 从站信息（ESI）的存储需要使用一个非易失性存储器，通常是 I^2C 串行接口的 EEPROM。如果 ESC 的实现为 FPGA，则 FPGA 配置代码中需要第二个非易失性存储器。

14. 状态/LEDs

状态块提供 ESC 和应用程序状态信息。它控制外部 LED，如应用程序运行 LED、错误 LED 和端口链接/活动 LED。

7.2.2　EtherCAT 协议

EtherCAT 使用标准 IEEE 802.3 以太网帧，因此可以使用标准网络控制器，主站侧不需要特殊硬件。

EtherCAT 具有一个保留的 EtherType 0x88A4，可将其与其他以太网帧区分开来。因此，EtherCAT 可以与其他以太网协议并行运行。

EtherCAT 不需要 IP 协议，但可以封装在 IP/UDP 中。EtherCAT 从站控制器以硬件方式处理帧。

EtherCAT 帧可被细化为 EtherCAT 帧头跟一个或多个 EtherCAT 数据报。至少有一个 EtherCAT 数据报必须在帧中。ESC 仅处理当前 EtherCAT 报头中具有类型 1 的 EtherCAT 帧。尽管 ESC 不评估 VLAN 标记内容，但 ESC 也支持 IEEE802.1Q VLAN 标记。

如果以太网帧大小低于 64 字节，则必须添加填充字节，直到达到此大小。否则，EtherCAT 帧将会与所有 EtherCAT 数据报加 EtherCAT 帧头的总和一样大。

1. EtherCAT 报头

带 EtherCAT 数据的以太网帧如图 7-8 所示，显示了如何组装包含 EtherCAT 数据的以太网帧。EtherCAT 帧头如表 7-2 所示。

表 7-2　EtherCAT 帧头

名　　称	数 据 类 型	值/描述
长度	11 位	EtherCAT 数据报的长度（不包括 FCS）
保留	1 位	保留，0
类型	4 位	协议类型。ESC 只支持（Type=0x1）EtherCAT 命令

EtherCAT 从站控制器忽略 EtherCAT 报头长度字段，它们取决于数据报长度字段。必须将 EtherCAT 从站控制器通过 DL 控制寄存器 0x0100[0]配置为转发非 EtherCAT 帧。

2. EtherCAT 数据报

EtherCAT 数据报如图 7-9 所示，显示了 EtherCAT 数据报的结构。EtherCAT 数据报描述如表 7-3 所示。

3. EtherCAT 寻址模式

一个段内支持 EtherCAT 设备的两种寻址模式：设备寻址和逻辑寻址。

提供三种设备寻址模式：自动递增寻址、配置的站地址和广播。

EtherCAT 设备最多可以有两个配置的站地址，一个由 EtherCAT 主站分配（配置的站地址，Configured Station Address），另一个存储在 SII EEPROM 中，可由从站应用程序（配置的站点别名地址，Configured Station Alias address）进行更改。配置的站点别名地址的 EEPROM 设置仅在上电或复位后的第一次 EEPROM 加载时被接管。

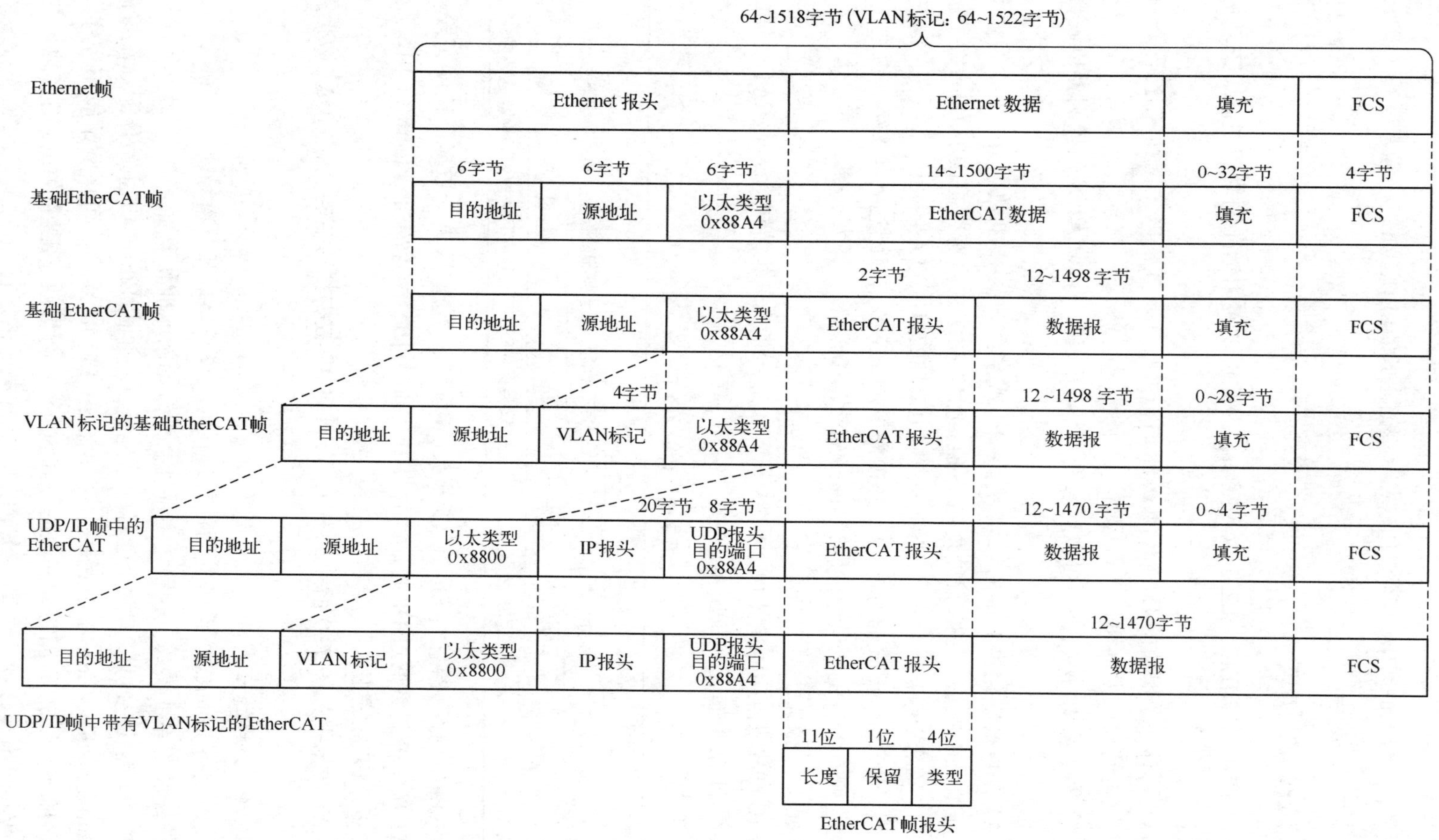

图 7-8 带EtherCAT数据的以太网帧

64~1518字节 (VLAN标记: 64~1522字节)

	Ethernet 报头			Ethernet 数据		FCS
Ethernet帧						
基础EtherCAT帧	目的地址 6字节	源地址 6字节	以太类型 0x88A4 6字节	EtherCAT数据 14~1500字节	填充 0~32字节	FCS 4字节
基础EtherCAT帧	目的地址	源地址	以太类型 0x88A4	EtherCAT报头 2字节 / 数据报 12~1498字节	填充	FCS
VLAN标记的基础EtherCAT帧	目的地址	源地址 / VLAN标记 4字节	以太类型 0x88A4	EtherCAT报头 / 数据报 12~1498字节	填充 0~28字节	FCS
UDP/IP帧中的 EtherCAT	目的地址	源地址 / 以太类型 0x8800	IP报头 20字节 / UDP报头 目的端口 0x88A4 8字节	EtherCAT报头 / 数据报 12~1470字节	填充 0~4字节	FCS
UDP/IP帧中带有VLAN标记的EtherCAT	目的地址	源地址 / VLAN标记	以太类型 0x8800 / IP报头 / UDP报头 目的端口 0x88A4	EtherCAT报头 / 数据报 12~1470字节	填充	FCS

EtherCAT帧报头

11位	1位	4位
长度	保留	类型

254

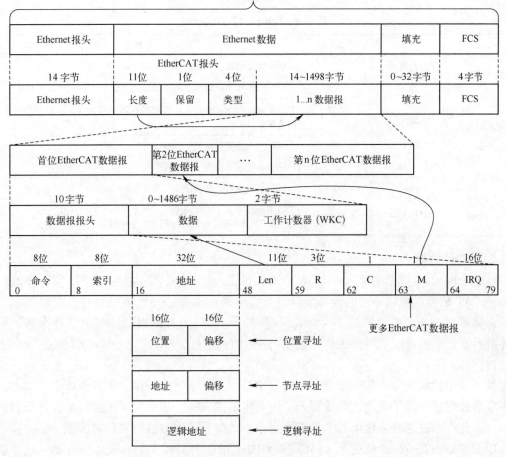

图 7-9　EtherCAT 数据报

表 7-3　EtherCAT 数据报描述

名称	数据类型	值/描述
Cmd	字节	EtherCAT 命令类型
Idx	字节	索引是主站用于标识重复/丢失数据报的数字标识符。EtherCAT 从站不应更改它
Address	字节[4]	地址（自动递增，配置的站地址或逻辑地址）
Len	11 位	此数据报中后续数据的长度
R	3 位	保留，0
C	1 位	循环帧 0：帧没有循环 1：帧已循环一次
M	1 位	更多 EtherCAT 数据报 0：最后一个 EtherCAT 数据报 1：随后将会有更多 EtherCAT 数据报
IRQ	字	结合了逻辑 OR 的所有从站的 EtherCAT 事件请求寄存器
Data	字节[n]	读/写数据
WKC	字	工作计数器

EtherCAT 寻址模式如表 7-4 所示。

表 7-4　EtherCAT 寻址模式

模式	名称	数据类型	值/描述
自动递增寻址	位置	字	每个从站增加的位置。如果 Position = 0，则从站被寻址
	偏移	字	ESC 的本地寄存器或存储器地址
配置的站地址	地址	字	如果地址与配置的站地址或配置的站点别名（如果已启用）相同，则从站被寻址
	偏移	字	ESC 的本地寄存器或存储器地址
广播	位置	字	每个从站增加位置（不用于寻址）
	偏移	字	ESC 的本地寄存器或存储器地址
逻辑地址	地址	双字	逻辑地址（由 FMMU 配置） 如果 FMMU 配置与地址匹配，则从站被寻址

4. 工作计数器

每个 EtherCAT 数据报都以一个 16 位工作计数器（WKC）字段结束。工作计数器计算此 EtherCAT 数据报成功寻址的设备数量。若成功则意味着 ESC 已被寻址并且可以访问所寻址的存储器（例如，受保护的 SyncManager 缓冲器）。每个数据报应具有主站计算的预期工作计数器值。主站可以通过将工作计数器与期望值进行比较来校验 EtherCAT 数据报是否有效处理。

如果成功读取或写入整个多字节数据报中至少一个字节或一位，则工作计数器增加。对于多字节数据报，如果成功读取或写入了所有字节或仅一个字节，则无法从工作计数器值中获知。这允许通过忽略未使用的字节来使用单个数据报读取分散的寄存器区域。

Read-Multiple-Write 可命令 ARMW 和 FRMW 被视为类似读命令或者写命令，具体取决于地址匹配。

5. EtherCAT 命令类型

EtherCAT 命令类型如表 7-5 所示，表中列出了所有支持的 EtherCAT 命令类型。对于读写（ReadWrite）操作，读操作在写操作之前执行。

表 7-5　EtherCAT 命令类型

命令	缩写	名　称	描　　述
0	NOP	无操作	从站忽略命令
1	APRD	自动递增读取	从站递增地址。如果接收的地址为零，从站将读取数据放入 EtherCAT 数据报
2	APWR	自动递增写入	从站递增地址。如果接收的地址为零，从站将数据写入存储器位置
3	APRW	自动递增读写	从站递增地址。从站将读取数据放入 EtherCAT 数据报，并在接收到的地址为零时将数据写入相同的存储单元
4	FPRD	配置地址读取	如果地址与其配置的地址之一相匹配，则从站将读取的数据放入 EtherCAT 数据报
5	FPWR	配置地址写入	如果地址与其配置的地址之一相匹配，则将数据写入存储器位置
6	FPRW	配置地址读写	如果地址与其配置的地址之一相匹配，则从站将读取数据放入 EtherCAT 数据报并将数据写入相同的存储器位置

命令	缩写	名 称	描 述
7	BRD	广播读取	所有从站将存储区数据和 EtherCAT 数据报数据的逻辑或放入 EtherCAT 数据报。所有从站增加位置字段
8	BWR	广播写入	所有从站都将数据写入内存位置。所有从站增加位置字段
9	BRW	广播读写	所有从站将存储区数据和 EtherCAT 数据报数据的逻辑"或"放入 Ether-CAT 数据报，并将数据写入存储单元。通常不使用 BRW。所有的从站增加位置字段
10	LRD	逻辑内存读取	如果接收的地址与配置的 FMMU 读取区域之一匹配，则从站将读取数据放入 EtherCAT 数据报
11	LWR	逻辑内存写入	如果接收的地址与配置的 FMMU 写入区域之一匹配，则从站将数据写入存储器位置
12	LRW	逻辑内存读写	如果接收到的地址与配置的 FMMU 读取区域之一匹配，则从站将读取数据放入 EtherCAT 数据报。如果接收的地址与配置的 FMMU 写入区域之一匹配，则从站将数据写入存储器位置
13	ARMW	自动递增多次读写	从站递增地址。如果接收的地址为零，则从站将读取数据放入 EtherCAT 数据报，否则从站将数据写入存储器位置
14	FRMW	配置多次读写	如果地址与配置的地址之一相匹配，则从站将读取的数据放入 EtherCAT 数据报，否则从站将数据写入存储器位置
15~255		保留	

6. UDP/IP

EtherCAT 从站控制器评估如表 7-6 所示的头字段，用以检测封装在 UDP/IP 中的 Ether-CAT 帧。

表 7-6　EtherCAT UDP/IP 封装

字 段	EtherCAT 预期值
以太类型	0x0800（IP）
IP 版本	4
IP 报头长度	5
IP 协议	0x11（UDP）
UDP 目的端口	0x88A4

如果未评估 IP 和 UDP 头字段，则不检查其他所有字段，并且不检查 UDP 校验和。

由于 EtherCAT 帧是即时处理的，因此在修改帧内容时，ESC 无法更新 UDP 校验和。相反，EtherCAT 从站控制器可清除任何 EtherCAT 帧的 UDP 校验和（不管 DL 控制寄存器 0x0100[0]如何设置），这表明校验和未被使用。如果 DL 控制寄存器 0x0100[0]=0，则在不修改非 EtherCAT 帧的情况下转发 UDP 校验和。

7.2.3　帧处理

ET1100、ET120、IP Core 和 ESC20 从站控制器仅支持直接寻址模式：既没有为 EtherCAT 从站控制器分配 MAC 地址，也没有为其分配 IP 地址，它们可使用任何 MAC 或 IP

地址处理 EtherCAT 帧。

在这些 EtherCAT 从站控制器之间，或主站和第一个从站之间无法使用非托管交换机，因为源地址和目标 MAC 地址不由 EtherCAT 从站控制器评估或交换。使用默认设置时，仅修改源 MAC 地址，因此主站可以区分传出和传入帧。

这些帧由 EtherCAT 从站控制器即时处理，即它们不存储在 EtherCAT 从站控制器之内。当比特通过 EtherCAT 从站控制器之时，读取和写入数据。最小化转发延迟以实现快速的循环。转发延迟由接收 FIFO 大小和 EtherCAT 处理单元延迟定义。可省略发送 FIFO 以减少延迟时间。

EtherCAT 从站控制器支持 EtherCAT、UDP/IP 和 VLAN 标记。处理包含 EtherCAT 数据报的 EtherCAT 帧和 UDP/IP 帧。具有 VLAN 标记的帧由 EtherCAT 从站控制器处理，忽略 VLAN 设置并且不修改 VLAN 标记。

通过 EtherCAT 处理单元的每个帧都将改变源 MAC 地址（SOURCE_MAC[1]设置为 1，本地管理的地址）。这有助于区分是主站发送的帧还是主站接收的帧。

1. 循环控制和循环状态

EtherCAT 从站控制器的每个端口可以处于以下两种状态之一：打开或关闭。

如果端口处于打开状态，则会在此端口将帧传输到其他 EtherCAT 从站控制器，并接收来自其他 EtherCAT 从站控制器的帧。关闭的端口不会与其他 EtherCAT 从站控制器交换帧，而是将帧从内部转发到下一个逻辑端口，直到到达一个打开的端口。

每个端口的循环状态可由主设备控制（EtherCAT 从站控制器 DL 控制寄存器 0x0100）。EtherCAT 从站控制器支持 4 种循环控制设置，包括两种手动配置和两种自动模式。

（1）手动打开

无论链接状态如何，端口都是打开的。如果没有链接，则传出的帧将丢失。

（2）手动关闭

无论链接状态如何，端口都是关闭的。即使存在与传入帧的链接，也不会在此端口发送或接收任何帧。

（3）自动

每个端口的环路状态由端口的链接状态决定。如果有链接，则循环打开，并在没有链接的情况下关闭循环。

（4）自动关闭（手动打开）

根据链接状态关闭端口，即如果链路丢失，则将关闭循环（自动关闭）。如果建立了链接，循环将不会自动打开，而是保持关闭（关闭等待状态）。通常，必须通过将循环配置再次写入 EtherCAT 从站控制器的 DL 控制寄存器 0x0100 来明确地打开端口。该写访问必须通过不同的开放端口进入 ESC。

打开端口还有一个额外的回退选项：如果在自动关闭模式下从关闭端口的外部链路接收到有效的以太网帧，则在正确接收 CRC 后也会打开它。帧的内容不会被评估。

自动闭环状态转换如图 7-10 所示。

如果端口可用，则 EtherCAT 从站控制器认为端口处于打开状态，即在配置中启用了该端口，并满足了以下条件之一。

1）DL 控制寄存器中的循环设置为自动，端口处有活动链接。

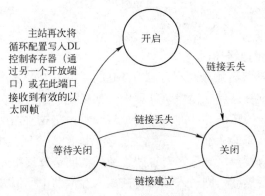

图 7-10　自动闭环状态转换

2) DL 控制寄存器中的循环设置为自动关闭，端口处有活动链接，并且在建立链接后再次写入 DL 控制寄存器。

3) DL 控制寄存器中的循环设置为自动关闭，并且端口处有活动链接，且在建立链接后在此端口接收到有效帧。

4) DL 控制寄存器中的循环设置始终打开。

如果满足下列条件之一，则认为端口已关闭。

1) 配置中的端口不可用或未启用。

2) DL 控制寄存器中的循环设置为"自动"，端口处没有活动链接。

3) DL 控制寄存器中的循环设置为自动关闭，端口处没有活动链接，或者在建立链接后未再次写入 DL 控制寄存器。

4) DL 控制寄存器中的循环设置始终关闭。

如果所有端口都关闭（手动或自动），端口 0 将作为恢复端口打开。

环路控制和环路/链路状态寄存器描述如表 7-7 所示。

表 7-7　环路控制和环路/链路状态寄存器描述

寄 存 地 址	名　　称	描　　述
0x0100[15:8]	ESC DL 控制	循环控制/循环设置
0x0110[15:4]	ESC DL 状态	循环和链接状态
0x0518~0x051B	PHY Port 状态	PHY 链接状态管理

2. 帧处理顺序

EtherCAT 从站控制器的帧处理顺序取决于端口数（使用逻辑端口号）。

经过包含 EtherCAT 处理单元的 EtherCAT 从站控制器的方向称为"处理"方向，不经过 EtherCAT 处理单元的其他方向称为"转发"方向。

未实现的端口与关闭端口的行为类似，帧被转发到下一个端口。

3. 永久端口和桥接端口

EtherCAT 从站控制器的 EtherCAT 端口通常是永久端口，可在上电后直接使用。永久端口初始化配置为自动模式，即在建立链接后是打开的。此外，一些 EtherCAT 从站控制器支持 EtherCAT 桥接端口（端口 3），这些端口会在 SII EEPROM 中配置，如 PDI 接口。如果成功加载 EEPROM，则此桥接端口变为可用，并且初始化为关闭，即必须由 EtherCAT 主站明确打开（或设置为自动模式）。

4. 寄存器写操作的镜像缓冲区

EtherCAT 从站控制器具有用于对寄存器（0x0000~0x0F7F）执行写操作的镜像缓冲区。在一个帧期间，写入数据被存储在镜像缓冲区中。如果正确接收帧，则将镜像缓冲区的值传送到有效寄存器。否则，镜像缓冲区的值不会被接管。由于这种行为，寄存器在收到 EtherCAT 帧的 FCS 后不久就会获取新值。在正确接收帧后，同步管理器也会更改缓冲区。

用户和过程内存没有镜像缓冲区。对这些区域的访问会直接生效。如果将同步管理器配置为用户存储器或过程存储器，则写入数据将被放入存储器中，但如果发生错误，缓冲区将不会更改。

5. 循环帧

EtherCAT 从站控制器包含一种防止循环帧的机制。这种机制对于实现正确的 WDT 功能非常重要。

循环帧如图 7-11 所示。这是从站 1 和从站 2 之间链路故障的示例网络。

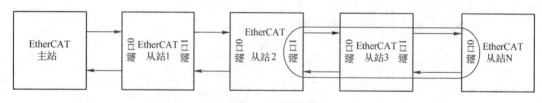

图 7-11　循环帧

从站 1 和从站 2 都检测到链路故障并关闭其端口（从站 1 的端口 1 和从站 2 的端口 0）。当前通过从站 2 右侧环的帧可能开始循环。如果这样的帧包含输出数据，它可能会触发 EtherCAT 从站控制器的内置 WDT，因此 WDT 永远不会过期，尽管 EtherCAT 主站不能再更新输出。

为防止这种情况，在端口 0 闭环并且端口 0 的循环控制设置为自动或自动关闭（EtherCAT 从站控制器 DL 控制寄存器 0x0100）的从站，将在 EtherCAT 处理单元中执行以下操作。

1）如果 EtherCAT 数据报的循环位为 0，则将循环位设置为 1。

2）如果循环位为 1，不处理帧并将其销毁。

该操作导致循环帧被检测和销毁。由于 EtherCAT 从站控制器不存储用于处理的帧，因此帧的片段仍将循环触发链接/活动 LED。然而，该片段不会被处理。

循环帧禁止导致所有帧被丢弃的情况如图 7-12 所示。

由于循环帧被禁止，端口 0 不能故意不连接（从属硬件或拓扑）。所有帧在第二次通过自动关闭的端口 0 后将被丢弃，这可以禁止任何 EtherCAT 通信。

由于没有连接任何内容，从站 1 和 3 的端口 0 自动关闭。在从站 3 和从站 1 检测到这种情况并销毁该帧时，每个帧的循环位被置位。

在冗余操作中，只有一个端口 0 自动关闭，因此通信保持活动状态。

6. 非 EtherCAT 协议

如果使用非 EtherCAT 协议，则必须将 EtherCAT 从站控制器的 DL 控制寄存器（0x0100 [0]）中的转发规则设置为转发非 EtherCAT 协议，否则会被 EtherCAT 从站控制器销毁。

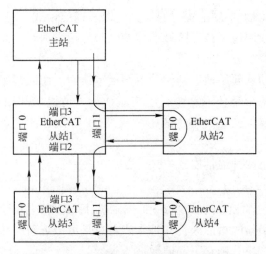

图 7-12　循环帧禁止导致所有帧被丢弃

7. 端口 0 的特殊功能

端口 0 与端口 1、2 和 3 相比，每个 EtherCAT 的端口 0 都具有一些特殊功能。

1）端口 0 通向主站，即端口 0 是上游端口，所有其他端口（1~3）是下游端口（除非发生错误且网络处于冗余模式）。

2）端口 0 的链路状态影响循环帧位，如果该位被置位且链路为自动关闭的，帧将在端口 0 处被丢弃。

3）如果所有端口都关闭（自动或手动），则端口 0 循环状态打开。

4）使用标准 EBUS 链接检测时，端口 0 具有特殊行为。

7.2.4　FMMU

现场总线存储器管理单元（FMMU）通过内部地址映射将逻辑地址转换为物理地址。因此，FMMU 允许对跨越多个从设备的数据段使用逻辑寻址：一个数据报寻址几个任意分布的 EtherCAT 从站控制器内的数据。每个 FMMU 通道将一个连续的逻辑地址空间映射到从站的一个连续物理地址空间。EtherCAT 从站控制器的 FMMU 支持逐位映射，支持的 FMMU 数量取决于 EtherCAT 从站控制器。FMMU 支持的访问类型可配置为读、写或读/写。

7.2.5　同步管理器

EtherCAT 从站控制器的存储器可用于在 EtherCAT 主站和本地应用程序（在连接到 PDI 的微控制器上）之间交换数据，而没有任何限制。像这样使用内存进行通信有一些缺点，可以通过 EtherCAT 从站控制器内部的同步管理器来解决。

1）不保证数据一致性。信号量必须用软件实现，以便使用协调的方式交换数据。

2）不保证数据安全性。安全机制必须用软件实现。

3）EtherCAT 主站和应用程序必须轮询内存，以便得知对方的访问在何时完成。

同步管理器可在 EtherCAT 主站和本地应用程序之间实现一致且安全的数据交换，并生成中断来通知双方发生数据更改。

同步管理器由 EtherCAT 主站配置。通信方向以及通信模式（缓冲模式和邮箱模式）是可配置的。同步管理器使用位于内存区域的缓冲区来交换数据。对此缓冲区的访问由同步管理器的硬件控制。

对缓冲区的访问必须从起始地址开始，否则拒绝访问。访问起始地址后，整个缓冲区甚至是起始地址可以作为一个整体或几个行程再次访问。通过访问结束地址完成对缓冲区访问，之后缓冲区状态会发生变化，并生成中断或 WDT 触发脉冲（如果已配置）。结束地址不能在一帧内访问两次。

同步管理器支持以下两种通信模式。

1. 缓冲模式

缓冲模式允许双方，即 EtherCAT 主站和本地应用程序随时访问通信缓冲区。消费者总是获得由生产者写入的最新的缓冲区，并且生产者总是可以更新缓冲区的内容。如果缓冲区的写入速度比读出的速度快，则会丢弃旧数据。

缓冲模式通常用于循环过程数据。

2. 邮箱模式

邮箱模式以握手机制实现数据交换，因此不会丢失数据。每一方，即 EtherCAT 主站或本地应用程序，只有在另一方完成访问后才能访问缓冲区。首先，生产者写入缓冲区。然后，锁定缓冲区的写入直到消费者将其读出。之后，生产者再次具有写访问权限，同时消费者缓冲区被锁定。

邮箱模式通常用于应用程序层协议。

仅当帧的 FCS 正确时，同步管理器才接受由主机引起的缓冲区更改，因此，缓冲区更改将在帧结束后不久生效。

同步管理器的配置寄存器位于寄存器地址 0x0800 处。

EtherCAT 从站控制器具有以下主要功能。

1）集成数据帧转发处理单元，通信性能不受从站微处理器性能限制。每个 EtherCAT 从站控制器最多可以提供 4 个数据收发端口；主站发送 EtherCAT 数据帧操作被 EtherCAT 从站控制器称为 ECAT 帧操作。

2）最大 64 KB 的双端口存储器 DPRAM 存储空间，其中包括 4KB 的寄存器空间和 1~60KB 的用户数据区，DPRAM 可以由外部微处理器使用并行或串行数据总线访问，访问DPRAM 的接口称为物理设备接口（Physical Device Interface，PDI）。

3）可以不用微处理器控制，作为数字量输入/输出芯片独立运行，具有通信状态机处理功能，最多提供 32 位数字量输入/输出。

4）具有 FMMU 逻辑地址映射功能，提高数据帧利用率。

5）由存储同步管理器通道管理 DPRAM，保证了应用数据的一致性和安全性。

6）集成分布时钟（Distribute Clock，DC）功能，为微处理器提供高精度的中断信号。

7）具有 EEPROM 访问功能，存储 EtherCAT 从站控制器和应用配置参数，定义从站信息接口（Slave Information Interface，SII）。

7.3 EtherCAT 从站控制器的 BECKHOFF 解决方案

7.3.1 BECKHOFF 提供的 EtherCAT 从站控制器

BECKHOFF 公司提供的 EtherCAT 从站控制器，包括 ASIC 芯片和 IP-Core。常用的 EtherCAT 从站控制器有 ET1100 和 ET1200。

用户也可以使用 IP-Core 将 EtherCAT 通信功能集成到设备控制 FPGA 中，并根据需要配置功能和规模。IP-Core 的 ET18xx 使用 Altera 公司的 Cyclone 系列 FPGA。

7.3.2 EtherCAT 从站控制器存储空间

EtherCAT 从站控制器具有 64 KB 的 DPRAM 地址空间，前 4 KB（0x0000~0x0FFF）空间为寄存器空间，0x1000~0xFFFF 的地址空间为过程数据存储空间，不同的芯片类型所包含的过程数据空间有所不同，EtherCAT 从站控制器内部存储空间如图 7-13 所示。

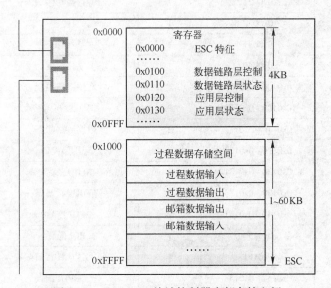

图 7-13　EtherCAT 从站控制器内部存储空间

0x0000~0x0F7F 的寄存器具有缓存区，EtherCAT 从站控制器在接收到一个写寄存器操作数据帧时，数据首先存放在缓存区中。如果确认数据帧接收正确，缓存区中的数值将被传送到真正的寄存器中，否则不接收缓存区中的数据。

也就是说，寄存器内容在正确接收到 EtherCAT 数据帧的 FCS 之后才被刷新。用户和过程数据存储区没有缓存区，所以对它的写操作将立即生效。如果数据帧接收错误，EtherCAT 从站控制器将不向上层应用控制程序通知存储区数据的改变。EtherCAT 从站控制器的存储空间分配如表 7-8 所示。

表 7-8　EtherCAT 从站控制器的存储空间分配

功 能 结 构	地　　址	数据长度/字节	描　　述	读/写	
				ECAT 帧	PDI
ESC 信息	0x0000	1	类型	R	R
	0x0001	1	版本号	R	R
	0x0002～0x0003	2	内部标号	R	R
	0x0004	1	FMMU 数	R	R
	0x0005	1	SM 通道数	R	R
	0x0006	1	RAM 容量	R	R
	0x0007	1	端口描述	R	R
	0x0008～0x0009	2	特性	R	R
站点地址	0x0010～0x0010	2	配置站点地址	R/W	R
	0x0012～0x0013	2	配置站点别名	R	R/W
写保护	0x0020	1	寄存器写使能	W	
	0x0021	1	寄存器写保护	R/W	R
	0x0030	1	写使能	W	
	0x0031	1	写保护	R/W	R
ESC 复位	0x0040	1	复位控制	R/W	R
数据链路层	0x0100～0x0103	4	数据链路控制	R/W	R
	0x0108～0x0109	2	物理读/写偏移	R	R
	0x0110～0x0111	2	数据链路状态	R	R
应用层	0x0120～0x0121	2	应用层控制	R/W	R
	0x0130～0x0131	2	应用层状态	R	R/W
	0x0134～0x0135	2	应用层状态码	R	R/W
物理设备接口（Physical Device Interface，PDI）	0x0140～0x0141	2	PDI 控制	R	R
	0x0150	1	PDI 配置	R	R
	0x0151	1	SYNC/LATCH 接口配置	R	R
	0x0152～0x0153	2	扩展 PDI 配置	R	R
中断控制	0x0200～0x0201	2	ECAT 中断屏蔽	R/W	
	0x0204～0x0207	4	应用层中断事件屏蔽	R	R/W
	0x0210～0x0211	2	ECAT 中断请求	R	R
	0x0220～0x0223	4	应用层中断事件请求	R	R
错误计数器	0x0300～0x0307	4x2	接收错误计数器	R/W（clr）	R
	0x0308～0x030B	4	转发接收错误计数器	R/W（clr）	R
	0x030C	1	ECAT 处理单元错误计数器	R/W（clr）	R
	0x0300	1	PDI 错误计数器	R/W（clr）	R
	0x0310～0x0313	4	链接丢失计数器	R/W（clr）	R

功 能 结 构	地 址	数据长度/字节	描 述	读/写	
				ECAT 帧	PDI
WDT 设置	0x0400~0x0401	2	WDT 分频器	R/W	R
	0x0410~0x0411	2	PDI WDT 定时器	R/W	R
	0x0420~0x0421	2	过程数据 WDT 定时器	R/W	R
	0x0440~0x0441	2	过程数据 WDT 状态	R	R
	0x0442	1	过程数据 WDT 超时计数器	R/W（clr）	R
	0x0443	1	PDI WDT 超时计数器	R/W（clr）	R
EEPROM 控制接口	0x0500	1	EEPROM 配置	R/W	R
	0x0501	1	EEPROM PDI 访问状态	R	R/W
	0x0502~0x0503	2	EEPROM 控制/状态	R/W	R/W
	0x0504~0x0507	4	EEPROM 地址	R/W	R/W
	0x0508~0x050F	8	EEPROM 数据	R/W	R/W
MII 管理接口	0x0510~0x0511	2	MII 管理控制/状态	R/W	R/W
	0x0512	1	PHY 地址	R/W	R/W
	0x0513	1	PHY 寄存器地址	R/W	R/W
	0x0514~0x0515	2	PHY 数据	R/W	R/W
	0x0516	1	MII 管理 ECAT 操作状态	R/W	R
	0x0517	1	MII 管理 PDI 操作状态	R	R/W
	0x0518~0x051B	4	PHY 端口状态	R	R
FMMU 配置寄存器	0x0600~0x06FF	16x16	FMMU[15:0]		
	+0x0:0x3	4	逻辑起始地址	R/W	R
	+0x4:0x5	2	长度	R/W	R
	+0x6	1	逻辑起始位	R/W	R
	+0x7	1	逻辑停止位	R/W	R
	+0x8:0x9	2	物理起始地址	R/W	R
	+0xA	1	物理起始位	R/W	R
	+0xB	1	FMMU 类型	R/W	R
	+0xC	1	FMMU 激活	R/W	R
	+0xD:xF	3	保留	R	R
SM 通道配置寄存器	0x080~x087F	16x16	同步管理器 SM[15:0]		
	+0x0:0xl	2	物理起始地址	R/W	R
	+0x2:0x3	2	长度	R/W	R
	+0x4	1	SM 通道控制寄存器	R/W	R
	+0x5	1	SM 通道状态寄存器	R	R
	+0x6	1	激活	R/W	R
	+0x7	1	PDI 控制	R	R/W

（续）

功能结构	地 址	数据长度/字节	描 述	读/写	
				ECAT帧	PDI
分布时钟DC控制寄存器	0x0900~x09FF		分布时钟DC控制		
DC接收时间	0x0900~0x0903	4	端口0接收时间	R/W	R
	0x0904~0x0907	4	端口1接收时间	R	R
	0x0908~0x090B	4	端口2接收时间	R	R
	0x090C~0x090F	4	端口3接收时间	R	R
DC时钟控制环单元	0x0910~0x0917	4/8	系统时间	R/W	R/W
	0x0918~0x091F	4/8	数据帧处理单元接收时间	R	R
	0x0920~0x0927	4	系统时间偏移	R/W	R/W
	0x0928~0x092B	4	系统时间延迟	R/W	R/W
	0x092C~0x092F	4	系统时间漂移	R/W	R/W
	0x0930~0x0931	2		R/W	R/W
	0x0932~0x0933	2		R	R
	0x0934	1	系统时差滤波深度	R/W	R/W
	0x0935	1		R/W	R/W
DC周期性单元控制	0x0980	1	周期单元控制	R/W	R
DC SYNC输出单元	0x0981	1	激活	R/W	R/W
	0x0982~0x0983	2	SYNC信号脉冲宽度	R	R
	0x098E	1	SYNC0侑号状态	R	R
	0x098F	1	SYNC1信号状态	R	R
	0x0990~0x0997	4/8	周期性运行开始时间/下一个SYNC0脉冲时间	R/W	R/W
	0x0998~0x099F	4/8	下一个SYNC1脉冲时间	R	R
	0x09A0~0x09A3	4	SYNC0周期时间	R/W	R/W
	0x09A4~0x09A7	4	SYNC1周期时间	R/W	R/W
DC锁存单元	0x09A8	1	Latch0控制	R/W	R/W
	0x09A9	1	Latchl控制	R/W	R/W
	0x09AE	1	Latoh0状态	R	R
	0x09AF	1	Latchl状态	R	R
	0x09B0~0x09B7	4/8	Latch0上升沿时间	R	R
	0x09B8~0x09BF	4/8	Latch0下降沿时间	R	R
	0x09C0~0x09C7	4/8	Latchl上升沿时间	R	R
	0x09C8~0x09CF	4/8	Latch1下降沿时间	R	R
DC SM时间	0x09F0~0x09F3	4	EtherCAT缓存改变事件时间	R	R
	0x09F8~0x09FB	4	PDI缓存开始事件时间	R	R
	0x09FC~0x09FF	4	PDI缓存改变事件时间	R	R

功能结构	地　址	数据长度/字节	描　述	读/写	
				ECAT 帧	PDI
ESC 特征寄存器	0xE000~0x0EFF	256	ESC 特征寄存器，如：上电值，产品和厂商的 ID		
数字量输入和输出	0x0F00~0x0F03	4	数字量 I/O 输出数据	R/W	R
	0x0F10~0x0F17	1~8	通用功能输出数据	R/W	R/W
	0x0F18~0x0F1F	1~8	通用功能输入数据	R	R
用户 RAM/扩展 ESC 特性	0x0F80~0x0FFF	128	用户 RAM/扩展 ESC 特性	R/W	R/W
过程数据 RAM	0x1000~0x1003	4	数字量 I/O 输入数据	R/W	R/W
	0x1000~0xFFFF	8K	过程数据 RAM	R/W	R/W

7.3.3　EtherCAT 从站控制器特征信息

EtherCAT 从站控制器的寄存器空间的前 10 个字节表示其基本配置性能，可以读取这些寄存器的值，从而获取 EtherCAT 从站控制器的类型和功能，其特征寄存器如表 7-9 所示。

表 7-9　EtherCAT 从站控制器的特征寄存器

地　址	位	名　称	描　述	复位值
0x0000	0~7	类型	芯片类型	ET1100：0x11 ET1200：0x12
0x0001	0~7	修订号	芯片版本修订号 IP Core：主版本号 X	ESC 相关
0x0002~0x0003	0~15	内部版本号	内部版本号 IP Core：[7:4]=子版本号 Y 　　　　　[3:0]=维护版本号 Z	ESC 相关
0x0004	0~7	FMMU 支持	FMMU 通道数目	IP Core：可配置 ET1100：8 ET1200：3
0x0005	0~7	SM 通道支持	SM 通道数目	IP Core：可配置 ET1100：8 ET1200：4
0x0006	0~7	RAM 容量	过程数据存储区容量，以 KB 为单位	IP Core：可配置 ET1100：8 ET1200：1
0x0007	0~7	端口配置	4 个物理端口的用途	ESC 相关
0x0008~0x0009	1:0	Port 0	00：没有实现 01：没有配置 10：EBUS 11：MII	
	3:2	Port 1		
	5:4	Port 2		
	7:6	Port 3		
	0	FMMU 操作	0：按位映射 1：按字节映射	0
	1	保留		

地　　址	位	名　　称	描　　述	复位值
0x0008～0x0009	2	分布时钟	0：不支持 1：支持	IP Core：可配置 ET1100：1 ET1200：1
	3	时钟容量	0：32 位 1：64 位	ET1100：1 ET1200：1 其他：0
	4	低抖动 EBUS	0：不支持，标准 EBUS 1：支持，抖动最小化	ET1100：1 ET1200：1 其他：0
	5	增强的 EBUS 链接检测	0：不支持 1：支持，如果在过去的 256 位中发现超过 16 个错误，则关闭链接	ET1100：1 ET1200：1 其他：0
	6	增强的 MII 链接检测	0：不支持 1：支持，如果在过去的 256 位中发现超过 16 个错误，则关闭链接	ET1100：1 ET1200：1 其他：0
	7	分别处理 FCS 错误	0：不支持 1：支持	ET1100：1 ET1200：1 其他：0
	8～15	保留		

7.4　EtherCAT 从站控制器 ET1100

7.4.1　ET1100 概述

ET1100 是一种 EtherCAT 从站控制器（ESC）。它将 EtherCAT 通信作为 EtherCAT 现场总线和从站之间的接口进行处理。它具有 4 个数据收发端口、8 个 FMMU 单元、8 个 SM 通道、4 KB 控制寄存器、8 KB 过程数据储存器，支持 64 位的分布时钟功能。

ET1100 可支持多种应用。例如，它可以直接作为 32 位数字量输入/输出站点，且无需使用分布式时钟的外部逻辑，或作为具有多达 4 个 EtherCAT 通信端口的复杂微控制器设计的一部分。

ET1100 的主要特征如表 7-10 所示。

表 7-10　ET1100 的主要特征

特征	ET1100
端口	2～4 个端口（配置为 EBUS 接口或 MII）
FMMU 单元	8 个
SM	8 个
RAM	8 KB
分布时钟	支持，64 位（具有 SII EEPROM 配置的省电选项）

过程数据接口	• 32 位数字量输入/输出（单向/双向） • SPI 从站 • 8/16 异步/同步微控制器
电源	用于逻辑内核/PLL（5 V/3.3 V~2.5 V）的集成稳压器（LDO），用于逻辑内核/PLL 的可选外部电源
I/O	3.3 V 兼容 I/O
封装	BAG128 封装（10×10 mm^2）
其他特征	• 内部 1 GHz PLL • 外部设备的时钟输出（10 MHz、20 MHz 和 25 MHz）

EtherCAT 从站控制器 ET1100 的功能框图如图 7-14 所示。

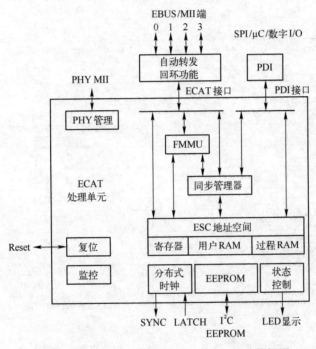

图 7-14　EtherCAT 从站控制器 ET1100 的功能框图

EtherCAT 从站控制器有 64 KB 的地址空间。第一个 4 KB 的块（0x0000:0x0FFF）专用于寄存器。过程数据 RAM 从地址 0x1000 开始，其大小为 8 KB（结束地址为 0x2FFF）。

ET1100 存储空间描述符号说明如表 7-11 所示。

表 7-11　ET1100 存储空间描述符号说明

符号	描　述	ET1100 EEPROM 配置
x	可用	
—	不可用	
SL	DC SYNC Out 单元和/或 Latch In 单元使能	0x0000[10] = 1，或 0x0000[11] = 1
S	DC SYNC Out 单元使能	0x0000[10] = 1

（续）

符 号	描 述	ET1100 EEPROM 配置
L	DC Latch In 单元使能	0x0000[11] = 1
io	若数字 I/O 过程数据接口已选则可用	

ET1100 存储空间描述如表 7-12 所示。

表 7-12　ET1100 存储空间描述

地　　址	数据长度/字节	描　　述	ET1100
0x0000	1	类型	x
0x0001	1	版本号	x
0x0002 ~ 0x0003	2	内部标号	x
0x0004	1	支持的 FMMU 数	x
0x0005	1	SM 通道数	x
0x0006	1	RAM 容量	x
0x0007	1	端口描述	x
0x0008 ~ 0x0009	2	特性	x
0x0010 ~ 0x0011	2	配置站点地址	x
0x0012 ~ 0x0013	2	配置站点别名	x
0x0020	1	寄存器写使能	x
0x0021	1	寄存器写保护	x
0x0030	1	ESC 写使能	x
0x0031	1	ESC 写保护	x
0x0040	1	ESC 复位 EtherCAT	x
0x0041	1	ESC 复位过程数据接口	—
0x0100 ~ 0x0101	2	ESC 数据链路控制	x
0x0102 ~ 0x0103	2	拓展 ESC 数据链路控制	x
0x0108 ~ 0x0109	2	物理读/写偏移	x
0x0110 ~ 0x0111	2	数据链路状态	x
0x0120	5 位[4:0]	应用层控制	x
0x0120 ~ 0x0121	2	应用层控制	x
0x0130	5 位[4:0]	应用层状态	x
0x0130 ~ 0x0131	2	应用层状态	x
0x0134 ~ 0x0135	2	应用层状态码	x
0x0138	1	运行指示灯（RUN LED）覆盖	—
0x0139	1	错误指示灯（ERR LED）覆盖	—
0x0140	1	PDI 控制	x
0x0141	1	ESC 配置	x
0x014E ~ 0x014F	2	PDI 信息	—

地　　　址	数据长度/字节	描　　述	ET1100
0x0150	1	PDI 配置	x
0x0151	1	Sync/Latch 接口配置	x
0x0152~0x0153	2	拓展 PDI 配置	x
0x0200~0x0201	2	ECAT 中断屏蔽	x
0x0204~0x0207	4	应用层中断事件屏蔽	x
0x0210~0x0211	2	ECAT 中断请求	x
0x0220~0x0223	4	应用层中断事件请求	x
0x0300~0x0307	4×2	接收错误计数器	x
0x0308~0x030B	4×1	转发接收错误计数器	x
0x030C	1	ECAT 处理单元错误计数器	x
0x030D	1	PDI 错误计数器	x
0x030E	1	PDI 错误码	—
0x0310~0x0313	4×1	链接丢失计数器[3:0]	x
0x0400~0x0401	2	WDT 分频器	x
0x0410~0x0411	2	PDI WDT 定时器	x
0x0420~0x0421	2	过程数据 WDT 定时器	x
0x0440~0x0441	2	过程数据 WDT 状态	x
0x0442	1	过程数据 WDT 超时计数器	x
0x0443	1	PDI WDT 超时计数器	x
0x0500~0x050F	16	EEPROM 控制接口	x
0x0510~0x0515	6	MII 管理接口	x
0x0516~0x0517	2	MII 管理操作状态	—
0x0518~0x051B	3	PHY 端口状态[3:0]	—
0x0600~0x06FC	16×13	FMMU[15:0]	8
0x0800~0x087F	16×8	同步管理器 SM[15:0]	8
0x0900~0x090F	4×4	DC 接收时间	x
0x0910~0x0917	8	DC 系统时间	SL
0x0918~0x091F	8	DC 数据帧处理单元接收时间	SL
0x0920~0x0927	8	DC 系统时间偏移	SL
0x0928~0x092B	4	DC 系统时间延迟	SL
0x092C~0x092F	4	DC 系统时间漂移	SL
0x0930~0x0931	2	DC 速度寄存器起始	SL
0x0932~0x0933	2	DC 速度寄存器偏移	SL
0x0934	1	DC 系统时间偏移过滤深度	SL
0x0935	1	DC 速度寄存器过滤深度	SL
0x0936	1	DC 接收时间 Latch 模式	—

地　　址	数据长度/字节	描　　述	ET1100
0x0980	1	DC 周期单元控制	S
0x0981	1	DC 激活	S
0x0982~0x0983	2	DC-SYNC 信号脉冲宽度	S
0x0984	1	DC 激活状态	—
0x098E	1	DC-SYNC0 状态	S
0x098F	1	DC-SYNC1 状态	S
0x0990~0x099F	8	DC-周期性运行开始时间/ 下个 SYNC0 脉冲时间	S
0x0998~0x099F	8	DC-下一个 SYNC1 脉冲时间	S
0x09A0~0x09A3	4	DC-SYNC0 周期时间	S
0x09A4~0x09A7	4	DC-SYNC1 周期时间	S
0x09A8	1	DC-Latch0 控制	L
0x09A9	1	DC-Latch1 控制	L
0x09AE	1	DC-Latch0 控制	L
0x09AF	1	DC-Latch1 控制	L
0x09B0~0x09B7	8	DC-Latch0 上升沿时间	L
0x09B8~0x09BF	8	DC-Latch0 下降沿时间	L
0x09C0~0x09C7	8	DC-Latch1 上升沿时间	L
0x09C7~0x09CF	8	DC-Latch1 下降沿时间	L
0x09F0~0x09F3	4	DC-EtherCAT 缓存改变事件时间	SL
0x09F8~0x09FB	4	DC-PDI 缓存开始事件时间	SL
0x09FC~0x09FF	4	DC-PDI 缓存改变事件时间	SL
0x0E00~0x0E03	4	上电值［位］	16
0x0E00~0x0E07	8	产品 ID	—
0x0E08~0x0E0F	8	供应商 ID	—
0x0E10	1	ESC 健康状态	—
0x0F00~0x0F03	4	数字 I/O 输出数据	x
0x0F10~0x0F17	8	通用功能输出数据	2
0x0F18~0x0F1F	8	通用功能输入数据	2
0x0F80~0x0FFF	128	用户 RAM	x
0x1000~0x1003	4	数字量 I/O 输入数据	io
0x1000~0xFFFF	8 K	过程数据 RAM［KB］	

7.4.2　ET1100 引脚介绍

输入引脚不应保持开路/悬空状态。未使用外部或内部上拉/下拉电阻的未用输入引脚（用方向 UI 表示）不应保持在打开状态。如应用允许，应下拉未用的配置引脚。当使用双向数字 I/O 时，注意 PDI[39:0]区域中的配置信号。未用的 PDI[39:0]输入引脚应下拉，所有其他输入引脚可直接连接到 GND。

上拉电阻必须连接到 VCC I/O，而不能连接到不同的电源。否则，只要 VCC I/O 低于另一个电源，ET1100 就可以通过电阻和内部箝位二极管供电。

1. ET1100 引脚分布

ET1100 采用 BGA128 封装，其引脚分布如图 7-15 所示，共有 128 个引脚。

A1	A2	A3	A4	A5	A6	A7	A8	A9	A10	A11	A12
B1	B2	B3	B4	B5	B6	B7	B8	B9	B10	B11	B12
C1	C2	C3	C4	C5	C6	C7	C8	C9	C10	C11	C12
D1	D2	D3	D4	D5	D6	D7	D8	D9	D10	D11	D12
E1	E2	E3	E4					E9	E10	E11	E12
F1	F2	F3	F4					F9	F10	F11	F12
G1	G2	G3	G4					G9	G10	G11	G12
H1	H2	H3	H4					H9	H10	H11	H12
J1	J2	J3	J4	J5	J6	J7	J8	J9	J10	J11	J12
K1	K2	K3	K4	K5	K6	K7	K8	K9	K10	K11	K12
L1	L2	L3	L4	L5	L6	L7	L8	L9	L10	L11	L12
M1	M2	M3	M4	M5	M6	M7	M8	M9	M10	M11	M12

图 7-15   ET1100 的引脚分布

ET1100 引脚信号如表 7-13 所示，其中列出了 ET1100 的所有功能引脚，按照功能复用分类，包括 PDI 接口引脚、ECAT 帧接口引脚、芯片配置引脚和其他功能引脚。ET1100 的供电引脚信号如表 7-14 所示。

表 7-13   ET1100 引脚信号

功能 引脚号	PDI				ECAT 帧接口		配置功能	其他功能
	PDI 编号	I/O 接口	MCI	SPI	MII	EBUS 接口		
D12	PDI[0]	I/O[0]	/CS	SPI_CLK				
D11	PDI[1]	I/O[1]	/RD(/TS)	SPI_SEL				
C12	PDI[2]	I/O[2]	/WR(RD/nWR)	SPI_DI				
C11	PDI[3]	I/O[3]	/BUSY(/TA)	SPI_DO				
B12	PDI[4]	I/O[4]	/IRQ	SPI_IRQ				
C10	PDI[5]	I/O[5]	/BHE					
A12	PDI[6]	I/O[6]	EEPROM_ Loaded	EEPROM_ Loaded				
B11	PDI[7]	I/O[7]	ADR[15]					CPU_CLK
A11	PDI[8]	I/O[8]	ADR[14]	GPO[0]				SOF*
B10	PDI[9]	I/O[9]	ADR[13]	GPO[1]				OE_EXT*
A10	PDI[10]	I/O[10]	ADR[12]	GPO[2]				OUTVALID*_

功能 引脚号	PDI				ECAT 帧接口		配置功能	其他功能
	PDI 编号	I/O 接口	MCI	SPI	MII	EBUS 接口		
C9	PDI[11]	I/O[11]	ADR[11]	GPO[3]				WD_TRIG*
A9	PDI[12]	I/O[12]	ADR[10]	GPI[0]				LATCH_IN*
B9	PDI[13]	I/O[13]	ADR[9]	GPI[1]				OE_CONF*
A8	PDI[14]	I/O[14]	ADR[8]	GPI[2]				EEPROM_Loaded*
B8	PDI[15]	I/O[15]	ADR[7]	GPI[3]				
A7	PDI[16]	I/O[16]	ADR[6]	GPO[4]	RX_ERR(3)			SOF*
B7	PDI[17]	I/O[17]	ADR[5]	GPO[5]	RX-CLK(3)			OE_EXT*
A6	PDI[18]	I/O(18)	ADR[4]	GPO[6]	RX_D(3)[0]			OUTVALID*
B6	PDI[19]	I/O[19]	ADR[3]	GPO[7]	RX_D(3)[2]			WD_TR1G*
A5	PDI[20]	I/O[20]	ADR[2]	GPI[4]	RXD_(3)[3]			LATCH_IN*
B5	PDI[21]	I/O[2l]	ADR[1]	GPI[5]	LINK_MII(3)			OE_CONF*
A4	PDI[22]	I/O[22]	ADR[0]	GPI[6]	TX_D(3)[3]			EEPROM_Loaded*
B4	PDI[23]	I/O[23]	DATA[0]	GPI[7]	TX_D(3)[2]			
A3	PDI[24]	I/O[24]	DATA[1]	GP0[8]	TX_D(3)[1]	EBUS(3)-TX-		
B3	PDI[25]	I/O[25]	DATA[2]	GPO[9]	TX_D(3)[0]			
A2	PDI[26]	I/O[26]	DATA[3]	GPO[10]	TX_ENA(3)	EBUS(3)-TX+		
A1	PDI[27]	I/O[27]	DATA[4]	GPO[11]	RX_DV(3)	EBUS(3)-RX-		
B2	PDI[28]	I/O[28]	DATA[5]	GPI[8]	Err(3)/Trans(3)	Err(3)	RESET_VED	
B1	PDI[29]	I/O[29]	DATA[6]	GPI[9]	RX_D(3)[1]	EBUS(3)-RX+		
C2	PDI[30]	I/O[30]	DATA[7]	GPI[10]	LinkAct(3)		P_CONF[3]	
Cl	PDI[31]	I/O[31]		GPI[11]	CLK25OUT2			
D1	PDI[32]	SOF*	DATA[8]	GPO[12]	TX_D(2)[3]			
D2	PDI[33]	OE_EXT*	DATA[9]	GPO[13]	TX_D(2)[2]			
E2	PDI[34]	OUTVALID*	DATA[10]	GPO[14]	TX_D(2)[0]		CTRL_STATUS_MOVE	
Gl	PDI[35]	WD_TR1G*	DATA[11]	GPO[15]	RX_ERR(2)			
G2	PDI[36]	LATCH_JN*	DATA[12]	GPI[12]	RX_CLK(2)			
H2	PDI[37]	OE_OONF*	DATA[13]	GPI[13]	RX_D(2)[0]			
J2	PDI[38]	EEPROM_Loaded*	DATA[14]	GPI[14]	RX_D(2)[2]			
K1	PDI[39]		DATA[15]	GPI[15]	RX_D(2)[3]			
F1					TX-ENA(2)	EBUS(2)-TX+		
El					TX_D(2)[1]	EBUS(2)-TX-		
H1					RX_DV(2)	EBUS(2)-RX+		
J1					RX_D(2)[1]	EBUS(2)-RX-		
C3					Err(2)/Trans(2)	Err(2)	PHYAD_OFF	
E3					LinkAct(2)		P_CONF[2]	
F2					LINK_MII(2)	CLK25OUT1		CLK25OUT1

功能 引脚号	PDI				ECAT 帧接口		配置功能	其他功能
	PDI 编号	I/O 接口	MCI	SPI	MII	EBUS 接口		
M3					TX_ENA(1)	EBUS(1)-TX+		
L3					TX_D(1)[0]		TRANS_ MODE_ENA	
M2					TX_D(1)[1]	EBUS(1)-TX-		
L2					TX_D(1)[2]		P_MODE[0]	
M1					TX_D(1)[3]		P_MODE[1]	
L4					RX_D(1)[0]			
M5					RX_D(1)[1]	EBUS(1)-RX+		
L5					RX_D(1)[2]			
M6					RX_D(1)[3]			
M4					RX_DV(1)	EBUS(1)-RX-		
L6					RX_ERR(1)			
K4					RX_CLK(1)			
K3					LINK_MH(1)			
K2					Err(1)/Trans(1)	Err(1)	CLK_MODE[1]	
L1					LinkAct(1)	LinkAct(1)	P_CONF[1]	
M9					TX_ENA(0)	EBUS(0)-TX+		
L8					TX_D(0)[0]		C25_ENA	
M8					TX_D(0)[1]	EBUS(0)-TX-		
L7					TX_D(0)[2]		C25_SHI[0]	
M7					TX_D(0)[3]		C25_SHI[1]	
K10					RX_D(0)[0]			
M12					RX_D(0)[1]	EBUS(0)-RX+		
L11					RX_D(0)[2]			
L12					RX_D(0)[3]			
M11					RX_DV(0)	EBUS(0)-RX-		
M10					RX_ERR(0)			
L10					RX_CLK(0)			
L9					LINK_MII0)			
J11					Err(0)/Tians(0)	Err(0)	CLK_MODE[0]	
J12					LinkAct(0)	LinkAct(0)	P_CONF[0]	
H11							EEPROM_SIZE	RUN
G12								OSC_IN
F12								OSC_OUT
H12								RESET
C4								RBIAS
H3								TESTMODE
G11								EEPROM_CLK
F11								EEOROM_ DATA

功能	PDI				ECAT 帧接口		配置功能	其他功能
引脚号	PDI 编号	I/O 接口	MCI	SPI	MII	EBUS 接口		
K11							LINKPOL	MI_CLK
K12								MI_DATA
E11								SYNC/Latch[0]
E12								SYNC/Latch[1]

注: 1. 表中带 "*" 引脚表示可以通过配置引脚 CTRL_STATUS_MOVE 分配 PD[23:16] 或 PD[15:8] 作为控制/状态信号。
    2. 表中带 "/" 引脚表示逻辑非，如/CS 引脚。
    3. 表中 RD/nWR 引脚中的 "n" 表示逻辑 "非"。

表 7-14　ET1100 的供电引脚信号

引 脚 编 号	电 源 功 能
C5, D3, J3, K5, K8, J10, F10, D10, E9, F3, H9	$Vcc_{I/O}$
D5, D4, J4, J4, J8, J9, F9, D9, H4, K9	$GND_{I/O}$
C6, K6, K7, C7	Vcc_{Core}
D6, J6, J7, D7	GND_{Core}
G10	Vcc_{PLL}
G9	GND_{PLL}
E4, G3, G4, E10, C8, H10, F4, D8	Res.

2. ET1100 的引脚功能

ET1100 的引脚功能描述如表 7-15 所示。

表 7-15　ET1100 的引脚功能描述

信　号	类型	引脚方向	描　述
C25_ENA	配置	输入	CLK25OUT2 使能
C25_SHI[1:0]	配置	输入	TX 移位：MII TX 信号的移位/相位补偿
CLK_MODE[1:0]	配置	输入	CPU_CLK 配置
CLK25OUT1/CLK25OUT2	MII	输出	EtherCAT PHY 的 25 MHz 时钟源
CPU_CLK	PDI	输出	微控制器的时钟信号
CTRL_STATUS_MOVE	配置	输入	将数字 I/O 控制/状态信号移动到最后可用的 PDI 字节
EBUS(3:0)-RX-	EBUS	LI-	EBUS LVDS 接收信号-
EBUS(3:0)-RX+	EBUS	LI+	EBUS LVDS 接收信号+
EBUS(3:0)-TX-	EBUS	LO-	EBUS LVDS 发送信号-
EBUS(3:0)-TX+	EBUS	LO+	EBUS LVDS 发送信号+
EEPROM_CLK	EEPROM	双向	EEPROM I^2C 时钟
EEPROM_DATA	EEPROM	双向	EEPROM I^2C 数据
EEPROM_SIZE	配置	输入	EEPROM 大小配置
PERR(3:0)	LED	输出	端口接收错误 LED 输出（用于测试）

信　号	类型	引脚方向	描　述
GND_{Core}	电源		Core 逻辑地
$GND_{I/O}$	电源		I/O 地
GND_{PLL}	电源		PLL 地
LINK_MII(3:0)	MII	输入	PHY 信号指示链路
LinkAct(3:0)	LED	输出	连接/激活 LED 输出
LINKPOL	配置	输入	LINK_MII(3:0)极性配置
MI_CLK	MII	输出	PHY 管理接口时钟
MI_DATA	MII	双向	PHY 管理接口数据
OSC_IN	时钟	输入	时钟源（晶体/振荡器）
OSC_OUT	时钟	输出	时钟源（晶体）
P_CONF(3:0)	配置	输入	逻辑端口的物理层
P_MODE[1:0]	配置	输入	物理端口数和相应的逻辑端口数
PDI[39:0]	PDI	双向	PDI 信号，取决于 EEPROM 内容
PHYAD_OFF	配置	输入	以太网 PHY 地址偏移
RBIAS	EBUS		用于 LVDS TX 电流调节的偏置电阻
Res.[7:0]	保留	输入	保留引脚
RESET	通用	双向	集电极开路复位输出/复位输入
RUN	LED	输出	运行由 AL 状态寄存器控制的 LED
RX_CLK(3:0)	MII	输入	MII 接收时钟
RX_D(3:0)[3:0]	MII	输入	MII 接收数据
RX_DV(3:0)	MII	输入	MII 接收数据有效
RX_ERR(3:0)	MII	输入	MII 接收错误
SYNC/LATCH[1:0]	DC	I/O	分布式时钟同步信号输出或锁存信号输入
TESTMODE	通用	输入	为测试保留，连接到 GND
TRANS(3:0)	MII	输入	MII 接口共享：使能共享端口
TRANS_MODE_ENA	配置	输入	使能 MII 接口共享（和 TRANS(3:0)信号）
TX_D(3:0)[3:0]	MII	输出	MII 发送数据
TX_ENA(3:0)	MII	输出	MII 发送使能
$V_{CC\,Core}$	电源		Core 逻辑电源
$V_{CC\,I/O}$	电源		I/O 电源
$V_{CC\,PLL}$	电源		PLL 电源

7.4.3　ET1100 的 PDI 信号

ET1100 的 PDI 信号描述如表 7-16 所示。

表 7-16　ET1100 的 PDI 信号描述

PDI	信　号	引脚方向	描　述
数字 I/O	EEPROM_LOADED	输出	PDI 已激活，EEPROM 已装载
	I/O[31:0]	输入/输出/双向	输入/输出或双向数据
	LATCH_IN	输入	外部数据锁存信号
	OE_CONF	输入	输出使能配置
	OE_EXT	输入	输出使能
	OUTVALID	输出	输出数据有效/输出事件
	SOF	输出	帧开始
	WD_TRIG	输出	WDT 触发器
SPI	EEPROM_LOADED	输出	PDI 已激活，EEPROM 已装载
	SPI_CLK	输入	SPI 时钟
	SPI_DI	输入	SPI 数据 MOSI
	SPI_DO	输出	SPI 数据 MISO
	SPI_IRQ	输出	SPI 中断
	SPI_SEL	输入	SPI 芯片选择
异步微控制器	CS	输入	芯片选择
	BHE	输入	高位使能（仅 16 位微控制器接口）
	RD	输入	读命令
	WR	输入	写命令
	BUSY	输出	EtherCAT 设备忙
	IRQ	输出	中断
	EEPROM_LOADED	输出	PDI 已激活，EEPROM 已装载
	DATA[7:0]	双向	8 位微控制器接口的数据总线
	ADR[15:0]	输入	地址总线
	DATA[15:0]	双向	16 位微控制器接口的数据总线
同步微控制器	ADR[15:0]	输入	地址总线
	BHE	输入	高位使能
	CPU_CLK_IN	输入	微控制器接口时钟
	CS	输入	芯片选择
	DATA[15:0]	双向	16 位微控制器接口的数据总线
	DATA[7:0]	双向	8 位微控制器接口的数据总线
	EEPROM_LOADED	输出	PDI 已激活，EEPROM 已装载
	IRQ	输出	中断
	RD/nWR	输入	读/写访问
	TA	输出	传输响应
	TS	输入	传输起始

7.4.4　ET1100 的电源

ET1100 支持 3.3 V I/O（或 5 V I/O，不推荐），以及可选的单电源或双电源的不同电源和 I/O 电压选项。

$V_{CCI/O}$ 电源电压直接决定所有输入和输出的 I/O 电压，即 3.3 V 的 $V_{CCI/O}$，输入符合 3.3 V I/O 标准，且不耐 5 V。如果需要 5 V 容限 I/O，$V_{CCI/O}$ 必须为 5 V。

核心电源电压 $V_{CC\,Core}/V_{CC\,PLL}$（标称 2.5 V）由内部 LDO 从 $V_{CC\,I/O}$ 生成。$V_{CC\,Core}$ 始终等于 $V_{CC\,PLL}$。内部 LDO 无法关闭，如果外部电源电压高于内部 LDO 输出电压，则会停止工作，因此外部电源电压（$V_{CC\,Core}/V_{CC\,PLL}$）必须高于内部 LDO（至少 0.1 V）输出电压。

使用内部 LDO 会增加功耗，5 V I/O 电压的功耗明显高于 3.3 V I/O 的功耗。建议对 $V_{CC\,Core}/V_{CC\,PLL}$ 使用 3.3 V I/O 电压和内部 LDO。

7.4.5　ET1100 的时钟源

OSC_IN：连接外部石英晶体或振荡器输入（25 MHz）。如果使用 MII 端口且 CLK25OUT1/2 不能用作 PHY 的时钟源，则必须使用振荡器作为 ET1100 和 PHY 的时钟源。25 MHz 时钟源的初始精度应为 25 ppm 或更高。

OSC_OUT：连接外部石英晶体。如果振荡器连接到 OSC_IN，则应悬空。

时钟源的布局对系统设计的 EMC/EMI 影响最大。

7.4.6　ET1100 的 RESET 信号

集电极开路复位输入/输出（低电平有效）表示 ET1100 的复位状态。如果电源为低电平，或者使用复位寄存器 0x0040 启动复位，则在上电时进入复位状态。如果复位引脚被外部器件保持为低电平，ET1100 也会进入复位状态。

7.4.7　ET1100 的 RBIAS 信号

RBIAS 用于 LVDS TX 电流调节的偏置电阻，RBIAS 引脚通过 11 kΩ 偏置电阻接地。

如果仅使用 MII 端口（没有使用 EBUS），则可以在 10~15 kΩ 的范围内选择 RBIAS 引脚偏置电阻。

7.4.8　ET1100 的配置引脚信号

配置引脚在上电时作为输入由 ET1100 锁存配置信息。上电之后，通过这些引脚配置 ET1100 的操作功能，必要时引脚信号方向也可以改变。RESET 引脚信号指示上电配置的完成。ET1100 配置引脚信号如表 7-17 所示。

表 7-17　ET1100 配置引脚信号

描　　述	配 置 信 号	引脚编号	寄存器映射	设 　定 　值
端口模式	P_MODE[0]	L2	0x0E00[0]	00＝2 个端口（0 和 1） 01＝3 个端口（0、1 和 2）
	P_MODE[1]	M1	0x0E00[1]	10＝3 个端口（0、1 和 3） 11＝4 个端口（0、1、2 和 3）

描　述	配置信号	引脚编号	寄存器映射	设　定　值
端口配置	P_CONF[0]	J12	0x0E00[2]	0＝EBUS 1＝MII
	P_CONF[1]	L1	0x0E00[3]	
	P_CONF[2]	E3	0x0E00[4]	
	P_CONF[3]	C2	0x0E00[5]	
CPU 时钟输出模式， PDI[7]/CPU_CLK	CLK_MODE[0]	J11	0x0E00[6]	00＝off 01＝25 MHz 10＝20 MHz 11＝10 MHz
	CLK_MDDE[[0]	K2	0x0E00[7]	
TX 相位偏移	C25_SHI[0]	L7	0x0E01[0]	00＝无 MII TX 信号延迟 01＝MII TX 信号延迟 10 ns 10＝MII TX 信号延迟 20 ns 11＝MII TX 信号延迟 30 ns
	C25_SHI[1]	M7	0x0E01[1]	
CLK25OUT2 输出使能	C25_ENA	L8	0x0E01[2]	0＝不使能 1＝使能
透明模式使能	TRANS_MODE _ENA	L3	0x0E01[3]	0＝常规模式 1＝使能透明模式
I/O 控制/状态信号转移	CTRL_STATUS_MOVE	E2	0x0E01[4]	0＝I/O 无控制/状态引脚转移 1＝1/O 控制/状态引脚转移
PHY 地址偏移	PHYAD_OFF	C3	0x0E01[5]	0＝PHY 地址使用 1~4 1＝HPHY 地址使用 17~20
链接有效信号极性	LINKPOL	K11	0x0E01[6]	0＝LINK_MH(x) 低有效 1＝LINK_MH(x) 高有效
保留	RESERVED	B2	0x0E01[7]	
EEPROM 容量	EEPROMSIZE	H11	0x0502[7]	0＝单字节地址（16 kbit） 1＝双字节地址（32 kbit~4 Mbit）

这些引脚外接上拉或下拉电阻。外接下拉电阻时，配置信号为 0；使用上拉电阻时，配置信号为 1。EEPROM_S1ZE/RUN、P_CONF[0~3]/LinkAct(0~3)等配置引脚也可以用做状态输出引脚来外接发光二极管 LED，LED 的极性取决于需要配置的值。如果配置数据为 1，需要上拉引脚输出为 0（低）时 LED 导通。如果配置数据为 0，引脚需要下拉，引脚输出为 1（高）时 LED 导通。

配置引脚用于通过上拉或下拉电阻在上电时配置 ET1100。上电时，配置引脚作为输入由 ET1100 锁存配置信息。上电后，引脚被分配相应的操作功能，必要时引脚信号的方向也可以改变。在释放 nRESET 引脚之前，上电阶段结束。在没有上电条件的后续复位阶段，配置引脚仍具有其操作功能，即 ET1100 配置未再次锁存且输出驱动器保持工作状态。

配置值 0 由下拉电阻实现，配置值 1 由上拉电阻实现。由于某些配置引脚也用作 LED 输出，所以 LED 输出的极性取决于配置值。

配置输入/LED 输出引脚的示例原理图如图 7-16 所示。

1. 端口模式

端口模式配置物理端口数和相应的逻辑端口，如表 7-18 所示。

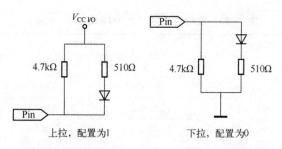

上拉，配置为1   下拉，配置为0

图 7-16　配置输入/LED 输出引脚的示例原理图

表 7-18　端口模式配置

说明	配置信号	引 脚 名 称	寄存器	P_MODE[1:0]值
端口模式	P_MODE[0]	TX_D(1)[2]/P_MODE[0]	0x0E00[0]	00 = 2 端口（逻辑端口 0 和 1） 01 = 3 端口（逻辑端口 0 、1、2）
	P_MODE[1]	TX_D(1)[3]/P_MODE[1]	0x0E00[1]	10 = 3 端口（逻辑端口 0 、1、3） 11 = 4 端口（逻辑端口 0 、1、2、3）

"物理端口"仅用于对 ET1100 接口引脚进行分组。寄存器组以及任何主、从软件始终基于逻辑端口。物理端口和逻辑端口之间的区别是为了增加可用 PDI 引脚的数量。每个逻辑端口只与一个物理端口相关联，并且可以配置为 EBUS 或 MII 接口。

MII 端口始终分配给较低的物理端口，然后分配 EBUS 端口。如果配置了任何 MII 端口，则最低的逻辑 MII 端口始终连接到物理端口 0，下一个更高的逻辑 MII 端口连接到物理端口 1，依此类推。然后，最低逻辑 EBUS 端口（如果已配置）连接到物理 MII 端口之后的下一个物理端口，即端口［MII 端口数］。如果没有 MII 端口，EBUS 端口将从物理端口 0 开始连接。

如果仅使用 EBUS 或仅使用 MII 端口，则物理端口号与 P_MODE［1:0］= 00，01 或 11 的逻辑端口号相同。

2. 端口配置

P_CONF［3:0］确定物理层配置（MII 或 EBUS）。P_CONF［0］确定逻辑端口 0 的物理层，P_CONF［1］确定逻辑端口 1，P_CONF［2］确定下一个可用逻辑端口的物理层（3 为 P_MODE［1:0］= 10，否则 2），并且 P_CONF［3］确定逻辑端口 3。如果未使用某个物理端口，则不使用相应的 P_CONF 配置信号。ET1100 端口配置如表 7-19 所示。

表 7-19　ET1100 端口配置

说明	配置信号	引 脚 名 称	寄存器	值
端口配置	P_CONF[0]	LINKACT(0)/P_CONF[0]	0x0E00[2]	0 = EBUS 1 = MII
	P_CONF[1]	LINKACT(1)/P_CONF[1]	0x0E00[3]	
	P_CONF[2]	LINKACT(2)/P_CONF[2]	0x0E00[4]	
	P_CONF[3]	PDI[30]/LINKACT(3)/P_CONF[3]	0x0E00[5]	

双端口配置使用逻辑端口 0 和 1。端口信号在物理端口 0 和 1 处可用，具体取决于端口配置。双端口配置（P_MODE［1:0］= 00）如表 7-20 所示。

表 7-20　双端口配置（P_MODE[1:0]=00）

逻辑端口		物理端口		P_CONF[3:0]
1	0	1	0	
EBUS(1)	EBUS(0)	EBUS(1)	EBUS(0)	-000
EBUS(1)	MII(0)	EBUS(1)	MII(0)	-001
MII(1)	EBUS(0)	EBUS(0)	MII(1)	-010
MII(1)	MII(0)	MII(1)	MII(0)	-011

P_MODE[1:0]必须设置为 00。P_CONF[1:0]确定逻辑端口的物理层（1:0）。不使用 P_CONF[3:2]，但 P_CONF[2]不应保持开路（建议连接到 GND）。如果应用程序允许的话，P_CONF[3]应尽可能下拉（在表 7-20 中用 "-" 表示）。

7.4.9　ET1100 的物理端口和 PDI 引脚信号

ET1100 有 4 个物理通信端口，分别命名为端口 0 到端口 3，每个端口都可以配置为 MII 或 EBUS 两种形式。

ET1100 引脚输出经过优化，可实现最佳的数量和特性。为了实现这一点，有许多引脚可以分配通信或 PDI 功能。通信端口的数量和类型可能减少或排除一个或多个可选 PDI。

物理通信端口从端口 0 到端口 3 编号。端口 0 和端口 1 不干扰 PDI 引脚，而端口 2 和端口 3 可能与 PDI[39:16]重叠，因此限制了 PDI 的选择数量。

端口的引脚配置将覆盖 PDI 的引脚配置。因此，应先配置端口的数量和类型。

ET1100 有 40 个 PDI 引脚，PDI[39:0]，它们分为 4 组：

- PDI[15:0]（PDI 字节 0/1）。
- PDI[16:23]（PDI 字节 2）。
- PDI[24:31]（PDI 字节 3）。
- PDI[32:39]（PDI 字节 4）。

物理端口和 PDI 组合如表 7-21 所示。

表 7-21　物理端口和 PDI 组合

	异步微控制器	同步微控制器	SPI	数字 I/O CTLR_STATUS_MOVE	
				0	1
2 个端口（0 和 1）或 3 个端口（端口 2 为 EBUS 接口）	8 位或 16 位	8 位或 16 位	SPI+32 位 GPI/O	32 位 I/O+控制/状态信号	
3 个 MII 端口	8 位	8 位	SPI+24 位 GPI/O	32 位 I/O	24 位 I/O+控制/状态信号
4 个端口，至少 2 个 EBUS 接口			SPI+16 位 GPI/O	24 位 I/O+控制/状态信号	
3 个 MII 接口，1 个 EBUS 接口			SPI+16 位 GPI/O	24 位 I/O	16 位 I/O+控制/状态信号
4 个 MII 端口			SPI+8 位 GPI/O	16 位 I/O	8 位 I/O+控制/状态信号

1. MII 信号

ET1100 没有使用标准 MII 的全部引脚信号，ET1100 的 MII 信号描述如表 7-22 所示。

表 7-22　ET1100 的 MII 信号描述

信　号	方　向	描　述
LINK_MII	输入	如果建立了 100 Mbit/s（全双工）链路，则由 PHY 提供输入信号
RX_CLK	输入	接收时钟
RX_DV	输入	接收数据有效
RX_D[3:0]	输入	接收数据（别名 RXD）
RX_ERR	输入	接收错误（别名 RX_ER）
TX_ENA	输出	发送使能（别名 TX_EN）
TX_D[3:0]	输出	传输数据（别名 TXD）
MI_CLK	输出	管理接口时钟（别名 MCLK）
MI_DATA	双向	管理接口数据（别名 MDIO）
PHYAD_OFF	输入	配置：PHY 地址偏移
LINKPOL	输入	配置：LINK_MII 极性

2. EBUS 信号

EtherCAT 协议自定义了一种物理层传输方式 EBUS。EBUS 传输介质使用低压差分信号，由 ANSI/TIA/EIA~644 "低压差分信号接口电路电气特性"标准定义，最远传输距离为 10 m。

EBUS 可以满足快速以太网 100 Mbit/s 的数据波特率。它只是简单地封装以太网数据帧，所以可以传输任意以太网数据帧，而不只是 EtherCAT。

7.4.10　ET1100 的 MII

ET1100 使用 MII 时，需要外接以太网物理层 PHY 芯片。为了降低处理/转发延时，ET1100 的 MII 省略了发送 FIFO。因此，ET1100 对以太网物理层芯片有一些附加的功能要求。ET1100 选配的以太网 PHY 芯片应该满足以下基本功能和附加要求。

1. MII 的基本功能

MII 的基本功能如下。

1）遵从 IEEE 802.3 100BaseTX 或 100BaseFX 规范。

2）支持 100 Mbit/s 全双工链接。

3）提供一个 MII。

4）使用自动协商。

5）支持 MII 管理接口。

6）支持 MDI/MDI-X 自动交叉。

2. MII 的附加条件

MII 的附加条件如下。

1）PHY 芯片和 ET1100 使用同一个时钟源。

2）ET1100 不使用 MII 检测或配置连接，PHY 芯片必须提供一个信号指示是否建立了

100 Mbit/s 的全双工连接。

3）PHY 芯片的连接丢失响应时间应小于 15 µs，以满足 EtherCAT 的冗余性能要求。

4）PHY 的 TX_CLK 信号和 PHY 的输入时钟之间的相位关系必须固定，最大允许 5 ms 的抖动。

5）ET1100 不使用 PHY 的 TX_CLK 信号，以省略 ET1100 内部的发送 FIFO。

6）TX_CLK 和 TX_ENA 及 TX_D[3:0]之间的相移由 ET1100 通过设置 TX 相位偏移补偿，可以使 TX_ENA 及 TX_D[3:0]延迟 0、10、20 或 30 ns。

上述要求中，时钟源最为重要。ET1100 的时钟信号包括 OSC_IN 和 OSC_OUT。时钟源的布局对系统设计的电磁兼容性能有很大的影响。

ET1100 通过 MII 与以太网 PHY 连接。ET1100 的 MII 通过不发送 FIFO 进行了优化，以实现低的处理和转发延迟。为了实现这一点，ET1100 对以太网 PHY 有额外的要求，这些要求可由 PHY 供应商轻松实现。

3. MII 信号

ET1100 的 MII 信号如图 7-17 所示。

MI_DATA 引脚应接一个外部上拉电阻，推荐 ESC 使用 4.7 kΩ 电阻。MI_CLK 采用轨到轨（Rail-to-Rail）的驱动方式，空闲值为高电平。

ET1100 端口为 0 的 MII 电路图如图 7-18 所示。

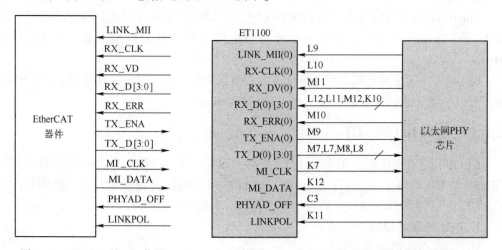

图 7-17 ET1100 的 MII 信号　　　　图 7-18 ET1100 端口为 0 的 MII 电路图

MI_DATA 应该连接外部上拉电阻，推荐阻值为 4.7 kΩ。MI_CLKK 为轨到轨驱动，空闲时为高电平。

每个端口的 PHY 地址等于其逻辑端口号加 1（PHYAD_OFF=0，PHY 地址为 1~4），或逻辑端口号加 17（PHYAD_OFF=1，PHY 地址为 17~20）。

4. PHY 地址配置

ET1100 使用逻辑端口号（或 PHY 地址寄存器的值）加上 PHY 地址偏移量来对以太网 PHY 进行寻址。通常，以太网 PHY 地址应与逻辑端口号相对应，因此使用 PHY 地址 0~3。

可以应用 16 位的 PHY 地址偏移，通过在内部对 PHY 地址的最高有效位取反，将 PHY 地址移动到 16~19 位。

如果不能使用这两种方案，则 PHY 应该配置为使用实际 PHY 地址偏移量 1，即 PHY 地址 1~4。ET1100 的 PHY 地址偏移配置保持为 0。

7.4.11　ET1100 的 PDI 描述

ESC 芯片的应用数据接口称为过程数据接口（Process Data Interface）或物理设备接口（Physical Device Interface），简称 PDI。ESC 提供两种类型的 PDI：

- 直接 IO 信号接口：无需应用层微处理器，最多 32 位引脚。
- DPRAM 数据接口：使用外部微处理器访问，支持并行和串行两种方式。

ET1100 的 PDI 接口类型和相关特性由寄存器（0x0140~0x0141）进行配置，ET1100 的 PDI 接口配置如表 7-23 所示。

表 7-23　ET1100 的 PDI 接口配置

地址	位	名　称	描　述	复位值
0x0140~0x0141	0-7	PDI 类型 过程数据接口或物理数据接口	0：接口无效 4：数字量 I/O 5：SPI 从机 8：16 位异步微处理器接口 9：8 位异步微处理器接口 10：16 位同步微处理器接口 11：8 位同步微处理器接口	上电后装载 EEPROM 地址 0 的数据
0x0140~0x0141	8	设备状态模拟	0：AL 状态必须由 PDI 设置 1：AL 状态寄存器自动设为 AL 控制寄存器的值	
	9	增强的链接检测	0：无 1：使能	
	10	分布时钟同步输出单元	0：不使用（节能） 1：使能	
	11	分布时钟锁存输入单元	0：不使用（节能） 1：使能	
	12~15	保留		

PDI 配置寄存器（0x0150）以及扩展 PDI 配置寄存器（0x0152~0x0153）的设置取决于所选择的 PDI 类型，Sync/Latch 接口的配置寄存器（0x0151）与所选用的 PDI 接口无关。

ET1100 的可用 PDI 描述如表 7-24 所示。

表 7-24　ET1100 的可用 PDI 描述

PDI 编号 （PDI 控制寄存器 0x0140[7:0]）	PDI 名称	ET1100
0	接口已停用	×
4	数字 I/O	×
5	SPI 从机	×
7	EtherCAT 桥（端口 3）	
8	16 位异步微控制器	×

PDI 编号 （PDI 控制寄存器 0x0140［7:0］）	PDI 名称	ET1100
9	8 位异步微控制器	×
10	16 位同步微控制器	×
11	8 位同步微控制器	×
16	32 数字输入/0 数字输出	
17	24 数字输入/8 数字输出	
18	16 数字输入/16 数字输出	
19	8 数字输入/24 数字输出	
20	0 数字输入/32 数字输出	
128	片上总线（Avalon 或 OPB）	
其他	保留	

1. PDI 禁用

PDI 类型为 0x00 时，PDI 被禁用。PDI 引脚处于高阻抗状态下而无法驱动。

2. 数字 I/O 接口

数字量 I/O 接口通过 PDI 控制寄存器（0x140）配置，它支持不同的信号形式，通过寄存器（0x150~0x153）可以实现多种不同的配置。

（1）接口

当 PDI 类型为 0x04 时选择数字 I/O PDI。ET1100 的数字 I/O 接口信号如图 7-19 所示，ET1100 的数字 I/O 接口信号描述如表 7-25 所示。

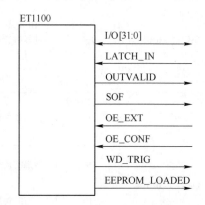

图 7-19　ET1100 数字 I/O 接口信号

表 7-25　ET1100 的数字 I/O 信号描述

信　号	方　向	描　述	信 号 极 性
I/O［31:0］	输入/输出/双向	输入/输出或双向数据	
LATCH_IN	输入	外部数据锁存信号	激活为高
OUTVALID	输出	输出数据有效/输出事件	激活为高
SOF	输出	帧开始	激活为高
OE_EXT	输入	输出使能	激活为高
OE_CONF	输入	输出使能配置	
WD_TRIG	输出	WDT 触发器	激活为高
EEPROM_LOADED	输出	PDI 处于活动状态，EEPROM 已加载	激活为高

接口信号中除 I/O［31:0］以外的信号称为控制/状态信号，它们分配在引脚 PDI［39:32］。如果从站使用了两个以上的物理通信端口，PDI［39:32］不能用作 PDI 信号，即控制/状态信号无效。此时，可以通过配置引脚 CTRL_STATUS_MOVE 分配 PDI［23:16］或 PDI

[15:8]作为控制/状态信号。

数字量输入和输出数据在 ET1100 存储空间的映射地址如表 7-26 所示。主站和从站通过 ECAT 帧和 PDI 接口分别读写这些存储地址来操作数字输入/输出信号。

表 7-26 数字量输入/输出信号在 ET1100 存储空间的映射地址

地　址	位	描　述	复位值
0x0F00~0x0F03	0~31	数字量 I/O 输出数据	0
0x1000~0x1003	0~31	数字量 I/O 输入数据	0

（2）配置

通过将 PDI 控制寄存器 0x0140 中 PDI 类型设为 0x04 来选择数字 I/O 接口。它支持位于寄存器 0x0150~0x0153 中各种不同的配置。

（3）数字输入

数字输入量出现在地址为 0x1000~0x1003 的过程存储器中。EtherCAT 器件使用小端（Little Endian）字节排序，因此可以在 0x1000 等处读取 I/O[7:0]。通过具有标准 PDI 写操作的数字 I/O PDI 将数字输入写入过程存储器。

可以采用以下 4 种方式，将数字输入配置为"通过 ESC 采样"。

1）在每个以太网帧的开始处对数字输入进行采样，这样 EtherCAT 读命令到地址 0x1000:0x1003 将呈现在同一帧开始时采样的数字输入值。SoF 信号可以在外部用于更新输入数据，因为 SoF 是在输入数据被采样之前发出信号。

2）可以使用 LATCH_IN 信号控制采样时间。每当识别出 LATCH_IN 信号的上升沿时，ESC 就对输入数据进行采样。

3）在分布式时钟 SYNC0 事件中对数字输入进行采样。

4）在分布式时钟 SYNC1 事件中对数字输入进行采样。

对于分布式时钟 SYNC 输入，必须激活 SYNC 生成寄存器（0x0981）。SYNC 输出寄存器（0x0151）不是必需的。SYNC 脉冲寄存器（0x0982~0x0983）长度不应设置为 0，因为数字 I/O PDI 无法确认 SYNC 事件。采样时间从 SYNC 事件的开始计起。

（4）数字输出

数字输出原理图如图 7-20 所示。

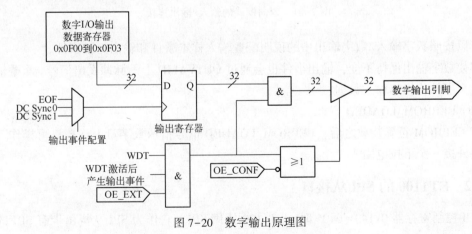

图 7-20 数字输出原理图

数字输出量必须写入寄存器 0x0F00~0x0F03（寄存器 0x0F00 控制 I/O[7:0]）。不通过具有标准读命令的数字 I/O PDI 来读取数字输出量，而是通过直接连接的方式读取以获得更快的响应速度。

过程数据 WDT（寄存器 0x0440）必须处于启用状态或禁用状态，否则数字输出将不会更新。可以通过以下 4 种方式对数字输出进行更新。

1）在 EOF 模式下，数字输出在每个 EtherCAT 帧结束时更新。

2）在 DC SYNC0 模式下，使用分布式时钟 SYNC0 事件更新数字输出。

3）在 DC SYNC1 模式下，使用分布式时钟 SYNC1 事件更新数字输出。

4）在 WD_TRIG 模式下，数字输出在 EtherCAT 帧结束时更新，触发过程数据 WDT（典型的 SyncManager 配置：对 0x0F00~0x0F03 中至少一个寄存器有写访问权的帧）。仅当 EtherCAT 帧正确时才会更新数字输出。

即使数字输出保持不变，输出事件也总是由 OUTVALID 上的脉冲发出信号。

要使输出数据在 I/O 信号上可见，必须满足以下条件。

1）SyncManagerWDT 必须处于启用状态（已触发）或禁用状态。

2）OE_EXT（输出使能）必须设为高电平。

3）输出值必须写入有效 EtherCAT 帧内的寄存器 0x0F00:0x0F03。

4）输出更新事件必须被配置好。

在加载 EEPROM 之前，不会驱动数字输出（高阻抗）。根据配置，如果 WDT 过期或输出被禁用，也不会驱动数字输出。使用数字输出信号时必须考虑此情况。

（5）双向模式

在双向模式下，所有数据信号都是双向的（忽略单独的输入/输出配置）。输入信号通过串联电阻连接到 ESC，输出信号由 EtherCAT 从站控制器主动驱动。如果使用 OUTVALID（触发器或锁存器）锁存输出信号，则永久可用。双向模式的输入/输出连接如图 7-21 所示。

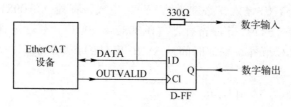

图 7-21　双向模式的输入/输出连接

可以按照数字输入/数字输出中的说明配置输入样本事件和输出更新事件。

即使数字输出保持不变，输出事件也会通过 OUTVALID 上的脉冲发出信号。重叠输入事件和输出事件将损坏输入数据。

（6）EEPROM_LOADED

在 EEPROM 正确装载之后，EEPROM_LOADED 信号指示数字量 I/O 接口可操作。使用时需要外接一个下拉电阻。

7.4.12　ET1100 的 SPI 从接口

PDI 控制寄存器 0x140＝0x05 时，ET1100 使用 SPI。它作为 SPI 从机由带有 SPI 的微处

理器操作。

由于 SPI 占用的 PDI 引脚较少，剩余的 PDI 引脚可以作为通用 I/O 引脚使用，包括 16 个通用数字量输入引脚（General Purpose Input，GPI）和 16 个通用数字量输出引脚（General Purpose Output，GPO）。通用数字量输入引脚对应寄存器 0x0F18~0xF1F，通用数字量输出引脚对应寄存器 0x0Fl~0xF17。PDI 和 ECAT 帧都可以访问这些寄存器，这些引脚以非同步的刷新方式工作。

1. 接口

PDI 类型为 0x05 的 EtherCAT 器件是 SPI 从器件。SPI 有 5 个信号：SPI_CLK，SPI_DI（MOSI），SPI_DO（MISO），SPI_SEL 和 SPI_IRQ。SPI 主从互连电路如图 7-22 所示，SPI 信号如表 7-27 所示。

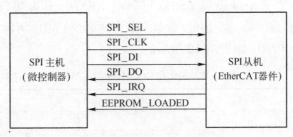

图 7-22　SPI 主从互连电路

表 7-27　SPI 信号

信　号	方　向	描　述	信号极性
SPI_SEL	输入（主机→从机）	SPI 芯片选择	典型：激活为低
SPI_CLK	输入（主机→从机）	SPI 时钟	
SPI_DI	输入（主机→从机）	SPI 数据 MOSI	激活为高
SPI_DO	输出（从机→主机）	SPI 数据 MISO	激活为高
SPI_IRQ	输出（从机→主机）	SPI 中断	典型：激活为低
EEPROM_LOADED	输出（从机→主机）	PDI 处于活动状态，EEPROM 已加载	激活为高

2. 配置

PDI 控制寄存器 0x0140 中的 PDI 类型为 0x05 时选择 SPI 从接口。它支持 SPI_SEL 和 SPI_IRQ 的不同时序模式和可配置信号极性。SPI 配置位于寄存器 0x0150 中。

3. SPI 访问

每次 SPI 访问分为地址阶段和数据阶段。

在地址阶段，SPI 主机发送要访问的第一个地址和命令。

在数据阶段，读取数据由 SPI 从机提供（读取命令），或写入数据由主机发送（写入命令）。地址阶段由 2 字节或 3 字节组成，具体取决于地址模式。每次访问的数据字节数可以是 0~N 字节。在读取或写入起始地址后，从器件内部递增后续字节的地址。地址、命令和数据的位都以字节组的形式传输。

主机通过置位 SPI_SEL 启动 SPI 访问，并通过取回 SPI_SEL 来终止 SPI 访问（极性由配置决定）。当 SPI_SEL 置位时，主机必须为每个字节的传输循环 SPI_CLK 共 8 次。在每个时钟周期中，主机和从机都向对方发送一个位（全双工）。通过选择 SPI 模式和数据输出采样模式，可以配置主机和从机 SPI_CLK 的相关边沿。

主机通过置位 SPI_SEL 启动 SPI 访问，并通过取回 SPI_SEL 来终止它（极性由配置决定）。当 SPI_SEL 置位时，主机必须为每个字节的传输循环 SPI_CLK 共 8 次。在每个时钟周期中，主机和从机都向对方发送一个位（全双工）。通过选择 SPI 模式和数据输出采样模式，可以配置主机和从机 SPI_CLK 的相关边沿。

首先发送字节的最高有效位，最低有效位为最后一位，字节顺序为低字节优先。EtherCAT 设备使用小端（Little Endian）字节排序。

4. 命令

第二个地址/命令字节中的命令 CMD0 可以是 READ、具有等待状态字节的 READ、WRITE、NOP 或地址扩展。第三个地址/命令字节中的命令 CMD1 可能具有相同的值。

SPI 命令 CMD0 和 CMD1 如表 7-28 所示。

表 7-28　SPI 命令 CMD0 和 CMD1

CMD[2]	CMD[1]	CMD[0]	命　　令
0	0	0	无（不操作）
0	0	1	保留
0	1	0	读
0	1	1	使用等待状态字节读取
1	0	0	写
1	0	1	保留
1	1	0	地址扩展（3 个地址/命令字节）
1	1	1	保留

5. 寻址模式

SPI 从机接口支持两种寻址模式，双字节寻址和三字节寻址。通过双字节寻址，SPI 主控制器选择低 13 位地址位 A[12:0]，同时假设 SPI 从器件中高 3 位 A[15:13] 为 000b，那么在 EtherCAT 从站地址空间中只有前 8 位可以访问。三字节寻址用于访问 EtherCAT 从器件中整个 64 KB 地址空间。

对于仅支持多个字节连续传输的 SPI 主控制器，可以插入附加的地址扩展命令。

7.4.13　ET1100 的异步 8/16 位微控制器接口

1. 接口

异步微控制器接口采用复用的地址总线和数据总线。双向数据总线数据宽度可以为 8 位或 16 位。EtherCAT 器件的异步微控制器接口如图 7-23 所示。

微控制器信号如表 7-29 所示。

一些微控制器有 READY 信号，与 BUSY 信号相同，只是极性相反。

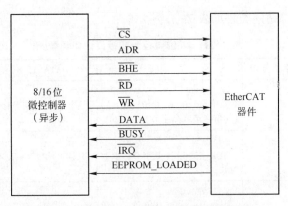

图 7-23　EtherCAT 器件的异步微控制器接口

表 7-29　微控制器信号

信号异步	方　　向	描　　述	信 号 极 性
CS	输入（微控制器→ESC）	片选	典型：激活为低
ADR[15:0]	输入（微控制器→ESC）	地址总线	典型：激活为高
BHE	输入（微控制器→ESC）	字节高电平使能（仅限 16 位微控制器接口）	典型：激活为低
RD	输入（微控制器→ESC）	读命令	典型：激活为低
WR	输入（微控制器→ESC）	写命令	典型：激活为低
DATA[7:0]	双向（微控制器→ESC）	用于 8 位微控制器接口的数据总线	激活为高
DATA[15:0]	双向（微控制器→ESC）	用于 16 位微控制器接口的数据总线	激活为高
BUSY	输出（ESC→微控制器）	EtherCAT 器件繁忙	典型：激活为低
IRQ	输出（ESC→微控制器）	中断	典型：激活为低
EEPROM_LOADED	输出（ESC→微控制器）	PDI 处于活动状态，EEPROM 已加载	激活为高

2. 配置

通过将 PDI 控制寄存器 0x0140 中 PDI 类型设为 0x08，来选择 16 位异步微控制器接口，将 PDI 类型设为 0x09 来选择 8 位异步微控制器接口。通过修改寄存器 0x0150~0x0153 可支持不同的配置。

3. 微控制器访问

每次访问 8 位微控制器接口时读取或写入 8 位，16 位微控制器接口支持 8 位和 16 位读或写访问。对于 16 位微控制器接口，最低有效地址位和字节高位使能（BHE）用于区分 8 位低字节访问、8 位高字节访问和 16 位访问。

EtherCAT 器件使用小端（Little Endian）字节排序。

8 位微控制器接口访问类型如表 7-30 所示。

表 7-30　8 位微控制器接口访问类型

ADR[0]	访问	DATA[7:0]
0	8 位访问 ADR [15:0]（低字节，偶数地址）	低字节
1	8 位访问 ADR [15:0]（高字节，奇数地址）	高字节

16 位微控制器接口访问类型如表7-31所示。

表7-31　16位微控制器接口访问类型

ADR[0]	BHE（激活为低）	访　　　问	DATA[15:8]	DATA[7:0]
0	0	16 位访问 ADR[15:0] 和 ADR[15:0]+1（低字节和高字节）	高字节	低字节
0	1	8 位访问 ADR[15:0]（低字节，偶数地址）	只读：低字节的副本	低字节
1	0	8 位访问 ADR[15:0]（高字节，奇数地址）	高字节	只读：高字节的副本
1	1	无效访问	—	—

4. 写访问

写访问从片选（CS）的断言开始。如果没有永久断言，地址、字节高使能和写数据在 WR 的下降沿下置位（低电平有效）。一旦微控制器接口不处于 BUSY 状态，在 WR 的上升沿就会完成对微控制器的访问。终止写访问可以通过 WR 的置低（CS 保持置位）来实现，或通过解除置位或片选（同时 WR 保持置位），甚至可以通过同时取消置位 WR 和 CS 来实现。在 WR 处于上升沿后不久，可以通过取消对 ADR、BHE 和 DATA 的置位来完成访问。微控制器接口通过 BUSY 信号指示其内部操作。由于仅在 CS 置位时驱动 BUSY 信号，因此在 CS 设置为无效后将释放 BUSY 驱动器。

在内部，写访问在 WR 的上升沿之后执行，实现了快速写访问。然而，紧邻的访问将被前面的写访问延迟（BUSY 长时间有效）。

5. 读访问

读取访问从片选（CS）的断言开始。如果没有永久断言，地址和 BHE 在 RD 的下降沿之前必须有效，这表示访问的开始。之后，微控制器接口将显示 BUSY 状态，如果它不是正在执行先前的写访问，便会在读数据有效时释放 BUSY 信号。读数据将保持有效，直到 ADR、BHE、RD 或 CS 发生变化。在 CS 和 RD 被断言时，将驱动数据总线。CS 被置位时将驱动 BUSY。

6. 微控制器访问错误

微控制器接口检测微控制器访问错误的方法如下。

1）对 A[0]=1 和 BHE(激活为低)=1 的 16 位接口进行读或写访问，即通过访问没有高位使能的奇数地址。

2）当微控制器接口处于 BUSY 状态时，置位 WR（或在 WR 保持置位时取消置位 CS）。

3）当微控制器接口处于 BUSY 状态时（读取尚未完成），在 RD 的反断言时（或当 RD 保持断言时 CS 置为无效），置位 WR（或在 WR 保持置位时取消置位 CS）。

对微控制器的错误访问会产生以下后果。

1）PDI 错误计数器（0x030D）将递增。

2）对于 A[0]=1 和 BHE=1 类访问，将不会在内部执行。

3）当微控制器接口处于 BUSY 状态时，WR（或 CS）置为无效可能会破坏当前和前一次的传输（如果内部未完成）。寄存器可以接收写入数据，并且可以执行特殊功能（例如 SyncManager 缓冲器切换）。

4）如果在微控制器接口处于 BUSY 状态时（读取尚未完成）取消置位 RD（或 CS），则访问将在内部终止。虽然内部字节传输终止，但是可以执行特殊功能（例如 SyncManager 缓冲器切换）。

7. EEPROM_LOADED

EEPROM_LOADED 信号表示微控制器接口可操作。因在加载 EEPROM 之前不会驱动 PDI 引脚，所以可通过连接下拉电阻实现正常功能。

7.5　EtherCAT 从站控制器的数据链路控制

（1）数据链路层概述

1）标准 IEEE 802.3 以太网帧。

- 对 EtherCAT 主站没有特殊要求。
- 标准以太网基础设施。

2）IEEE 注册 EtherType：88A4h。

- 优化的帧开销。
- 不需要 IP 栈。
- 简单的主实现。

3）通过 Internet 进行 EtherCAT 通信。

4）从属侧的帧处理。

- EtherCAT 从站控制器以硬件方式处理帧。

5）通信性能独立于处理器能力。

（2）数据链路层的作用

1）数据链路层链接物理层和应用层。

2）数据链路层负责底层通信基础设施。

- 链接控制。
- 访问收发器（PHY）。
- 寻址。
- 从站控制器配置。
- EEPROM 访问。
- 同步管理器配置和管理。
- FMMU 配置和管理。
- 过程数据接口配置。
- 分布式时钟。
- 设置 AL 状态机交互。

7.5.1　EtherCAT 从站控制器的数据帧处理

EtherCAT 从站控制器的帧处理顺序取决于端口数和芯片模式（使用逻辑端口号），其帧处理顺序如表 7-32 所示。

表 7-32　EtherCAT 从站控制器的帧处理顺序

端 口 数	帧处理顺序
2	0→数据帧处理单元→1/1→0
3	0→数据帧处理单元→1/1→2/2→0（逻辑端口 0，1 和 2） 或 0→数据帧处理单元→3/3→1/1→0（逻辑端口 0，1 和 3）
4	0→数据帧处理单元→3/3→1/1→2/2→0

数据帧在 EtherCAT 从站控制器内部的处理顺序取决于所使用的端口数目，在 EtherCAT 从站控制器内部经过数据帧处理单元的方向称为"处理"方向，其他方向称为"转发"方向。

每个 EtherCAT 从站控制器可以最多支持 4 个数据收发端口，每个端口都可以处在打开或闭合状态。如果端口打开，则可以向其他 EtherCAT 从站控制器发送数据帧或从其他 EtherCAT 从站控制器接收数据帧。一个闭合的端口不会与其他 EtherCAT 从站控制器交换数据帧，它在内部将数据帧转发到下一个逻辑端口，直到数据帧到达一个打开的端口。

EtherCAT 从站控制器内部数据帧处理过程如图 7-24 所示。

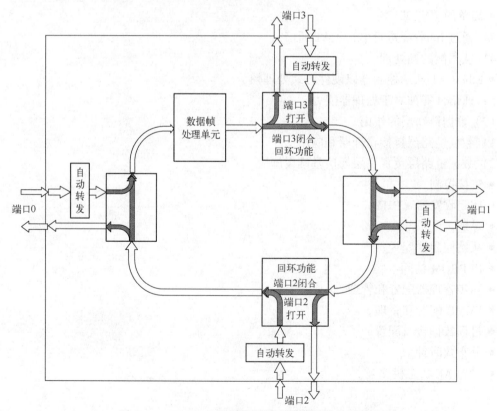

图 7-24　EtherCAT 从站控制器内部数据帧处理过程

EtherCAT 从站控制器支持 EtherCAT、UDP/IP 和 VLAN（Virtual Local Area Network）数据帧类型，并能处理包含 EtherCAT 数据子报文在内的 EtherCAT 数据帧和 UDP/IP 数据帧，也能处理带有 VLAN 标记的数据帧，此时 VLAN 设置被忽略，VLAN 标记不被修改。

由于 ET1100、ET1200 和 EtherCAT 从站没有 MAC 地址和 IP 地址，它们只能支持直连模式或使用管理型的交换机实现开放模式，由交换机的端口地址来识别不同的 EtherCAT 网段。

EtherCAT 从站控制器修改了标准以太网的数据链路 DL（Data Link），数据帧由 EtherCAT 从站控制器直接转发处理，从而获得最小的转发延时和最短的周期时间。为了降低延迟时间，EtherCAT 从站控制器省略了发送 FIFO。但是，为了隔离接收时钟和处理时钟，EtherCAT 从站控制器使用了接收 FIFO（RX FIFO）。RX FIFO 的大小取决于数据接收方和数据发送方的时钟源精度，以及最大的数据帧字节数。主站可以通过设置数据链路 DL 控制寄存器（0x0100~0x0103）的位 16~18 来调整 RX FIFO，但是不允许完全取消 RX FIFO。默认的 RX FIFO 可以满足最大的以太网数据帧和 100 ppm 的时钟源精度。使用 25 ppm 的时钟源精度时可以将 RX FIFO 设置为最小。

EtherCAT 从站控制器的转发延时由 RX FIFO 的大小和 ESC 数据帧处理单元延迟决定，而 EtherCAT 从站的数据帧传输延时还与它使用的物理层器件有关，使用 MII 时，由于 PHY 芯片的接收和发送延时比较大，一个端口的传输延时约为 500 ns；使用 EBUS 时，延时较小，通常约为 100 ns，EBUS 最大传输距离为 10 m。

7.5.2　EtherCAT 从站控制器的通信端口控制

EtherCAT 从站控制器端口的回路状态可以由主站写数据链路 DL 控制寄存器（0x0100~0x0103）来控制。

EtherCAT 从站控制器支持强制回路控制（不管连接状态如何都强制打开或闭合）以及自动回路控制（由每个端口的连接状态决定打开或闭合）。

在自动模式下，如果建立连接则端口打开，如果失去连接则端口闭合。端口失去连接而自动闭合，再次建立连接后，它必须被主动打开，后者端口收到有效的以太网数据帧后也可以自动打开。

EtherCAT 从站控制器端口的状态可以从 DL 状态寄存器（0x0110~0x0111）中读取。

1. 通信端口打开的条件

通信端口由主站控制，从站微处理器或微控制器不操作数据链路。当端口被使能，而且满足如下任一条件时，端口将被打开。

1）DL 控制寄存器中端口设置为自动时，端口上有活动的连接。

2）DL 控制寄存器中回路设置为自动闭合时，端口上建立连接，并且向寄存器 0x0100 相应控制位再次写入 0x01。

3）DL 控制寄存器中回路设置为自动闭合时，端口上建立连接，并且收到有效的以太网数据帧。

4）DL 控制寄存器中回路设置为常开。

2. 通信端口闭合的条件

满足以下任一条件时，端口将被闭合。

1）DL 控制寄存器中端口设置为自动时，端口上没有活动的连接。

2）DL 控制寄存器中回路设置为自动闭合时，端口上没有活动的连接，或者建立连接后没有向相应控制位再次写入 0x01。

3）DL 控制寄存器中回路设置为常闭。

当所有的通信端口不论是因为强制还是自动而处于闭合状态时，端口 0 都将打开作为回复端口，可以通过这个端口实现读/写操作，以便修改 DL 控制寄存器的设置。此时 DL 状态寄存器仍然反映正确的状态。

7.5.3　EtherCAT 从站控制器的数据链路错误检测

EtherCAT 从站控制器在两个功能块中检测 EtherCAT 数据帧错误：自动转发模块和 EtherCAT 数据帧处理单元。

1. 自动转发模块错误检测

自动转发模块能检测到的错误有：

1）物理层错误（RX 错误）。

2）数据帧过长。

3）CRC 校验错误。

4）数据帧无以太网起始符 SoF（Start of Frame）。

2. EtherCAT 数据帧处理单元错误检测

EtherCAT 数据帧处理单元可以检测到的错误有：

1）物理层错误（RX 错误）。

2）数据帧长度错误。

3）数据帧过长。

4）数据帧过短。

5）CRC 检验错误。

6）非 EtherCAT 数据帧（若 0x100.0 为 1）。

EtherCAT 从站控制器的寄存器有一些错误指示寄存器用来监测和定位错误。所有计数器的最大值都为 0xFF，计数到达 0xFF 后停止，不再循环计数，需由写操作来清除。EtherCAT 从站控制器可以区分首次发现的错误和其之前已经检测到的错误，并且可以对接收错误计数器和转发错误计数器进行分析及错误定位。

7.5.4　EtherCAT 从站控制器的数据链路地址

EtherCAT 通信协议使用设置寻址时，有两种从站地址模式。

EtherCAT 从站控制器的数据链路地址寄存器描述如表 7-33 所示，表 7-33 中列出了两种设置站点地址时使用的寄存器。

表 7-33　EtherCAT 从站控制器数据链路地址寄存器描述

地　　址	位	名　　称	描　　述	复　位　值
0x0010~0x0011	0~15	设置站点地址	设置寻址所用地址（FPRD、FPWR 和 FPRW 命令）	0
x0012~0x0013	0~15	设置站点别名	设置寻址所用的地址别名，是否使用这个别名，取决于 DL 控制寄存器 0x0100~0x0103 的位 24	0，保持该复位值，直到对 EEPROM 地址 0x0004 首次载入数据

1. 通过主站在数据链路启动阶段配置给从站

主站在初始化状态时，通过使用 APWR 命令，写从站寄存器 0x0010~0x0011，为从站设置一个与连接位置无关的地址，在以后的运行过程中使用此地址访问从站。

2. 通过从站在上电初始化时从配置数据存储区装载

每个 EtherCAT 从站控制器均配有 EEPROM 存储配置数据，其中包括一个站点别名。

EtherCAT 从站控制器在上电初始化时自动装载 EEPROM 中的数据，将站点别名装载到寄存器 0x0012~0x0013。

主站在链路启动阶段使用顺序寻址命令 APRD 读取各个从站的设置地址别名，并在以后运行中使用。使用别名之前，主站还需要设置 DL 控制寄存器 0x0100~0x0103 的位 24 为 1，通知从站将使用站点别名进行设置地址寻址。

使用从站别名可以保证即使网段拓扑改变，或者添加或取下设备时，从站设备仍然可以使用相同的设置地址。

7.5.5 EtherCAT 从站控制器的逻辑寻址控制

EtherCAT 子报文可以使用逻辑寻址方式访问 EtherCAT 从站控制器内部存储空间，Ether-CAT 从站控制器使用 FMMU 通道实现逻辑地址的映射。

每个 FMMU 通道使用 16 字节配置寄存器，从 0x0600 开始。

7.6 EtherCAT 从站控制器的应用层控制

7.6.1 EtherCAT 从站控制器的状态机控制和状态

EtherCAT 主站和从站按照如下规则执行状态转化。

1）主站要改变从站状态时，将目的状态写入从站 AL 控制位（0x0120.0~3）。

2）从站读取到新状态请求之后，检查自身状态。

① 如果可以转化，则将新的状态写入状态机实际状态位（0x0130.0~3）。

② 如果不可以转化，则不改变实际状态位，设置错误指示位（0x0130.4），并将错误码写入 0x0134~0x0135。

3）EtherCAT 主站读取状态机实际状态（0x0130）。

① 如果正常转化，则执行下一步操作。

② 如果出错，则主站读取错误码并写 AL 错误应答（0x0120.4）来清除 AL 错误指示。

使用微处理器 PDI 接口时，AL 控制寄存器由握手机制操作。ECAT 写 AL 控制寄存器后，PDI 必须执行一次，否则，ECAT 不能继续写操作。只有在复位后 ECAT 才能恢复写 AL 控制寄存器。

PDI 接口为数字量 I/O 时，没有外部微处理器读 AL 控制寄存器，此时主站设置设备模拟位 0x0140.8=1，EtherCAT 从站控制器将自动复制 AL 控制寄存器的值到 AL 状态寄存器。

7.6.2　EtherCAT 从站控制器的中断控制

EtherCAT 从站控制器的支持以下两种类型的中断。

- 给本地微处理器的 AL 事件请求中断。
- 给主站的 ECAT 帧中断。

分布时钟的同步信号也可以用作微处理器的中断信号。

1. PDI 中断

AL 事件的所有请求都映射到寄存器 0x0220 ~ 0x0223，由事件屏蔽寄存器 0x0204 ~ 0x0207 决定哪些事件将触发给微处理器的中断信号 IRQ。

微处理器响应中断后，在中断服务程序中读取 AL 事件请求寄存器，根据所发生的事件做出相应的处理。

2. ECAT 帧中断

ECAT 帧中断用来将从站所发生的 AL 事件通知 EtherCAT 主站，并使用 EtherCAT 子报文头中的状态位传输 ECAT 帧中断请求寄存器 0x0210 ~ 0x0211。ECAT 帧中断屏蔽寄存器 0x0200 ~ 0x0201 决定哪些事件会被写入状态位，并发送给 EtherCAT 主站。

3. SYNC 同步信号中断

SYNC 同步信号可以映射到 IRQ 信号以触发中断。此时，同步引脚可以用作 Latch 输入引脚，IRQ 信号有 40 ns 左右的抖动，同步信号有 12 ns 左右的抖动。因此也可以将 SYNC 信号直接连接到微处理器的中断输入信号，微处理器将快速响应同步信号中断。

7.6.3　EtherCAT 从站控制器的 WDT 控制

EtherCAT 从站控制器支持以下两种内部 WDT。

- 监测过程数据刷新的过程数据 WDT。
- 监测 PDI 运行的 WDT。

1. 过程数据 WDT

通过设置 SM 控制寄存器（0x0804+Nx8）的位 6 来使能相应的过程数据 WDT。设置过程数据 WDT 定时器的值（0x0420 ~ 0x0421）为零将使 WDT 无效。过程数据缓存区被刷新后，过程数据 WDT 将重新开始计数。

过程数据 WDT 超时后，将触发如下操作。

1) 设置过程数据 WDT 状态寄存器 0x0440.0 = 0。

2) 数字量 I/O PDI 接口收回数字量输出数据，不再驱动输出信号或拉低输出信号。

3) 过程数据 WDT 超时计数寄存器（0x0442）增加。

2. PDI WDT

一次正确的 PDI 读写操作可以启动 PDI WDT 重新计数。设置 PDI WDT 定时器的值（0x0410 ~ 0x0411）为零将使 WDT 无效。

PDI WDT 超时后，将触发以下操作。

1) 设置 EtherCAT 从站控制器的 DL 状态寄存器 0x0110.1，DL 状态变化映射到 ECAT 帧的子报文状态位后并将其发给 EtherCAT 主站。

2) PDI WDT 超时计数寄存器（0x0443）值增加。

7.7 EtherCAT 从站控制器的存储同步管理

7.7.1 EtherCAT 从站控制器存储同步管理器

EtherCAT 定义了如下两种 SM 通道运行模式。

（1）缓存类型

该 SM 运行模式用于过程数据通信。

1）使用 3 个缓存区，保证可以随时接收和交付最新的数据。

2）经常有一个可写入的空闲缓存区。

3）在第一次写入之后，经常有一个连续可读的数据缓存区。

（2）邮箱类型

1）使用一个缓存区，支持握手机制。

2）对数据溢出产生保护。

3）只有写入新数据后才可以进行成功的读操作。

4）只有成功读取之后才允许再次写入。

EtherCAT 从站控制器内部过程数据存储区可以用于 EtherCAT 主站与从站应用程序数据的交换，需要满足如下条件。

1）保证数据一致性，必须由软件实现协同的数据交换。

2）保证数据安全，必须由软件实现安全机制。

3）EtherCAT 主站和应用程序都必须轮询存储器来判断另一端是否完成访问。

EtherCAT 从站控制器使用了存储同步管理通道 SM 来保证主站与本地应用数据交换的一致性和安全性，并在数据状态改变时产生中断来通知双方。SM 通道把存储空间组织为一定大小的缓存区，由硬件控制对缓存区的访问。缓存区的数量和数据交换方向可配置。

SM 配置寄存器从 0x800 开始，每个通道使用 8 字节，包括配置寄存器和状态寄存器。

要从起始地址开始操作一个缓存区，否则操作被拒绝。操作起始地址之后，就可以操作整个缓存区了。

SM 允许再次操作起始地址，并且可以分多次操作。操作缓存区的结束地址表示缓存区操作结束，随后缓存区状态改变，同时可以产生一个中断信号或 WDT 触发脉冲。不允许在一个数据帧内两次操作结束地址。

7.7.2 SM 通道缓存区的数据交换

EtherCAT 的缓存模式使用 3 个缓存区，允许 EtherCAT 主站和从站控制微处理器双方在任何时候访问数据交换缓存区。数据接收方可以随时得到一致的最新数据，而数据发送方也可以随时更新缓存区的内容。如果写缓存区的速度比读缓存区的速度快，以前的数据将被覆盖。

3 个缓存区模式通常用于周期性过程数据交换。3 个缓存区由 SM 通道统一管理，SM 通道只配置了第一个缓存区的地址范围。根据 SM 通道的状态，对第一个缓存区的访问将被重新定向到三个缓存区中的一个。第二和第三个缓存区的地址范围不能被其他 SM 通道所使用，SM 通道缓存区分配如表 7-34 所示。

表 7-34 SM 通道缓存区分配

地　　址	缓存区分配
0x1000~0x10FF	缓存区 1，可以直接访问
0x1100~0x11FF	缓存区 2，不可以直接访问，不可以用于其他 SM 通道
0x1200~0x12FF	缓存区 3，不可以直接访问，不可以用于其他 SM 通道
0x1300	可用存储空间

表 7-40 配置了一个 SM 通道，其起始地址为 0x1000，长度为 0x100，则 0x1100~0x12FF 的地址范围不能被直接访问，而是作为缓存区由 SM 通道来管理。所有缓存区由 SM 通道控制，只有缓存区 1 的地址配置给 SM 通道，并由 EtherCAT 主站和本地应用直接访问。

SM 缓存区的运行原理如图 7-25 所示。

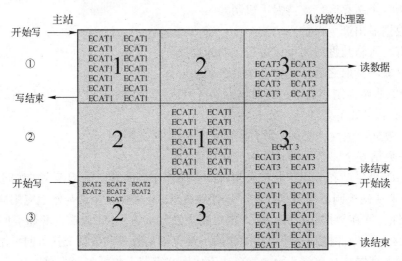

图 7-25 SM 缓存区的运行原理

在图 7-25 的状态①中，缓存区 1 正由主站数据帧写入数据，缓存区 2 空闲，缓存区 3 由从站微处理器读走数据。

主站写缓存区 1 完成后，缓存区 1 和缓存区 2 交换，变为图 7-25 中的状态②。

从站微处理器读缓存区 3 完成后，缓存区 3 空闲，并与缓存区 1 交换，变为图 7-25 中的状态③。

此时，主站和微处理器又可以分别开始写和读操作。如果 SM 控制寄存器（0x0804+Nx8）中使能了 ECAT 帧或 PDI 中断，那么每次成功的读写操作都将在 SM 状态寄存器（0x0805+Nx8）中设置中断事件请求，并映射到 ECAT 中断请求寄存器（0x0210~0x0211）和 AL 事件请求寄存器（0x0220~0x0221）中，再由相应的中断屏蔽寄存器决定是否映射到数据帧状态位或触发中断信号。

7.7.3 SM 通道邮箱数据通信模式

SM 通道的邮箱数据通信模式使用一个缓存区，实现了带有握手机制的数据交换，所以

300

不会丢失数据。只有在一端完成数据操作之后，另一端才能访问缓存区。

首先，数据发送方写缓存区，然后缓存区被锁定为只读，直到数据按收方读走数据。随后，发送方再次写操作缓存区，同时缓存区对接收方锁定。

邮箱数据通信模式通常用于应用层非周期性数据交换，分配的这一个缓存区也称为邮箱。邮箱模式只允许以轮询方式读和写操作，实现完整的数据交换。

只有 EtherCAT 从站控制器接收数据帧 FCS 正确时，SM 通道的数据状态才会改变。这样，在数据帧结束之后缓存区状态立刻变化。

邮箱数据通信使用两个存储同步管理器通道。通常，主站到从站通信使用 SM0 通道，从站到主站通信使用 SM1 通道，它们被配置成为一个缓存区方式，使用握手机制来避免数据溢出。

7.8 EtherCAT 从站信息接口 (SII)

EtherCAT 从站控制器采用 EEPROM 来存储所需的设备相关信息，称为从站信息接口 (Slave Information Interface，SII)。

EEPROM 的容量为 1 kbit~4 Mbit，取决于 EtherCAT 从站控制器规格。

EEPROM 数据结构如表 7-35 所示。

表 7-35　EEPROM 数据结构

字地址 0	EtherCAT 从站控制器寄存器配置区			
字地址 8	厂商标识	产品码	版本号	序列号
字地址 16	硬件延时		引导状态下邮箱配置	
字地址 24	邮箱 SM 通道配置			
	保留			
	分类附加信息 …			
字地址 64	字符串类信息			
	设备信息类			
	FMMU 描述信息			
	SM 通道描述信息			
	…			

EEPROM 使用字地址，字 0~63 是必需的基本信息，其各部分描述如下。

1）EtherCAT 从站控制器的寄存器配置区（字 0~7），由 EtherCAT 从站控制器在上电或复位后自动读取后装入相应寄存器，并检查校验和。

2）产品标识区（字 8~15），包括厂商标识、产品码、版本号和序列号等。

3）硬件延时（字 16~19），包括端口延时和处理延时等信息。

4）引导状态下邮箱配置（字 20~23）。

5）标准邮箱通信 SM 通道配置（字 24~27）。

7.8.1　EEPROM 中的信息

EtherCAT 从站控制器配置数据如表 7-36 所示。

表 7-36　EtherCAT 从站控制器配置数据

字　地　址	参　数　名	描　述
0	PDI 控制	PDI 控制寄存器初始值（0x0140~0x0141）
1	PDI 配置	PDI 配置寄存器初始值（0x0150~0x0151）
2	SYNC 信号脉冲宽度	SYNC 信号脉宽寄存器初始值（0x0982~0x0983）
3	扩展 PDI 配置	扩展 PDI 配置寄存器初始值（0x0152~0x0153）
4	站点别名	站点别名配置寄存器初始值（0x0012~0x0013）
5，6	保留	保留，应为 0
7	校验和	字 0~6 的校验和

EEPROM 中的分类附加信息包含了可选的从站信息，有以下两种类型的数据。
- 标准类型。
- 制造商定义类型。

所有分类数据都使用相同的数据结构，包括一个字的数据类型、一个字的数据长度和数据内容。标准的分类数据类型如表 7-37 所示。

表 7-37　标准的分类数据类型

类　型　名	数　值	描　述
STRINGS	10	文本字符串信息
General	30	设备信息
FMMU	40	PMMU 使用信息
SyncM	41	SM 通道运行模式
TXPDO	50	TxPDO 描述
RXPDO	51	RxPDO 描述
DC	60	分布式时钟描述
End	0xffff	分类数据结束

7.8.2　EEPROM 的操作

EtherCAT 从站控制器具有读写 EEPROM 的功能，主站或 PDI 通过读写 EtherCAT 从站控制器的 EEPROM 控制寄存器来读写 EEPROM，在复位状态下由主站控制 EEPROM 的操作之后可以移交给 PDI 控制。EEPROM 控制寄存器功能描述如表 7-38 所示。

表 7-38　EEPROM 控制寄存器功能描述

地　　址	位	名　　称	描　　述	复　位　值
0x0500	0	EEPROM 访问分配	0：ECAT 帧； 1：PDI	0
	1	强制 PDI 操作释放	0：不改变 0x0501.0； 1：复位 0x0501.0 为 0	0
	2~7	保留		0
0x0501	0	PDI 操作	0：PDI 释放 EEPROM 操作 1：PDI 正在操作 EEPROM	0
	1~7	保留		0
0x0502~0x0503	0~15	EEPROM 控制和状态寄存器		
	0	ECAT 帧写使能	0：写请求无效 1：使能写请求	0
	1~5	保留		
	6	支持读字节数	0：4 个字节 1：8 个字节	ET1100：1 ET1200：1 其他：0
	7	EEPROM 地址范围	0：1 个地址学节（1~16 kbit）； 1：2 个地址字节（32 kbit~4 Mbit）	芯片配置引脚
	8	读命令位	读写操作时含义不同 当写时 0：无操作 1：开始读操作 当读时 0：无读操作 1：读操作进行中	0
	9	写命令位	读写操作时含义不同 当写时 0：无操作 1：开始写操作 当读时 0：无写操作 1：写操作进行中	0
	10	重载命令位	读写操作时含义不同 当写时 0：无操作 1：开始重载操作 当读时 0：无重载操作 1：重载操作进行中	0
	11	ESC 配置区校验	0：校验和正确 1：校验和错误	0
	12	器件信息校验	0：器件信息正确 1：从 EEPROM 装载器件信息错误	0
	13	命令应答	0：无错误 1：EEPROM 无应答，或命令无效	0
	14	写使能错误	0：无错误 1：请求写命令时无写使能	0
	15	忙位	0：FEPROM 接口空闲 1：EEPROM 接口忙	0

地　　址	位	名　　称	描　　述	复　位　值
0x0504~0x0507	0~32	EEPROM 地址	请求操作的 EEPROM 地址，以字为单位	0
0x0508~0x050F	0~15	EEPROM 数据	将写入 EEPROM 的数据或从 EEPROM 读到数据，低位字	0
	16~63	EEPROM 数据	从 EEPROM 读到数据，高位字，一次读 4 个字节时只有 16~31 有效	0

1. 主站强制获取操作控制

寄存器 0x0500 和 0x0501 分配 EEPROM 的访问控制权。

如果 0x0500.0＝0，并且 0x0501.0＝0，则由 EtherCAT 主站控制 EEPROM 访问接口，这也是 EtherCAT 从站控制器的默认状态；否则由 PDI 控制 EEPROM。

双方在使用 EEPROM 之前需要检查访问权限，EEPROM 访问权限的移交有主动放弃和被动剥夺两种形式。

双方在访问完成后可以主动放弃控制权，EtherCAT 主站应该在以下情况通过写 0x0500.0＝1，将访问权交给应用控制器。

1）在 I→P 转换时。

2）在 I→B 转换时并在 BOOT 状态下。

3）若在 ESI 文件中定义了 "AssignToPdi" 元素，除 INIT 状态外，EtherCAT 主站应该将访问权交给 PDI 一端。

EtherCAT 主站可以在 PDI 没有释放控制权时强制获取操作控制，操作如下。

1）主站操作 EEPROM 结束后，主动写 0x0500.0＝1，将 EEPROM 接口移交给 PDI。

2）如果 PDI 要操作 EEPROM，则写 0x0501.0＝1，接管 EEPROM 控制。

3）PDI 完成 EEPROM 操作后，写 0x0501.0＝0，释放 EEPROM 操作。

4）主站写 0x0500.0＝0，接管 EEPROM 控制权。

5）如果 PDI 未主动释放 EEPROM 控制，主站可以写 0x0500.1＝1，强制清除 0x0501.0，从 PDI 夺取 EEPROM 控制。

2. 读/写 EEPROM 的操作

EEPROM 接口支持以下 3 种操作命令。

● 写一个 EEPROM 地址。

● 从 EEPROM 读。

● 从 EEPROM 重载 EtherCAT 从站控制器配置。

需要按照以下步骤执行读/写 EEPROM 的操作。

1）检查 EEPROM 是否空闲（0x0502.15 是否为 0）。如果不空闲，则必须等待，直到空闲。

2）检查 EEPROM 是否有错误（0x0502.13 是否为 0 或 0x0502.14 是否为 0）。如果有错误，则写 0x0502.[10:8]＝[000]清除错误。

3）写 EEPROM 字地址到 EEPROM 地址寄存器。

4）如果要执行写操作，首先将要写入的数据写入 EEPROM 数据寄存器 0x0508~0x0509。

5）写控制寄存器以启动命令的执行。

① 读操作，写 0x500.8=1。

② 写操作，写 0x500.0=1 和 0x500.9=1，这两位必须由一个数据帧写完成。0x500.0 为写使能位可以实现写保护机制，它对同一数据帧中的 EEPROM 命令有效，并随后自动清除；对于 PDI 访问控制不需要写这一位。

③ 重载命令，写 0x500.10=1。

6）EtherCAT 主站发起的读/写操作是在数据帧结束符 EoF（End of Frame）之后开始执行的，PDI 发起的操作则马上被执行。

7）等待 EEPROM 忙位清除（0x0502.15 是否为 0）。

8）检查 EEPROM 错误位。如果 EEPROM 应答丢失，可以重新发起命令，即回到第 5）步。在重试之前等待一段时间，使 EEPROM 有足够时间保存内部数据。

9）获取执行结果。

① 读操作，读到的数据在 EEPROM 数据寄存器 0x0508~0x050F 中，数据长度可以是 2 或 4 个字，取决于 0x0502.6。

② 重载操作，EtherCAT 从站控制器配置被重新写入相应的寄存器。

在 EtherCAT 从站控制器上电启动时，将从 EEPROM 载入开始的 7 个字，以配置 PDI 接口。

7.8.3　EEPROM 操作的错误处理

EEPROM 接口操作错误由 EEPROM 控制/状态寄存器 0x0502~0x0503 指示，如表 7-39 所示。

表 7-39　EEPROM 接口操作错误

位	名　　称	描　　述
11	校验和错误	EtherCAT 从站控制器配置区域校验和错误，使用 EEPROM 初始化的寄存器保持原值 原因：CRC 错误 解决方法：检查 CRC
12	设备信息错误	EtherCAT 从站控制器配置没有被装载 原因：校验和错误、应答错误或 EEPROM 丢失 解决方法：检查其他错误位
13	应答/命令错误	无应答或命令无效 原因： ① EEPROM 芯片无应答信号 ② 发起了无效的命令 解决方法： ① 重试访问 ② 使用有效的命令
14	写使能错误	EtherCAT 主站在没有写使能的情况下执行了写操作 原因：EtherCAT 主站在写使能位无效时发起了写命令 解决方法：在写命令的同一个数据帧中设置写使能位

EtherCAT 从站控制器在上电或复位后读取 EEPROM 中的配置数据，如果发生错误，则重试读取。连续两次读取失败后，设置设备信息错误位，此时 EtherCAT 从站控制器数据链

路状态寄存器中 PDI 允许运行位 (0x0110.0) 保持无效。发生错误时，所有由 EtherCAT 从站控制器配置区初始化的寄存器保持其原值，EtherCAT 从站控制器过程数据存储区也不可访问，直到成功装载 EtherCAT 从站控制器配置数据。

EEPROM 无应答错误是一个常见的问题，更容易在 PDI 操作 EEPROM 时发生。

连续写 EEPROM 时产生无应答错误原因如下。

1）EtherCAT 主站或 PDI 发起第一个写命令。

2）EtherCAT 从站控制器将写入数据传送给 EEPROM。

3）EEPROM 内部将输入缓存区中数据传送到存储区。

4）主站或 PDI 发起第二个写命令。

5）EtherCAT 从站控制器将写入数据传送给 EEPROM，EEPROM 不应答任何访问，直到上次内部数据传送完成。

6）EtherCAT 从站控制器设置应答/命令错误位。

7）EEPROM 执行内部数据传送。

8）EtherCAT 从站控制器重新发起第二个命令，命令被应答并成功执行。

习题

1. 说明 EtherCAT 物理拓扑结构。

2. 说明 EtherCAT 数据链路层的组成。

3. 说明 EtherCAT 应用层的功能。

4. EtherCAT 设备行规包括哪些内容？

5. 简述 EtherCAT 系统的组成。

6. EtherCAT 从站控制器主要有哪些功能块？

7. 说明 EtherCAT 数据报的结构。

8. EtherCAT 数据报的工作计数器（WKC）字段的作用是什么？

9. EtherCAT 从站控制器的主要功能是什么？

10. EtherCAT 从站控制器内部存储空间是如何配置的？

11. 简述 EtherCAT 从站控制器的特征信息。

12. 简述 EtherCAT 从站控制器（ESC）ET1100 的组成。

13. EtherCAT 从站控制器（ESC）ET1100 的 PDI 有什么功能？

14. 说明 EtherCAT 从站控制器（ESC）ET1100 的 MII 的基本功能。

15. ET1100 的 MII 信号有哪些？画出 ET1100 端口 0 的 MII 电路图。

16. 画出 ET1100 和 16 位微控制器的异步接口电路图，并说明所用的微控制器信号。

17. 说明 EtherCAT 从站控制器的帧处理顺序。

第8章 EtherCAT 工业以太网主站与从站系统设计

EtherCAT 主站采用标准的以太网设备，即能够发送和接收符合 IEEE802.3 标准以太网数据帧的设备。在实际应用中，使用基于 PC 或嵌入式计算机的主站对其硬件设计没有特殊要求。如果主站使用 TwinCAT 软件，需要满足 TwinCAT 支持的网卡以太网控制器型号。

EtherCAT 从站使用专用 EtherCAT 从站控制器（ESC）芯片，要设计专门的从站硬件系统。

EtherCAT 由主站和从站组成工业控制网络，主站不需要专用的控制器芯片，只要在 PC、工业 PC（IPC）或嵌入式计算机系统上运行主站软件即可。主站软件一般采用 BECK-HOFF 公司的 TwinCAT3 等产品或者采用开源主站。

EtherCAT 主站主要有 TwinCAT3、Acontis、IgH、SOEM、KPA 和 RSW-ECAT Master Ether-CAT。

EtherCAT 主站的作用如下。

- 启动和配置。
- 读取 XML 配置描述文件。
- 从网络适配器发送和接收"原始的"EtherCAT 帧。
- 管理 EtherCAT 从站状态。
- 发送初始化指令（定义用于从站设备的不同状态变化）。
- 邮箱通信。
- 集成了虚拟交换机功能。
- 循环的过程数据通信。

CANopen 协议是基于 CAN 总线的一种高层协议，在欧洲应用较为广泛，且协议针对行业应用，实现比较简洁。

IEC 61800-7 是控制系统和功率驱动系统之间的通信接口标准，包括网络通信技术和应用行规。

本章首先讲述 EtherCAT 主站的分类和 EtherCAT 主站 TwinCAT3，然后以 EtherCAT 从站控制器 ET1100 为例，讲述 EtherCAT 从站控制器与 STM32F4 微控制器总线接口的硬件电路设计及 MII 端口电路的设计，最后介绍 IEC 61800-7 通信接口标准。

8.1 EtherCAT 主站分类

8.1.1 概述

终端用户或系统集成商在选择 EtherCAT 主站设备时，希望获得所定义的最少功能和互操作性。但并不是每个主站都必须支持 EtherCAT 技术的所有功能。

EtherCAT 主站分类规范定义了具有定义良好的主站功能集的主站分类。方便起见，只定义了两个主站分类：

- A 类：标准 EtherCAT 主站设备。
- B 类：最小 EtherCAT 主站设备。

其基本思想是每个实现都应以满足类型 A 的需求为目标。只有在资源被禁止的情况下，例如在嵌入式系统中，才至少必须满足 B 类的要求。

其他可被认为是可选的功能则由功能包来描述。功能包描述了特定功能的所有强制性主站功能，例如冗余。

8.1.2 主站分类

EtherCAT 主站的主要任务是网络的初始化和所有设备状态机、过程数据通信的处理，并为在主站和从站应用程序之间进行交换的参数数据提供非循环访问。然而，主站本身并不收集初始化和循环命令列表中的信息，这些是由网络配置逻辑完成的。在许多情况下，这是一个 EtherCAT 网络配置软件。

配置逻辑从 ESI 或 SII，ESC 寄存器和对象库或 IDN 列表中收集所需要的信息，生成 EtherCAT 网络信息（ENI）并提供给 EtherCAT 主站。

EtherCAT 主站分类和配置工具结构如图 8-1 所示。

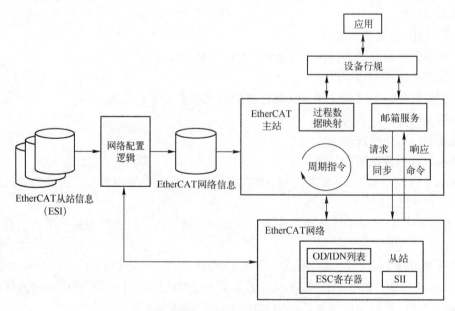

图 8-1　EtherCAT 主站分类和配置工具结构

配置工具或主站配置功能之一统称为配置工具，代表了两个版本。主站应用可能是 PLC 或运动控制功能，也可能是在线诊断应用。

1. A 类主站

A 类主站设备必须支持 ETG 规范 ETG.1000 系列以及 ETG.1020 系列中所描述的所有功能。主站设备应支持 A 类主站的要求。

2. B 类主站

B 类主站与 A 类主站相比减少了部分功能，不过对于这一类主站来说，运行大多数 Ether-CAT 设备所需的主要功能（例如支持 CoE、循环处理数据交换）是必需的。只有那些不能满足 A 类主站设备要求的主站设备才必须满足 B 类主站的要求。

3. 功能包

功能包（FP）定义了一组可选择的功能。如果一个功能包被支持，则应满足其所列要求的所有功能。

4. 主站分类和功能包的有效性

对主站分类和功能包的定义是一个持续的过程，因为一直需要进行技术和附加特性上的提高来满足客户和应用的需求。而主站分类的作用也就是通过用这些提高来为最终用户的利益考虑。因此，基本功能集和每个单独功能包的功能范围都是由版本号来定义的。如果没有相应的版本号，主站供应商就不能对其主站分类的实现（基本功能集以及每个功能包）进行分类。

8.2　TwinCAT3 EtherCAT 主站

TwinCAT 是 BECKHOFF 公司推出的基于 PC 平台和 Windows 操作系统的控制软件。它的作用是把工业 PC 或者嵌入式 PC 变成一个功能强大的 PLC 或者运动控制器来控制生产设备。

1995 年，TwinCAT 首次推出市场，现存版本有两种：TwinCAT 2 和 TwinCAT 3。

TwinCAT 2 是针对单 CPU 及 32 位操作系统开发设计的，其运行核不能工作在 64 位操作系统上。对于多 CPU 系统，只能发挥单核的运算能力。

TwinCAT 3 考虑了 64 位操作系统和多核 CPU，并且可以集成 C++编程和 MATLAB 建模，所以 TwinCAT 3 的运行核既可以工作在 32 位操作系统，也可以工作在 64 位操作系统，并且可以发挥全部 CPU 的运算能力。对于 PLC 控制和运动控制项目，TwinCAT 3 和 TwinCAT 2 除了开发界面有所不同之外，编程、调试、通信的原理和操作方法都几乎完全相同。

TwinCAT 是一套纯软件的控制器，完全利用 PC 标配的硬件，实现逻辑运算和运动控制。TwinCAT 运行核安装在 BECKHOFF 的 IPC 或者 EPC 上，其功能就相当于一台计算机加上一个逻辑控制器"TwinCAT PLC"和一个运动控制器"TwinCAT NC"。对于运行在多核 CPU 上的 TwinCAT 3，还可以集成机器人等更多更复杂的功能。

TwinCATPLC 的特点：与传统的 PLC 相比，TwinCAT PLC 的 CPU、存储器和内存资源都有了数量级的提升。运算速度快，尤其是传统 PLC 不擅长的浮点运算，比如遇到多路温控、液压控制以及其他复杂算法时，TwinCAT PLC 可以轻松胜任。数据区和程序区仅受限于存储介质的容量。随着 IT 技术的发展，用户可以订购的存储介质 CF 卡、CFast 卡、内存卡及硬盘的容量越来越大，CPU 的速度越来越快，而且性价比越来越高。因此 TwinCAT PLC 在需要处理和存储大量数据，比如趋势、配方和文件时优势明显。

TwinCAT NC 的特点：与传统的运动控制卡、运动控制模块相比，TwinCAT NC 最多能够控制 255 个运动轴，并且支持几乎所有的硬件类型，具备所有单轴点动、多轴联动功能。并且，由于运动控制器和 PLC 实际上工作于同一台 PC，两者之间的通信只是两个内存区之间的数据交换，其数量和速度都远非传统的运动控制器可比。这使得凸轮耦合、自定义轨迹运动时数据修改非常灵活，并且响应迅速。TwinCAT 3虽然可以用于64位操作系统和多核CPU，但现阶段仍然只能控制255个轴，当然这也可以满足绝大部分的运动控制需求。

归根结底，TwinCAT PLC和TwinCAT NC的性能，最主要还是依赖于CPU。尽管BECK-HOFF的控制器种类繁多，无论是安装在导轨上的EPC，还是安装在电柜内的Cabinet PC，或者是集成到显示面板的面板式PC，其控制原理、软件操作都是一样的，同一套程序可以移植到任何一台PC-Based控制器上运行。移植后的唯一结果是CPU利用率的升高或者降低。

8.2.1 TwinCAT 3 Runtime 的运行条件

用户订购BECKHOFF控制器时就必须决定控制软件使用TwinCAT 2还是TwinCAT 3的运行核，软件为出厂预装，用户不能自行更改。TwinCAT 3的运行核的控制器必须使用TwinCAT 3开发版编程。

TwinCAT运行核分为Windows CE和Windows Standard两个版本，Windows Standard版本包括Windows XP、Windows Xpe、Windows NT、Windows 7、WES 7。由于Windows CE系统小巧轻便，经济实惠，相对于传统PLC而言，功能上仍然有绝对的优势，所以在工业自动化市场上，尤其是国内市场，Window CE显然更受欢迎。

8.2.2 TwinCAT 3 功能介绍

TwinCAT 3软件的结构如图8-2所示。

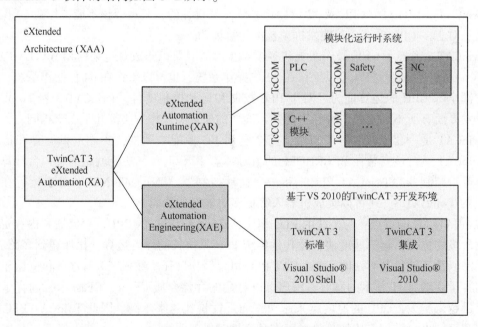

图8-2　TwinCAT 3软件的结构

TwinCAT运行核是Windows底层优先级最高的服务，同时它又是所有TwinCAT PLC、TwinCAT NC和其他任务的运行平台。TwinCAT 3分为开发版（XAE）和运行版（XAR）。

XAE 安装运行在开发 PC 上，既可以作为一个插件集成到标准的 Visual Studio 软件中，也可以独立安装（with VS2010 Shell）。XAR 运行在控制器上的，必须要购买授权且为出厂预装。

在运行内核上，TwinCAT 3 首次提出了 TcCOM 和 Module 的概念。基于同一个 TcCOM 创建的 Module 有相同的运算代码和接口。TcCOM 概念的引入，使 TwinCAT 具有了无限的扩展性，BECKHOFF 公司和第三方厂家都有可能把自己的软件产品封装成 TcCOM 集成到 TwinCAT 中。已经发布的 TcCOM 如图 8-3 所示。

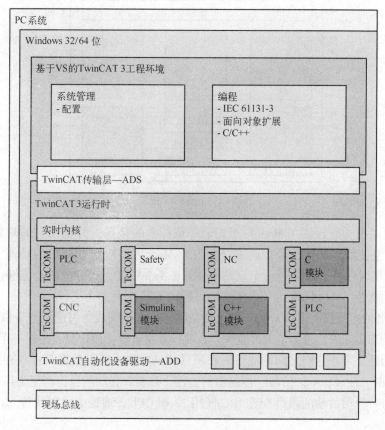

图 8-3　TcCOM

1）PLC 和 NC：这是与 TwinCAT 兼容的两种基本类别的 TcCOM。

2）Safety 和 CNC：这也是 TwinCAT 2 中已经有的软件功能，在这里以 TcCOM 的形式出现。

3）C 和 C++ Module：TwinCAT 3 新增的功能，允许用户使用 C 和 C++编辑 Real-time 的控制代码和接口。C++编程支持面向对象（继承、封装、接口）的方式，可重复利用性好，代码的生成效率高，非常适用于实时控制。广泛用于图像处理、机器人和仪器测控。

4）Simulink Module：TwinCAT 3 新增的功能，允许用户事先在 MATLAB 中创建控制模型（模型包含了控制代码和接口），然后把模型导入 TwinCAT 3。它利用 MATLAB 的模型库和各种调试工具，比 TwinCAT 编程更容易实现对复杂的控制算法的开发、仿真和优化，可通过 RTW 自动生成仿真系统代码，并支持图形化编程。

基于一个 TcCOM，用户可以重复创建多个 Module。每个 Module 都有自己的代码执行区、接口数据区，此外还有数据区、指针和端口等。

TwinCAT 模块如图 8-4 所示。

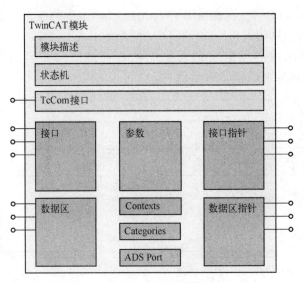

图 8-4　TwinCAT 模块

Module 可以把功能封装在 Module 里面而保留标准的接口，与调用它的对象代码隔离开来，既便于重复使用，又保证了代码安全。一个 Module 可以包含简单的功能，也可以包含复杂的运算和实时任务，甚至是一个完整的项目。TwinCAT 3 运行内核上能够执行的 Module 数量几乎没有限制，可以装载到一个多核处理器的不同核上。

TwinCAT 3 的运行核为多核 CPU，使大型系统的集中控制成为可能。与分散控制相比，所有控制由一个 CPU 完成，通信量大大减少。在项目开发阶段，用户只要编写一个项目，而不用编写 32 个项目还要考虑它们之间的通信。在项目调试阶段，所有数据都存放在一个过程映像中，更容易诊断。在设备维护阶段，控制器的备件、数据和程序的备份都更为简便。

BECKHOFF 公司目前的最高配置 IPC 使用 32 核 CPU，理论上可以代替 32 套 TwinCAT 2 控制器。

8.3　基于 ET1100 的 EtherCAT 从站总体结构

EtherCAT 从站以 ST 公司生产的 ARM Cortex-M4 微控制器 STM32F407ZET6 为核心，搭载相应外围电路构成。

STM32F407ZET6 内核的最高时钟频率可以达到 168 MHz，而且还集成了单周期 DSP 指令和浮点运算单元（FPU），提升了计算能力，可以进行复杂的计算和控制。

STM32F407ZET6 除了具有优异的性能外，还具有如下丰富的内嵌和外设资源。

1）存储器：拥有 512 KB 的 Flash 存储器和 192 KB 的 SRAM；并提供了存储器的扩展接口，可外接多种类型的存储设备。

2）时钟、复位和供电管理：支持 1.8~3.6 V 的系统供电；具有上电/断电复位、可编程电压检测器等多个电源管理模块，可有效避免供电电源不稳定而导致的系统误动作情况的发生；内嵌 RC 振荡器可以提供高速的 8 MHz 内部时钟。

3）直接存储器存取（DMA）：16 通道的 DMA 控制器，支持突发传输模式，且各通道可独立配置。

4）丰富的 I/O 端口：具有 A~G 共 7 个端口，每个端口有 16 个 I/O，所有的 I/O 都可以映射到 16 个外部中断；多个端口具有兼容 5V 电平的特性。

5）多类型通信接口：具有 3 个 I²C 接口、4 个 USART、3 个 SPI、2 个 CAN 接口、1 个 ETH 接口等。

EtherCAT 从站的外部供电电源为+5 V，由 AMS1117 电源转换芯片实现 3.3~5 V 的电压变换。

基于 ET1100 的 EtherCAT 从站总体结构如图 8-5 所示。

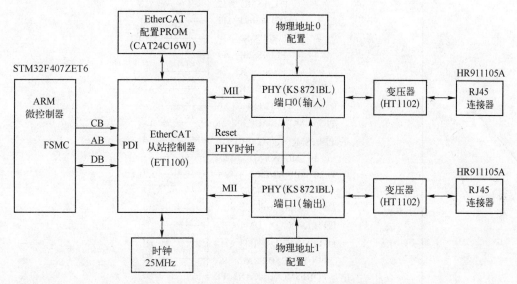

图 8-5　基于 ET1100 的 EtherCAT 从站总体结构

主要由以下几部分组成。

1）微控制器 STM32F407ZET6。

2）EtherCAT 从站控制器 ET1100。

3）EtherCAT 配置 PROM CAT24C6WI。

4）以太网 PHY 器件 KS8721BL。

5）PULSE 公司以太网数据变压器 HT1102。

6）RJ45 连接器 HR911105A。

7）实现测量与控制的 I/O 的电路。

8.4　微控制器与 ET1100 的接口电路设计

8.4.1　ET1100 与 STM32F407ZET6 的 FSMC 接口电路设计

ET1100 与 STM32F407ZET6 的 FSMC 接口电路如图 8-6 所示。

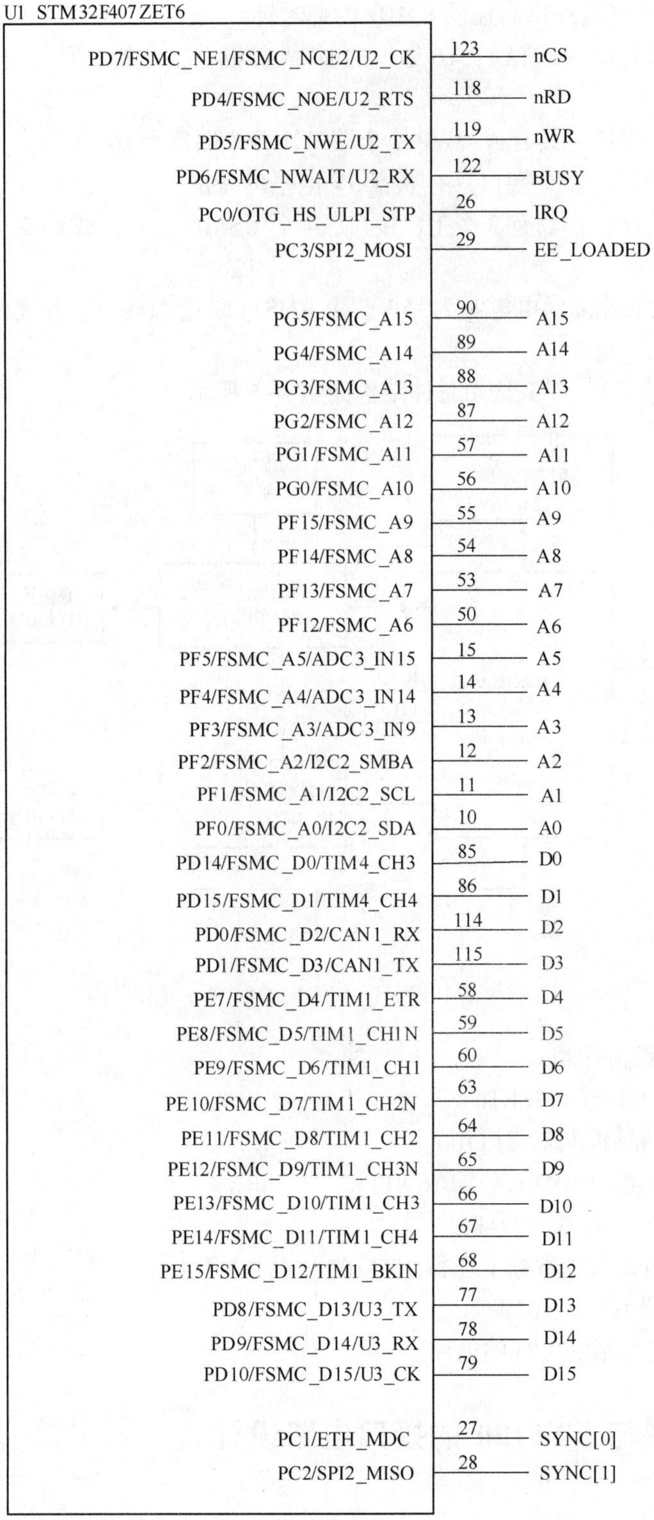

U1 STM32F407ZET6

Pin	Number	Signal
PD7/FSMC_NE1/FSMC_NCE2/U2_CK	123	nCS
PD4/FSMC_NOE/U2_RTS	118	nRD
PD5/FSMC_NWE/U2_TX	119	nWR
PD6/FSMC_NWAIT/U2_RX	122	BUSY
PC0/OTG_HS_ULPI_STP	26	IRQ
PC3/SPI2_MOSI	29	EE_LOADED
PG5/FSMC_A15	90	A15
PG4/FSMC_A14	89	A14
PG3/FSMC_A13	88	A13
PG2/FSMC_A12	87	A12
PG1/FSMC_A11	57	A11
PG0/FSMC_A10	56	A10
PF15/FSMC_A9	55	A9
PF14/FSMC_A8	54	A8
PF13/FSMC_A7	53	A7
PF12/FSMC_A6	50	A6
PF5/FSMC_A5/ADC3_IN15	15	A5
PF4/FSMC_A4/ADC3_IN14	14	A4
PF3/FSMC_A3/ADC3_IN9	13	A3
PF2/FSMC_A2/I2C2_SMBA	12	A2
PF1/FSMC_A1/I2C2_SCL	11	A1
PF0/FSMC_A0/I2C2_SDA	10	A0
PD14/FSMC_D0/TIM4_CH3	85	D0
PD15/FSMC_D1/TIM4_CH4	86	D1
PD0/FSMC_D2/CAN1_RX	114	D2
PD1/FSMC_D3/CAN1_TX	115	D3
PE7/FSMC_D4/TIM1_ETR	58	D4
PE8/FSMC_D5/TIM1_CH1N	59	D5
PE9/FSMC_D6/TIM1_CH1	60	D6
PE10/FSMC_D7/TIM1_CH2N	63	D7
PE11/FSMC_D8/TIM1_CH2	64	D8
PE12/FSMC_D9/TIM1_CH3N	65	D9
PE13/FSMC_D10/TIM1_CH3	66	D10
PE14/FSMC_D11/TIM1_CH4	67	D11
PE15/FSMC_D12/TIM1_BKIN	68	D12
PD8/FSMC_D13/U3_TX	77	D13
PD9/FSMC_D14/U3_RX	78	D14
PD10/FSMC_D15/U3_CK	79	D15
PC1/ETH_MDC	27	SYNC[0]
PC2/SPI2_MISO	28	SYNC[1]

图 8-6 ET1100 与 STM32F407ZET6 的 FSMC 接口电路

ET1100 使用 16 位异步微处理器 PDI 接口，连接两个 MII，并输出时钟信号给 PHY 器件。

STM32 系列微控制器拥有丰富的引脚及内置功能，可以给用户开发和设计过程中提供大量的选择方案。

STM32 不仅支持 IIC、SPI 等串行数据传输方案，同时在并行传输领域也开发了一种特殊的解决方案，是一种新型的存储器扩展技术 FSMC。STM32 通过 FSMC 技术可以直接并行读写外部存储器。

1. FSMC 机制

STM32 系列芯片内部集成了 FSMC 机制。FSMC 是 STM32 系列的一种特有的存储控制机制，可以灵活地应用于与多种类型的外部存储器连接的设计当中。

FSMC 是 STM32 与外部设备进行并行连接的一种特殊方式，FSMC 模块可以与多种类型的外部存储器相连。FSMC 主要负责把系统内部总线 AHB 转化为可以读写相应存储器的总线形式，可以设置读写位数 8 位或者 16 位，也可以设置读写模式是同步或者异步，还可以设置 STM32 读写外部存储器的时序及速度等，非常灵活。STM32 中的 FSMC 的设置在从站程序中完成，在程序中通过设置相应寄存器数据选择 STM32 的 FSMC 功能，设置地址、数据和控制信号以及时序内容，实现与外部设备之间的数据传输的匹配，这样，STM32 芯片不仅可以使用 FSMC 和不同类型的外部存储器接口，还能以不同的速度进行读写，灵活性加强，以满足系统设计对产品性能、成本、存储容量等多个方面的要求。

2. FSMC 结构

STM32 微处理器能够支持 NOR Flash、NAND Flash 和 PSRAM 等多种类型的外部存储器形式扩展，这是因为 FSMC 内部集成有对于 NOR Flash、NAND Flash 和 PSRAM 的控制器，所以才能够支持这几种差别很大的外部存储器类型。FSMC 模块的一端连接 Cortex-M4 内核，一端连接外部的存储器，FSMC 模块把系统 AHB 总线转化成连接到能够与外部存储器相符合的总线形式。在这个过程中，FSMC 模块起到了连接转换的作用，将系统内部的总线形式转化成可以与外部存储器连接的连线形式，同时还可以对信号及时序进行调整。

8.4.2 ET1100 应用电路设计

EtherCAT 从站控制器 ET1100 应用电路如图 8-7 所示。

在图 8-7 中，ET1100 左边是与 STM32F407ZET6 的 FSMC 接口电路、CAT24C16WI EEP-ROM 存储电路和时钟电路等。FSMC 接口电路包括 ET1100 的片选信号、读写控制信号、中断控制信号、16 位地址线和 16 位数据线。右边为 MII 端口的相关引脚，包括两个 MII 引脚、相关 MII 管理引脚和时钟输出引脚等。

ET1100 的 MII 引脚说明如表 8-1 所示。

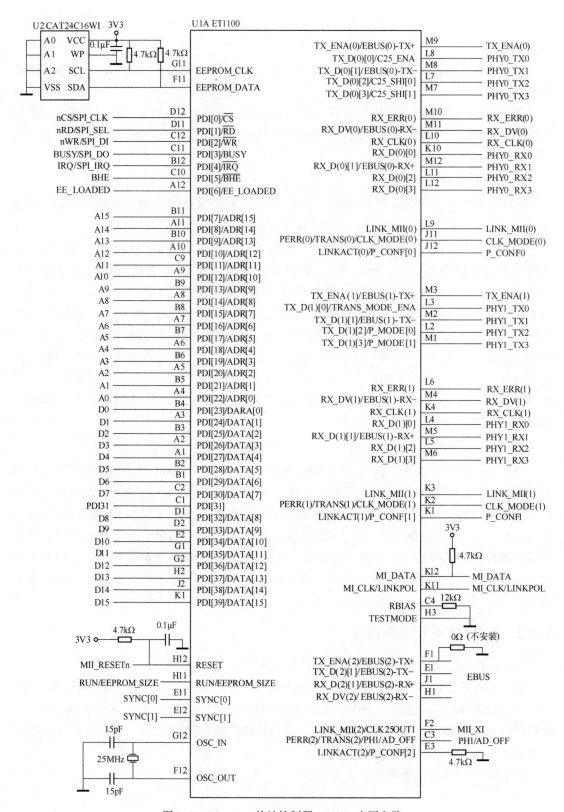

图 8-7　EtherCAT 从站控制器 ET1100 应用电路

表 8-1　ET1100 的 MII 引脚说明

分　类	编号	名　称	引　脚	属　性	功　能
MII 端口 0	1	TX_ENA(0)	M9	O	端口 0 MII 发送使能
	2	TX_D(0)[0]	L8	O	端口 0 MII 发送数据 0
	3	TX_D(0)[1]	M8	O	端口 0 MII 发送数据 1
	4	TX_D(0)[2]	L7	O	端口 0 MII 发送数据 2
	5	TX_D(0)[3]	M7	O	端口 0 MII 发送数据 3
	6	RX_ERR(0)	M10	I	MII 接收数据错误指示
	7	RX_DV(0)	M11	I	MII 接收数据有效指示
	8	RX_CLK(0)	L10	I	MII 接收时钟
	9	RX_D(0)[0]	K10	I	端口 0 MII 接收数据 0
	10	RX_D(0)[1]	M12	I	端口 0 MII 接收数据 1
	11	RX_D(0)[2]	L11	I	端口 0 MII 接收数据 2
	12	RX_D(0)[3]	L12	I	端口 0 MII 接收数据 3
	13	LINK MII(0)	L9	I	PHY0 指示有效连接
	14	LINKACT(0)	J12	O	LED 输出，链接状态显示
MII 端口 1	1	TX_ENA(1)	M3	O	端口 1 MII 发送使能
	2	TX_D(1)[0]	L3	O	端口 1 MII 发送数据 0
	3	TX_D(1)[1]	M2	O	端口 1 MII 发送数据 1
	4	TX_D(1)[2]	L2	O	端口 1 MII 发送数据 2
	5	TX_D(1)[3]	M1	O	端口 1 MII 发送数据 3
	6	RX_ERR(1)	L6	I	MII 接收数据错误指示
	7	RX_DV(1)	M4	I	MII 接收数据有效指示
	8	RX_CLK(1)	K4	I	MII 接收时钟
	9	RX_D(1)[0]	L4	I	端口 1 MII 接收数据 0
	10	RX_D(1)[1]	M5	I	端口 1 MII 接收数据 1
	11	RX_D(1)[2]	L5	I	端口 1 MII 接收数据 2
	12	RX_D(1)[3]	M6	I	端口 1 MII 接收数据 3
	13	LINK_MII(1)	K3	I	PHY1 指示有效连接
	14	LINKACT(1)	L1	O	LED 输出，链接状态显示
其他	1	CLK25OUT1	F2	O	输出时钟信号给 PHY 芯片
	2	M1_CLK	K11		MII 管理接口时钟
	3	M1_DATA	K12		MII 管理接口数据

ET1100 电源供电电路如图 8-8 所示。

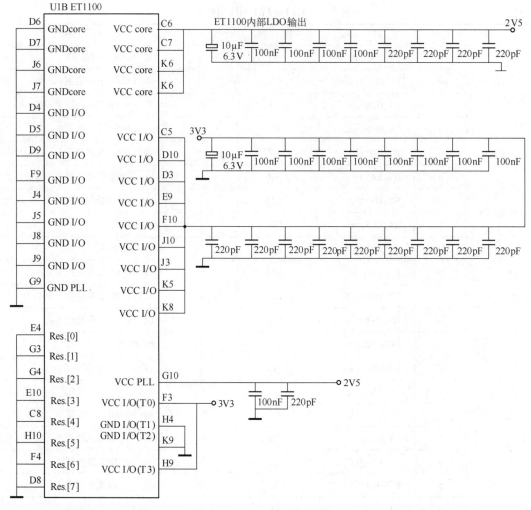

图 8-8　ET1100 电源供电电路

8.5　ET1100 的配置电路设计

ET1100 的配置引脚与 MII 引脚与其他引脚复用，在上电时作为输入，由 ETI100 锁存配置信息。上电之后，这些引脚有分配的操作功能，必要时引脚方向也可以改变。RESET 引脚信号指示上电配置完成。ET1100 的配置引脚说明如表 8-2 所示。ET1100 引脚配置电路如图 8-9 所示。

表 8-2　ET1100 配置引脚说明

编　号	名　　称	引　脚	属　性	取　值	说　　明
1	TRANS_MODE_ENA	L3	I	0	不使用透明模式
2	P_MODE[0]	L2	I	0	使用 ET1100 端口 0 和 1 端口 0 使用 MII 端口 1 使用 MII
3	P_MODE[1]	M1	I	0	
4	P_CONF(0)	J12	I	1	
5	P_CONF(1)	L1	I	1	

编 号	名 称	引脚	属性	取值	说 明
6	LINKPOL	K11	I	0	LINK_MII(x)低电平有效
7	CLK_MODE[0]	J11	I	0	不输出 CPU 时钟信号
8	CLK_MODE[0]	K2	I	0	
9	C25_ENA	L8	I	0	不使能 CLK25OUT2 输出
10	C25_SHI[0]	L7	I	0	无 MII TX 相位偏移
11	C25_SHI[0]	M7	I	0	
12	PHYAD_OFF	C3	I	0	PHY 偏移地址为 0

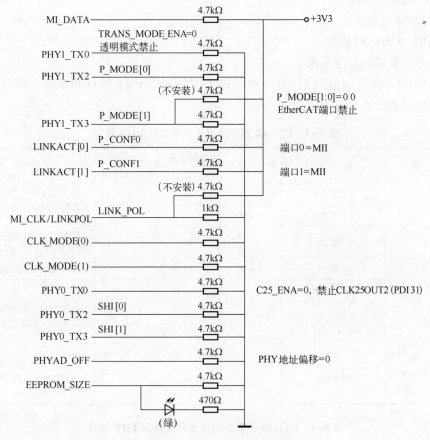

图 8-9 ET1100 引脚配置电路

8.6 EtherCAT 从站以太网物理层 PHY 器件

EtherCAT 从站控制器 ET1100 只支持 MII 的以太网物理层 PHY 器件，有些 EtherCAT 从站控制器也支持 RMII（Reduced MII）。但是由于 RMII 的 PHY 使用发送 FIFO 缓存区，增加了 EtherCAT 从站的转发延时和抖动，所以不推荐使用 RMII。

ET1100 的 MII 经过优化设计，为降低处理和转发延时对 PHY 器件有一些特定要求，大多数以太网 PHY 都能满足这些特定要求。

另外，为了获得更好的性能，PHY 应满足如下条件。

1）PHY 检测链接丢失的响应时间小于 15 μs，以满足冗余功能要求。

2）接收和发送延时稳定。

3）若标准的最大线缆长度为 100 m，则 PHY 支持的最大线缆长度应大于 120 m，以保证安全极限。

4）ET1100 的 PHY 管理接口（Management Interface，MI）的时钟引脚也用作配置输入引脚，因此，不应固定连接上拉或下拉电阻。

5）最好具有波特率和全双工的自动协商功能。

6）具有低功耗性能。

7）3.3 V 单电源供电。

8）采用 25 MHz 时钟源。

9）具有工业级的温度范围。

BECKHOFF 公司给出的 ET1100 兼容的以太网物理层 PHY 器件和不兼容的以太网物理层 PHY 器件分别如表 8-3 和表 8-4 所示。

表 8-3 ET1100 兼容的以太网物理层 PHY 器件

制 造 商	器 件	物理地址	物理地址偏移	链接丢失响应时间/μs	说 明
Broadcom	BCM5221	0~31	0	13	没有经过硬件测试，依据数据手册或厂商提供数据，要求使用石英振荡器。不能使用 CLK25OUT，以避免级联的 PLL（锁相环）
	BCMS222	0~31	0	1.3	
	BCM5241	0~7，8，16，24	0	1.3	
Micrel	KS8001L	1~31	16		PHY 地址 0 为广播地址
	KS8721B KS8721BT KS8721BL KS8721SL KS8721CL	0~31	0	6	KS8721BT 和 KS8721BL 经过硬件测试，MDC 具有内部上拉
National Semiconductor	DP83640	1~31	16	250	PHY 地址 0 表示隔离，不使用 SCMII 模式时，配置链接丢失响应时间可到 1.3 μs

表 8-4 ET1100 不兼容的以太网物理层 PHY 器件

制 造 商	器 件	说 明
AMD	Am79C874，Am79C875	根据数据手册或制造商提供的数据，不支持 MDI/MDIX 自动交叉功能
Broadcom	BCM5208R	
Cortina Systems（Intel）	LXT970A，LXT971A，LXT972A，LXT972M，LXT974，LXT975	
Davicom 半导休	DM9761	
SMSC	LAN83C185	
Micrel	KS8041 版本 A3	硬件测试结果，没有前导位保持

8.7 10/100BASE-TX/FX 的物理层收发器 KS8721

8.7.1 KS8721 概述

KS8721BL 和 KS8721SL 是 10BASE-T/100BASE-TX/FX 的物理层收发器，通过 MII 来发送和接收数据，芯片内核工作电压为 2.5 V，用以满足低电压和低功耗的要求。KS8721SL 包括 10BASE-T 物理媒介连接（PMA）、物理媒介相关子层（PMD）和物理编码子层（PCS）功能。KS8721BL/SL 同时拥有片上 10BASE-T 输出滤波器，省去了外部滤波器的需要，并且允许使用单一的变压器来满足 100BASE-TX 和 10BASE-T 的需求。

KS8721BL/SL 运用片上的自动协商模式能够自动地设置成为 100 Mbit/s 或 10 Mbit/s 和全双工或半双工的工作模式。它们是应用 100BASE-TX/10BASE-T 的理想物理层收发器。

KS8721 具有如下特点。

1）单芯片 100BASE-TX/100BASE-FX/10BASE-T 物理层解决方案。

2）2.5 V CMOS 设计，在 I/O 口上容许 2.5/3.3 V 电压。

3）3.3 V 单电源供电并带有内置稳压器，电能消耗<340 mW（包括输出驱动电流）。

4）完全符合 IEEE802.3u 标准。

5）支持 MII 简化的 MII（RMII）。

6）支持 10BASE-T，100BASE-TX 和 100BASE-FX，并带有远端故障检测功能。

7）支持 power-down 和 power-saving 模式。

8）可通过 MII 串行管理接口或外部控制引脚进行配置。

9）支持自动协商和人工选择两种方式，以确定 10/100 Mbit/s 的传输速率和全/半双工的通信方式。

10）为 100BASE-TX 和 10BASE-T 提供片上内置的模拟前端滤波器。

11）为连接、活动、全/半双工、冲突和传输速率提供 LED 输出。

12）媒介转换器应用支持 back-to-back 和 FX to TX。

13）支持 MDI / MDI-X 自动交叉。

14）KS8721BL/SL 为商用温度范围 0～+70℃，KS8721BLI/SLI 为工业温度范围-40～+85℃。

15）提供 48 引脚 SSOP 和 LQFP 封装。KS8721BL 为 48 引脚 LQFP 封装，KS8721SL 为 48 引脚 SSOP 封装。

8.7.2 KS8721 结构和引脚说明

KS8721 结构如图 8-10 所示。

KS8721 引脚如图 8-11 所示。

1. KS8721 引脚说明

KS8721 引脚说明如下。

1）MDIO：管理独立接口（MII）数据 I/O。该引脚要求外接一个 4.7 kΩ 的上拉电阻。

2）MDC：MII 时钟输入。该引脚与 MDIO 同步。

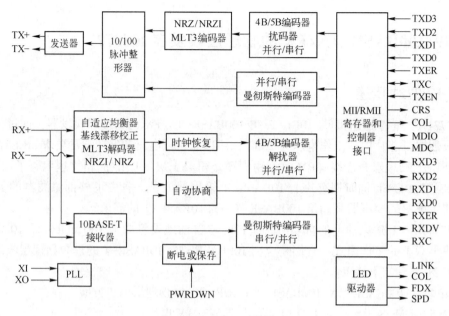

图 8-10 KS8721 结构图

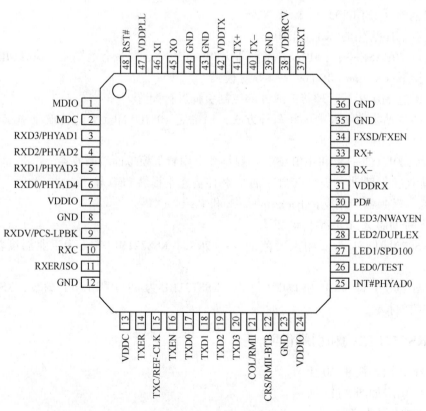

图 8-11 KS8721 引脚图

3）RXD3/PHYAD1：MII 接收数据输出。RXD［3…0］这些位与 RXCLK 同步。当 RXDV 有效时，RXD［3…0］通过 MII 向 MAC 提供有效数据。RXD［3…0］在 RXDV 失效时是无效

322

的。复位期间，上拉/下拉值被锁存为 PHYADDR[1]。

4）RXD2/PHYAD2：MII 接收数据输出。复位期间，上拉/下拉值被锁存为 PHYADDR[2]。

5）RXD1/PHYAD3：MII 接收数据输出。复位期间，上拉/下拉值被锁存为 PHYADDR[3]。

6）RXD0/PHYAD4：MII 接收数据输出。复位期间，上拉/下拉值被锁存为 PHYADDR[4]。

7）VDDIO：数字 I/O 口，2.5 /3.3 V 容许电压，3.3 V 电源稳压器输入。

8）GND：地。

9）RXDV/PCS_LPBK：MII 接收数据有效输出，在复位期间，上拉/下拉值被锁存为 PCS_LPBK。该引脚可选第二功能。

10）RXC：MII 接收时钟输出，工作频率为 25 MHz（100 Mbit/s）、2.5 MHz（10 Mbit/s）。

11）RXER/ISO：MII 接收错误输出，在复位期间，上拉/下拉值被锁存为 ISOLATE。该引脚可选第二功能。

12）GND：地。

13）VDDC：数字内核唯一 2.5 V 电源。

14）TXER：MII 发送错误输入。

15）TXC/REF-CLK：MII 发送时钟输出。晶体或外部 50MHz 时钟的输入。当 REFCLK 引脚用于 REF 时钟接口时，通过 10 kΩ 电阻将 XI 上拉至 VDDPLL 2.5 V，XO 引脚悬空。

16）TXEN：MII 发送使能输入。

17）TXD0：MII 发送数据输入。

18）TXD1：MII 发送数据输入。

19）TXD2：MII 发送数据输入。

20）TXD3：MII 发送数据输入。

21）COL/RMII：MII 冲突检测，在复位期间，上拉值/下拉值被锁存为 RMII select。该引脚可选第二功能。

22）CRS/RMII-BTB：MII 载波检测输出。在复位期间，当选择 RMII 模式时，上拉/下拉值被锁存为 RMII 背靠背模式。该引脚可选第二功能。

23）GND：地

24）VDDIO：数字 I/O 口，2.5 /3.3 V 容许电压，3.3 V 电源稳压器输入。

25）INT#/PHYAD0：管理接口（MII）中断输出，中断电平由寄存器 1fh 的第 9 位设置。复位期间，锁存为 PHYAD[0]。该引脚可选第二功能。

26）LED0/TEST：连接/活动 LED 输出。外部下拉使能测试模式，仅用于厂家测试，低电平有效。连接/活动（Link/Act）测试如表 8-5 所示。

表 8-5　连接/活动（Link/Act）测试

连接/活动	引脚状态	LED 定义　PHYAD0
无连接	H	Off
有连接	L	On
活动	—	切换

27）LEDl/SPD100：传输速率 LED 输出，在上电或复位期间，锁存为 SPEED（寄存器 0 的第 13 位）。低电平有效。传输速率 LED 指示如表 8-6 所示。该引脚可选第二功能。

表 8-6　传输速率 LED 指示

传输速率/Base T	引 脚 状 态	LED 定义
10	H	Off
100	L	On

28）LED2/DUPLEX：全双工 LED 输出，在上电或复位期间，锁存为 DUPLEX（寄存器 0h 的第 8 位）。低电平有效。全双工 LED 指示如表 8-7 所示。该引脚可选第二功能。

表 8-7　全双工 LED 指示

双　　工	引 脚 状 态	LED 定义
半双工	H	Off
全双工	L	On

29）LED3/NWAYEN：冲突 LED 输出，在上电或复位期间，锁存为 ANEG_EN（寄存器 0h 的第 12 位）。冲突 LED 指示如表 8-8 所示。该引脚可选第二功能。

表 8-8　冲突 LED 指示

冲　　突	引 脚 状 态	LED 定义
无冲突	H	Off
有冲突	L	On

30）PD#：掉电。1=正常操作，0=掉电，低有效。

31）VDDRX：模拟内核唯一 2.5 V 电源。

32）RX-：接收输入，100FX，100BASE-TX 或 10BASE-T 的差分接收输入引脚。

33）RX+：接收输入，100FX，100BASE-TX 或 10BASE-T 的差分接收输入引脚。

34）FXSD/FXEN：光纤模式允许/光纤模式下的信号检测。如果 FXEN=0，则 FX 模式被禁止。默认值是"0"。

35）GND：地

36）GND：地

37）REXT：RXET 与 GND 之间外接 6.49 kΩ 电阻。

38）VDDRCV：模拟 2.5 V 电压。2.5 V 电源稳压器输出。

39）GND：地

40）TX-：发送输出，100FX，100BASE-TX 或 10BASE-T 的差分发送输出引脚。

41）TX+：发送输出，100FX，100BASE-TX 或 10BASE-T 的差分发送输出引脚。

42）VDDTX：发送器 2.5 V 电源。

43）GND：地

44）GND：地

45）XO：晶振反馈，外接晶振时与 XI 配合使用。

46）XI：晶体振荡器输入，晶振输入或外接 25 MHz 时钟。

47）VDDPLL：模拟 PLL 2.5 V 电源。

48）RST#：芯片复位信号。低有效，要求至少持续 50 μs 的脉冲。

2. KS8721 部分引脚可选第二功能

KS8721 部分引脚可选第二功能说明如下。

PHYAD[4:1]/RXD[0:3]（6、5、4 和 3 引脚）：在上电或复位时，器件锁定 PHY 地址，PHY 默认地址为 00001b。

PHYAD0/INT#（25 引脚）：在上电或复位时，锁定 PHY 地址，PHY 默认地址为 00001b。

PCS_LPBK/RXDV（9 引脚，Strapping 引脚）：在上电或复位时，使能 PCS_LPBK 模式，下拉（PD，默认）= 禁用，上拉（PU）= 使能。

ISO/RXER（11 引脚，Strapping 引脚）：在上电或复位时，使能 ISOLATE 模式，下拉（PD，默认）= 禁用，上拉（PU）= 使能。

RMII/COL（21 引脚，Strapping 引脚）：在上电或复位时，使能 RMII 模式，下拉（PD，默认）= 禁用，上拉（PU）= 使能。

RMII/BTBCRS（22 引脚，Strapping 引脚）：在上电或复位时，使能 RMII 背靠背模式，下拉（PD，默认）= 禁用，上拉（PU）= 使能。

SPD100/No FEF/（27 引脚）：在上电或复位时，锁存到寄存器 0h 的第 13 位。下拉（PD）= 10 Mbit/s，上拉（PU，默认）= 100 Mbit/s。如果在上电或复位时，SPD100 被置位，则该引脚也会作为寄存器 4h 中的速率支持 LED1 被锁存。如果上拉 FXEN，则锁存值 0 表示没有远端错误。

DUPLEX/LED2（28 引脚）：在上电或复位时，锁存到寄存器 0h 的第 8 位。下拉（PD）= 半双工，上拉（PU，默认）= 全双工。如果在复位期间上拉为双工，则该引脚也会被锁存为双工。

NWAYEN/LED3（29 引脚）：Nway（自动协商）使能，在上电或复位时，锁存到寄存器 0h 的第 12 位。下拉（PD）= 禁止自动协商，上拉（PU，默认）= 使能自动协商。

PD#（30 引脚）：掉电使能。上拉（PU，默认）= 正常运行，下拉（PD）= 掉电模式。

Strapping 引脚（Strapping Pin）的意思是在芯片的系统复位（上电复位、RTC 的 WDT 复位、欠电压复位）过程中，Strapping 引脚对电平采样并存储到锁存器中，锁存为"0"或"1"，并一直保持到芯片掉电或关闭。

一些器件可能会在上电时，驱动被设定为输出（PHY）的 MII 引脚，从而导致在复位时锁存错误的 Strapping 引脚读入值。建议在这些应用中使用 1 kΩ 外部下拉电阻来增大 KS8721 的内部下拉电阻。

8.8 ET1100 与 KS8721BL 的接口电路

ET1100 与 KS8721BL 的接口电路如图 8-12 所示。

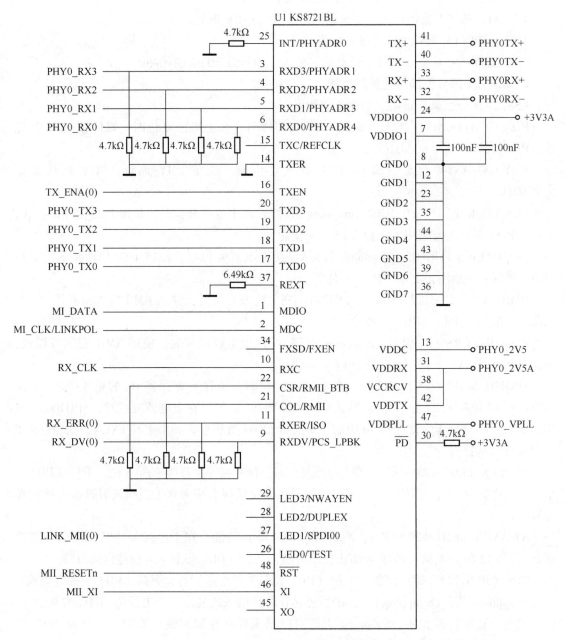

图 8-12 ET1100 与 KS8721BL 的接口电路

ET1100 物理端口 0 电路、KS8721BL 供电电路和 EtherCAT 从站控制器供电电路分别如图 8-13～图 8-15 所示。ET1100 物理端口 1 的电路设计与 LAN9252 物理端口 0 的电路设计完全类似。

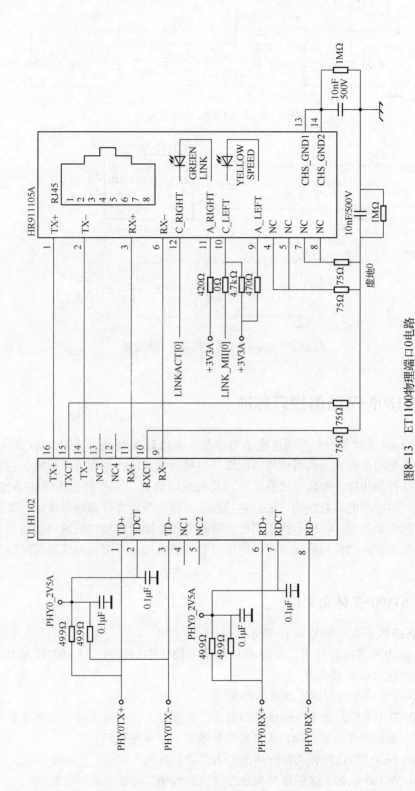

图18-13 ET1100物理端口0电路

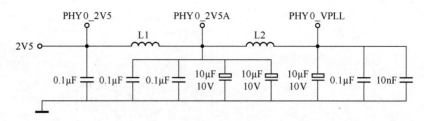

图 8-14　KS8721BL 供电电路

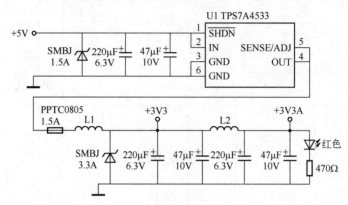

图 8-15　EtherCAT 从站控制器供电电路

8.9　IEC 61800-7 通信接口标准

IEC 61800 标准系列是一个可调速电子功率驱动系统通用规范。其中，IEC 61800-7 是控制系统和功率驱动系统之间的通信接口标准，包括网络通信技术和应用行规。它定义了一系列通用的传动控制功能、参数、状态机，以及被映射到概述文件的操作序列描述。同时，提供了一种访问驱动功能和数据的方法，它们独立于驱动配置文件和通信接口。其目的在于建立一个通用的驱动模型，该模型使用那些能够映射到不同通信接口的通用功能和对象。使用通用的接口在建立运动控制系统时可以增加设备的独立性，不需要考虑通信网络的某些具体细节。

8.9.1　IEC 61800-7 体系架构

IEC 61800-7 体系架构如图 8-16 所示。

EtherCAT 作为网络通信技术，支持了 CANopen 协议中的行规 CiA 402 和 SERCOS 协议的应用层，分别称为 CoE 和 SoE。

IEC 61800-7 由三部分组成，涉及四种类型。

IEC 61800-7-1 主要是关于一般接口的定义，它包含了一个通用的电力系统驱动接口规范和几个附件，根据附件规定，四种类型接口被映射到了通用接口。

IEC 61800-7-200 是这四种类型的调速电力驱动系统概要规范，也称作行规。

IEC 61800-7-300 规定了这四种类型是怎样映射到相对应的网络对象的。

类型 1 CiA 402：CiA 402，其中 CiA 指 CAN in Automation，CiA，规定了 CAN 的应用层

图 8-16　IEC 61800-7 体系架构

协议 CANopen。CiA402 描述了 CANopen 应用层数字运动控制设备，例如伺服电动机、变频设备和步进电动机等，是一种驱动和运动控制的行业规范。

类型 2 CIP Motion：CIPMotion 是 CIP 的组成部分，是一种专门针对运功控制推出的实时工业以太网协议，是基于 Ethernet/IP 和 1588 标准的运动控制行业规范。这个协议为变频设备和伺服驱动设备提供了广泛的功能支持。

类型 3 PROFIdrive：PROFIdrive 是由西门子公司基于 PROFIBUS 与 PROFInet 定义的一种开放式运动控制行业规范。PROFIdrive 能够支持时钟同步，支持从设备与从设备之间的通信。它为驱动设备定义了标准的参数模型、访问方法和设备行为，驱动应用范围广泛。

类型 4 SERCOS：SERCOS 是可以使用在数字伺服设备和运动系统上的通信标准，SERCOS 作为一种为人们所熟知的运动控制接口，规定了大量标准参数，用以描述控制、驱动以及 I/O 站的工作。

8.9.2　CiA402 子协议

CiA402 子协议中规定了三种通过数据对象访问伺服驱动的方式。它们分别是过程数据对象（PDO）、服务数据对象（SDO）、内部数据对象（IDO）。其中 PDO 是以不确定的方式访问，SDO 是通过握手的方法，即是以确定的方式访问，IDO 是生产厂家指定的，通常不可以直接进行访问，只有在其通过 SDO 授权后才可以访问。电源驱动状态机规定了设备的状态和它可采取的状态转换方法，也描述了接收到的命令。因此，可以通过设备的控制字来转换它的状态，也可以通过它的状态字获得设备正处于的状态。

IEC 61800-7-201 还包含了实时控制对象的定义、配置、调整、识别和网络管理对象。系统将各种需要的装置连接起来，通过其通信服务，就可以传送实现要求的各种数据。其中，非实时性数据包括诊断、配置、识别和调整等数据。过程数据包括要求达到的位置、实际的位置等数据。IEC 61800-7-301 规定了这些通信服务标准。

每种控制模式都包含了相应的对象集，用来实现控制。在对象字典里的所有对象要按照属性分类，每个对象都使用一个唯一的 16 位的索引及 8 位子索引进行编址。定义一个对象需要定义多种对象属性。例如，访问属性指出该对象的读写方式，告知网络该对象是只读方式、只写方式、读写方式还是常量。PDO 映射属性指出该对象是否可以映射为实时通信的通信对象，默认值表明一个可读写或者常量的对象在上电或者应用程序复位时的值。要实现哪一种控制方式，就需要定义相应的对象。

习题

1. EtherCAT 定义了哪两类主站？并对这两类主站做简要说明。

2. EtherCAT 主站的功能有哪些？

3. 简述 TwinCAT3 EtherCAT 主站的功能。

4. TwinCAT PLC 是如何与外设 IO 连接的？

5. IgH EtherCAT 具有哪些功能？

6. 说明 CANopen 对象字典的结构。

7. 服务数据对象 SDO 是什么？

8. 过程数据对象 PDO 是什么？

9. IEC61800-7 由哪三部分组成？

10. 简述 CiA402 子协议。

11. 画出基于 ET1100 的 EtherCAT 从站总体结构图，说明由哪几部分组成？

12. 画出 ET1100 与 STM32F407ZET6 的 FSMC 接口电路图，编写 STM32F407ZET6 的 FSMC 接口的初始化程序。

13. 画出 EtherCAT 从站控制器 ET1100 应用电路图，简要说明该电路图的工作原理和功能。

14. 画出 ET1100 引脚的配置电路，说明其作用。

15. EtherCAT 从站 PHY 器件应满足哪些条件？

16. 物理层收发器 KS8721 有哪些特点？说明其功能。

17. 画出 ET1100 与 KS8721BL 的接口电路图，简要说明其功能。

18. 画出直接 IO 控制 EtherCAT 从站控制器 ET1100 应用电路图，简要说明其功能。

第9章　EtherCAT 工业以太网从站驱动程序设计

EtherCAT 从站的软硬件开发一般建立在 EtherCAT 从站评估板或开发板的基础上。Ether-CAT 从站评估板或开发板的硬件主要包括 MCU（如 Microchip 公司的 PIC24HJ128GP306）、DSP（如 TI 公司的 TMS320F28335）和 ARM（如 ST 公司的 STM32F407）等微处理器或微控制器，ET1100 或 LAN9252 等 EtherCAT 从站控制器，物理层收发器 KS8721，RJ45 连接器 HR911105A 或 HR911103A，简单的 DI/DO 数字量输入/输出电路（如 Switch 按键开关数字量输入电路、LED 指示灯数字量输出电路）、AI/AO 模拟量输入/输出电路（如通过电位器调节 0~3.3 V 的电压信号作为模拟量输入电路）等，并给出详细的硬件电路原理图；软件主要包括运行在该硬件电路系统上的 EtherCAT 从站驱动和应用程序代码包。

开发者选择 EtherCAT 从站评估板或开发板时，最好选择与自己要采用的微处理器或微控制器相同的型号。这样，软硬件移植和开发的工作量要小很多，可以达到事半功倍的效果。

无论是购买或者是开发的 EtherCAT 从站，都需要和 EtherCAT 主站组成工业控制网络。首先要在计算机上安装主站软件，然后进行主站和从站之间的通信。

由于 ARM 微控制器应用较为广泛，本章以采用微控制器 STM32F407 和 EtherCAT 从站控制器 ET1100 的开发板为例，介绍 EtherCAT 从站驱动和应用程序设计方法。基于 ET1100 从站控制器的 EtherCAT 从站硬件设计请参考第 8 章的相关内容。最后以 BECKHOFF 公司的主站软件 TwinCAT3 为例，讲述主站软件的安装与从站开发调试。

9.1　EtherCAT 从站驱动和应用程序代码包架构

9.1.1　EtherCAT 从站驱动和应用程序代码包的组成

EtherCAT 从站采用 STM32F4 微控制器和 ET1100 从站控制器，编译器为 KEIL5，工程名文件为"FBECT_PB_IO"，该文件夹包含 EtherCAT 从站驱动和应用程序。EtherCAT 从站驱动和应用程序代码包的架构如图 9-1 所示。图 9-1 中所有不带格式后缀的条目均为文件夹名称。

1. Libraries 文件夹

1）"CMSIS"文件夹包含与 STM32 微控制器内核相关的文件。

2）"STM32F4xx_StdPeriph_Driver"文件夹包含与 STM32F4xx 处理器外设相关的底层驱动。

2. STM32F407 Ethercat 文件夹

该文件夹包括以下文件夹和文件：

1）"Ethercat"文件夹包含与 EtherCAT 通信协议和应用层控制相关的文件。

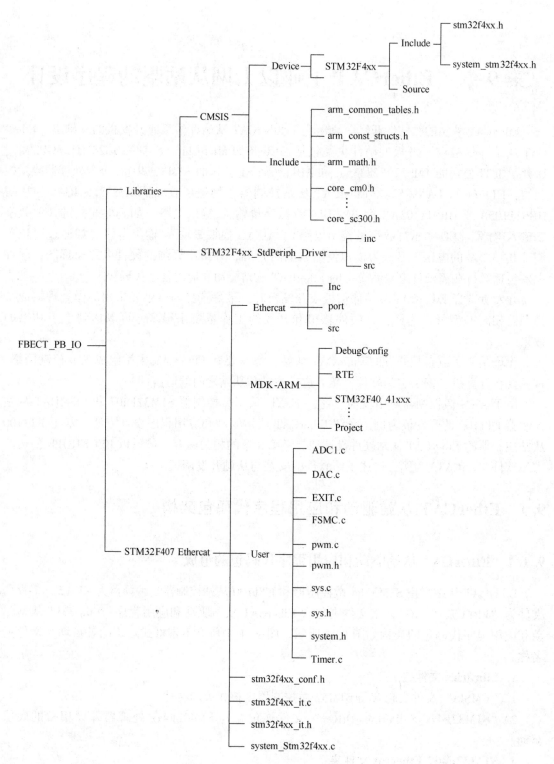

图 9-1　从站驱动和应用程序代码包架构

2）"MDK-ARM"文件夹包含工程的 uvprojx 工程文件。

3）"User"文件夹包含与 STM32 定时器、ADC、外部中断和 FSMC 等配置相关的文件。

4）"stm32f4xx_it. c"和"stm32f4xx_it. h"与 STM32 中断处理函数有关。

5）"system_ stm32f4xx. c"与 STM32 系统配置有关。

9.1.2 EtherCAT 通信协议和应用层控制相关的文件

下面详细介绍"Ethercat"文件夹包含的与 EtherCAT 通信协议和应用层控制相关的文件。

"Ethercat"文件夹下又包含 3 个文件夹："Inc"文件夹、"port"文件夹和"src"文件夹，分别介绍如下。

1. 头文件夹"Inc"

"Inc"文件夹包含与 EtherCAT 通信协议有关的头文件。该文件夹下包含文件如图 9-2 所示。

（1）applInterface. h

定义了应用程序接口函数。

（2）bootmode. h

声明了在引导状态下需要调用的函数。

（3）cia402appl. h

定义了与 cia402 相关的变量、对象和轴结构。

（4）coeappl. h

该文件对"coeappl. c"文件中的函数进行声明。

（5）ecat_def. h

定义了从站样本代码配置。

（6）ecataoe. h

定义了和 AoE 相关的宏、结构体，并对 ecataoe. c 文件中的函数进行了声明。

（7）ecatappl. h

对 ecatappl. c 文件中的函数进行了声明。

（8）ecatcoe. h

定义了与错误码、CoE 服务和 CoE 结构相关的宏，并对 ecatcoe. c 文件中的函数进行了声明。

（9）ecateoe. h

定义了与 EoE 相关的宏和结构体，并对 ecateoe. c 文件中的函数进行了声明。

（10）ecatfoe. h

定义了与 FoE 相关的宏和结构体，并对 ecatfoe. c 文件中的函数进行了声明。

（11）ecatslv. h

该文件对若干数据类型、从站状态机状态、ESM 转换错误码、应用层状态码、从站的工作模式、应用层事件掩码和若干全局变量进行了定义。

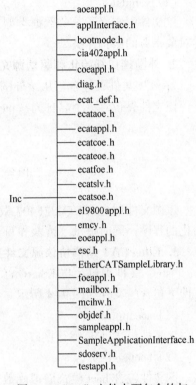

Inc

- aoeappl.h
- applInterface.h
- bootmode.h
- cia402appl.h
- coeappl.h
- diag.h
- ecat_def.h
- ecataoe.h
- ecatappl.h
- ecatcoe.h
- ecateoe.h
- ecatfoe.h
- ecatslv.h
- ecatsoe.h
- el9800appl.h
- emcy.h
- eoeappl.h
- esc.h
- EtherCATSampleLibrary.h
- foeappl.h
- mailbox.h
- mcihw.h
- objdef.h
- sampleappl.h
- SampleApplicationInterface.h
- sdoserv.h
- testappl.h

图 9-2 "Inc"文件夹下包含的与
EtherCAT 通信协议
有关的头文件

（12）ecatsoe. h

定义了与 SoE 相关的宏和结构体，并对 ecatsoe. c 文件中的函数进行了声明。

（13）el9800appl. h

该文件对对象字典中索引为 0x0800、0x1601、0x1802、0x1A00、0x1C12、0x1C13、0x6000、0x6020、0x7010、0x8020、0xF000、0xF0100 和 0xFFFF 的这些特定对象进行定义。

（14）esc. h

该文件中对 EtherCAT 从站控制器芯片中寄存器的地址和相关掩码做出说明。

（15）mailbox. h

定义了和邮箱通信相关的宏和结构体，并对 mailbox. c 文件中的函数进行了声明。

（16）mcihw. h

该文件包含了通过并行接口来访问 ESC 的定义和宏。

（17）objdef. h

该文件中定义了某些数据类型，对表示支持的同步变量的类型进行了宏定义，定义了描述对象字典的结构体类型。

2. 外围端口初始化和驱动源文件夹"port"

"port"文件夹包含与从站外围端口初始化和驱动相关的文件。

该文件夹包含一个名称为"mcihw. c"的源文件，如图 9-3 所示。

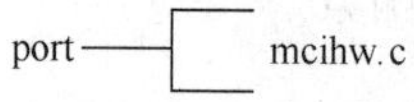

图 9-3 "port"文件夹下包含的文件

该源文件包含对 STM32F407 微控制器的 GPIO、定时器、ADC、外部中断等外设进行初始化的程序，同时提供了读取和写入 EtherCAT 从站控制器芯片中寄存器的函数。

3. EtherCAT 通信协议源文件夹"src"

"src"文件夹包含与 EtherCAT 通信协议有关的源文件。该文件下包含的文件如图 9-4 所示。

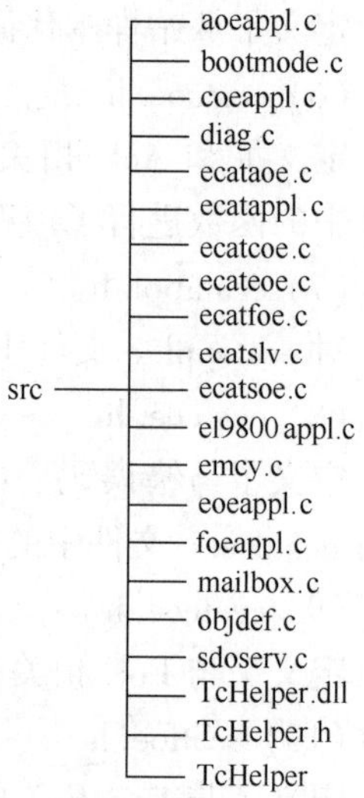

（1）aoeappl. c

该文件包含 AoE 邮箱接口。

（2）bootmode. c

该文件包含 boot 模式虚拟函数。

（3）coeappl. c

CoE 服务的应用层接口模块。该文件实现的功能如下。

1）对对象字典中索引为 0x1000、0x1001、0x1008、0x1009、0x100A、0x1018、0x10F1、0x1C00、0x1C32 和 0x1C33 的这些通用对象进行定义。

2）对 CoE 服务实际应用的处理以及 CoE 对象字典的处理，包括对象字典的初始化、添加对象到对象字典、移除对象字典中的某一条目以及清除对象字典等处理函数进行定义。

图 9-4 "src"文件夹包含的
与 EtherCAT 通信协议
有关的源文件

（4）diag. c

该文件包含诊断对象处理。

（5）ecataoe. c

该文件包含 AoE 邮箱接口。

（6）ecatappl. c

EtherCAT 从站应用层接口，整个协议栈运行的核心模块，EtherCAT 从站状态机和过程数据接口。输入/输出过程数据对象的映射处理、ESC 与处理器本地内存的输入/输出过程数据的交换等都在该文件中实现。

（7）ecatcoe. c

该文件包含 CoE 邮箱接口函数。

（8）ecateoe. c

该文件包含 EoE 邮箱接口函数。

（9）ecatfoe. c

该文件包含 FoE 邮箱接口函数。

（10）ecatslv. c

处理 EtherCAT 状态机模块。状态机转换请求由主站发起，主站将请求状态写入 ALControl 寄存器中，从站采用查询的方式获取当前该状态转换的事件，将寄存器值作为参数传入 AL_ControlInd（）函数中，该函数作为核心函数来处理状态机的转换，根据主站请求的状态配置 SM 通道的开启或关闭，检查 SM 通道参数是否配置正确等。

（11）ecatsoe. c

该文件包含一个演示 SoE 的简短示例。

（12）el9800appl. c

该文件提供了与应用层接口的函数和主函数。

（13）emcy. c

该文件包含紧急接口。

（14）eoeappl. c

该文件包含一个如何使用 EoE 服务的例子。

（15）foeappl. c

该文件包含一个如何使用 FoE 的例子。

（16）mailbox. c

处理 EtherCAT 邮箱服务模块，包括邮箱通信接口的初始化，邮箱通道的参数配置，根据当前状态机来开启或关闭邮箱服务，邮箱通信失败后的邮箱重复发送请求，邮箱数据的读写，以及根据主站请求的不同服务类型调用相应服务函数来处理。

（17）objdef. c

访问 CoE 对象字典模块。读写对象字典、获得对象字典的入口以及对象字典的具体处理函数由该模块实现。

（18）sdoserv. c

SDO 服务处理模块，处理所有 SDO 信息服务。

9.2 EtherCAT 从站驱动和应用程序的设计实例

从站系统采用 STM32F407ZET6 作为从站微处理器，下面介绍从站驱动程序。

9.2.1 EtherCAT 从站代码包解析

下面将介绍从站栈代码 STM32 工程中关键 c 文件。

（1）Timer. c

对 STM32 定时器 9 及其中断进行配置。文件中的关键函数介绍如下。

函数原型：void TIM_Configuration(uint8_t period)。

功能描述：对定时器 9 进行配置，使能定时器 9，并配置相关中断。

参数："period"，计数值。

返回值：void。

（2）EXIT. c

对 STM32 外部中断 0、外部中断 1 和外部中断 2 进行配置。文件中关键函数介绍如下。

1）函数原型：void EXTI0_Configuration(void)。

功能描述：将外部中断 0 映射到 PC0 引脚，并对中断参数进行配置。

参数：void。

返回值：void。

2）函数原型：void EXTI1_Configuration(void)。

功能描述：将外部中断 1 映射到 PC1 引脚，并对中断参数进行配置。

参数：void。

返回值：void。

3）函数原型：void EXTI2_Configuration(void)。

功能描述：将外部中断 2 映射到 PC2 引脚，并对中断参数进行配置。

参数：void。

返回值：void。

（3）ADC1. c

对 STM32 的 ADC1 和 DMA2 通道进行配置。

（4）mcihw. c 和 mcihw. h

对从站开发板的外设和 GPIO 进行初始化，对定时器、ADC、外部中断等模块进行初始化，定义读取和写入从站控制器芯片 DPRAM 中寄存器的函数，也实现了中断入口函数的定义。文件中关键函数介绍如下。

1）函数原型：void GPIO_Config(void)。

功能描述：对从站开发板上与 LED 和 Switch 对应的 GPIO 进行初始化。

参数：void。

返回值：void。

2）函数原型：UINT8 HW_Init(void)。

功能描述：初始化主机控制器、过程数据接口（PDI）并分配硬件访问所需的资源，对

GPIO、ADC 等进行初始化，读写 EtherCAT 从站控制器 DPRAM 中的部分寄存器。

参数：void。

返回值：如果初始化成功则返回 0；否则返回一个大于 0 的整数。

3）函数原型：void HW_EcatIsr(void)。

功能描述：通过宏定义将该函数与 EXTI0_IRQHandler 相关联，在外部中断 0 触发时会进入该函数。若在主站上将运行模式设置为同步模式，ET1100 芯片与 STM32 外部中断引脚相连的引脚则会发出中断信号 IRQ 来触发 STM32 的外部中断，以执行 HW_EcatIsr() 函数。

参数：void。

返回值：void。

4）函数原型：void Sync0Isr(void)。

功能描述：通过宏定义将该函数与 EXTI1_IRQHandler 相关联，在外部中断 1 触发时会进入该函数。若在主站上将运行模式设置为 DC 模式，按照固定的同步时间周期，ET1100 芯片与 STM32 的外部中断引脚相连的引脚则会周期性地发出 SYNC0 中断信号来触发 STM32 的外部中断，以执行 Sync0Isr() 函数。

参数：void。

返回值：void。

5）函数原型：void Sync1Isr(void)。

功能描述：通过宏定义将该函数与 EXTI2_IRQHandler 相关联，在外部中断 2 触发时会进入该函数。

参数：void。

返回值：void。

6）函数原型：void APPL_1MsTimerIsr(void)。

功能描述：通过宏定义将该函数与 TIM1_BRK_TIM9_IRQHandler 相关联，在定时器 9 中断触发时会进入该函数。

参数：void。

返回值：void。

（5）el9800appl. c

文件中提供了与应用层接口的函数和主函数。文件中关键函数介绍如下。

1）函数原型：UINT16 APPL_GenerateMapping(UINT16 * pInputSize, UINT16 * pOutput-Size)。

功能描述：该函数分别计算主从站每次通信中，输入过程数据和输出过程数据的字节数。当 EtherCAT 主站请求从 PreOP 到 SafeOP 的转换时，将调用此函数。

参数：指向两个 16 位整型变量的指针，表示存储过程数据所用的字节。

"pInputSize"，输入过程数据（从站到主站）。

"pOutputSize"，输出过程数据（主站到从站）。

返回值：参见文件 ecatslv. h 中关于应用层状态码的宏定义。

2）函数原型：void APPL_InputMapping(UINT16 * pData)。

功能描述：在函数 PDO_InputMapping() 中被调用，在应用程序调用之后，调用此函数将输入过程数据映射到通用栈（通用栈将数据复制到 SM 缓冲区）。

参数："pData"，指向输入进程数据的指针。

返回值：void。

3）函数原型：void APPL_OutputMapping（UINT16 * pData）。

功能描述：在函数 PDO_OutputMapping（）中被调用，此函数在应用程序调用之前调用，以获取输出过程数据。

参数："pData"，指向输出进程数据的指针。

返回值：void。

4）函数原型：void APPL_Application（void）。

功能描述：应用层接口函数，将临时储存输出过程数据的结构体中的数据赋给 STM32 的 GPIO 寄存器，以控制端口输出；将 STM32 的 GPIO 寄存器中的值赋给临时储存输入过程数据的结构体。在该函数中实现对从站系统中 LED、ADC 模块和 Switch 开关等的操作。此函数由同步中断服务程序（ISR）调用，如果未激活同步，则从主循环调用。

参数：void。

返回值：void。

5）函数原型：void main（void）。

功能描述：主函数。

参数：void。

返回值：void。

（6）coeappl. c

CoE 服务的应用层接口模块。实现对 CoE 服务实际应用的处理以及 CoE 对象字典的处理，包括对象字典的初始化、添加对象到对象字典、移除对象字典中的某一条目以及清除对象字典等处理函数进行定义。在 XML 文件中 Objects 下定义了若干个对象，在 STM32 工程 coeappl. c 和 el9800appl. h 两个文件中均以结构体的形式对对象字典进行了相应定义。

coeappl. c 中定义了索引号为 0x1000、0x1001、0x1008、0x1009、0x100A、0x1018、0x10F1、0x1C00、0x1C32、x1C33 的对象字典。

el9800appl. h 中定义了索引号为 0x0800、0x1601、0x1802、0x1A00、0x1A02、0x1C12、0x1C13、0x6000、0x6020、0x7010、0x8020、0xF000、0xF010、0xFFFF 的对象字典。

每个结构体中都含有指向同类型结构体的指针变量以形成链表。

在 STM32 程序中，对象字典是指将各个描述 object 的结构体串接起来的链表。文件中关键函数介绍如下。

1）函数原型：UINT16 COE_AddObjectToDic（TOBJECT OBJMEM * pNewObjEntry）。

功能描述：将某一个对象添加到对象字典中，即将实参所指结构体添加到链表中。

参数："pNewObjEntry"，指向一个结构体的指针。

返回值：void。

2）函数原型：void COE_RemoveDicEntry（UINT16 index）。

功能描述：从对象字典中移除某一对象，即将实参所指示的结构体从链表中移除。

参数："index"，对象字典的索引值。

返回值：void。

3）函数原型：void COE_ClearObjDictionary（void）。

功能描述：调用函数 COE_RemoveDicEntry( )，清除对象字典中的所有对象。

参数：void。

返回值：void。

4）函数原型：UINT16 AddObjectsToObjDictionary(TOBJECT OBJMEM * pObjEntry)。

功能描述：调用函数 COE_RemoveDicEntry( )，清除对象字典中的所有对象。

参数："pObjEntry"，指向某个结构体的指针。

返回值：若成功则会返回 0；否则返回一个不为 0 的整型数。

5）函数原型：UINT16 COE_ObjDictionaryInit(void)。

功能描述：初始化对象字典，调用函数 AddObjectsToObjDictionary( )，将所有对象添加到对象字典中，即将所有描述 object 的结构体连接成链表。

参数：void。

返回值：成功则会返回 0；否则返回一个不为 0 的整型数。

6）函数原型：void COE_ObjInit(void)。

功能描述：给部分结构体中的元素赋值，并调用函数 COE_ObjDictionaryInit( )初始化 CoE 对象字典。

参数：void。

返回值：void。

（7）ecatappl. c

EtherCAT 从站应用层接口，整个协议栈运行的核心模块，EtherCAT 从站状态机和过程数据接口。输入/输出过程数据对象的映射处理、ESC 与处理器本地内存的输入/输出过程数据的交换等都在该文件中实现。文件中关键函数介绍如下。

1）函数原型：void PDO_InputMapping(void)。

功能描述：把储存输入过程数据的结构体中的值传递给 16 位的整型变量，并将变量写到 ESC 中 DPRAM 相应寄存器中，作为输入过程数据。

参数：void。

返回值：void。

2）函数原型：void PDO_OutputMapping(void)。

功能描述：以 16 位整型数的方式从 ESC 中 DPRAM 相应寄存器中读取输出过程数据，并将数据赋值给描述对象字典的结构体。

参数：void。

返回值：void。

3）函数原型：void PDI_Isr(void)。

功能描述：在函数 HW_EcatIsr( )中被调用，在函数 PDI_Isr( )中完成过程数据的传输和应用层数据的更新。

参数：void。

返回值：void。

4）函数原型：void Sync0_Isr(void)。

功能描述：在函数 Sync0Isr( )中被调用，在函数 Sync0_Isr( )中完成过程数据的传输和应用层数据的更新。

参数：void。

返回值：void。

5) 函数原型：void Sync1_Isr(void)。

功能描述：在函数 Sync1Isr() 中被调用，在函数 Sync1_Isr() 中完成输入过程数据的更新并复位 Sync0 锁存计数器。

参数：void。

返回值：void。

6) 函数原型：UINT16 MainInit(void)。

功能描述：初始化通用从站栈。

参数：void。

返回值：若初始化成功则返回 0；若初始化失败则返回一个大于 0 的整型数。

7) 函数原型：void MainLoop(void)。

功能描述：该函数在 main() 函数中循环执行，当从站工作于自由运行模式时，会通过该函数中的代码进行 ESC 和应用层之间的数据交换。此函数处理低优先级函数，如 EtherCAT 状态机处理、邮箱协议等。

参数：void。

返回值：void。

8) 函数原型：void ECAT_Application(void)。

功能描述：完成应用层数据的更新。

参数：void。

返回值：void。

(8) ecatslv. c

处理 EtherCAT 状态机模块。状态机转换请求由主站发起，主站将请求状态写入 ALControl 寄存器中，从站采用查询的方式获取当前该状态转换的事件。将寄存器值作为参数传入 AL_ControlInd() 函数中，该函数作为核心函数来处理状态机的转换，根据主站请求的状态配置 SM 通道的开启或关闭，检查 SM 通道参数是否配置正确等。

几个关键函数介绍如下。

1) 函数原型：void ResetALEventMask(UINT16 intMask)。

功能描述：从 ESC 应用层中断屏蔽寄存器中读取数据，并将其与中断掩码进行逻辑"与"运算，再将运算结果写入 ESC 应用层中断屏蔽寄存器中。

参数："intMASK"，中断屏蔽（禁用中断必须为 0）。

返回值：void。

2) 函数原型：void SetALEventMask(UINT16 intMask)。

功能描述：从 ESC 应用层中断屏蔽寄存器中读取数据，并将其与中断掩码进行逻辑"或"运算，再将运算结果写入 ESC 应用层中断屏蔽寄存器中。

参数："intMASK"，中断屏蔽（使能中断必须是 1）。

返回值：void。

3) 函数原型：void UpdateEEPROMLoadedState(void)。

功能描述：读取 EEPROM 加载状态。

参数：void。

返回值：void。

4）函数原型：void DisableSyncManChannel(UINT8 channel)。

功能描述：失能一个 SM 通道。

参数："channel"，通道号。

返回值：void。

5）函数原型：void EnableSyncManChannel（UINT8 channel)。

功能描述：使能一个 SM 通道。

参数："channel"，通道号。

返回值：void。

6）函数原型：UINT8 CheckSmSettings(UINT8 maxChannel)。

功能描述：检查所有的 SM 通道状态和配置信息。

参数："maxChannel"，要检查的通道数目。

返回值：void。

7）函数原型：UINT16 StartInputHandler(void)。

功能描述：该函数在从站从 Pre-OP 状态转换为 SafeOP 状态时被调用，并执行检查各个 SM 通道管理的寄存器地址是否有重合、选择同步运行模式（自由运行模式、同步模式或 DC 模式)、启动 WDT、置位 ESC 应用层中断屏蔽寄存器等操作。若某一个操作未成功执行，则返回一个不为 0 的状态代码，所有操作成功执行，则返回 0。

参数：void。

返回值：参见文件 ecatslv.h 中关于应用层状态码的宏定义。

8）函数原型：UINT16 StartOutputHandler(void)。

功能描述：该函数在从站从 SafeOP 状态转化为 OP 状态时被调用，检查在转换到 OP 状态之前输出数据是否必须要接收，如果输出数据未接收到则状态转换将不会进行。

参数：void。

返回值：参见文件 ecatslv.h 中关于应用层状态码的宏定义。

9）函数原型：void StopOutputHandler(void)。

功能描述：该函数在从站状态从 OP 状态转换为 SafeOP 状态时被调用。

参数：void。

返回值：void。

10）函数原型：void StopInputHandler(void)。

功能描述：该函数在从站状态从 SafeOP 转换为 Pre-OP 状态时被调用。

参数：void。

返回值：void。

11）函数原型：void SetALStatus(UINT8 alStatus, UINT16 alStatusCode)。

功能描述：将 EtherCAT 从站状态转换到请求的状态。

参数："alStatus"，新的应用层状态；"alStatusCode"，新的应用层状态码。

返回值：void。

12）函数原型：void AL_ControlInd(UINT8 alControl, UINT16 alStatusCode)。

功能描述：该函数处理 EtherCAT 从站状态机。

参数："alControl"，请求的新状态；"alStatusCode"，新的应用层状态码。

返回值：void。

13）函数原型：void AL_ControlRes(void)。

功能描述：该函数在某个状态转换处于挂起状态时会被周期性调用。

参数：void。

返回值：void。

14）函数原型：void DC_CheckWatchdog(void)。

功能描述：检查当前的同步运行模式并设置本地标志。

参数：void。

返回值：void。

15）函数原型：void CheckIfEcatError(void)。

功能描述：检查通信和同步变量并在错误发生时更新应用层状态和应用层状态码。

参数：void。

返回值：void。

16）函数原型：void ECAT_StateChange(UINT8 alStatus, UINT16 alStatusCode)。

功能描述：应用程序将调用此函数，以便在出现应用程序错误时触发状态转换或完成挂起的转换。如果该函数是由于错误而调用的，如果错误消失，则将再次调用该函数。比当前状态更高的状态请求是不被允许的。

参数："alStatus"，请求的应用层新状态；"alStatusCode"，写到应用层状态寄存器中的值。

返回值：void。

17）函数原型：void ECAT_Init(void)。

功能描述：该函数将初始化 EtherCAT 从站接口，获得采用 SM 通道的最大数目和支持的 DPRAM 的最大字节数，获取 EEPROM 加载信息，初始化邮箱处理和应用层状态寄存器。

参数：void。

返回值：void。

18）函数原型：void ECAT_Main(void)。

功能描述：该函数在函数 Mainloop()中被周期性调用。

参数：void。

返回值：void。

（9）object. c

访问 CoE 对象字典模块。读写对象字典、获得对象字典的入口以及对象字典的具体处理由该模块实现。几个关键函数介绍如下。

1）函数原型：OBJCONST TOBJECT OBJMEM * OBJ_GetObjectHandle(UINT16 index)。

功能描述：该函数根据实参提供的索引搜索对象字典，并在找到后返回指向该结构体的指针。

参数："index"，描述对象字典信息的结构体的索引号。

返回值：返回一个指向索引号与实参相同的结构体的指针。

2）函数原型：UINT32 OBJ_GetObjectLength(UINT16 index, UINT8 subindex, OBJCONST

TOBJECT OBJMEM ＊ pObjEntry，UINT8 bCompleteAccess）。

功能描述：该函数返回实参提供的对象字典和子索引所指示条目的字节数。

参数："index"，描述对象字典信息的结构体的索引号；"subindex"，对象字典的子索引；"pObjEntry"，指向对象字典的指针；"bCompleteAccess"，决定是否读取对象的所有子索引所代表的对象的参数。

返回值：对象的字节数。

（10）FSMC. c

1）函数原型：void SRAM_Init(void)。

功能描述：配置 STM32 读写 SRAM 内存区的 FSMC 和 GPIO 接口，在对 SRAM 内存区进行读写操作之前必须调用该函数完成相关配置。

参数：void。

返回值：void。

2）函数原型：void SRAM_WriteBuffer(uint16_t ＊ pBuffer，uint32_t WriteAddr，uint32_t NumHalfwordToWrite)。

功能描述：将缓存区中的数据写入 SRAM 内存中。

参数："pBuffer"：指向一个缓存区的指针；"WriteAddr"：SRAM 内存区的内部地址，数据将要写到该地址表示的内存区；"NumHalfwordToWrite"：要写入数据的字节数。

3）函数原型：void SRAM_ReadBuffer(uint16_t ＊ pBuffer，uint32_t ReadAddr，uint32_t NumHalfwordToRead)。

功能描述：将 SRAM 内存区中的数据读到缓存区。

参数："pBuffer"：指向一个缓存区的指针；"ReadAddr"：SRAM 内存区的内部地址，从该地址表示的内存区中读取数据；"NumHalfwordToWrite"：要读取数据的字节数。

首先对 ecatslv. h、esc. h 和 objdef. h 三个头文件中关键定义进行介绍；然后从主函数的执行过程、过程数据的通信过程和状态机的转换过程三个方面对从站驱动和程序设计进行介绍。

在 EtherCAT 从站驱动和应用源程序设计中，"WDT" 为监视定时器（Watch Dog Timer)，又称看门狗。

9.2.2 从站驱动和应用程序的入口——主函数

从站以 EtherCAT 从站控制器芯片为核心，实现了 EtherCAT 数据链路层，完成数据的接收和发送以及错误处理。从站使用微处理器操作 EtherCAT 从站控制器，实现应用层协议，包括以下任务。

1）微处理器初始化，通信变量和 ESC 寄存器初始化。

2）通信状态机处理，完成通信初始化。查询主站的状态控制寄存器，读取相关配置寄存器，启动或终止从站相关通信服务。

3）周期性数据处理，实现过程数据通信。从站以自由运行模式（查询模式）、同步模式（中断模式）或 DC 模式（中断模式）处理周期性数据和应用层任务。

1. 主函数-从站驱动和应用程序的入口函数

主函数是从站驱动和程序的入口函数，其执行过程如图 9-5 所示。

2. STM32 硬件初始化函数 HW_Init( )

Main( )函数中调用了函数 HW_Init( )。函数 HW_Init( )执行过程如图 9-6 所示。

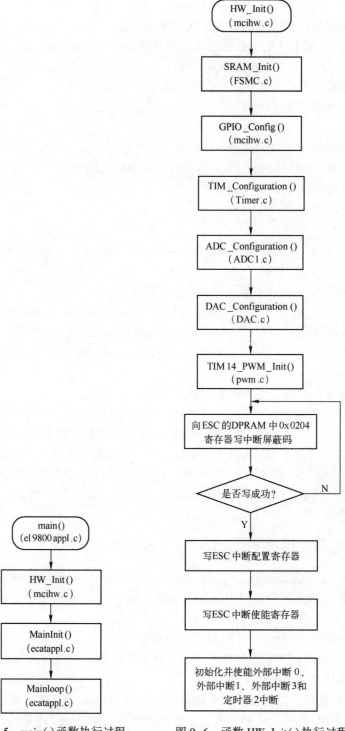

图 9-5 main( )函数执行过程   图 9-6 函数 HW_Init( )执行过程

　　函数 HW_Init( )主要用于初始化 LED 发光二极管和 Switch 按键开关对应的 STM32 的
GPIO 端口、配置 ADC 模块和 DMA 通道、初始化过程数据接口、读写 ESC 的应用层中断屏蔽寄存器和中断使能寄存器，对 STM32 的外部中断和定时器中断进行初始化和使能操作。

3. ESC 寄存器和通信变量初始化函数 MainInit( )

主函数 main( )调用了函数 MainInit( )，用于初始化 EtherCAT 从站控制器（ESC）寄存器和通信变量。函数 MainInit( )执行过程如图 9-7 所示。

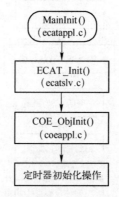

图 9-7　函数 MainInit( )执行过程

函数 MainInit( )源代码如下。

```
UINT16 MainInit(void)
{
    UINT16 Error = 0;
#ifdef SET_EEPROM_PTR
    SET_EEPROM_PTR
#endif
    ECAT_Init();            /*初始化 EtherCAT 从站控制器接口*/
    COE_ObjInit();          /*初始化对象字典*/
    /*定时器初始化*/
    u16BusCycleCntMs = 0;
    StartTimerCnt = 0;
    bCycleTimeMeasurementStarted = FALSE;
    /*表明从站栈初始化结束*/
    bInitFinished = TRUE;
    return Error;
}
```

1）函数 MainInit( )调用了函数 ECAT_Init( )，用于获取主从站通信中使用的 SM 通道数目和支持的 DPRAM 字节数，查询 EEPROM 加载状态，调用函数 MBX_Init( )初始化邮箱处理，对 bApplEsmPending 等变量进行初始化，这些变量在程序的分支语句中作为判断条件使用。

函数 ECAT_Init( )执行过程如图 9-8 所示。

2）函数 MainInit( )调用了函数 COE_ObjInit( )，函数 COE_ObjInit( )将"coeappl. c"和"el9800appl. h"两个文件中定义的描述对象字典的结构体进行初始化并连接成链表。

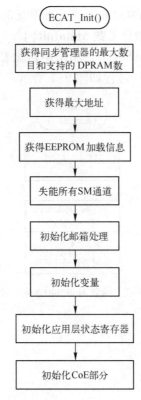

图 9-8　函数 ECAT_Init( ) 执行过程

内部流程框内容（自上而下）：
- ECAT_Init()
- 获得同步管理器的最大数目和支持的 DPRAM 数
- 获得最大地址
- 获得EEPROM加载信息
- 失能所有SM通道
- 初始化邮箱处理
- 初始化变量
- 初始化应用层状态寄存器
- 初始化CoE部分

9.2.3　EtherCAT 从站周期性过程数据处理

EtherCAT 从站可以运行于自由运行模式、同步模式或 DC 模式。

1）当运行于自由运行模式时，使用查询的方式处理周期性过程数据。

2）当运行于同步模式或 DC 模式时，使用中断方式处理周期新过程数据。

1. 查询方式

当 EtherCAT 从站运行于自由运行模式时，在函数 MainLoop( ) 中通过查询的方式完成过程数据的处理，函数 MainLoop( ) 在 main( ) 函数的 while 循环中执行。

函数 MainLoop( ) 的执行过程如图 9-9 所示。

2. 中断方式

在主从站通信过程中，过程数据的交换及 LED 等硬件设备状态的更新可通过中断实现。

在从站栈代码中，定义了 HW_EcatIsr( )（即 PDI 中断）、Sync0Isr( )、Sync1Isr( )、TimerIsr( ) 四个中断服务程序，它们分别和 STM32 的外部中断 0、外部中断 1、外部中断 2 和定时器 9 中断对应。三个外部中断分别由 ESC 的(PDI_) IRQ、Sync0 和 Sync1 三个物理信号触发。

通信中支持哪种信号，可根据 STM32 程序中以下两个宏定义进行设置。

1）AL_EVENT_ENABLED。若将该宏定义置为 0，则禁止(PDI_) IRQ 支持；若将该宏定义置为非 0 值，则使能(PDI_) IRQ 支持。

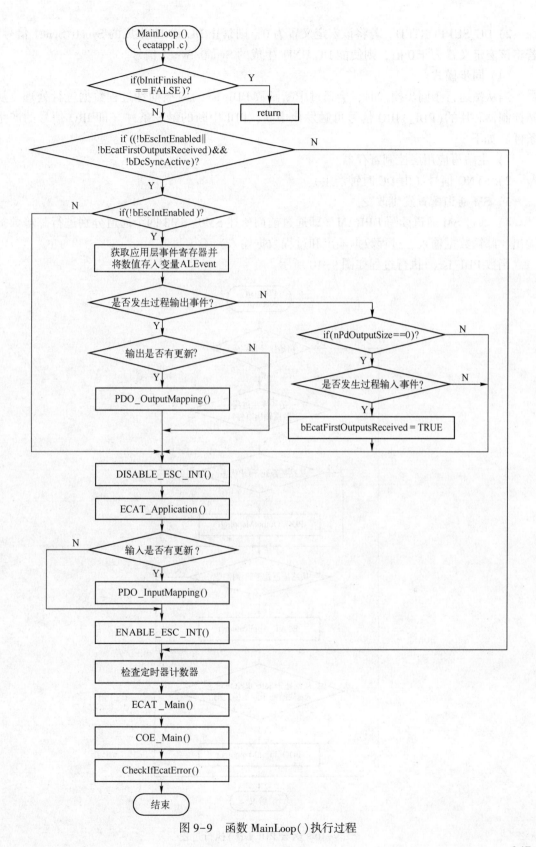

图 9-9　函数 MainLoop( ) 执行过程

2）DC_SUPPORTED。若将该宏定义置为 0，则禁止 DC UNIT 生成的 Sync0/Sync1 信号；若将该宏定义置为非 0 值，则使能 DC UNIT 生成的 Sync0/Sync1 信号。

（1）同步模式

当从站运行于同步模式时，会通过中断函数 PDI_Isr( ) 对周期性过程数据进行处理。从站控制器芯片的(PDI_)IRQ 信号可触发该中断，PDI 中断的触发条件（即 IRQ 信号的产生条件）如下。

1）主站写应用层控制寄存器。

2）SYNC 信号（由 DC 时钟产生）。

3）SM 通道配置发生改变。

4）通过 SM 通道读写 DPRAM（即通过前面所述 SM0~SM3 四个通道分别进行邮箱数据输出、邮箱数据输入、过程数据输出和过程数据输入）。

函数 PDI_Isr( ) 执行过程如图 9-10 所示。

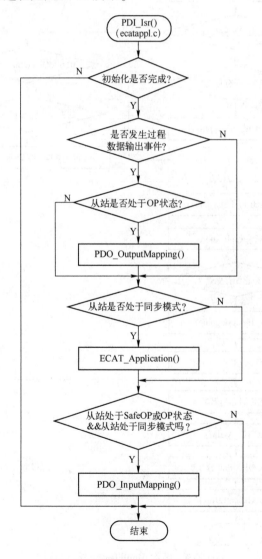

图 9-10 函数 PDI_Isr( )执行过程

（2）DC 模式

当从站运行于 DC 模式时，会通过中断函数 Sync0_Isr( )对周期性过程数据进行处理。
函数 Sync0_Isr( )执行过程如图 9-11 所示。

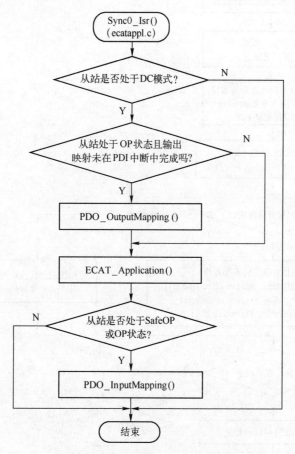

图 9-11　函数 Sync0_Isr( )执行过程

9.2.4　EtherCAT 从站状态机转换

EtherCAT 从站在主函数的主循环中查询状态机改变事件请求位。如果发生变化，则执行状态机管理机制。主站程序首先要检查当前状态转换必需的 SM 配置是否正确，如果正确，则根据转换要求开始相应的通信数据处理。从站从高级别状态向低级别状态转换时，则停止相应的通信数据处理。从站状态转换在函数 AL_ControlInd( )中完成。

函数 AL_ControlInd( )执行过程如图 9-12 所示。

在进入函数 AL_ControlInd( )后，将状态机当前状态和请求状态的状态码分别存放于变量 stateTrans 的高 4 位和低 4 位中。然后根据状态机当前状态和请求状态（即根据变量 stateTrans）检查相应的 SM 通道配置情况（若 stateTrans 的值不同，则所检查的 SM 通道也不同），并将检查结果存放于变量 result 中，上述 SM 通道的检查工作是在 switch 语句体中完成的。

1）如果 SM 通道配置检查正确（即 result 结果为 0），则根据变量 stateTrans 进行以下状

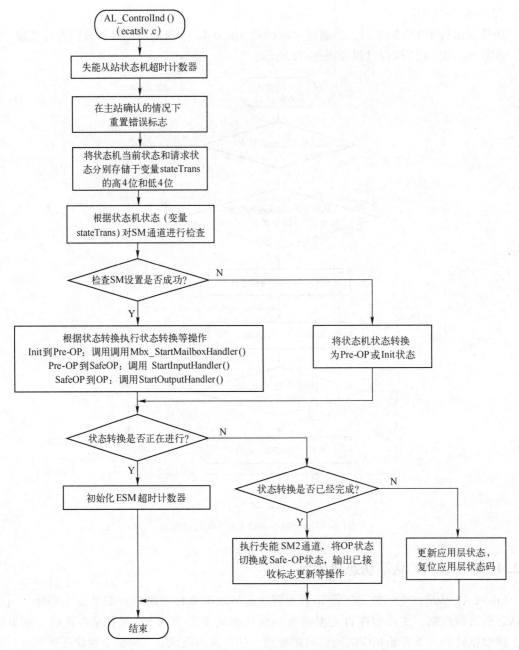

图 9-12 函数 AL_ControlInd( )执行过程

态转换。

若从引导状态转换为 Init 状态，则调用函数 BackToInitTransition( )。

若从 Init 状态转换为 Pre-OP 状态，则调用函数 MBX_StartMailboxHandler( )。

若从 Pre-OP 状态转换为 Safe-OP 状态，则调用函数 StartInputHandler( )。

若从 Safe-OP 状态转换为 OP 状态，则调用函数 StartOutputHandler( )。

2）如果 SM 通道检查不正确（即 result 的值不为 0），则根据状态机当前状态进行以下相关操作。

350

若当前处于 OP 状态，则执行函数 APPL_StopOutputHandler( ) 和 StopOutputHandler( ) 停止周期性输出过程数据通信。

若当前处于 Safe-OP 状态，则执行函数 APPL_StopInputHandler( ) 和 StopInputHandler( ) 停止周期性输入过程数据通信。

若当前处于 Pre-OP 状态，则执行 MBX_StopMailboxHandler( ) 和 APPL_StopMailboxHandler( ) 停止邮箱数据通信。

在从站状态机转换过程中需要经过以下阶段。

（1）检查 SM 设置

在进入 "Pre-OP" 状态之前，需要读取并检查邮箱通信相关 SM0 和 SM1 通道的配置，进入 "Safe-OP" 之前需要检查周期性过程数据通信使用的 SM2 和 SM3 通道的配置，需要检查的 SM 通道的设置内容如下。

1）SM 通道大小。

2）SM 通道的设置是否重叠，特别注意三个缓存区应该预留 3 倍配置长度大小的空间。

3）SM 通道起始地址应该为偶数。

4）SM 通道应该被使能。

SM 通道配置的检查工作在函数 CheckSmSettings( )（位于 "ecatslv.c" 文件中）中完成。

（2）启动邮箱数据通信，进入 Pre-OP 状态

在从站进入 Pre-OP 状态之前，先检查邮箱通信 SM 配置，如果配置成功则调用函数 MBX_StartMailboxHandler( ) 进入 Pre-OP 状态。

函数 MBX_StartMailboxHandler( ) 执行过程如图 9-13 所示。

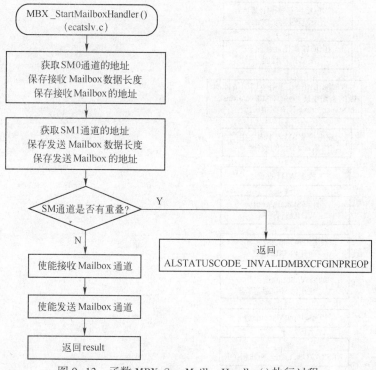

图 9-13　函数 MBX_StartMailboxHandler( ) 执行过程

（3）启动周期性输入数据通信，进入 Safe-OP 状态

在进入 Safe-OP 状态之前，先检查过程数据 SM 通道设置是否正确，如正确则使能输入数据通道 SM3，调用函数 StartInputHandler( ) 进入 Safe-OP 状态，函数 StartInputHandler( ) 执行过程如图 9-14 所示。

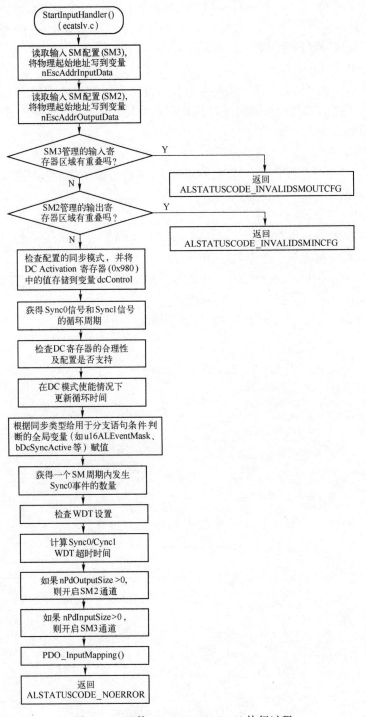

图 9-14 函数 StartInputHandler( ) 执行过程

（4）启动周期性输出数据通信，进入 OP 状态

在进入 OP 状态之前，先检查过程数据 SM 通道设置是否正确，如正确则使能输出数据通道 SM2，调用函数 StartOutputHandler( ) 进入 OP 状态，函数执行过程如图 9-15 所示。

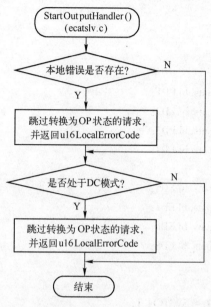

图 9-15　函数 StartOutputHandler( ) 执行过程

（5）停止 EtherCAT 数据通信

在 EtherCAT 通信状态回退时停止相应的数据通信 SM 通道，其回退方式有以下三种。

1）从高状态退回 Safe-OP 状态时，调用函数 StopOutputHandler( ) 停止周期性过程数据输出处理。

2）从高状态退回 Pre-OP 状态时，调用函数 StopInputHandler( ) 停止周期性过程数据输入处理。

3）从高状态退回 Init 状态时，调用函数 BackToInitTransition( ) 停止所有应用层数据处理。

9.3　EtherCAT 通信中的数据传输过程

9.3.1　EtherCAT 从站到主站的数据传输过程

以 STM32 外接 Switch 开关的状态在通信中的传输过程为例，介绍 EtherCAT 从站到主站的数据传输过程。

1. 从 STM32 的 GPIO 寄存器到结构体

首先，在头文件“mcihw. h”中通过宏定义“#define　SWITCH_1　PCin（8）”，将 Switch1 开关的状态（即 STM32 GPIO 寄存器中的值）赋给变量 SWITCH_1。在函数 APPL_Application( ) 中通过语句“sDIInputs. bSwitch1 = SWITCH_1；”把 Switc1 开关的状态赋给结构体 sDIInputs 中的元素 bSwitch1（结构体 sDIInputs 在文件“el9800appl. h”中定义）。

函数 APPL_Application( )中完成了 Switch 开关状态（GPIO 寄存器）向结构体的传送，其源代码如下所示。

```
void APPL_Application(void)
{
#if _STM32_IO4
    UINT16 analogValue;
#endif
    LED_1 = sDOOutputs. bLED1;
    LED_2 = sDOOutputs. bLED2;
    LED_3 = sDOOutputs. bLED3;
    LED_4 = sDOOutputs. bLED4;
#if _STM32_IO8
    LED_5 = sDOOutputs. bLED5;
    LED_7 = sDOOutputs. bLED7;
    LED_6 = sDOOutputs. bLED6;
    LED_8 = sDOOutputs. bLED8;
#endif

    sDIInputs. bSwitch1 = SWITCH_1;
    sDIInputs. bSwitch2 = SWITCH_2;
    sDIInputs. bSwitch3 = SWITCH_3;
    sDIInputs. bSwitch4 = SWITCH_4;
#if _STM32_IO8
    sDIInputs. bSwitch5 = SWITCH_5;
    sDIInputs. bSwitch6 = SWITCH_6;
    sDIInputs. bSwitch7 = SWITCH_7;
    sDIInputs. bSwitch8 = SWITCH_8;
#endif

    /*将模数转换结果传递给结构体*/
sAIInputs. i16Analoginput   = uhADCxConvertedValue;
TIM_SetCompare1(TIM14,sAOOutputs. u16Pwmoutput);
    /*在更新相应 TxPDO 数据后切换 TxPDO Toggle。*/
    sAIInputs. bTxPDOToggle ^= 1;
/*模拟了一个模拟输入的问题,如果在这个例子中 Switch4 是断开的,此时 TxPDO 状态必须设置
为向主站请示问题的状态。*/

        if (sDIInputs. bSwitch4)
        sAIInputs. bTxPDOState = 1;
    else
        sAIInputs. bTxPDOState = 0;
}
```

2. 从结构体到 EtherCAT 从站控制器的 DPRAM

对象字典（在从站驱动程序中用结构体来描述对象字典）在 EtherCAT 通信过程中起到通信变量的作用。

通过在函数 MainLoop( )、PDI_Isr( ) 或 Sync0_Isr( ) 中调用函数 PDO_InputMapping( )，将结构体 sDIInputs 中变量的值写到从站控制器芯片的 DPRAM 中。

函数 PDO_InputMapping( ) 将结构体中的变量写入 EtherCAT 从站控制器芯片的 DPRAM 中，其源代码如下所示。

函数 APPL_InputMapping((UINT16 ∗) aPdInputData) 用于将结构体中的变量存放到指针 aPdInputData 所指的内存区。

函数 HW _ EscWriteIsr (((MEM _ ADDR ∗) aPdInputData)，nEscAddrInputData，nPdInputSize) 用于将指针 aPdInputData 所指内存区的内容写入 EtherCAT 从站控制器芯片的 DPRAM 中。

```
void PDO_InputMapping( void )
{
    APPL_InputMapping( ( UINT16 ∗ ) aPdInputData ) ;
    HW_EscWriteIsr( ( ( MEM_ADDR ∗ ) aPdInputData )，nEscAddrInputData，nPdInputSize ) ;
}
```

3. EtherCAT 从站控制器到主站

通过 EtherCAT 主站和从站之间的通信，将从站控制器芯片 DPRAM 中的输入过程数据传送给主站，主站即可在线监测 Switch1 的状态。

9.3.2　EtherCAT 主站到从站的数据传输过程

以在主站控制 STM32 外接 LED 发光二极管状态为例介绍，从 EtherCAT 主站到从站的数据传输过程。

1. 主站到 EtherCAT 从站控制器

在主站上改变 LED1 发光二极管的状态，经过主从站通信，介绍主站将表示 LED1 状态的过程数据写入从站控制器芯片的 DPRAM 中。

2. EtherCAT 从站控制器到结构体

通过在函数 MainLoop( )、PDI_Isr( ) 或 Sync0_Isr( ) 中调用函数 PDO_OutputMapping( )，将从站控制器芯片 DPRAM 中的输出过程数据读取到结构体 sDOOutputs 中，其中 LED1 的状态读取到 sDOOutputs. bLED1 中。

函数 PDO_OutputMapping( ) 将 EtherCAT 从站控制器芯片 DPRAM 中的过程数据读取到结构体中，其源代码如下：

```
void PDO_OutputMapping( void )
{
    HW_EscReadIsr( ( ( MEM_ADDR ∗ ) aPdOutputData )，nEscAddrOutputData，nPdOutputSize ) ;
    APPL_OutputMapping( ( UINT16 ∗ ) aPdOutputData ) ;
}
```

其中，函数 HW_EscReadIsr(((MEM_ADDR *)aPdOutputData)，nEscAddrOutputData，nPdOutputSize)将 EtherCAT 从站控制器芯片 DPRAM 中的过程数据读取到指针 aPdOutputData 所指的 STM32 内存区。

函数 APPL_OutputMapping((UINT16 *)aPdOutputData)将指针所指内存区中的数据读取到结构体中。

3. 结构体到 STM32 的 GPIO 寄存器

在函数 APPL_Application()中通过语句"LED_1 = sDOOutputs. bLED1;"将主站设置的 LED1 的状态赋值给变量 LED_1，通过头文件"mcihw. h"中的宏定义"#define LED_1 PGout(8)"即可改变 GPIO 寄存器中的值，进而将 LED 发光二极管的状态改变为预期值。

函数 APPL_Application()中完成了结构体数据向 LED 发光二极管（GPIO 寄存器）的传送，其源代码如下所示：

```
void APPL_Application(void)
{
#if _STM32_IO4
    UINT16 analogValue;
#endif
    LED_1 = sDOOutputs. bLED1;
    LED_2 = sDOOutputs. bLED2;
    LED_3 = sDOOutputs. bLED3;
    LED_4 = sDOOutputs. bLED4;
#if _STM32_IO8
    LED_5 = sDOOutputs. bLED5;
    LED_7 = sDOOutputs. bLED7;
    LED_6 = sDOOutputs. bLED6;
    LED_8 = sDOOutputs. bLED8;
#endif

    sDIInputs. bSwitch1 = SWITCH_1;
    sDIInputs. bSwitch2 = SWITCH_2;
    sDIInputs. bSwitch3 = SWITCH_3;
    sDIInputs. bSwitch4 = SWITCH_4;
#if _STM32_IO8
    sDIInputs. bSwitch5 = SWITCH_5;
    sDIInputs. bSwitch6 = SWITCH_6;
    sDIInputs. bSwitch7 = SWITCH_7;
    sDIInputs. bSwitch8 = SWITCH_8;
#endif

    /* 将模数转换结果传递给结构体 */
    sAIInputs. i16Analoginput  = uhADCxConvertedValue;
    TIM_SetCompare1(TIM14,sAOOutputs. u16Pwmoutput);
```

```
              /＊在更新相应 TxPDO 数据后切换 TxPDO Toggle。＊/
          sAIInputs. bTxPDOToggle ^= 1;

      /＊模拟一个模拟输入的问题,如果在这个例子中 Switch4 是断开的,此时 TxPDO 状态必须设置为
  向主站请示问题的状态。＊/
          if (sDIInputs. bSwitch4)
              sAIInputs. bTxPDOState = 1;
          else
              sAIInputs. bTxPDOState = 0;
  }
```

9.4　EtherCAT 主站软件的安装

9.4.1　主站 TwinCAT 的安装

在进行 EtherCAT 开发前, 首先要在计算机上安装主站 TwinCAT, 计算机要装有 Intel 网卡, 系统是 32 位或 64 位的 Windows 7 系统。经测试 Windows 10 系统容易出现蓝屏, 不推荐使用。

在安装前要卸载 360 等杀毒软件并关闭系统更新。此目录下已经包含 VS2012 插件, 不需要额外安装 VS2012。

TwinCAT 安装顺序如下。

(1) NDP452-KB2901907-x86-x64-ALLOS-ENU. exe

用于安装 Microsoft . NET Framework, 它是用于 Windows 的新托管代码编程模型。它将强大的功能与新技术结合起来, 用于构建具有视觉上引人注目的用户体验的应用程序, 实现跨技术边界的无缝通信, 并且能支持各种业务流程。

(2) vs_isoshell. exe

安装 VS 独立版, 在独立模式下, 可以发布使用 Visual Studio IDE 功能子集的自定义应用程序。

(3) vs_intshelladditional. exe

安装 VS 集成版, 在集成模式下, 可以发布 Visual Studio 扩展以供未安装 Visual Studio 的客户使用。

(4) TC31-Full-Setup. 3. 1. 4018. 26. exe

安装 TwinCAT 3 完整版。

(5) TC3-InfoSys. exe

安装 TwinCAT3 的帮助文档。

9.4.2　TwinCAT 安装主站网卡驱动

当 PC 的以太网控制器型号不满足 TwinCAT3 的要求时, 主站网卡可以选择 PCIe 总线网卡, 如图 9-16 所示。该网卡的以太网控制器型号为 PC82573, 满足 TwinCAT3 的要求。

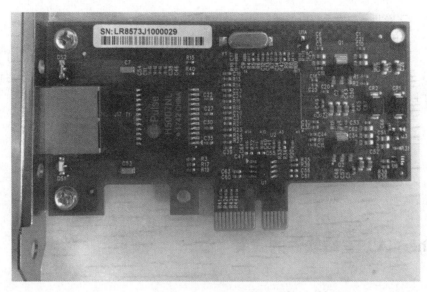

图 9-16　PCIe 总线网卡

PCI Express（简称 PCIe）是 Intel 公司提出的新一代总线接口，旨在替代旧的 PCI、PCI-X 和 AGP 总线标准，并称之为第三代 I/O 总线技术。

PCI Express 采用了目前流行的点对点串行连接，比起 PCI 以及更早期的计算机总线的共享并行架构，每个设备都有自己的专用连接，不需要向整个总线请求带宽，而且可以把数据传输率提高到一个很高的频率，达到 PCI 所不能提供的高带宽。相对于传统 PCI 总线在单一时间周期内只能实现单向传输而言，PCIe 的双单工连接能提供更高的传输速率和质量，它们之间的差异跟半双工和全双工类似。

PCIe 在软件层面上兼容 PCI 技术和设备，支持 PCI 设备和内存模组的初始化，过去的驱动程序、操作系统可以支持 PCIe 设备。

PCIe 接口模式通常用于显卡、网卡等主板类接口卡。

打开 TwinCAT，单击 "TWINCAT" → "Show Realtime Ethernet Compatible Devices…"，安装主站网卡驱动的选项，如图 9-17 所示。

图 9-17　安装主站网卡驱动的选项

选择网卡，单击 install 按钮，若安装成功，则会显示在安装成功等待使用的列表下，如图 9-18 所示。

若安装失败，检查网卡是否是 TwinCAT 支持的网卡，如果不是，则更换为 TwinCAT 支持的网卡。

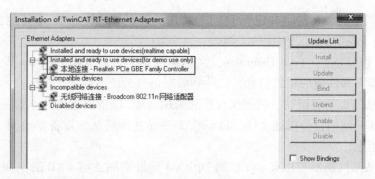

图 9-18　主站网卡驱动安装成功

9.5　EtherCAT 从站的开发调试

下面给出建立并下载一个 TwinCAT 测试工程的实例。

主站采用已安装 Windows 7 系统的 PC。因为 PC 原来 RJ45 网口不满足 TwinCAT 支持的网卡以太网控制器型号，需要内置图 9-16 所示的 PCIe 总线网卡。

EtherCAT 主站与从站的测试连接如图 9-19 所示。EtherCAT 主站的 PCIe 网口与从站的 RJ45 网口相连。

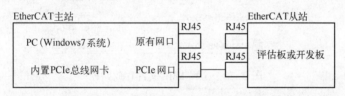

图 9-19　EtherCAT 主站与从站的测试连接

EtherCAT 从站开发板采用的是由 ARM 微控制器 STM32F407 和 EtherCAT 从站控制器 ET1100 组成的硬件系统。STM32 微控制器程序、EEPROM 中烧录的 XML 文件是在 EtherCAT 从站开发板的软件和 XML 文件基础上修改后的程序和 XML 文件。

STM32 微控制器程序、EEPROM 中烧录的 XML 文件和 TwinCAT 软件目录下的 XML 文件，三者必须对应，否则通信会出错。

在该文档所在文件夹中，有名为"FBECT_PB_IO"的子文件夹，该子文件夹中有一个名为"FBECT_ET1100.xml"的 XML 文件和一个 STM32 工程供实验使用。

9.5.1　烧写 STM32 微控制器程序

安装 Keil MDK 开发环境，烧写 STM32 微控制器程序，注意烧写完成后重启从站开发板电源。

9.5.2　TwinCAT 软件目录下放置 XML 文件

对于每个 EtherCAT 从站的设备描述，必须提供所谓的 EtherCAT 从站信息（ESI）。这是以 XML 文件（可扩展标记语言）的形式实现的，它描述了 EtherCAT 的特点以及从站的特定功能。

XML（eXtensible Markup Language，可扩展标记语言）是 W3C（World Wide Web Consortium，万维网联盟）于 1998 年 2 月发布的标准，是基于文本的元语言，用于创建结构化

文档。XML 提供了定义元素，并定义它们的结构关系的能力。XML 不使用预定义的"标签"，非常适用于说明层次结构化的文档。

根据 DTD（Document Type Definition，文档类型定义）或 XML Schema 设计的文档，可以详细定义元素与属性值的相关信息，以达到数据信息的统一性。

EtherCAT 从站设备的识别、描述文件格式采用 XML 设备描述文件。第一次使用从站设备时，需要添加从站的设备描述文件，EtherCAT 主站才能将从站设备集成到 EtherCAT 网络中，完成硬件组态。

EtherCAT 从站控制器芯片有 64 KB 的 DPRAM 地址空间，前 4 KB 的空间为配置寄存器区，从站系统运行前要对寄存器进行初始化，其初始化命令存储于配置文件中，EtherCAT 配置文件采取 XML 格式。在从站系统运行前，要将描述 EtherCAT 从站配置信息的 XML 文件烧录进 EtherCAT 从站控制器的 EEPROM 中。

在安装 TwinCAT 后，将工程中的 XML 文件复制到目录 "C：\TwinCAT\3.1\Config\Io\EtherCAT" 下，若该目录下已有其他 XML 文件则将其删除，工程 XML 文件存放路径如图 9-20 所示。

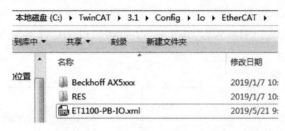

图 9-20　工程 XML 文件存放路径

9.5.3　建立一个工程

1. 打开已安装的 TwinCAT 软件

打开开始菜单，然后单击 "TwinCAT XAE（VS2012）"，进入 VS2012 开发环境，TwinCAT 主站界面如图 9-21 所示。

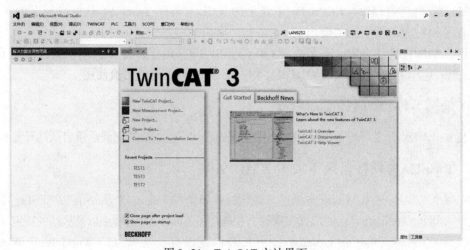

图 9-21　TwinCAT 主站界面

2. 建立一个新工程

单击"文件"→"新建"→"项目"→"TwinCAT Project"→"修改工程名"→"确定"，具体操作的界面如图 9-22 和图 9-23 所示。

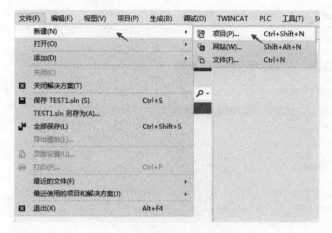

图 9-22　建立新工程步骤

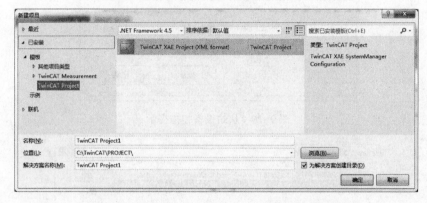

图 9-23　选择 TwinCAT Project 及工程位置

在单击"确定"按钮后出现如图 9-24 所示的界面。

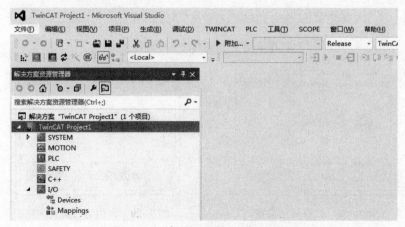

图 9-24　建立新工程后的显示界面

3. 扫描从站设备

通过网线与计算机主站连接，打开从站开发板电源，然后右键点击"Devices"，选择"Scan"扫描连接的从站设备，具体操作如图9-25～图9-29所示。

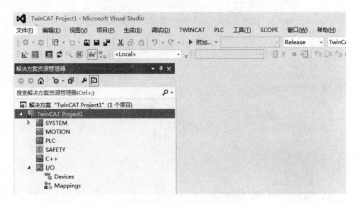

图9-25　扫描从站设备

图9-26　从站设备扫描提示

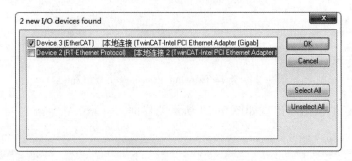

图9-27　扫描到的从站设备

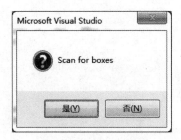

图9-28　扫描从站设备

图9-29　自由运行模式选择

如果扫描不到从站设备，则关闭 TwinCAT 并重新启动，或拔下从站开发板与 PC 主站的连接网线重新尝试。

扫描到从站设备显示界面如图 9-30 所示。

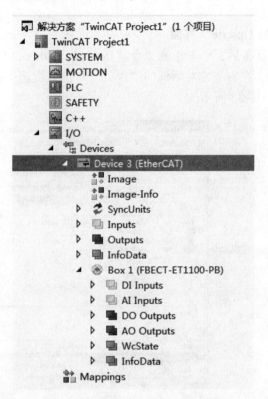

图 9-30　扫描到从站设备显示界面

双击"Box1"，单击"Online"标签，可以看到从站处于 OP 状态，如图 9-31 所示。

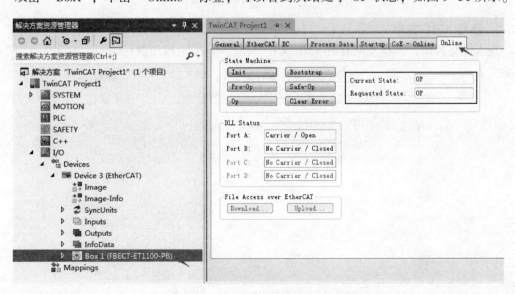

图 9-31　检查从站状态

9.5.4 向 EEPROM 中烧录 XML 文件

EEPROM 中存放从站配置信息，即 XML 文件。通过 TwinCAT3 直接向 EEPROM 烧写 XML 文件的方法如下。

1. 打开"EEPROM Update"界面

在扫描并连接从站设备后，单击左侧节点"Device3（EtherCAT）"，在右侧的对话框中选择"EtherCAT"标签，在右下方对话框的"Box1…"上右键选中"EEPROM Update"。更新 EEPROM 的界面如图 9-32 所示。

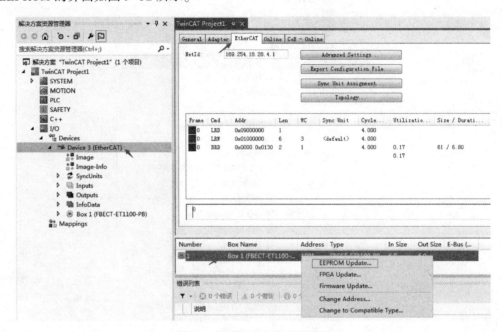

图 9-32　更新 EEPROM 的界面

2. 烧写 XML 文件

进入烧写界面，选择要烧写的 XML 文件，单击"OK"按钮进行烧写，如图 9-33 所示。

图 9-33　勾选要烧写 XML 文件的设备

烧写 XML 文件的过程中，TwinCAT 主站右下方的绿色进度条读满两次表示烧录成功，第一次进度读取较慢，第二次进度读取较快，若烧录过程中出现卡停现象，则需要重新烧录。烧录完成后重启 TwinCAT 会发现从站信息更新，若多次重启仍未见从站信息更新，则可移除 Device，关闭并重新打开 TwinCAT，重新进行 Scan 操作。

习题

1. EtherCAT 从站采用 STM32F4 微控制器和 ET1100 从站控制器，说明 EtherCAT 从站驱动和应用程序代码包的架构。

2. EtherCAT 通信协议和应用层控制相关的文件有哪些？

3. 从站驱动和应用程序的主函数实现哪些任务？

4. 简述 STM32 硬件初始化函数 HW_Init( ) 的执行过程。

5. 简述函数 MainInit( ) 的执行过程。

6. 简述函数 ECAT_Init( ) 执行过程。

7. 简述 EtherCAT 从站周期性过程数据处理的方式。

8. 说明函数 MainLoop( ) 的执行过程。

9. 说明中断函数 PDI_Isr( ) 的执行过程。

10. 说明函数 Sync0_Isr( ) 的执行过程。

11. 简述 EtherCAT 从站状态机的转换。

12. 说明函数 AL_ControlInd( ) 的执行过程。

13. 说明函数 MBX_StartMailboxHandler( ) 的执行过程。

14. 说明函数 StartInputHandler( ) 的执行过程。

15. 说明函数 StartOutputHandler( ) 的执行过程。

16. 说明 EtherCAT 从站到主站的数据传输过程。

17. 说明 EtherCAT 主站到从站的数据传输过程。

参 考 文 献

［1］ 李正军 . EtherCAT 工业以太网应用技术 ［M］. 北京：机械工业出版社，2020.

［2］ 李正军，李潇然 . 现场总线及其应用技术 ［M］.2 版 . 北京：机械工业出版社，2017.

［3］ 李正军，李潇然 . 现场总线与工业以太网 ［M］. 北京：中国电力出版社，2018.

［4］ 李正军 . 现场总线与工业以太网及其应用技术 ［M］. 北京：机械工业出版社，2011.

［5］ 李正军 . 计算机控制系统 ［M］.3 版 . 北京：机械工业出版社，2015.

［6］ 李正军 . 计算机测控系统设计与应用 ［M］. 北京：机械工业出版社，2004.

［7］ 李正军 . 现场总线与工业以太网及其应用系统设计 ［M］. 北京：人民邮电出版社，2006.

［8］ 肖维荣，王谨秋，宋华振 . 开源实时以太网 POWERLINK 详解 ［M］. 北京：机械工业出版社，2015.

［9］ 梁庚 . 工业测控系统实时以太网现场总线技术——EPA 原理及应用 ［M］. 北京：中国电力出版社，2013.

［10］ Siemens AG. ROFIBUS Technical Description. ［Z］. 1997.

［11］ Philips Semiconductor Corporation. SJA1000 Stand-alone CAN contoller Data Sheet. ［Z］. 2000.

［12］ Philips Semiconductor Corporation. TJA1050 high speed CAN transceiver Data Sheet. ［Z］. 2000.

［13］ Siemens AG. SPC3 Siemens PROFIBUS Controller User Description. ［Z］. 2000.

［14］ Siemens AG. ASPC2/HARDWARE User Description. ［Z］. 1997.

［15］ Beckhoff Automation GmbH & Co. KG. ethercat_et1100_datasheet_v2i0. ［Z］. 2017.

［16］ Beckhoff Automation GmbH & Co. KG. ethercat_esc_datasheet_sec1_technology_2i3. ［Z］. 2017.

［17］ Micrel, Inc. KS8721BL/SL datasheet. ［Z］. 2005.

［18］ Beckhoff Automation GmbH & Co. KG. ethercat_esc_datasheet_sec1_technology_2i3. ［Z］. 2017.

［19］ Beckhoff Automation GmbH & Co. KG. ethercat_esc_datasheet_sec2_registers_2i9. ［Z］. 2017.

［20］ Beckhoff Automation GmbH & Co. KG. an_phy_selection_guidev2.4. ［Z］. 2015.

［21］ ETG. ETG2000_S_R_V1i0i6_EtherCATslaveInformationSpecification. ［Z］. 2014.

［22］ ETG. ETG1500_V1i0i2_D_R_MasterClasses. ［Z］. 2019.

［23］ Microchip. MCP2517FD External CAN FD Controller with SPI Interface. ［Z］. 2018.

［24］ Echelon. 005-0230-01D_Series-6000-Databook. ［Z］. 2015.

［25］ Echelon. 078-0454-01A_Field-Compiler_UG. ［Z］. 2011.

［26］ Echelon. FT_6000_EVK_Datasheet. ［Z］. 2011.

［27］ Echelon. FT_6000_EVK_Datasheet. ［Z］. 2014.

［28］ Echelon. 078-0183-01B_Intro_to_LonWorks_Rev_2. ［Z］. 2009.